2009
中國航空
图志
1909

谨以此书

献给中国航空百年

中国航空图志

周日新　孟赤兵
李周书　归永嘉　编著

北京航空航天大学出版社

图书在版编目（CIP）数据

中国航空图志／周日新等编著.—北京：北京航空航天大学出版社，2008.1

ISBN 978-7-81077-992-0

Ⅰ.中… Ⅱ.周… Ⅲ.航空－技术史－中国－图集 Ⅳ.V2-092

中国版本图书馆 CIP 数据核字（2007）第 098565 号

中国航空图志

周日新　孟赤兵　李周书　归永嘉　编著

责任编辑　江小珍

北京航空航天大学出版社出版发行

北京市海淀区学院路 37 号（100083）　发行部电话：(010) 82317024　传真：(010) 82328026

www.buaapress.com.cn　E-mail：bhpress@263.net

北京画中画印刷有限公司印装　各地书店经销

开本：880 × 1230　1/12　印张：54.5　字数：1172 千字

2008 年 1 月第 1 版　2008 年 1 月第 1 次印刷　印数：2800 册

ISBN 978-7-81077-992-0　定价：246.00 元

序 言

1903年12月7日，美国莱特兄弟首次进行了持续、有动力、可操纵的载人飞行，创造了人类航空新纪元。仅仅6年后，1909年9月21日，中国最早的飞机设计师和飞行家冯如，驾驶自己设计制造的飞机，在美国奥克兰市首飞。冯如一飞惊天下，美国媒体惊呼“天才的中国人冯如”。冯如驾驶自己设计制造的飞机飞行，成为中国现代航空的伟大起点和里程碑。那一个举世瞩目的时刻，距今已接近百年了。

航空科学技术和航空工业的发展，是人类20世纪最伟大的成就之一。航空改变了世界，航空也改变了中国。中国现代航空风风雨雨百年路，无论是先辈们的“志在冲天”，抗日时期的长空浴血，还是新中国航空崛起东方、披荆斩棘和击搏云天，辉煌与梦想，坦途高歌与艰难曲折，都无不和中华民族的命运休戚与共，无不表达了炎黄子孙矢志不渝的意志，记载着中国航空要跻身于世界前列、中华民族要为世界航空做出更大贡献的奋斗历程。

魂系航空，情系航空。2001年1月，当人们还沉浸在世纪之春喜悦之中的时候，我们4个在航空工业默默耕耘了大半生的航空人悄然走到了一起，在航空工业界老领导、老同志的支持和鼓励下，凭着直觉，回望、审视、采撷一件件闪光的事件，捕捉一个个难忘的瞬间，用我们赤诚的心，将散发着墨香的《航空春秋》，献给新中国航空工业创建50周年。《航空春秋》出版后，受到航空界内外人士的热情支持与鼓励，促使我们再接再厉，奋编摩之志，编纂一部以昭示中国航空工业创建者、建设者们业绩的典籍。时隔3年，在2003年12月，《航空人物志》面世。《航空春秋》与《航空人物志》载述的都是新中国航空，前者写事，后者传人。

再隔5年，我们现在要奉献给大家的《中国航空图志》，是一部贯通中国航空近百年的历史画卷。我们意在对前人，对自己都有所突破：在时限上突破以新旧中国两个不同社会制度作为中国航空史分期的惯例，百年航空一以贯之；从浩瀚的中国百年航空历史中广泛收集史籍资料，从数以万计的老照片中精心挑选，尤其注重发掘尘封已久、藏于民间的老照片，以做到图文并举，突出图志中国航空；在选材上，以航空工业为主，尽我们所能，兼容空军、海航、陆航、民航、航空体育等各个航空领域，同时还包括我国台湾、香港、澳门地区的航空业。

从《航空春秋》到《航空人物志》，再到《中国航空图志》，这三部书稿凝聚着我们4个人对祖国航空的一腔热血、如梦理想，也寄托着我们始终不渝的航空情缘。我们把这情系航空的礼物，献给祖国的航空事业以及前赴后继的航空建设者们，期盼人们能从中获得有益营养，受到历史给予的启迪。

祝愿中国航空更加光辉灿烂！

周日新　吕赤兵

李周书　马永嘉

2008年1月

目录 CONTENTS

志在冲天（1909—1936）

长空浴血（1937—1945）

崛起东方(1946—1957)

披荆斩棘(1958—1976)

目录 CONTENTS

击搏云天 *(1977—2000)*

世纪之光 *(2001—2007)*

附录

1909—1936

志在冲天

(1909—1936)

冯如半身照

冯如与他设计的飞机

“东方莱特”驾机首飞

继美国莱特兄弟实现人类第一次驾机升空之后的第6年，旅美华侨青年冯如驾驶自己设计制造的飞机飞上了蓝天，使中国近代航空的发展迈出了具有历史意义的一步。

1909年9月21日，中国最早的飞机设计师和飞行员冯如，驾驶自己设计制造的飞机，在美国奥克兰市派得蒙特山附近的平坦空地上试飞，取得了飞行高度4.6米、飞行距离约805米的成绩。这是中国人首次驾驶自制飞机飞上蓝天。9月23日，美国《旧金山观察者报》在头版位置以《东方的莱特在飞翔·自制的双翼飞机》为题，报道了“天才的中国人冯如自己制造飞机，并装上自制的发动机进行试飞”的经过，对这次试飞做出了“在航空领域上，中国人把白人抛在后面”的评价，并刊登了冯如及他制作的飞机的照片。同日，美国《加利福尼亚美国人民报》发表了一篇题为《中国人民的航空技术超过了西方》的文章，也对冯如的成功进行了报道。

冯如原名冯九如，1884年1月12日出生于广东恩平。12岁时随亲戚去美国，先后在旧金山和纽约做工。经10年半工半读，刻苦钻研机械工艺技术，他掌握了机械和电学等方面的知识。1903年12月莱特兄弟的飞机飞行成功后，冯如深受影响。他表示：“吾闻军用利器，莫飞机若，誓必身为之倡，成一绝艺以归飨祖国，苟无成，毋宁死。”冯如决心拼死也要研究制造并驾驶飞机，以报效祖国。1908年5月，冯如和黄杞、张南、谭耀能等4人共同筹集1000元美金，租赁了旧金山以东的奥克兰市东九街第359号，设厂共同研造飞机。由于资金不足，无法购买必需的机械设备，很多飞机部件只能用简单的手工操作来制作，这给研制工作带来了极大的困难。飞机试制过程中曾多次试飞失败，工厂又因失火被烧毁。冯如毫不气馁，经过10多次修改，终于获得成功。随后，冯如等本着“壮国体、挽利权”的宗旨，在美国集资创办了“广东制造机器公司”（后改名为“广东飞行器公司”）制造飞机。

1911年1月，冯如制成1架液冷式发动机的双翼飞机，在奥克兰进行表演获得成功。孙中山先生称赞“我们中国有杰出的人才”。1911年2月，冯如偕同助手朱竹泉、朱兆槐、司徒璧如等携带飞机回国，并准备在国内生产制造飞机。

辛亥革命爆发后，1911年11月9日，广东军政府成立，随后又成立了飞机队，准备随同广东北伐军征战。冯如被任命为广东军政府飞机队飞机长。

1912年8月25日，冯如在广州燕塘驾驶自己制造的飞机在中国领土上进行第一次飞行。由于操纵系统失灵，飞机飞至百余米时失速下坠，冯如负重伤，经抢救无效不幸牺牲，成为中国第一位因驾机失事牺牲的飞行员。

isco Examiner

REG. U.S. PAT. OFF.

RSDAY, SEPTEMBER 2 1909 – TWENTY PAGES

HINESE LEAVES
VHITES BEHIND
IN AVIATION

kland Genius Makes First Flight on Coast in Craft Driven by Home-Made Motor

IAL ENDS IN MISHAP

ng Joe Guey Comes Down With Crash, but Unhurt; Will Make New Ship forCantonese

ly Chinese See Flight.

ORIENTAL WRIGHT SOARS
BIPLANE HOMEMADE CRAFT

Mishap on l

Copies Aft

美国报纸报道冯如首飞情况

冯如与冯如2号飞机

冯如准备驾驶冯如2号飞行

冯如2号在飞行中

冯如2号飞机的发动机

HE WILL FIT WINGS TO THE CHINESE DRAGON

Imperial Government Calls Home Fung Joe Guey, Who Made Many Flights at Oakland in the Machine He Invented, to Equip China's Army With Aeroplanes

1911年3月19日，美国《旧金山星期日报》刊登了题为《他将为中国龙添翼》的文章，报道冯如回国之事，并配发了这张图

广东恩平市的冯如纪念馆　周日新摄

广东恩平市的冯如中学

广州冯如墓

南苑航校的飞行场

中国最早的机场
——北京南苑机场

南苑又称“南海子”，曾是清代的皇家猎场。《日下旧闻考·国朝苑囿》记述：“南海子即南苑，在永定门外。元时为飞放泊，明永乐时复增广其地，周垣百二十里。我朝（清朝）因之……春搜冬狩，以时讲武”。民国初年，南苑因占地广阔，被辟为兵营。至今南苑地区仍留有“三营门”、“六营门”这样的地名。

1910年，清政府向法国买进一架“法曼”双翼机，并在南苑的毅军操场内开辟了飞机场，这是我国拥有的第一架飞机和首座机场。辛亥革命后，窃取了大总统宝座的袁世凯采纳法国顾问的建议，于1913年在北京南苑创建了我国第一所正规的航空学校，花费30万银元从法国购进12架“高德隆”式飞机和航空备用器材及修复设备，在南苑利用陆军练兵场修建机场、校舍和修理厂，9月正式开学。1919年，该校脱离参谋本部，改称航空教练所，隶属国务院航空事务处。1923年10月，直系军阀曹锟将航空教练所改名为国立北京南苑航空学校（简称“南苑航校”）。1928年5月，北洋政府灭亡，南苑航校撤销。

1931年—1937年，中国航空公司和欧亚航空公司在此机场起降过飞机。“七七”事变后，机场被侵华日军占领。抗日战争胜利后，该机场军民合用，中国航空公司和中央航空公司在此起降飞机。

1949年 9月上旬，朱德、周恩来等中央领导来到南苑机场视察，并观看了飞行表演。随着巨大的轰鸣声，9架战斗机相继从跑道起飞，很快就在空中调整成品字队形，并两次通过机场上空。

中华人民共和国成立后，经过多次扩建，南苑机场的跑道和通信导航等保障设施得到改善。1986年，中国联合航空公司成立后，使用此机场经营民用航空运输业务。

在北京南苑的P－51机群

“七七”事变前，日本惠通公
司的飞机在南苑机场

“七七”事变时，日军飞机肆虐
在南苑机场上空

1949 年 9 月，朱德视察驻南苑
机场的第一个飞行队

中国上空的最早飞行

在中国驾机飞行的第一人——秦国镛

在中国上空实现最早飞行的中国飞行家有秦国镛、厉汝燕、潘世忠等人。

1911年4月6日，从法国学习飞行并带回1架法国高德隆单座教练机的秦国镛回到中国，在北京南苑机场表演飞行。他是第一个学成回国的飞行员，飞行当天，不少清朝官员和外国来宾到场参观。秦国镛起飞后绕场3周，平安落地。这是中国人在自己领空上首次驾机飞行。

秦国镛字子壮，湖北咸宁人。1904年（清光绪二十年）作为湖北官费生留学法国，先进预备学校学习法文，后到部队实习，1907年入三锡陆军学校骑兵科，后奉清政府命令改学飞行。秦国镛是中国第一所正规的航空学校——南苑航空学校的首任校长。

1912年4月13日至14日，为庆祝辛亥革命成功，厉汝燕驾驶"鸽"式飞机在上海江湾跑马场做飞行表演并散发传单，受到热烈欢迎。随后厉汝燕被编入新组建的南京陆军交通团飞行营。1913年3月，飞行营被袁世凯调到北京南苑并归陆军第3师节制，厉汝燕随营任飞行训练班飞行主任兼修理厂副厂长，同年9月任南苑航空学校主任教官。1914年3月10日至11日，他与另外两名飞行员完成了北京至保定间的航线飞行，这是中国国内最早的航线飞行。

厉汝燕，浙江定海人，1909年毕业于英国伦敦纳生布敦工业学校。1910年经清军谘府批准，进入英国布里斯托尔飞机制造厂和该厂飞行学校学习飞机制造和驾驶技术。厉汝燕毕业后经英国皇家航空俱乐部考试合格，获得第148号飞机师证书。1911年底，厉汝燕受革命军政府委托，在奥地利选购"鸽"式单翼机两架回国，被委任为上海军政府航空队队长。

1911年4月6日由秦国镛在北京南苑机场驾驶升空的“高德隆”单座飞机，后被东北军抢到沈阳

1911年初在上海江湾跑马场上空飞行的“索默”飞机

1911年初在上海江湾跑马场的法国人环龙和“索默”飞机

1914年3月21日由日本人野岛驾驶在台湾首次升空的美国寇蒂斯双翼机

1912年北京上空飞行的布莱里奥XI飞机

1911年3月第一架在香港飞行的FAR-MAN型双翼飞机

1911年3月在香港沙田的FAR-MAN型双翼飞机

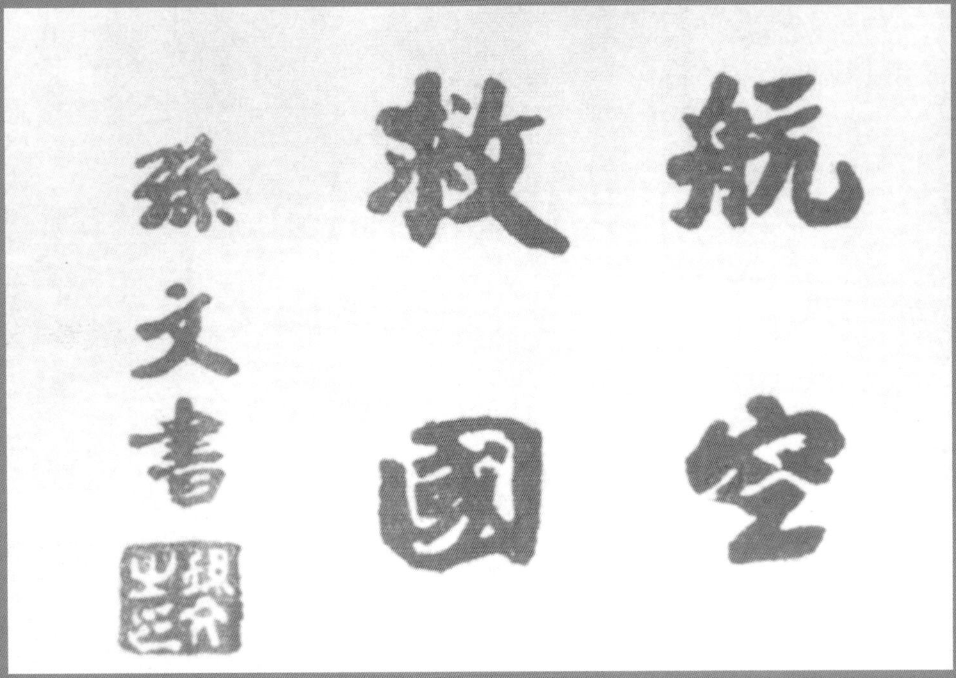

本途中致函旅美同盟会会员李绮庵，讨论飞船（即飞机）的重要性。信中说：“飞船练习一事，为吾党人才之不可缺。其为用自有不可预计之处。”

1911年9月14日辛亥革命前夜，孙中山致函旅美革命党人萧汉卫，函中提及了飞机的重要性，并慨叹无立足地以建立空军。12月下旬，孙中山又致函海外革命党人，请他们协助组建飞船队。

孙中山倡导“航空救国”

中国民主革命的伟大领袖和先行者孙中山，为了实现外御侵略、内除军阀、统一全国的目的，大力倡导“航空救国”，多方开辟途径培养航空人才，发展航空事业。可以说他是中国近代航空事业的奠基人。

辛亥革命前，孙中山游历英、法、美、日等国，广泛宣传国民革命，努力筹措资金，组织革命力量。与此同时，他耳闻目睹了西方飞机的发明、发展及其具体运用，深感飞机对于军事作战及国家建设的重要性，因而他极力倡导发展航空事业。

1909年9月孙中山获悉冯如驾机飞行成功后，十分高兴地说：“吾国大有人矣！”

1910年3月，孙中山抵达美国檀香山成立同盟分会，倡议当地华侨筹设中华民国飞船公司，自造飞机，并鼓励当地华侨青年学习飞行技术。同年5月31日，孙中山从檀香山赴日

袁世凯篡权后，孙中山为了实现国家统一，完成国民革命，领导了讨袁护法，组织了“二次革命”。1913年秋，旅美华侨在美设立中华民国飞船公司，已制成第一架飞机，并经华侨谭根试飞成功。孙中山立即电令谭根带飞机回国参加革命军，以讨伐袁世凯。后因孙中山讨袁失败，谭根未能成行。

其后，孙中山赴日本重建革命阵容，制订中华革命党革命方略，拟组建军政府，特将“掌握飞船、飞艇之编制、装配、制造、修理”列入海军部组织条例第六条中，并在日本筹办航空学校，培养革命所需航空人才。

1915年2月，谭根为集资筹办航空学校去南洋各地进行飞行表演。孙中山特致函南洋诸革命党人协办，并指出：“飞行机为近世军用最大利器，谭君既有此志，于国家前途，吾党前途，均至有裨益。”

1916年三四月，孙中山为充实讨袁军事力量，由日本致函旅美华侨革命团体，催促“竭力筹捐，多购飞机”，认为“此时购买飞机，组织飞机队参战，至为重要”，并一再催促“飞

机及各同志速回”。

孙中山在推动近代航空业发展过程中特别重视航空人才的使用和奖励。1918 年，为讨伐两广军阀动乱，他派遣粤军援闽，在漳州组成飞机队，任命杨仙逸为总指挥，同时亲笔致函杨仙逸：“足下对于飞机学问研究素深，务望力展所长，羽翼粤军，树功前敌。”

通过飞机队在讨伐两广军阀的战斗实践，孙中山对发展航空事业的认识进一步深化。1921 年他致函廖仲恺，叙述他拟撰写的国防计划。计划要目共 62 项，其中涉及航空的有 9 项。孙中山曾喻其“国防计划”为“救国计划”，在国防计划中，把他多年来对发展中国航空，建设革命空军，实现“航空救国”的思想更加理论化和具体化了。

孙中山、宋庆龄主持“乐士文”号飞机试飞典礼，宋庆龄在照片上写道：“这是我国制成的第一架飞机，1923 年 5 月设计，7 月制成”

宋庆龄在“乐士文”号飞机上

宋庆龄在“中山”号飞机上

制造中的“乐士文”号飞机

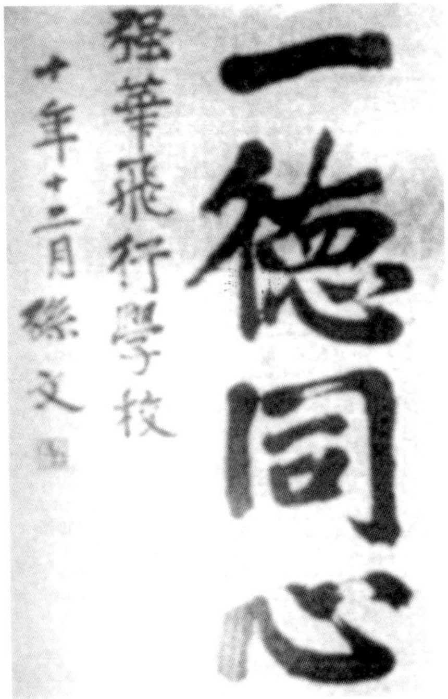

1921年孙中山为加拿大强华飞行学校题词

1915年10月25日，孙中山与宋庆龄在日本举行婚礼，在婚礼上他与证婚人杨仙逸举杯说：为航空救国干杯！

加拿大华侨吴基永保存的 “航空救国券”

加拿大华侨捐款购置飞机，支援祖国抗日

中国航空建设协会美西直属支会开给周锐的航空救国捐款收据

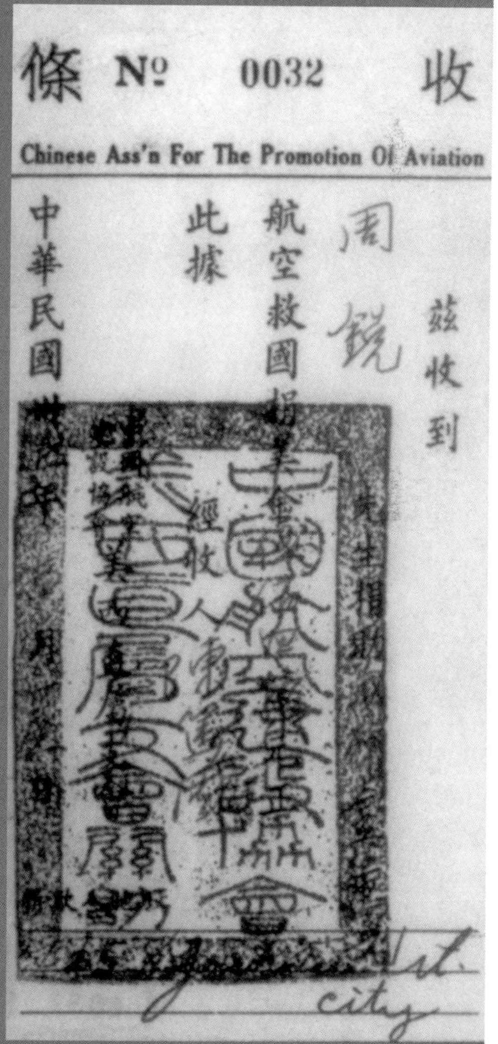

收條 № 0032

Chinese Ass'n For The Promotion Of Aviation

茲收到

周锐

航空救國捐

此據

中華民國

中国航空的摇篮
——南苑航空学校

袁世凯凭借军权窃取了北京政府政权，更需要加强军队实力巩固政权。1913年3月，袁世凯调南京交通团飞行营飞机两架到北京，归属南苑陆军第3师。飞行营附设随营飞行训练班和一个小型修理厂，由萧君耀任厂长、厉汝燕任副厂长。同年春，袁世凯决定购买外国飞机，聘请部分外国航空技术人员，在南苑开办航空学校，培养航空人员，作为建设空军的基础。

1913年春，北京政府决定在南苑创办中国第一所正规的航空学校。南苑航空学校的筹办由财政部拨款27万元，委托法国人博乐赴法购买教练机和航空备用、修理器材，并聘请飞行教官、技师等各两名。另拨建校专款6万元，在北京南苑陆军营房以南、练兵操场以西建筑校舍100余间，停机棚和修理厂各1座；扩修原陆军练兵操场，作为练习飞行的起落场地。参谋本部还负责草拟航空学校的规章制度，招考航校学员。

同年夏，北京政府从法国购进“高德隆”式飞机12架。其中40、50、80匹马力飞机各4架。这些飞机结构简单，最大飞行速度为每小时96千米，在地面滑行100米左右即可起飞。在购进飞机的同时，北京政府还从法国购回修理飞机所需的各类备用器材、设备。为培养飞机装配、修护技术员工，又从德州、巩县等兵工厂以及南口火车修配厂等单位挑选优秀的铁、木工各数十名，经法国技术人员指导训练，担任对飞机的装配和修护工作。

建校筹备工作从1913年春季开始，夏末前基本就绪。参谋本部委派秦国镛为首任南苑航空学校校长，潘世忠、厉汝燕与法国人康士坦丁、欧伯尔为飞行教官，王鹗、蒋丙然、宋建勋、刘万龄、赵干臣等人担任各学科教官。南苑航空学校于1913年9月正式开学。

南苑航空学校初期购进的飞机中，只有3架是双座舱飞机，其余9架都是单座舱飞机。而双座舱飞机前、后舱之间又没有配备双操纵装置，坐在后舱的学员只能作为乘客体会飞行的感觉，无法通过教官带飞掌握飞行驾驶技术，训练效率低、进度慢。学员在教官的指导下，经过一段时间的训练，学会了地面开、关车动作要领，并掌握了保持在地面进行直线加速滑跑的技术，开始进行飞机离地训练。

1914年3月开始，飞行训练逐步进入高级飞行阶段。1914年12月，南苑航空学校第1期41名学员毕业。

南苑航空学校的法方、中方教官

南苑航空学校引进的英国阿弗罗 504 型教练飞机

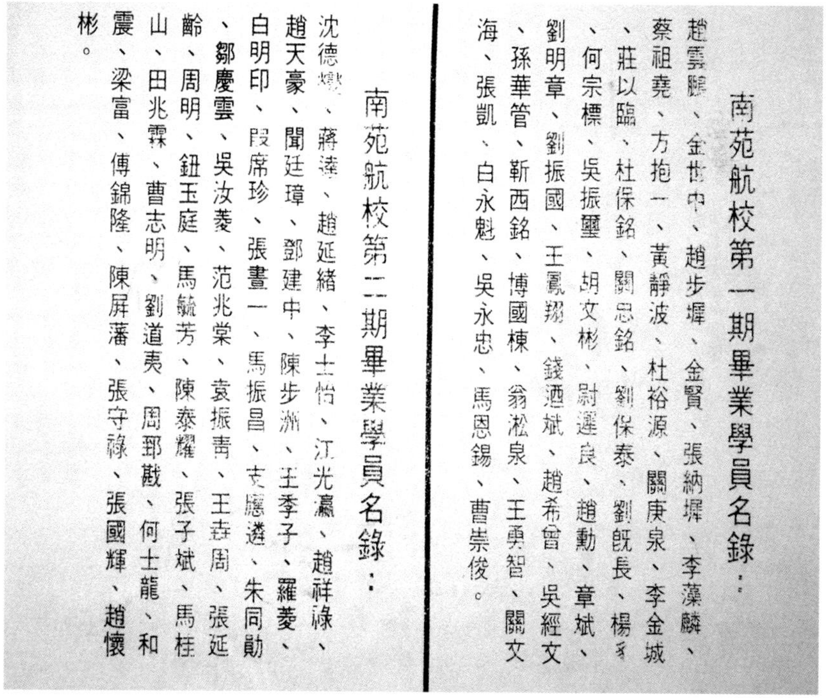

南苑航校第一期畢業學員名錄：

趙雲鵬、金世中、趙步墀、金賢、張納墀、李藻麟、蔡祖堯、方抱一、黃靜波、杜裕源、關庚泉、李金城、莊以臨、杜保銘、關恩銘、劉保泰、劉旣長、楊[illegible]、何宗標、吳振璽、胡文彬、尉遲良、趙勳、章斌、劉明章、劉振國、王鳳翔、錢酒斌、趙希曾、吳經文、孫華管、靳西銘、博國棟、翁淞泉、王勇智、關文海、張凱、白永魁、吳永忠、馬恩錫、曹崇俊。

南苑航校第二期畢業學員名錄：

沈德爕、蔣逵、趙延緒、李士怡、江光瀛、趙祥祿、趙天豪、聞廷璋、鄧建中、陳步洲、王季子、羅菱、白明印、段席珍、張晝一、馬振昌、支應遴、朱同勛、鄒慶雲、吳汝蓁、范兆棠、袁振青、王堯周、張延齡、周明、鈕玉庭、馬毓芳、陳泰耀、張子斌、馬桂山、田兆霖、曹志明、劉道夷、周郅戡、何士龍、和震、梁富、傅錦隆、陳屏藩、張守祿、張國輝、趙懷彬。

南苑航空学校第一、二期毕业学员名录

南苑航空学校“航空连”在婚礼上　李周提供

南苑航空学校全体人员合影（年代不祥）

南苑航空学校引进的法国“高德隆”式飞机

中国国内设计制造飞机第一人
——潘世忠

潘世忠，1889年出生于上海青浦一个建筑师家庭，中学就读于上海徐汇中学。1911年，清政府选派潘世忠、秦国镛等留学法国，他们先后在里尔机械专门学校和兰斯特伯多飞行学校学习航空飞行，并获得国际航联飞行证书。潘世忠1911年回国后，曾在武昌都督府管理飞艇装配试验事务，1913年夏北京南苑航空学校建立后，他被聘到该校，先后任机械教官和修理厂厂长，负责设计制造飞机。1913年10月20日，在北京南苑机场，潘世忠亲自驾机试飞，获得成功。这架飞机为双翼机，机身后部装置58.8千瓦推进式发动机，机头部装有一挺机关枪，机身标有“1”标号，被称为“枪车”飞机。因此在历史上，它被认为是在中国本土设计制造的第一架装备武器的飞机。试飞现场，人头攒动，军政要员亲临，报章载文称潘世忠为我国“第一飞行家”。1930年夏，潘世忠因病离世。

潘世忠登上飞艇

潘世忠操纵飞艇

潘世忠自行设计的“枪车”飞机由法藉教官进行试用

潘世忠自行设计的“枪车”飞机

孙中山与谭根等合影，前排左起：谭根、孙中山、陈英士，后排左起：戴季陶、夏重民

飞行家谭根在马尼拉飞行比赛中夺冠

谭根，原名德根，祖籍广东开平道祥乡，1890年出生于美国加利福尼亚州旧金山市，从小家境贫穷，童年上过小学，12岁就辍学进机器厂当学徒。谭根在屋仑中学的时候，听到美国莱特兄弟制造飞机成功，十分羡慕，就很想去向他们学习飞行技术。但是，要向莱特兄弟学习，必须缴纳学费，谭根家穷，不能供给他学费，他就白天做工，晚上钻研。此时，冯如已开厂制造飞机。谭根慕名前往与冯如结识，开始接触飞机技术。他一面做工，一面向冯如请教。一年以后，经屋仑中学校长举荐，谭根担任了一名美国飞行员的助理。这样，他学习飞机的机会更多了，兴趣也越来越大。听说士打飞机公司办得好，他就设法进入了这家公司担任机师，后又得到赞助，晚上得以到一位博士家补习飞行原理。经过日夜奋斗，谭根大有长进。经这位博士介绍，他进入美国希敦飞机实验学校攻读研习，直到1910年毕业，获得该校第10号文凭、国际航空联合会第131号驾驶员执照及美国加州飞行协会第15号执照。他在航空理论和设计制造技术上，都有丰厚收获，于是在华侨资助下，开始自己设计制造水上飞机，成为世界上早期的水上飞机设计者。他

1914年谭根在菲律宾马尼拉获得当地华侨赠送的奖杯

谭根研制的水上飞机

谭根在香港进行水上飞机飞行表演

设计的是一种新式结构的水上飞机——发动机安装在飞机头上，而且此飞机性能优于当时欧美同类飞机。谭根使用这架飞机参加万国飞机比赛大会，一举夺得冠军。参加比赛的有英、德、美等欧美国家的人，只有谭根一个是亚洲人。

1913年，谭根率公司人员到夏威夷群岛一带进行飞行表演。他们在夏威夷的首府火奴鲁鲁及各城市巡回飞行。华侨们闻讯，都十分兴奋地前往助威，出钱出力，使他们顺利完成飞行表演计划。

谭根在夏威夷表演结束后，随即赴日本，连续做了两次飞行表演，受到了日本政府的热情接待。当地报纸突出报道他的成功飞行，赞扬他的高超技术。从此一发不可收，谭根离开日本，又南折菲律宾的吕宋岛一带表演飞行，受到了广大华侨和当地群众的热烈欢迎。他先后飞行数百次，普及了航空知识，也为中国人在海外赢得了声誉。他还飞越了著名的2416米高的马荣火山，创造了当时水上飞机世界飞行高度的最新记录。他还在吕宋岛创建了中华民国飞机公司，培养了8名学员，制造了几架军用飞机。

谭根（右）向美国著名飞机设计师及飞行家寇蒂斯学习飞行

巴玉藻

王 助

曾贻经

中国首批航空学子巴玉藻、王助、王孝丰、曾贻经

1909年8月，清政府选派巴玉藻、王助、王孝丰、曾贻经等人，随同出洋考察筹办海军的大臣载洵、萨镇冰到英国，进入阿姆斯特朗学院学习机械工程。1915年他们在该学院毕业，又由北京政府海军部派遣转赴美国学习航空工程。巴玉藻、王助、王孝丰等3人转入麻省理工学院航空工程系学习，次年5月毕业，并都获得科学硕士学位。曾贻经则转入寇蒂斯飞机制造厂专攻发动机。为了谋生，并积累飞机设计和制造经验，巴玉藻一行毕业后分别应聘到美国各飞机厂工作。1917年4月，王助被特聘担任波音公司第一任总工程师。他充分发挥创造性，凭借多年积累的航空技术，经过反复试验、改进，终于成功设计制造了一种双桴筒双翼型水上飞机——C型机。该机通过试飞后，作为波音公司研制成功并用作开辟美国第一条航空邮政航线的飞机而永远载入史册。巴玉藻曾任寇蒂斯飞机制造厂设计工程师和通用飞机厂总工程师，并跻身于美国航空界的先进行列。1917年底，巴玉藻、王助、王孝丰、曾贻经等人相继回国。

王助等人一回国，就向海军呈送了建立飞机制造厂的建议，并于1918年2月获准在福建马尾建立海军飞机工程处。在王助等人的主持下，次年8月中国人在自己的土地上，设计试制出我国第一架水上飞机。在1918年到1930年的12年间，我国陆续设计制造了教练机、海岸巡逻机、鱼雷轰炸机等15架飞机，还培养了一批航空工程人才。1930年以后，王助继任海军制造飞机处处长，又先后研制成功了“江鸿”、“江雁”号教练机，在提高飞机性能方面有了新的建树。1922年，王助还与巴玉藻合作，设计了世界上第一个水上飞机浮动机库——浮坞，由上海江南造船厂建造成功，并投入使用。

1934年，王助调至中美合资的中央杭州飞机公司任第一监理，为中方最高负责人。1939年7月，中国航空研究所成立（1941年8月扩充为航空研究院），所长由空军副司令黄光锐兼任，实际上由担任副职的王助全面负责。他不但主持院务，还亲自参加飞机设计和制造。王助在飞机设计制造、航空科学研究、航空工程教育等领域都做出了卓越贡献，堪称我国早期航空事业的奠基人之一。

巴玉藻1918年首任海军飞机工程处处长，在履行政务的同时，从事水上飞机设计制造和海军飞潜学校教学工作。1928年9月，海军飞机工程处改名为海军制造飞机处，他继续任处长。在此期间，他领导设计制造了甲、乙、丙、丁等型水上飞机12架。

巴玉藻（中）在“戊三”飞机前

王助与夫人萨闺深

王助作为波音公司首任总工程师为该公司设计制造的第一架水上飞机

赴欧考察海军的清朝大臣载洵、萨镇冰等官员

中国航空教育的摇篮
——马尾海军飞潜学校

1917年8月，海军部决定在所属福建马尾设立飞潜学校，由飞机处同时负责学校的工作，从而将飞机制造、造船和人才培养连成一体，由陈兆锵兼任校长，聘余笃伍为学监。陈兆锵将新建的海军艺术学校校舍划拨给了飞潜学校。

海军飞潜学校按专业设置甲、乙、丙3班，还在福州公开招收中等学校毕业生和同等学历者50名。

海军飞潜学校学制为8年4个月，即100个月。设置飞机制造专业、潜艇制造专业、轮机制造专业。飞机制造专业设置的课程有航空动力学、飞机设计和制造、航空发动机、航空材料、电机学等。由巴玉藻、王助、王孝丰、曾贻经等人负责各科教学。这是我国第一所比较正规的、培养航空人才的大专航空学校。第一届甲班飞机制造专业，17名学生，1923年毕业；第二届乙班造船专业，1924年毕业，19人；第三届丙班制机专业，1925年毕业20人；三届共计56人毕业。海军飞潜学校毕业生都比较优秀，能够胜任工作并得到重用，有的还被派往国外留学。

1926年5月，由于经费等原因，马尾海军飞潜学校与海军学校、海军制造学校合并为福州海军学校。此后，航空专业的工程教育中断了近10年，直到1934年夏，南京中央大学、上海交通大学、天津北洋工学院才相继创设了航空工程系。因此，在中国航空教育史上，马尾海军飞潜学校就显得弥足珍贵。

马尾海军飞潜学校校长陈兆锵

马尾海军飞潜学校

马尾海军飞潜学校学生参加飞机安装实习

马尾海军飞潜学校航空班
第三届毕业生

中国第一架水上飞机在马尾升空

1884年中法福建马尾海战和1904年中日甲午海战连连失败的惨痛教训，使国内一些有识之士极力主张发展海军，建立学校，培养人才，自己设计制造飞机，以图强雪耻。此议得到当局批准。1918年初，当局在海军马尾船政局内设立飞机处，任命巴玉藻为主任，王助、王孝丰、曾贻经等为副主任，从事飞机设计制造，同时负责海军飞潜学校的工作。这就是中国早期的比较正规的飞机制造厂，有人称之为中国早期飞机制造基地，也有人称之为中国飞行器的“摇篮”。

马尾飞机处开办之初，巴玉藻、王助等人把船政局内的旧厂房改建为车间和办公室，以船厂为基础，又扩建了飞机装配厂和机库，还在江边铺设了飞机滑行道。同时，从船厂挑选了近50名工人，其中木工居多，其次为机械工、油漆工等。这些工人能够识图，技能也较高，被选到飞机厂后，巴玉藻、王助等亲自教授他们飞机、发动机、航空仪表的原理及其构造；并把他们分配、固定到车间，边干边学，从而使他们逐步趋于熟练，适应了飞机试制。随着飞机设计制造的需要，技术人员和工人队伍不断扩大，由开始的100多人，发展到300人。这是中国第一代经过自己专门训练的飞机制造技术人员和工人。

在航空材料的选择上，马尾飞机处坚持立足本土。飞机木质骨架、翼梁、翼肋、翼柱等，都使用国产材料。杉木质地坚韧，用于制作机身、机翼及机桴；白麻木质地柔韧，用于制作龙骨等弯曲件；樟木、白梨木等纹细质坚，用于制作骨架、框架等加强角件。桐油、生漆乃中国特产，被充分用作防腐和磨光油漆，胜过外购。1919年8月，马尾飞机工程处成功设计制造了中国国内第一架水上飞机即甲型1号。它为双翼双桴式，即以双桴为支持体先在水面滑行，继而升空。其发动机功率73.5千瓦，机长9.32米，翼展13.7米，机高3.88米，飞机总质量1055千克，最大平飞速度为120千米每小时，设有双座双教练系统，可作教练机使

中国第一架水上飞机甲型一号双座教练机

中国第一座正规的飞机制造厂——马尾海军飞机工程处

飞机工程处木工厂

用。对飞机的制造与飞行成功，北京政府曾颁发了嘉奖令。1928年7月，试制成功“海鹰”和“海雕”号水上鱼雷轰炸机，最大平飞速度为180千米每小时，最大飞行高度为3800米，海面爬升率为161米每分，飞机总质量2500千克，并装有机枪、火炮各一门，携带8枚炸弹，可以带鱼雷。1931年制造出的“江鸿”号双翼双桴水上教练机兼侦察机曾从马尾飞到湖北汉口。这些飞机的制成，表明马尾飞机处已有了一定水平与生产能力了。

中国最早的民航飞行

第一次世界大战于1918年结束，欧美立即着手开办民用航空，当时中国的北京政府也于1918年在交通部设立了筹办航空事宜处，筹措民航建设。第二年，即从英国购进两架“爱弗罗”飞机和6架“亨德利·佩季”飞机（乘客24人），还以借贷方式，购买了40架“维梅”型轰炸机改装的旅客机，60架“爱弗罗”型教练机，并在国务院下设立英国“维梅”型轰炸机改装的旅客机航空事务处。由于在一个政府里，有交通部的航空事宜处，又有陆军支持的国务院航空事务处，两者相互倾轧，争权夺利，直到1920年8月直皖大战中安福派失败，航空事宜处被撤销，航空事务处占了上风，它才逐步统一掌管了全国民航事务。

1920年4月24日，英国人驾驶一架“京汉”号“亨德利·佩季”型飞机，从北京试飞天津成功。5月8日，北京—天津段正式开航，“京汉”号带着旅客和邮件，上午从北京飞往天津，下午返回。这是中国开飞的第一条民用航线。北京—天津段开航后，很快就停了下来，直到1923年5月13日才复飞了一次。值得一提的是，这一次是由中国飞行员驾驶的。

按照开辟北京—上海航线的计划，航空署决定于1921年7月1日北京—济南段开航，由从英国购进的3架“维梅”型飞机执行任务，并将它们分别命名为“大鹏”号、“正鹄”号和“舒雁”号。6月27日，英国人任正驾驶，中国飞行员任副驾驶，驾驶“大鹏”号进行试航。上午7时34分飞机从北京南苑机场起飞，9时59分抵达济南张庄机场，飞行时间约2小时30分，航程700千米。7月1日，北京—济南段正式开航。当日，在南苑机场举行典礼，下午4时45分“舒雁”号起飞，晚上7时40分飞抵张庄机场。同行的有中国、美国、英国和日本的记者。同机还载运了4件邮件、4件邮包，因而此次开航还被看作是中国首创航空邮班。开航时，北京、济南、上海均使用了纪念邮戳，但实际航空邮班仅在北京—济南段，其他地段仍是火车运营。计划北京—济南段单日从北京飞往济南，双日由济南飞往北京，所使用的3架飞机分别放在北京、天津、济南三地，接力飞行。但结果是，由于经费困难等原因，开飞10天后即停飞。

中国“京汉”号客机首次载客飞北京至天津航线，这是中英工作人员在起飞前留影

中国向英国购买的亨德利·佩季型运输机

中国向英国购买的维克斯“维梅”双翼运输机

东北第一座机场——奉天（沈阳）东塔机场建成

1921年东三省航空处东塔机场办公楼

日军占领奉天（沈阳）东塔机场

东北第一座机场
——奉天（沈阳）东塔机场建成

1920年7月，奉系张作霖成立了东北三省航空处，设于沈阳东塔永光寺东侧，暂借沈垣三中校舍办公，划定沈阳大东门外旧农事试验场1200亩地修建机场，建成一条500米长的土质跑道。1921年夏，航空处修建的两座机库和办公室、职工宿舍完工，东塔机场投入使用。这是东北第一座规模较大的机场。1930年机场向南展宽300米。1942年又扩建了一座长240米、宽24米的大飞机库和飞机修理厂房。

东塔机场历经中国近代风风雨雨，见证了东北易帜；1931年沦入侵华日军之手，成为日军侵华的重要航空基地；1946年被国民党空军接收，用作运送兵员、物资，成为军民两用机场；沈阳解放后，被中苏民用航空股份公司用来开展客货运输；抗美援朝期间，进行了扩建。之后，东塔机场仍继续发挥其重要作用，不断被改扩建，成为东北地区民用航空运输基地和飞机维修基地。

常乾坤

王弼1925年加入中国共产党，被党派往苏联留学，1925年至1938年先后在莫斯科中山大学、列宁格勒空军地勤学校、莫斯科茹可夫斯基空军工程学院学习，曾任苏联空军少尉、上尉机械师和准校工程师、副科长、少校总检验师等职。1938年回国后，任中央军委作战部空军组组长、东北老航校政委等职。1949年3月，被任命为军委航空局政治委员；1949年11月，空军成立，王弼被任命为中国人民解放军空军副政治委员兼空军工程部部长，1951年6月改任空军副司令员。

1952年1月，王弼到航空工业部门工作。先后在第二机械工业部（简称“二机部”）、第一机械工业部（简称“一机部”）、第三机械工业部（简称“三机部”）航空工业局任副局长及教育局局长、航空工业部顾问等职，是全国政协第三、四届委员。

唐铎1925年辗转来到莫斯科，先后在苏联空军第二飞行学

最早学航空的共产党人
——常乾坤、王弼、唐铎

中国共产党从创立初期，就重视航空人才的培养。1924年5月，孙中山在广州创办黄埔军官学校，7月又创办军事飞机学校。第一期共有10名学员，其中刘云等7人是黄埔军官学校的第1期毕业生，唐铎等3人是飞机厂选送的。他们或是共产党员，或是坚定追求革命的青年知识分子。

常乾坤是黄埔军官学校3期和军事飞机学校2期毕业生，1926年被党派往苏联留学，毕业于第三航空学校和茹可夫斯基空军工程学院航空工程系。1938年回国，抗日战争期间曾任航空工程学校教务主任、军委总参谋部高级参谋，主持修建延安飞机场。之后，他历任东北老航校校长、中国人民解放军空军副司令、中国人民志愿军空军副司令、航空学会首届常务理事、第三届全国人大代表，是人民空军的创建者和领导人之一。

东北民主联军航空学校校长常乾坤（右）

王 弼

校、苏联空军第三飞行学校、空军战斗学校、飞行观察学校等空军院校学习飞行和通讯，最后毕业于茹可夫斯基空军工程学院，并获得航空机械工程师学位，被留在苏联空军，先后任飞行员、通讯主任、空军院校少校、中校教官等。在1932年“十月革命”节的阅兵式上，他驾机领航飞越红场，接受检阅。在苏联反法西斯卫国战争中，他英勇参战。1944年6月，担任射击团副团长，屡建功勋。苏联曾先后授予他列宁勋章、红旗勋章、红星勋章、苏维埃卫国战争勋章和奇哥尼茨比格城奖章等。

唐铎多年身在异国他乡，始终没有忘记祖国。1926年，他加入了中国共产党，更加怀念祖国，多次要求回国，均未能如愿。直到1953年3月，周恩来总理率团参加斯大林葬礼，亲自与苏方洽谈，唐铎才被准予回国。不久，他就欣然受命奔赴哈尔滨，出任他的老战友陈赓大将为院长的中国人民解放军哈尔滨军事工程学院党委委员、空军工程系党委书记、系主任，参加学院的创建工作。1955年被授予少将军衔。

晚年的王弼

1956年12月3日，中国人民解放军哈尔滨军事工程学院领导与中央军委苏联总顾问波特鲁塞夫斯基上将（左二）会见时合影，右二为唐铎少将

1953年唐铎一家回中国前在苏联留影

广东军事飞机学校成立

广东军事飞机学校第3期甲班学员

广东军事飞机学校旧址

在广东军事飞机学校学习

唐 铎

1924年9月，孙中山先生的大元帅府，即广州革命政府，决定成立一所军事飞机学校。这所学校的校址，就在当时广州大沙头飞机制造厂附近。学校规模很小，举办时间又短，只招收过两期学员，随着大革命失败也就寿终正寝了。因而它很少为世人所知。但它确实是我们中国共产党与孙中山先生领导的国民党合作期间开创中国航空事业的摇篮。

进入这所学校的第一期学员共有10人，即黄埔军校第1期毕业生：刘云、冯旬、王勋(即王叔铭)、王翱、万鹏、袁政、郭予如，还有从飞机制造厂选派来的3名实习生，我是其中的一个，另外两名朝鲜族同学，就是朴泰下和金震一。学校的校长是德国人，叫雅尔台，还有两名德国教官，一位叫风格列姆，一位叫瓦尔特。他们是孙中山先生聘请来的，都参加过第一次世界大战，有空战经验，很热心地对我们学员进行训练和指导。雅尔台校长亲自教授领航、侦察、战术，每天早晨他还亲自带领我们做操跑步，并经常强调说，飞行员必须有好身体，而好身体是靠锻炼得来的，另外两名德国教官则专门教我们飞行。

我们10名学员，在这所学校里共同学习生活了1年的时间。我们受着航空飞行的训练，通过仅有的两架教练机，学会了单独驾机飞行。同时，也在革命的实践过程中，经历了东征陈炯明，平定刘(震寰)、杨(希闵)叛乱，沙基惨案以及廖仲恺遇刺等重大事件。马克思主义的理论在我的脑海里开始由抽象的概念变成感性的具体形象了。

在这个过程中，刘云给了我深刻的印象和巨大的影响。刘云是我们湖南同乡，在黄埔军校第1期学员中曾任学员队长。据说，他很受校长蒋介石的器重，但后来竟是被蒋介石直接下令杀害的。刘云是一位相当活跃的共产党员。他不仅同我们一样当学员，同时，还担任着飞机学校的党代表。那时的国民党军各级指挥机关中，都有国民党的党代表与军事首长和苏联顾问3人并列，共同决定重大事宜。但这种党代表多数由中共党员担任，专门在部队中做政治思想和宣传工作。

刘云是一位政治上旗帜鲜明的人，他虽然只比我大三四岁，但显得很老练，很成熟。他很关心我们在政治上的进步。刘云既有很丰富的航空知识，又具有为祖国的航空事业而献身的强烈愿望。他曾留学法国，在法国法尔曼飞机工厂附设的飞行学校学习飞行。那家工厂制造的法尔曼式飞机，曾参加过第一次世界大战，是当时一种非常著名的军用飞机。刘云回国后，又到黄埔军校学习军事。大概是由于他受过这方面的训练，又很热爱航空事业吧，才派他担任了飞机学校的党代表。

1925年春天，帝国主义及其走狗北洋军阀，乘孙中山北上途经东京患病之机，怂恿和支持盘踞在广东东江一带的军阀陈炯明进攻广州，阴谋推翻广州革命政府。于是，广州革命政府举行了东征。当时，除了黄埔学生军等陆军参加东征之外，还曾派飞机去东江惠州上空散发传单，进行侦察以及投掷炸弹。我们飞机学校的全体学员都乘飞机飞行一次，进行了实际的空中作战。刘云就曾亲自与飞行教官瓦尔特一起，乘飞机往敌人阵地上丢掷炸弹。当时的飞机上面，只带一挺机关枪，放在座舱内，用手端着从座舱内向地面射击，飞机上没有自动投掷炸弹的装置，只能用手去丢掷炸弹，也没有瞄准具，只能用肉眼进行观测。

不久，刘云想出了一个改进投弹的办法。他同德国教官们共同设计了一个炸弹架，教我们安装在机翼下，轰炸时，只要从驾驶室里把装置炸弹的架子拉开，炸弹就会自行下落，这就比直接用手去丢先进多了。

1925年6月，为了声援上海掀起的五卅罢工运动，广州和香港的工人发动了声势浩大的省港大罢工。省港罢工委员会及其所属的纠察队，显示了巨大的威力，竟使得英帝国主义霸占的香港停止了运转，成了凝滞而霉烂的臭港。在6月23日那天，党代表刘云带领我们飞机学校的十来名学员，参加了广州各界在东校场举行的声援沪案大会及大规模示威游行。航空局还派出飞机，到会场上空散发传单。会后游行时，由刘云带领我和王翱等十来名学员，高举着“中国青年军人联合会”的横幅，走在军人队伍的最前面。在游行过程中，我看见青年军人联合会负责人蒋先云、王一飞、陈赓等在指挥和引导队伍前进，并带领队伍高呼革命口号。游行队伍，旌旗相望，锣鼓齐喧，气势壮观宏伟，十分令人精神振奋。而当游行队伍浩浩荡荡地经过十八甫南路，路过沙基的时候，却遇到英、法、美等帝国主义军警的屠杀，造成了骇人听闻的沙基惨案。

1925年秋天，我们从军事飞机学校毕业了。

(节选自唐铎:《我在大革命时期学习航空的一段经历》原载《空军回忆史料》)

张作霖、张学良父子办航空

1920年，张学良的父帅张作霖成立了航空处，筹建机场和筹办各项航空事宜，并从法国购进20架飞机。张学良等奉命东赴日本考察航空，观看模拟空战，深为日本陆、空军“装备优良，训练有方，技术先进”所震动。张学良归来后，四处宣传空军威力，并得其父帅赞同，扩充航空处，发展航空业，着手从陆军中挑选飞行学员。1923年，张学良受命亲自任航空总办，于是一手创办东北航空学校，一手扩展航空力量。

东北航空学校经过一番筹措，于1923年正式成立，张学良亲自兼任校长。1924年，张学良还从陆军军官中选拔12人，派往法国学习航空飞行技术，1925年回国。他还总结了选派的人员年龄过大、达不到预想效果的教训，因而从他亲自建立的东北军官训练班的一千多人中，选拔了28个20岁上下、体格健壮的人，于1925年3月，再派往法国，并由驻法使馆武官任留学生总监。这批学员在法国航空学校受到严格训练，毕业后均获得国际航行驾驶证。此后，又转到法国空军学校，训练战斗飞行，观摩正规空军战斗演练，于1927年学业全部结束后回国。1926年，张学良还选送4人去日本，学习航空侦察。

1928年9月17日，张学良为东北航空学校题词：“翱翔远驾，御风冷然，隼击万里，鹏搏九天。”同时，他又为东北航空学校同学录作序，表示中国航空“即不能着世界航空先鞭，幸不致贻讥牛后”，张学良践其所言，对于呈请购买飞机和航空器材，他即照准。

张学良悉心筹措，外派留学，自办航空学校，加上接受北京南苑航空学校学员，使东北航空处总共拥有100多名航空人才，为扩展空军创造了前提条件。张学良将东北空军正式改编，成立了飞龙、飞虎、飞鹏、飞鹰、飞豹5个航空队，拥有50多架飞机，成为中国当时较突出的一支训练有素、装备比较优良的空军，并且参加了西北、河南等地的实战，为国内外特别是日本所注目。在此期间，张学良还先后创办了《东北航空》季刊、《东北航空》月刊、《东北航空画报》，以传播航空知识，扩大影响。这在当时国内也很为鲜见。

1928年6月4日，日本关东军亲手策划皇姑屯事件，把张作霖炸死。张学良承父位，更加致力于空军和航空工厂建设。他下令把东北航空处改编为东北航空大队，下设5处、5个队和1个工厂。到1929年东北航空大队已能生产机身、尾翼、螺旋桨、发动机架、少量仪表和电子设备、照相器材及其他零件等三四十种航空产品，并附有印刷厂。在当时，可以说是比较完备的。1930年春，张学良又把航空大队扩编为东北边防军（航空）司令部，并亲自兼任边防军空军司令，又添购飞机，使之拥有法、英、德各式飞机10多种，总共达到300多架；扩建沈阳东塔飞机场，兴建葫芦岛和沈阳北陵两个新机场。同年4月张学良与荷兰福克公

张作霖（前排左三）、张学良（二排右二）与吴佩孚（前排左四）在一起（1928）

司会谈，双方投资设立有限公司，并拟定《东北航空工厂组织大纲》，大纲确定组织生产飞机及附件，荷兰福克公司转让多种飞机的制造技术；组成7人董事会，张学良亲任董事长。张学良对于发展东北航空，可谓雄心勃勃。可是，1931年9月18日，一夜之间，沈阳沦落敌手，张学良惨淡经营10年之久的东北航空事业悉数被日军抢掠。

张学良将军

张学良检阅航空队

张学良驾驶飞机

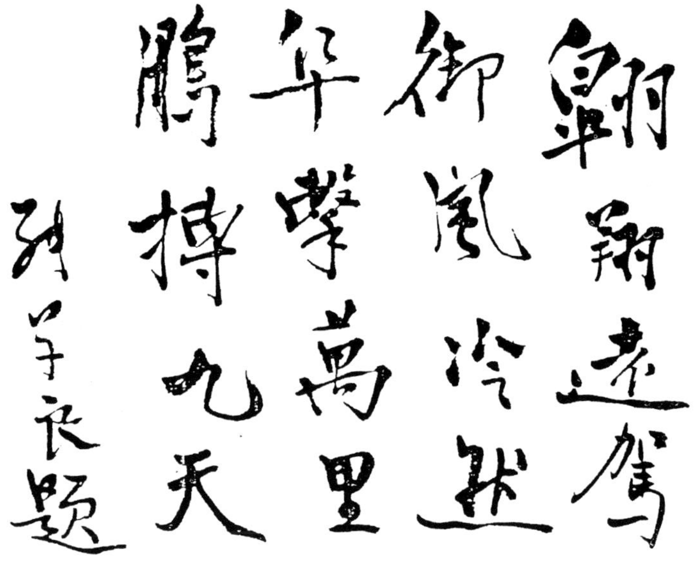

张学良为《东北航空学校同学录》题词

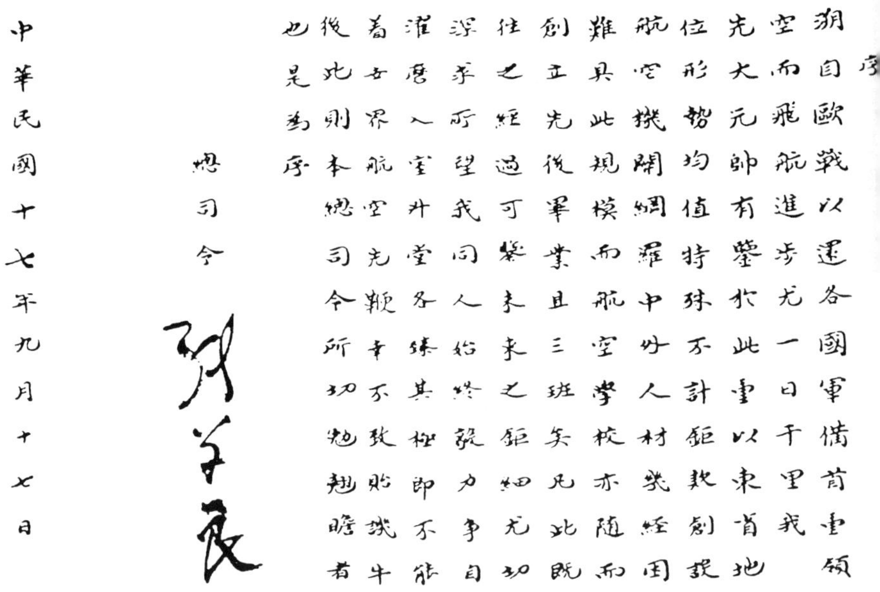

张学良为《东北航空学校同学录》作序

东北空军司令部

张学良（右三）在杭州笕桥中央航空学校机棚前

香港兴建启德机场

香港启德机场落成时的飞机库

1924年，华人大律师何启爵士和华商区德先生（又名区泽民）合资经营启德投资公司，在九龙湾北岸进行填海工程，起初计划建设华人住宅区。后来公司倒闭，当时政府授意让这一大幅空置土地用作机场，它先后成为英国皇家空军机场、飞行会和飞行训练中心。1927年3月起，英国皇家空军的飞机开始在启德的土地停泊，政府则在同年12月与启德投资公司达成协议，由政府购买造地工程和土地，开始扩充启德土地拟建设机场。

1928年，在启德土地上建起了一条混凝土下水滑道，供水上飞机在九龙湾升降之用，并以他们两人的名字命名为“启德机场”；机场基本工程在1930年完成。同年香港政府正式聘请了首位机场监督，并由当时的海港署负责管辖各种飞行活动。1934年，远东飞行训练学校在启德开办。1935年，首座指挥塔和飞机库落成。

1936年是香港航空史上重要的一年，3月24日，第一班定期商业客运航班从槟城飞抵香港。此后，陆续有航空公司加入提供航班服务。1941年12月8日，日军开始进攻香港，并在当日轰炸启德机场，迅速地把英国皇家空军的飞机及设施摧毁。香港在同年12月25日起被日本占领。启德机场在第二次世界大战后期受到盟军的猛烈轰炸，严重损毁。战后政府为重建机场，铲平了宋王台余下的“圣山”部分。

1996年，启德机场在国际客运量方面，位居全球最繁忙机场的第三位，运输了2950万名国际旅客；而在国际货运吞吐量方面为全球首位，共处理了156万吨来自世界各地的货品。

1998年7月5日晚上，最后一班在启德机场降落的航班，为当晚11时38分由重庆抵港的港龙航空 KA841号班机；而最后一班在启德机场起飞的航班，则是7月7日凌晨0时02分起飞，从香港前往伦敦希斯罗机场的国泰航空 CX251号班机。启德机场结束了多年来的历史任务。

最后一班航班飞离启德机场后，政务司司长陈方安生及民航处处长施高理主持了跑道关灯仪式。1时17分，施高理以“Goodbye Kai Tak, and thank you!(再见了启德，多谢你!)” 作告别之话，按动按钮熄灭跑道全部灯光，正式为启德机场历史画上句号。7月7日早上6时30分，启德机场完成迁移，赤鱲角新机场正式开始运营。

20 世纪 30 年代启德机场上的民航飞机

20 世纪 60 年代的启德机场

1936 年，美国泛美航空公司的马丁 M-130（中国飞剪号）飞越香港上空

1983 年的启德机场

1946年9月，新成立的香港国泰航空公司第一架DC-3飞机从启德机场升空

20世纪80年代在启德机场起飞的国泰客机

洛宁·基斯顿水陆两用飞机机棚

洛宁·基斯顿水陆两用飞机在飞行

中国航空公司的诞生和运营

20世纪20年代，中国处在军阀混战的割据状态，加之民用航空还问世不久，因而国内民航仅由中央或地方的政府机构一条一条线路开辟。进入二三十年代，我国开始学习西方经验，组建国内和国际民用航空公司，购入比较先进的飞机，开辟国内和国际航线。

1928年12月，美国寇蒂斯·莱特公司指派专人与国民政府交通部长孙科会谈，提出向中国政府提供资金发展中国商业航空，但要获得中国全部邮件和旅客运输的垄断权，并建议成立中美合资的航空公司。1929年4月15日，国民政府发布命令，公布《中国航空公司条例》，特派孙科为中国航空公司理事会理事长。4月17日，孙科和美国航空开拓公司代表罗伯逊签订了《航空运输及航空邮务合同》、《创办和经营飞行学校、工厂、航空运输公司》等。5月1日，中国航空公司宣布正式成立。10月21日，该公司采用洛宁型水陆两用飞机开辟了上海到汉口的航线。但航线刚开辟一个星期，美国航空开拓公司却把合同规定的给美方的权益转给了美商经营的中国飞运公司。为此，中国政界、名流和各界纷纷抗议。1930年元旦，上海邮政工会还组织了罢工示威，全国邮政工人也纷纷响应。3月，中方正式提出修改《航空运输及航空邮务合同》，经过3个多月谈判，废除了旧合同，签订了新合同，这个由孙科主事的中国航空公司，在短短9个月时间里就夭折了。

1930年7月8日，国民政府行政院正式公布了由交通部和美商经营的中国飞运公司签订的新合同。8月1日，由前中国航空公司、1929年5月成立的沪蓉航空线管理处和中国飞运公司合并组成新的公司，仍沿用中国航空公司的名称，总股本1000万，中美方比例为55∶45。到1936年底，中国航空公司共拥有各型飞机16架，开辟了上海—成都、上海—北平、上海—广州3条主要航线，同时开通了广州—香港、重庆—贵阳、重庆—昆明航线，航线总长5151千米，在当时处于国内领先地位。

在此期间，1930年2月，德国汉莎公司和中国交通部签订了《欧亚航空邮政合同》，双方合资组建欧亚航空公司；1931年2月1日欧亚航空公司正式成立，5月31日，欧亚航空公司正式开航由中国境内出发经苏联前往欧洲各国的3条航线。该公司还于1934年5月开辟了北平—广州航线，6月开辟了兰州—银川航线，1935年9月开辟了西安—成都航线等。到1936年底，欧亚航空公司经营的航线已达到7600千米。此外，广东、广西政府还曾联合云南、贵州、福建地方政府，兴办了西南航空公司，开辟了西南各省间的航线和到越南河内的航线。

福克三发飞机在飞行

中国航空公司的DC-3飞机

中国航空公司的 DC-2 飞机飞抵云南雷允

中国航空公司重庆—成都航线使用史汀生飞机飞行，摄于1933年2月1日四川遂宁，驾驶员为休戚·米切尔

中国航空公司驾驶员休戚·米切尔

中国航空公司的DC－2飞机机群在上海龙华

中国航空公司的塞可斯43型飞机在上海龙华机场上，该机飞行上海—广州航线

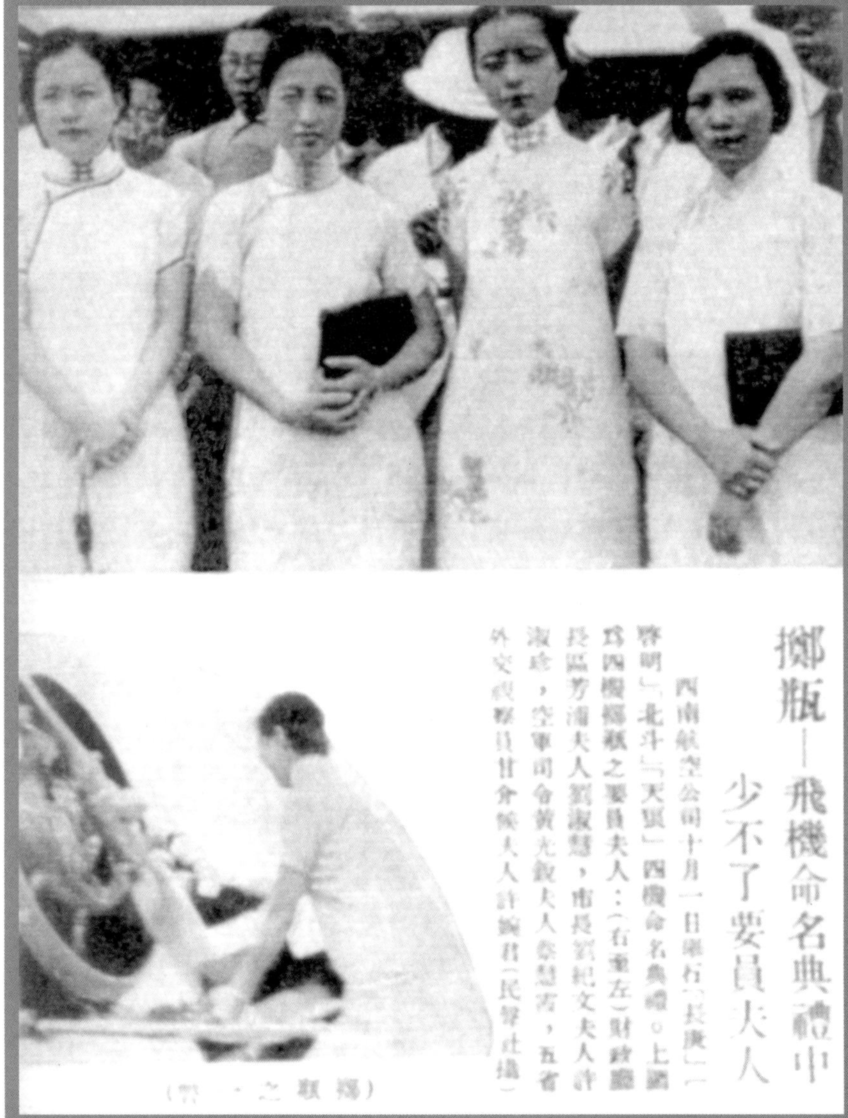

擲瓶——飛機命名典禮中
少不了要員夫人

西南航空公司十月一日舉行「長庚」「啓明」「北斗」「天狼」四機命名典禮。上圖爲四機擲瓶之要員夫人：（右至左）財政廳長區芳浦夫人劉淑慧，市長劉紀文夫人許淑珍，空軍司令黃光銳夫人蔡慧宵，五省外交視察員甘介侯夫人許綸君（民聲社攝）

1934年西南航空公司在广州开业，举行飞机命名掷瓶典礼

红军第一位飞行员龙文光

中国工农红军第一架飞机“列宁”号

中国工农红军第一架飞机“列宁”号

1931年2月28日中午，国民党的一架军用飞机从武汉飞往开封的返航途中，因大雾迷航汽油燃尽，降落在鄂豫皖革命根据地大别山南部大悟县宣化店西南约10千米的陈家河菜籽湾的河滩上。飞机被赤卫队员们缴获，飞行员龙文光被俘虏。这是一架美国制造的02U-4型侦察机，也可携带炸弹作轻型轰炸机使用。

中国工农红军鄂豫皖特区军事委员会和特区政府接到报告后，立即指示当地武装部队，协助地方苏维埃政府，将飞机运到新集（今河南省新县县城，当时是鄂豫皖特区苏维埃政府所在地）。飞机和飞行员到达新集后，军委会领导人徐向前等接见了飞行员，鼓励他弃暗投明，为人民驾驶飞机。1931年4月，龙文光和红军中懂得航空的同志一道，克服了物质上和技术上的困难，把飞机重新组装起来。机身上涂了银灰色油漆，并用美术字写了“列宁”两个字，机翼两端下方各绘上了一颗红五角星。这就是中国工农红军第一架飞机，名为“列宁”号。

“列宁”号首次执行的任务是1931年7月，在固始、潢川、光山相继撒传单；8月9日傍晚，“列宁”号又从新集起飞，远征汉口，进行侦察和飞行示威。

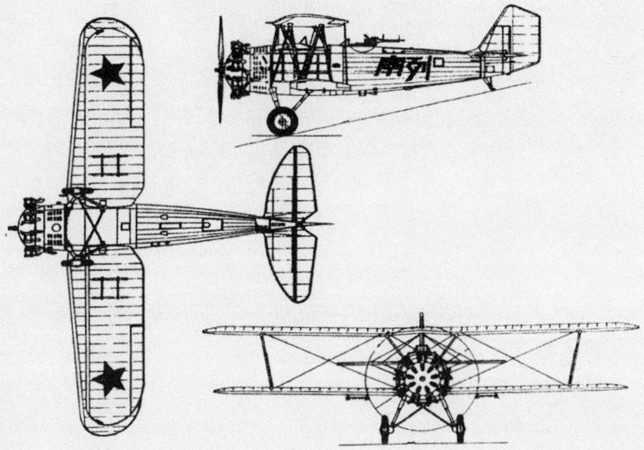

“列宁”号飞机三面图

为了充分发挥“列宁”号飞机的作用，红军兵工厂的工人们从敌机丢下来未爆炸的炸弹中，选了两枚54千克的重型炸弹，修好了撞针和雷管，挂在机翼下。这样“列宁”号又成了“轰炸机”。1931年12月22日，雪后的晴天，“列宁”号奉命出击黄安县城，投下了两枚炸弹，准确地落到了敌守军师长赵冠英的指挥部，指挥部即刻陷入瘫痪。溃敌弃城逃跑，英勇的红军乘胜追击，歼敌5000多人，活捉了赵冠英，解放了黄安县城。1932年7月，蒋介石调动了30万军队向鄂豫皖革命根据地发动了第四次“围剿”。10月10日，红军主力被迫转移。“列宁”号飞机曾随红军转移。终因环境恶化，不得不把“列宁”号飞机拆卸开，分散埋在大别山的山沟里。在以后的艰难岁月里，当地群众顶住了敌人的多次追查，终于使这架飞机保存下来。

1951年9月，王树声率中央人民政府南方老革命根据地访问团鄂豫皖分团来到大别山时，群众才将飞机部件挖出来，献给了国家。可惜这些部件未得到妥善保护。更令人悲伤的是，1932年红军转移时，龙文光未及时撤退，匆匆转移至汉口，被国民党逮捕杀害。然而，他为人民解放事业做出的贡献，不是任何刀光剑影所能泯灭的。中国航空博物馆为了展示这段历史，还以1∶1的比例复制了一架“列宁”号飞机，供人们观瞻。

“列宁”号原为美国“可塞”（CORSAIR）O2U-4型水上侦察机，后改为陆基飞机，成为兼侦察、通信、轰炸的多功能飞机，图为美国海军“可塞”O2U-1飞机

藏于航空博物馆的“列宁”号模型飞机　周日新摄

林彪（左）、聂荣臻在红军第二架飞机前

杭州笕桥中央航空学校成立

1932年9月1日，杭州笕桥军政部航空学校扩大改组为中央航空学校，直属国民政府军事委员会，军事委员会委员长蒋介石自兼校长，原军政部航空学校校长毛邦初任副校长，负责学校日常事务。从美国聘请的航空顾问团顾问朱厄特上校于同年7月来华。该团由总教官罗兰德等11名飞行教官、1名航空军医和5名机械师组成。顾问团掌握了航空学校飞行训练大权，包括中国飞行教官的选调、考核。

航校飞行训练分初级、中级和高级三个阶段，每个阶段约4个月。航校共有各式飞机90余架，绝大部分是从国外购买的。每个训练阶段均飞行60小时左右，与南苑、广东航校初级飞行毕业飞行30小时～40小时以及东北、云南等航校飞行20小时相比较，飞行时间增加1倍以上。

1934年国民政府又招聘了意大利航空顾问团来华组织指导飞行训练，还组织20名中央航空学校第2期毕业生赴意大利学习深造。1935年6月成立了中央航空学校洛阳分校，黄毓沛担任分校校长，由意大利航空顾问团主持训练。

1936年7月，广东空军“北飞”与国民政府空军合并后，广东航空学校由中央航空学校接收，改为中央航空学校广州分校，负责初级阶段训练。至此，中央航空学校包括杭州笕桥航校校本部以及洛阳、广州分校，学校训练机构进一步扩大。

为了加强对飞行人员的思想控制，中央航校于1932年10月1日成立了政治训练处。蒋介石亲自参加了每一期飞行学员的毕业典礼，以示倚重。

中央航校在担负训练新飞行员任务的同时，还进行了航空机械人员、轰炸员、照相员的训练，并设立了高级班，负责各航空队老飞行员及各级飞行指挥员的高级飞行技术和战术训练，先后举办了4期，对59名飞行员进行了高级培训。

中央航空学校的前身是南京中央陆军军官学校，以1931年3月毕业的南京中央陆军军官学校航空班作为中央航空学校第1期算起，至1937年5月抗日战争爆发前，6年左右的时间里，中央航空学校共有6期660余名飞行学员毕业。与南苑、广东等航校比较，中央航空学校无论在毕业学员人数、毕业飞行学员飞行时间、飞行质量以及航校训练、管理等方面都要强许多。该校毕业的飞行员作为南京国民政府空军的主力，在抗日战争中英勇杀敌、屡立战功，不少飞行员壮烈牺牲，血溅长空。

杭州笕桥中央航空学校

杭州笕桥中央航空学校校区

1936年杭州笕桥中央航空学校校长蒋介石视察航校

杭州笕桥中央航空学校校阅仪式

1931年蒋介石乘塞可斯飞机时留影

1937年8月，蒋介石乘专机前往庐山，参加庐山军官训练团第二期开学典礼，图为专机飞行在鄱阳湖上空

蒋介石乘专机在鄱阳湖上停泊，然后坐小木船上岸

蒋介石的专机塞可斯飞机在南京

杭州笕桥中央航空学校学员使用弗立特教练机作9机编队飞行

1934年1月，航校二期学员在保俶塔下学习航空技术

中央航空学校学员罗中扬的毕业证

1931 年 9 月 19 日，林白驾驶的洛克希德“天狼星”号飞机降落在南京莫愁湖上

美国著名飞行家 查尔斯·林白驾机访问中国

1931 年 9 月 19 日，美国著名飞行家查尔斯·林白和夫人驾机访问中国，他们驾驶的洛克希德“天狼星”号飞机降落于南京的莫愁湖上。

查尔斯·林白是享誉世界的著名飞行员。1927 年 5 月，林白成功地从纽约飞抵巴黎，此次单人不着陆飞越大西洋，航程5810千米，飞行时间33小时30分。这成为一时轰动世界的新闻，林白也立即成为美国乃至世界家喻户晓的飞行英雄。林白 1902年生于底特律，20岁那年，他进了飞行学校。第一次驾驶飞机上天，他有着美妙非凡的感受。他感觉到：整个地球甚至整个宇宙都在他脚下飞驰而过，他感受到了生命与万物的存在，便更加钟情于航空事业。他的飞行技术迅速长进。他演练了一些飞行“绝活”，即在高空连续 3 次翻滚，以及在高空急剧向下俯冲，直到距地面很近时才拉起机头。林白夫人也是一位飞行员。

林白夫妇首次访问中国，是他们驾机环球飞行计划中的一部分。他们抵达中国之时，恰是日本帝国主义发动“九一八” 事变，侵略我国东北的第二天。当时中国长江流域正在遭受严重的水灾，林白夫妇闻讯后，立即取消原定的应酬，主动要求驾机进入灾情调查工作之中。9 月 21 日林白驾机沿长江飞行，巡视灾情，并向灾区运去医疗用品，最后在停泊于汉口的英国军舰上降落。在随后的一次飞行中，由于飞机被军舰上的缆绳绊住，掉入江中，飞机受损，不得不运到上海修理。

蒋介石和夫人宋美龄会见了林白夫妇，并向他们颁发了中国国家航空奖章。

美国著名飞行家查尔斯·林白及其夫人驾机访问中国

蒋介石、宋美龄接见来华飞行表演的美国著名飞行员林白及其夫人

林白在“圣路易斯精神”号飞机前

1927年5月，林白单人驾驶“圣路易斯精神”号飞机飞越大西洋

日本攫夺中国东北航空权益，开办航空邮政

在中国现代史上，日本军国主义对我东北实行残酷殖民统治长达14年。为了谋求长期霸占我大好河山和服务于侵略战争，日本疯狂攫夺东北航空权益，肆意开办航空邮政。

日本军国主义对中国东北航空事业觊觎已久，早在1921年，日本陆军就在中国东北领空进行过一次试验飞行，两架日本制造的撒尔穆逊式飞机，由日本航空兵驾驶，从安东(今丹东)入境飞抵长春。1929年，日本政府又谋划开设“日本东京—朝鲜新义州—中国东北大连”的沿黄海海岸线飞行的定期航线，因中国政府的抵制而未果。1931年“九一八”事变，山河变色，东北沦入敌手，日本关东军随即占领了奉天（沈阳）东塔军用机场，在长春强占民地修筑简易机场，开始军用航空。不久，日本航空运输会社又进入东北，为关东军进行军用运输。伪满洲国建立后，根据所谓《日满议定书》规定，由日本侵略者创办的“满洲航空株式会社”(简称“满航”)于1932年9月26日在奉天成立，11月3日开始营业。在伪满的各种会社中，有一种必须由日本关东军直接控制的所谓“贯彻国策”的会社，称“国策会社”或“特殊会社”，“国策会社”的社长、副社长、总裁、副总裁等，必须由日本关东军司令官推荐提名，满航便是其中最重要的一个“国策会社”。满航成立之初，本社设在奉天，后迁移至日本东京，下辖奉天、“新京”（长春）、哈尔滨、牡丹江、齐齐哈尔5个管理局、8个分所、40个出张所。

“满航”开业后首航线是奉天—大连、奉天—“新京”—哈尔滨—齐齐哈尔两条航线，首航飞机是超速普茨茅斯飞机。以后航线逐渐增多，形成以“新京”为中心，以哈尔滨、“新京”、奉天、大连为中轴的东北航空网。

为了强化日本对伪满的统治和扩大侵略战争，傀儡政府“伪满洲国”在刺刀下签订了日伪航空协定，允许日航于1935年4月开通东京—新义州—“新京”航线，于1939年10月开通东京—福冈—京城—奉天—“新京”航线，于1941年4月开通“新京”—东京直航线，航空线路以“新京”为中心已遍通伪满境内及日本、朝鲜。1941年，伪满境内航线达30条，总长度18575千米。为纪念满航所谓的成绩，伪满政府于1941年规定了伪满的航空日，每年进行纪念。

在满航开始营业之际，伪交通部于1932年10月26日公布《航空邮递章程》，利用满航的营业航线和军事定期航线，于11月3日创办航空邮件业务，开通奉天—朝鲜新义州、奉天—“新京”—哈尔滨—齐齐哈尔、“新京”—龙井村的3条航空邮路，正式确立航空邮件制度，航空邮路里程为2600千米。为纪念此事，伪满邮政部门还于航空邮政开办之时使用纪念邮戳。后来航空邮路逐年增加，1933年为4125千米，1934年为5970千米，1935年突破7000千米。为便于利用，伪满邮政分别于1936年12月5日和1937年4月1日，按当时邮资发行两套航空邮票。从1935年5月1日开始，日航和满航间又开办东京、“新京”两地间“一日航空”的邮政快件业务，即每日双方互发一架飞机递送邮件。日本使用的是中岛式Ai型飞机。伪交通部为纪念此事也使用了纪念邮戳。

CJ2“满洲国航空邮递创办记(纪)念”纪念邮戳，中央为飞翔的飞机，左侧是伪满国旗图案，右侧是日本国旗图案，用以象征日伪合办的满航；纪念标语在上半部，局名标志和日期标志在下半部

CJ13“新京东京间航空邮便一日连络开始纪念”纪念邮戳，伪交通部于1935年4月30日以第56号布告公布，5月1日使用该纪念邮戳。图案：粗线破圆形。上部是飞机，下部是纪念标语，中间是东京、“新京”两城的标志及局名标志、日期标志

YHK1第1版航空邮票，1936年12月5日发行，全套2枚。伪交通部于1936年12月3日以第27号部令公布

CJ55“新京东京间定期直航开始纪念”纪念邮戳

CJ59“航空日制定纪念”纪念邮戳，伪交通部于1941年9月13日以第110号布告公布，9月20日使用该纪念邮戳。上边是纪念标语，下边右侧是局名标志，下边左侧是日期标志，中心是伪满民航使用的道格拉斯3型飞机

CJ74“航空日纪念”纪念邮戳，一圈是黑底白字的纪念标语、局名标志和日期标志，中间为一飞翔的飞机

CJ82“航空日纪念”纪念邮戳， 内圆中为一伪满空军驾驶员行举手礼图，外圆上部为“航空纪念日”纪念标语，下部为局名标志和日期标志

1931年9月，日军占领东北兵工厂

1931年9月，日军占领张学良官邸

1932年9月，日本在沈阳建立满洲航空株式会社

广东空军举行空中阅兵

在孙中山先生“航空救国”主张的感召下，广东航空发展领全国之先，特别是军事斗争的需求，更驱动飞机的快速发展。1931年5月，两广当局陈济棠等在广州另立“国民政府”，和南京“国民政府”对抗，形成粤宁对立。同年6月2日，广东分别成立空军司令部和海军司令部，直属广东“国民政府”，张惠长任总司令。广东空军由3个飞机队，扩编为两个飞机大队，下辖5个飞机队。广东“国民政府”撤销后，陈济棠通过改编，继续掌管空、海军大权。为了扩充空军，时任空军司令的黄光锐等一行，于1933年春赴美国考察航空，并发动华侨捐助购买飞机，陆续购入霍克、波音、D C等型作战飞机30余架，训练飞机20余架。继广州白云机场建成后，又在从化、英德、韶关、南雄、梅县、海口、北海、茂名等地修建机场。为吸引华侨飞行员参加广东空军，专门设立了华侨班，进行将华侨飞行员转变为军人的教育训练。同时还设立了飞行军官班、机械人员养成所和空军摄影所，增编了第6飞机队。

为了向世人展示成绩，1933年9月20日广东空军在广州瘦狗机场举行了空军阅兵，出动各种飞机42架，盛况空前。首先是18架霍克式飞机分成两个9机编队，通过大会检阅台，进行特技、飞机侦察照相、陆空军联络和跳伞等各种技术表演和战术表演；9架广东飞机厂制造的“羊城号”轻型轰炸机进行了300米高度的模拟轰炸表演。这次空中阅兵，展示了广东空军的实力、比较完善的作战体制以及航空事业成就。

广东空军举行空中阅兵

广东航空局的飞机对民众展示

1933年11月广东军事飞机学校校长张治中在黄埔号飞机命名典礼上讲话

中外合办飞机制造厂

从1934年起，南京国民政府采取与外国飞机公司合资建厂的方式，先后开办了中央杭州飞机制造厂、中央南昌飞机制造厂、中国航空器材制造股份有限公司，装配及仿制美、意、德等国的各型飞机。抗日战争爆发后，德国未履行合同，意大利中止了合同。

1934年2月，国民政府中央信托局与美国联洲公司签订合同合办中央杭州飞机制造厂，年生产能力为60架，后来逐渐增加到100架以上。所有产品必须由中国购买。公司设董事会，中方任董事长，美方任副董事长，美方派经理，中方设监理1人，王助担任该厂首任监理。1934年10月，该厂在杭州建成开工。当时全厂有美国职员10人，中国职员11人，技工54人。随着生产任务加大，职工人数增至400人，其中外籍员工200余人。到1937年8月工厂内迁时，员工已达1000人左右。

开办初期，承担航校10架霍克式战斗机和道格拉斯式飞机的修理任务，同时承担过霍克式、道格拉斯02M轻型轰炸机以及寇蒂斯A-12希来克式全金属攻击机等飞机的装配任务。随后，仿制了诺斯罗普-2E轻型轰炸机25架，这是中国首次制造蒙皮受力的飞机。工厂还生产了道格拉斯侦察机30架、轰炸教练机20架。在杭州共生产（包括大修和组装）飞机235架。

杭州飞机制造厂大门

杭州飞机制造厂装配线

1935年1月，国民政府行政院与意大利4家航空公司的代表，签订了合办中央南昌飞机制造厂的合同，聘请意大利员工制造意式飞机。厂设董事会，中方任董事长，意方为总经理，朱霖任监理。意籍员工64人。1937年2月工厂建成，包括主厂房8座、办公楼1座、总装配厂房面积5000多平方米，规模较大。1937年4月开始制造飞机。按照原定计划，首先制造布雷达25式教练机15架和萨伏亚S-81式双发动机轰炸机6架。这是中国首次制造双发动机大型轰炸机。机身在意大利造好后再运到中国，中国承担全机制造任务的20%。1937年秋，萨伏亚机才装配了3架，29架布雷达的机身和机翼还只是半成品，就遭到日机轰炸，工厂全部被毁。

尽管在抗日战争爆发前，国民政府在外国资本的支持和控制下，有了几个初具规模的航空工厂，但由于没有支持航空工业发展的基础工业，制造飞机所需主要部件如发动机、金属螺旋桨、起落架、座舱设备以及重要的原材料不能自给，只能依赖外国进口，加上航空研究试验设施简陋，没有研究、设计、实验较高水平的新机种的手段和能力，这几家航空工厂只能是从属于外国资本和为他们推销商品的附庸。当时中国使用的飞机，不论是军用飞机还是民用飞机，绝大部分要从国外购买。

杭州飞机制造厂制造的道格拉斯战斗机

杭州飞机制造厂工人用扁担搬运飞机

杭州飞机制造厂厂房

杭州飞机制造厂装配完成一架诺斯罗普轰炸机

中国航空工程学会首任会长钱昌祚

我国第一个航空学术团体
——航空工程学会

1934年4月1日，我国第一个航空学术团体——航空工程学会在杭州成立，会长是钱昌祚。

中国航空工程学会是由南京国民政府所属的航空技术人员发起、组织的。参加学会的多数是空军机械人员。学会的目的是“联络航空工程同志，研究航空学术，以促进航空事业”。成员分会员、仲会员、研究会员和赞助会员四种。

中国航空工程学会的成立大会是在杭州青年会召开的。成立大会后，参加大会的全体人员在青年会楼前合照过一张照片。但是学会成立后没有开过年会，也没有进行过任何学术活动。

钱昌祚，1901年生。1913年考入上海私立浦东中学。1917年考入北京清华学校（清华大学前身）。1919年被清华学校保送留美，进入麻省理工学院机械系就读。麻省理工学院开设世界上大学第一个航空机械工程系，即转入该系攻读，师从被誉称“美国航空之父”的著名教授冯卡门。钱昌祚1924年获硕士学位，同年4月在清华大学任教。1928年起开始从事航空工作，历任中央航空学校教育长，航空机械学校校长，航空委员会技术厅副厅长等职，曾主持编辑《空军》半月刊。1949年去台湾，后即携家赴美，在加州大学任教，1988年逝世。

中国航空工程学会成立大会代表合影

早年清华大学机械工程馆

清华大学自行设计制造中国首座风洞

风洞在飞机设计和气动力研究试验中使用非常广泛。20世纪初，中国制造的飞机，总体上来说还是属于结构比较简单的早期飞机，并且大多以国外同类飞机为参照。进入30年代初期，随着飞机修配制造技术的发展和开办航空工程教育，也开始了对风洞实验的需求。

中国第一座风洞是舶来品，1934年由国民政府航空委员会从意大利买进，以资助南京中央大学工学院创办航空工程系。这座风洞是用钢板制成的单回流式风洞，试验段为开口式，剖面圆形，直径1.2米，收缩比为5；用55千瓦柴油机带动50千瓦直流发电机，转动一个木制的4叶螺旋桨，形成气流，气流速度达到55米每秒。1935年底，中央大学安装这座风洞，次年开始运转，用于教学实验，测试过流场分布。

清华大学于1934年正式开始自行建造中国首座风洞，于1936年建成。在此之前，清华大学机械系1933年先建造了一个直径25.4厘米的小风洞，用以取得经验，确定一些数据。

这座风洞参照美国加州理工大学回流式风洞，在冯桂连、张捷迁教授指导下，航空机械系10多名学生一起投入设计建造。风洞试验段圆形剖面直径约为1.5米，风洞最大直径为3米，外壳用钢板焊接，共分19段，用螺栓连接，可以拆卸；4叶螺旋桨，桨叶用胡桃木和花梨木板胶合刮刨而成；风洞用51千瓦电机带动，速度均匀而操纵自如；风洞内气流速度约53米每秒，雷诺数可达5500000。

在回流风洞里的四角，都装有直立排列的导流板，用钢板焊接而成，留有月牙形剖面，并且焊接到风洞外壳上。风洞的试验段具有开口式和闭口式两种功能。气流速度由发动机、螺旋桨的转速来控制。如需要精密调节，就通过调节喷气口前面风洞上的通气孔，借以调节空气压力，从而比较准确地控制气流速度。风洞所装置的天平，是清华大学自己设计制造的，利用电力能自动平衡，最大可称重9千克，精度达0.25千克。

清华大学航空研究所的风洞天平

昆明清华大学航空研究所设计的5英尺风洞

1937—1945

长空浴血

(1937—1945)

“八一四”空战与高志航

1937年，日本侵华陆、海军投入850多架飞机，主要机种性能比较好，而且日本本土飞机生产和兵源充足，飞机年生产量达800架～1500架。中国空军当时是一支年轻的作战军种，正式参战时，列编飞机共296架，另有杭州笕桥中央航校25架飞机，广西归并中央的30架飞机等，总计可用于作战的飞机仅346架，飞行员620人，其中战斗机飞行员不足半数，而且，飞机和飞行员后源极其困难，敌我实力十分悬殊。但空军将士为了国家和民族大义，不畏强敌，舍死忘生，奋起迎敌。

8月13日14时，航空委员会在南京下达了《空军作战命令第一号》；8月14日蒋介石下令总攻击，国民政府发表《自卫抗战声明书》；8月14日凌晨，中国空军各队奉命出击，正式向日军开战。

8月14日凌晨2时，中国空军大队接到命令，立即起飞追击逃窜敌舰，但日舰迅速逃出江阴要塞，匿入长江口外海面，我军痛失歼敌良机。凌晨3时30分，我第5大队24中队中队长刘粹刚率领9架战斗机从扬州起飞，沿江巡探目标，在川沙县附近发现敌舰24艘，立即发起进攻，一举击沉击伤敌舰数艘；清晨7时，暂编大队35中队中队长率5架战机从杭州笕桥起飞，轰炸上海公大纱厂日军军械库；8时40分2大队副大队长孙桐岗率领21架飞机从安徽广德起飞，轰炸上海吴淞口敌舰及军械库、码头；9时20分，第5大队长丁纪徐率领8架飞机从扬州起飞，沿长江向上海轰炸敌舰。下午，我各部又有多架战机轰炸上海日军司令部、兵营和公大纱厂日军阵地……这一天我空军共出击8批76架次，给日军以沉重打击。

“八一四”空战中，中国飞机出击

“八一四”空战中高志航驾机击落日机　陈应明绘

“八一四”笕桥激战，空军高志航率领的4大队功勋卓著。8月14日，4大队奉命参战。大队长高志航身先士卒，登机升空。在战友谭文协同下，紧追不放，先开炮击中敌机后舱的射击手，然后加大速度贴近敌机，扣动炮钮连发，敌机连连中弹，向机场以北半山倒栽下去。高志航首开记录!接着，李桂丹中队长和飞行员柳哲生、王文骅又瞄准猎物，合力击中一架敌机，使其当即坠入杭州西山。分队长郑少愚在钱塘江上空击中一敌机油箱，敌机立即起火下降，坠入钱塘江。首战告捷，一举击落敌机3架，而我无一损伤，3∶0。

“八一四”空战是中国空军对日空战取得的第一个胜利，粉碎了日本妄图把中国空军扼杀在摇篮中的梦想，大大增强了我抗日军民的信心。

“八一四”空战中第一个击落日机的高志航

中国空军攻击日舰

“八一四”空战中被击落的日机残骸

宋美龄提议将“八一四”定为中国空军节

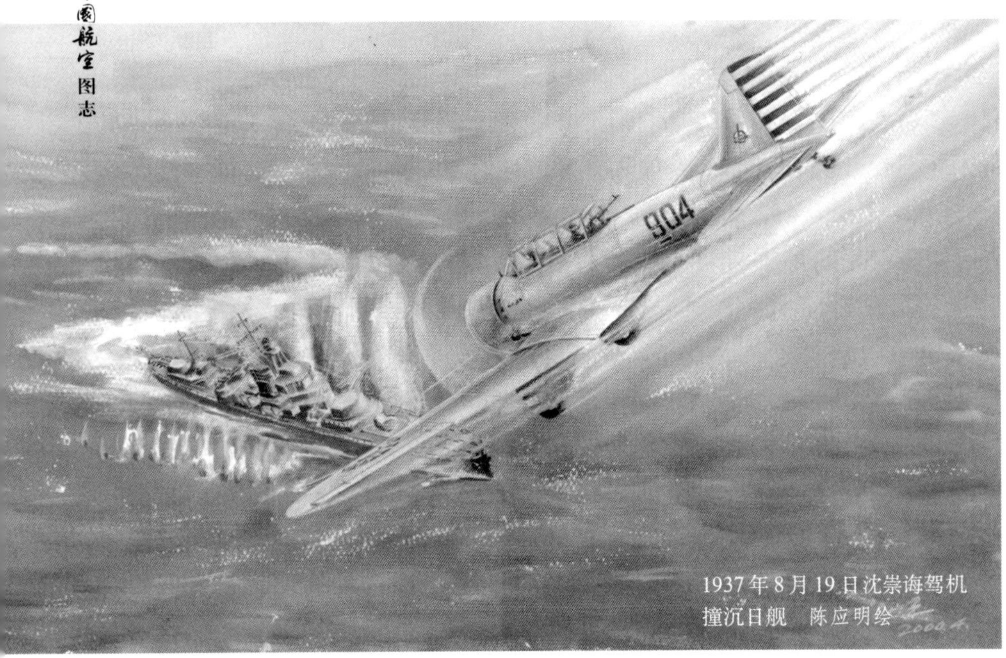

1937年8月19日沈崇诲驾机撞沉日舰　陈应明绘

沈崇诲在飞机前

时为清华大学棒球队队员的沈崇诲（中）

驾机撞沉日舰的沈崇诲、陈锡纯

1937年8月至9月，在南京、上海、杭州一线，当时侵华日军有800多架飞机，而我空军能够使用的飞机仅二三百架。敌军依仗强大优势，群起进攻，妄图迅速剿灭中国空军力量，夺取绝对制空权，扫清地面和海上部队全面大举进攻的障碍。中国空军为挽救民族危亡，保卫沪宁，不畏强敌，视死如归，奋起抗击。他们有的以战机撞击敌舰，与侵略者同归于尽；有的子弹打光了，就驾驶座机撞落日机；有的因战机受伤，跳伞落入敌阵，宁为抗日死，不当侵略者俘虏，饮弹自尽，壮烈殉国。在沪宁保卫战中，中国空军在一个多月里，击落日机60多架，严重挫败了日本侵略军的嚣张气焰，鼓舞了全民族的抗战士气。

8月19日上午9时，空军第2大队9分队、11分队14架战机奉命飞向吴淞口外海面。到达佘山海面后，发现敌舰10余艘，遂投下大批炸弹轰炸，炸中二等巡洋舰一艘。返航时经白龙港上空，又发现大批敌舰。9分队队长沈崇诲和少尉、轰炸手陈锡纯所驾驶的904号战机突然发生故障，机尾冒出青烟。当时附近的南汇尚在我军手中，迫降生还并非无望。他们杀敌报国心切，既不跳伞，也不迫降，而是镇静自若地操纵飞机从2000米高度向下俯冲，开足马力，对准敌舰撞去，顿时敌舰爆炸起火，两位空军英雄和敌舰一起沉入大海。中国空军6架战机遂俯冲下飞，向战友、向英烈示意告别与痛悼。

沈崇诲，湖北武昌人，中尉飞行员，任空军第2大队9分队队长。从小爱读古书，特别崇拜文天祥、岳飞等民族英雄。“九一八”事变时，他正在清华大学读书，目睹祖国河山惨遭日本侵略军践踏，他痛哭流涕，盼望有机会舍身报国。他清华大学毕业时学业名列前茅，却投笔从戎，报考中央航校，入三期轰炸科。沈崇诲殉国时，年仅27岁，被追赠为上尉。

陈锡纯， 湖南长沙人，中央航校五期甲班毕业，任空军第2大队9分队少尉飞行员。殉国时，年仅22岁，被追赠为中尉。

苏联飞行员在汉口机场

机进驻汉口机场，以武汉、南昌为基地，协同中国空军，主动出击日本侵略者。武汉、广州陷落后，苏联空军志愿队转移到四川成都、重庆，参加了保卫兰州、昆仑关、柳州、桂林、重庆等会战，远征轰炸被日本占领的我国台湾。从1937年12月苏联空军志愿队在南京秘密参战，到1940年基本撤出，共有700多名志愿队员直接参加了25次战役。另据不完全资料，苏联空军志愿队1938年5月到1940年5月，参战50余次，有战果的15次，总计击毁日机114架，击毁战舰14艘，炸伤7艘，炸死炸伤敌军400余人。至少有100多名苏联空军志愿队队员牺牲在中国战场上。对在武汉空战中驾机撞击日机1架并安全着陆的安东·阿列克塞耶维奇·古边科、血洒中国长空的库里申科大队长等，中国人民都永志不忘。

苏联空军志愿队支援中国抗战

1937年8月21日，中苏签订互不侵犯条约，苏联向中国提供信用贷款和军事援助，并派遣军事专家和志愿飞行员参加中国抗日战争。从1937年10月到1941年12月，向中国贷款2.5亿美元，先后分批提供苏联当时先进的伊－15、伊－16歼击机777架，轰炸机和远程轰炸机358架，教练机100架等，共计1250架飞机以及机场设备、加油车、电台、飞机备件和发动机等。先后分批派来军事顾问、专家和志愿作战人员共计3665人，到中国参加抗战。

1937年10月27日，第一批苏联空军志愿队254人，按照斯大林的部署，到达中国肃州（酒泉）、兰州集中后，部分战机在普罗科菲耶夫率领下，12月1日飞抵南京，参加保卫战，一举击落日机3架，使日军突感压力，恐惧不安。12日后，继续参加沪宁保卫战，屡建战功。南京陷落后，苏联元帅伏罗希洛夫决定增加空军志愿队在华中地区的作战，援华4个航空大队、124架飞

苏联飞行员来华支援抗战

苏联英雄克拉夫琴柯(右)和飞行员古比雪夫

苏联伊-15战机保卫中国领空

苏联飞行员在轰炸机前

苏联轰炸机编队出动

蒋介石、宋美龄会见苏联军事顾问团及飞行员

惊心动魄的武汉大空战

武汉空战从1938年1月11日日本空军轰炸武汉拉开战幕。中、苏空军并肩作战，最激烈的是“二一八”空战、“四二九”空战、“五三一”空战、“八三”空战四次。

“二一八”空战　2月18日12时许，日军第1、第2联合航空队26架战斗机掩护12架轰炸机，从南京、芜湖机场起飞，汇合后直逼武汉。我空军第4大队大队长李桂丹率22中队11架战机，第21中队队长董明德率10架战机从汉口机场起飞迎敌；第23中队中队长吕基淳率8架战机，从孝感起飞，前来助战。下午1时许，敌机编队进入武汉市区，我第4大队第21中队奋勇突入敌机群，连连击落敌机4架。我第22中队在李桂丹率领下，在汉阳、舵落口上空，与敌机上下角逐，连连击中敌机。第23中队从侧边猛击，冲垮敌军队形，又击落日机数架，残敌溃败东逃。此次空战仅12分钟，击落日机12架，日指挥官金子隆司坠机身亡，创造了我空军抗战以来最佳战绩。

“四二九”空战　4月29日，日军第2联合航空队27架轰炸机、18架战斗机，共45架敌机，联合编队，从安徽、江西边境进入，再次空袭武汉。中国空军第4大队在毛瀛初率领下立即起飞迎敌。同时，董明德率领第5大队和苏联志愿航空队共45架战机，也主动出击迎敌。2时45分，敌机闯入武汉周边上空，我将士浴血奋战，刘志汉瞬间击落日机一架，敌机倒栽入东湖；此时，第23中队中队长刘宗武正被3架敌机包围，当他击落一架敌机后，另外两架敌机拼命逃跑，他驾驶受伤战机，咬住敌人不放，旋又击落敌机一架。陈怀民与4架敌机格斗，击落敌机一架后，又陷入5架敌机的围攻。他不幸中弹，但坚决放弃跳伞生还的希望，毅然加大油门，向敌机迎头撞去，与敌机双双坠入武昌天星滩附近的大江。4月29日空中激战30分钟，共击落敌机21架。

“五三一”空战　5月31日中午12时许，日本海军航空队36架战斗机，掩护18架轰炸机，进犯武昌。中国空军第4大队和第3大队18架战机，协同号称“正义之剑”的苏联空军志愿队30架飞机，呈V形编队拦截敌机。12时07分，敌我遭遇战打响。中、苏战鹰抓住歼敌良机，迅速形成包围态势，对敌穷追猛打，先后击落14架敌机于滠口、横店、董家湖一带，击毙高原野田等人。

武汉“四二九”空战

“八三”空战　8月3日上午10时30分，37架敌机从安徽方向入侵武汉。中苏双方49架战机奉命升空迎敌，勇突猛冲，敌机阵形顿时大乱，被中国空军乘机击落2架，敌机见势不好，夺路奔逃。此役又大获全胜，击落敌机12架。

武汉空战惊心动魄，中国空军和苏联空军志愿队以及英、美、法志愿援华战士并肩作战，从1938年1月11日空战开始到10月25日武汉失守，共击落击伤日机260余架，击沉敌舰40艘，击毁敌舰29艘。同时，我方也付出重大代价，李桂丹、陈怀民等多名将士血洒长空。

武汉“四二九”空战中牺牲的李桂丹

武汉“四二九”空战中被击毁的日机残骸

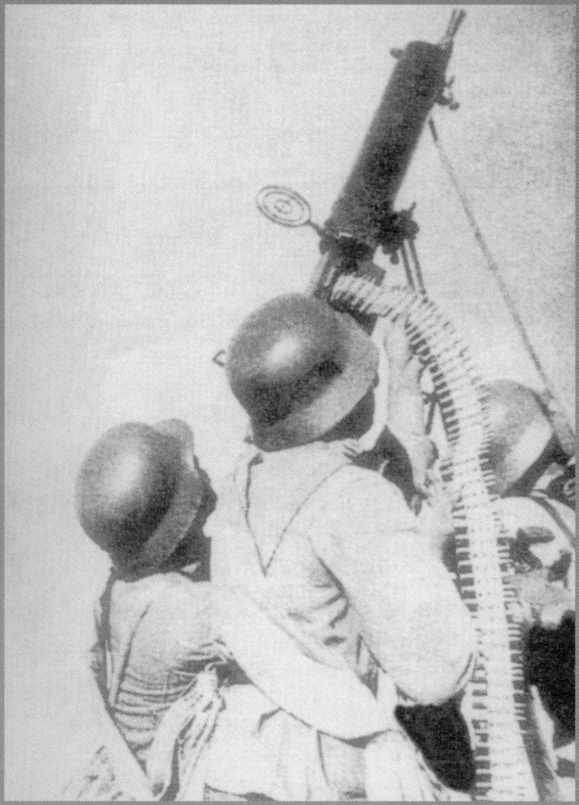

武汉空战中，中国军人用机枪打日机

中国空军远征日本本土实施“轰炸”

1938年5月19日15时23分，中国空军第14队队长徐焕升率副队长佟彦博，飞行员蒋绍禹、苏光华、雷天春、吴积冲，通信员陈光斗，领航员刘荣光等奉命驾驶两架马丁－139 W C重型轰炸机跨海远征。他们携带大量传单，驾机从汉口起飞。出发前，他们各留下了遗嘱，“誓以我血”报祖国。两战机在浙江宁波栎社机场略事休整，加足油料，于当晚23时48分，从栎社机场腾空而起，直向日本九州飞去。20日凌晨2时45分，两战机出其不意地出现在长崎3500米高空。长崎当局做梦也不会想到中国战机会来到日本，全城没有灯火管制，只见一片灯火通明。我战机即盘旋，撒传单，投放照明弹。3时25分，两机又飞到福冈上空，地面依然灯火通明，两机从容撒传单，投放照明弹，这时地面灯火才渐渐熄灭。中国战机几乎飞遍日本九州全岛，于4时23分返航。中国战机在日本九州各地共投撒20万份传单。传单《告日本国民书》由时任军委政治部三厅厅长郭沫若拟就。他同时编写了《告日本工人书》、《告日本各界政党人士书》、《告日本工商业者书》等。传单由日本友人、反战作家鹿地译为日文。日本反战同盟也写了《反战同盟告日本士兵书》。

中国战机未遭日本飞机和地面炮火袭击。徐焕升等胜利完成任务，在率队于20日拂晓返回中国东海岸上空时，发现有日本敌机企图拦截，并遭遇日舰高炮射击。我远征勇士利用云雾沉着应对。同时，队长徐焕升意识到日本敌机可能会一路跟踪，甚至轰炸我宁波机场，于是毅然决定直飞南昌。9时45分安全返回，两战机分别降落在江西东北部的玉山和南昌机场，加油后于11时飞抵汉口机场。事后证明，日本敌机当日果然轰炸了我宁波机场。

蒋介石向出征的中国空军训话

这次跨海远征，大长了中国军民志气，也给了日本军国主义者很大威慑。第二天，日本内务相就决定充实日本本土的防空力量。这次中国空军跨海远征，还受到国际社会的关注。美国《生活》杂志刊登了12位举世闻名的飞行员照片，徐焕升名列其中。该杂志在介绍徐焕升时指出，徐焕升是先于美军飞行员杜立特轰炸日本本土的第一人。

跨海勇士徐焕升是中央航校一期毕业生，后被派往德国深造，回国后任蒋介石专机驾驶员。派徐焕升驾机远征，足可见当局对于这次战事的重视。

中国轰炸机准备起飞远征日本

返航后中国空军飞行员受到何应钦、孔祥熙接见

何应钦在汉口慰问徐焕升等，左起：吴积冲、徐焕升、刘荣光、何应钦、苏光华、蒋绍禹、陈光斗、蒋坚忍

徐焕升（右）上尉和他的僚机驾驶员佟彦博（左）中尉

人民音乐家冼星海与航空

冼星海，曾化名“黄训”，原籍广东番禺县，1905年生于澳门一个贫苦的船工家庭。1929年，冼星海来到素有世界音乐文化中心之称的法国巴黎学习音乐。1935年夏，他谢绝了巴黎音乐学院的挽留，回国投入抗日救亡运动。

抗战爆发后，他参加了洪深领导的上海演剧第二大队，深入田间地头、工厂、矿井，宣传抗日救亡。不久，他又到武汉，进入周恩来、郭沫若领导下的军事委员会政治部第三厅工作。1938年冬，奔赴延安担任鲁迅艺术学院音乐系主任，并在延安“女大”兼课。在鲁迅艺术学院，他负责音乐理论、作曲等主要课程，还教授音乐史及指挥。在延安的一年半，他进入创作的巅峰期。1939年6月加入中国共产党。1940年5月，冼星海赴苏联为大型纪录片《延安与八路军》进行后期制作与配乐。临行前，毛泽东在家中给他饯行。翌年，苏德战争爆发，该片制作停顿。他想经新疆回延安，却因当地军阀盛世才反共，交通中断而未成，被迫羁留于哈萨克的阿拉木图。在供应十分困难的战时条件下，他相继完成了《民族解放交响乐》(“第一交响乐”)、《神圣之战》(“第二交响乐”)、管弦乐组曲《满江红》、交响诗《阿曼该尔达》和以中国古诗为题材的独唱曲的创作。因劳累和营养不良，他的肺病日益严重。战争结束时，他虽回到莫斯科治疗却未能痊愈，于1945年10月在克里姆林宫医院病逝，年仅40岁。

人民音乐家冼星海创作的《救国军歌》、《在太行山上》等歌曲，成为鼓舞人民团结抗战的进军号角。同样，他创作的《空军歌》鼓舞了空军将士们，使他们舍生忘死，捍卫祖国长空！

人民音乐家冼星海

冼星海创作的空军歌

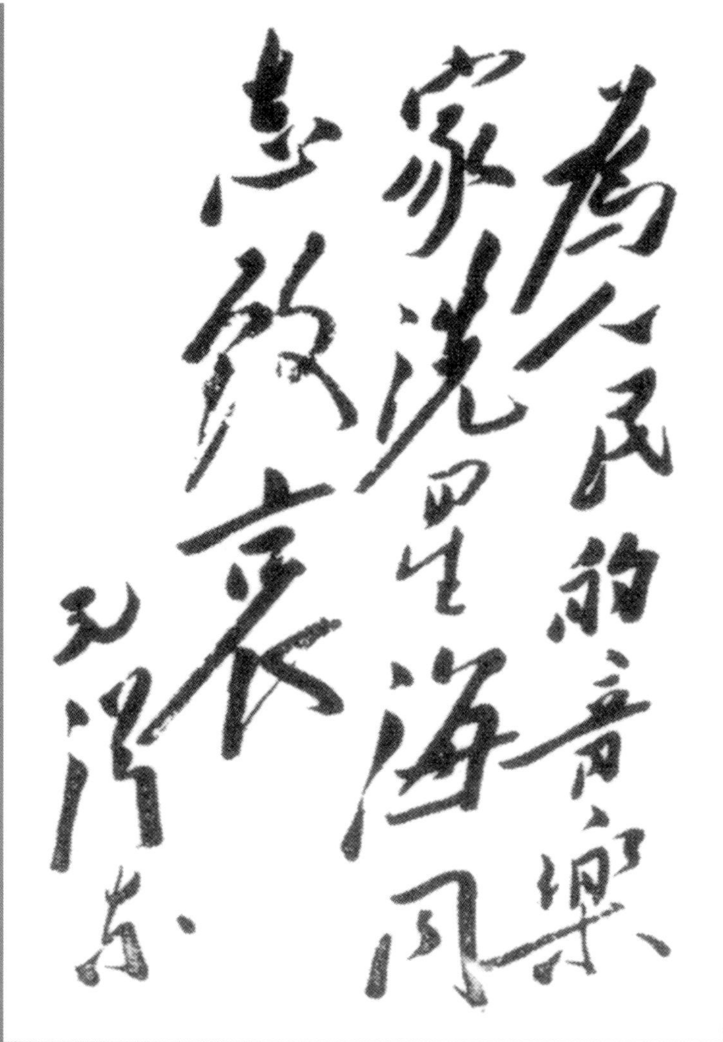

毛泽东题写的挽词

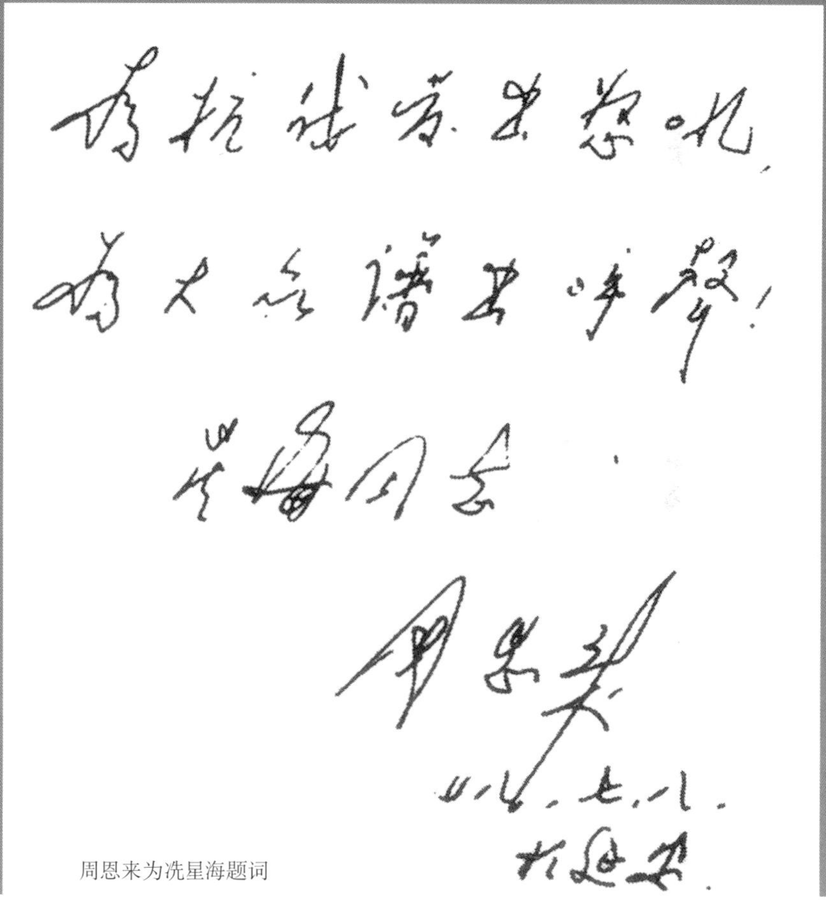

周恩来为冼星海题词

航空巾帼张瑞芬、李月英

在抗日战争和世界反法西斯战争中，有两位华人女飞行员的事迹深受人们的称道，她们就是张瑞芬和李月英。

张瑞芬1904年12月12日出生于广东恩平。1921年赴美留学。她常随在美国做生意的父亲出入附近机场，因而对飞行产生了兴趣，并于1931年考入林肯航空学校。张瑞芬是全校唯一的女生。1932年3月，张瑞芬成为第一个正式获得美国飞行执照的中国女子。

从航空学校毕业后，张瑞芬继续学习飞行国际航线，演练盲飞、盘旋、俯冲、筋斗、穿云等高难度特技动作，同时钻研航空工程和飞机结构。她历经5个春秋磨砺，飞行技艺高超，1935年经考核合格，取得了国际飞行执照并被吸收为美国妇女航空协会会员，加入了著名的“99”飞行俱乐部。同年11月，她在圣地亚哥飞行比赛中，又荣获第四名。

1936年，在历时7天的横跨美国大陆的飞行比赛中，男女混合长途较量，参赛的都是当时美国顶级飞行员，张瑞芬是唯一的华人。特别是，美国人都得到了飞机公司提供的性能先进的新飞机，唯独张瑞芬只能驾飞性能落后的飞机，发动机仅为92千瓦，飞行高度仅3048米，而要飞越的洛矶山峰却高达3658米。她知险而进，凭着高超的飞行技艺，在山峰峡谷间迂回曲折穿行，历尽艰险，终于胜利飞越天堑，博得一片喝彩。

远在大洋彼岸，张瑞芬始终怀着一颗中国心。在苦难深重的抗日战争期间，张瑞芬驾机飞遍美国华人聚居的城市，到处宣传抗日救国，募集资金。在华侨支持下，她用捐款7000多元购买教练机一架，准备回国用于培训飞行人才，后来因教练机被一名学员驾驶飞行失事，未能如愿。她在美国航校担任教学工作，仍继续宣传抗日。1984年，在张瑞芬80寿辰时，南加州华人历史学会决定授予张瑞芬“献身当代之妇女”的称号，她的飞行业绩载入了美国华人史籍和美国国家航空航天博物馆专著。

张瑞芬

李月英，祖籍广东水楼蟠龙村，1913年在美国勃特兰出生。父亲李奕椒系该市中华会馆主席，热爱祖国。“九一八”事变后，他带头发动创办美洲华侨航空学校。1932年，李月英考入该校第二期，毕业后回国效力。1934年秋，在南昌设立意大利式教育的中央航空学校第五期甲班，她获许参加飞行训练。1937年，卒因涉嫌间谍，被强令辞职，她虽力辩，但终无法改变当局的决定。她回美国后，在勃特兰航空公司任运输机驾驶员。

第二次世界大战爆发后，美国于1942年成立陆军航空运输部妇女辅助驳运中队，这是世界上第一支妇女飞行队。该队挑选女飞行员的条件非常严格。李月英被批准加入该队，成为美军中首位华人女飞行员。该队后来扩充为美国妇女飞行服务团(WASP)。她在德州休士敦完成飞行PT−19飞机的初级训练后，于1942年6月转赴德州复仇基地接受高级训练；1943年8月7日从妇女飞行服务团第433期毕业；1944年春，赴密苏里州接受仪表飞行训练，学成后被派到纽约州贝尔飞机厂，负责运送P−39战斗机至蒙达那州，并交付给前来接收军事物资援助的苏联空军人员。不久，她改运P−63战斗轰炸机。

1944年11月21日，在执行任务时，李月英驾驶的飞机与另一架飞机相撞并坠毁，李月英身受重伤，终因医治无效而牺牲。

李月英

李月英与美洲华侨航校学员在一起

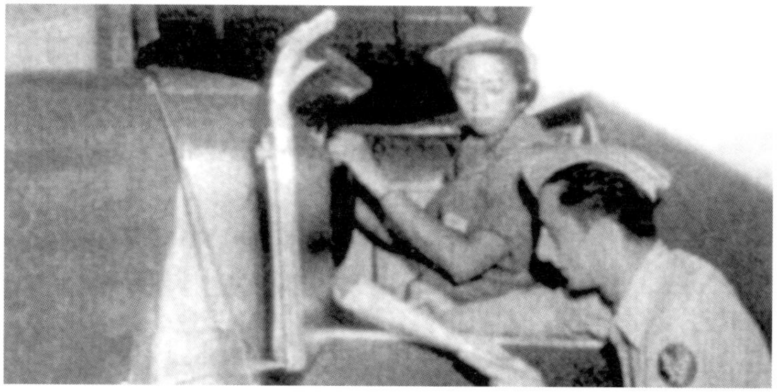

李月英学习飞行

张瑞芬募捐购置的双座教练机

北平西苑（郊）机场建成

北京西郊机场，前称北平西苑机场，是侵华日军为扩大侵华战争需要于1938年3月25日始建，位于北京西郊海淀区，原址以柳林居村为中心，南至西冉村、北高村，北至中坞教场，东至南坞西半部，西至旱河山，占良田3000亩，征用民工3000余人，拆毁了范围内清代驻军的营房和民宅，取其石料铺设跑道，于当年7月1日完工。建成的机场设有南北两厂，南厂为发动机、车工、机体、装机、电器等车间和厂棚，负责飞机大修；北厂为道格拉斯、劳西豆等飞机的小修车间。西郊机场的兴建，使众多民众流离失所，当时有民谣唱道：“一修飞机场，肥了保甲长，耕田一被占，百姓要了饭。”

1941年初，侵华日军再次兴师动众，向南扩展机场跑道。1944年春，侵华日军进行第三次扩建——在机场周围的坟地上和树林里修建包括飞机掩体、汽油库、防空洞在内的3个哨所，其中一个哨所就有6个大飞机掩体、3个汽油库、16个防空洞，其侵华罪行不言而喻。

抗日战争胜利后，中央航空公司和中国航空公司在西郊机场设立了航空站。

1949年1月31日北平和平解放。3月25日下午5点，毛泽东、刘少奇、周恩来、朱德、任弼时等同志来到北平，在西郊机场检阅部队。北平各界人士和群众代表举行欢迎仪式。

20世纪50年代的西郊机场

1955年6月，毛泽东在西郊机场迎接胡志明主席来华访问

1949年3月25日毛泽东在西郊机场检阅高炮部队

1954年，周恩来总理到西郊机场迎接捷克斯洛伐克副总理兼文化部长柯别斯基，图为柯别斯基在机场上发表讲话

我人民空军第一批飞行学员在新疆航空队学习飞行（1938）

人民空军第一支航空队
——新疆航空队

1937年“七七”事变后，国民政府新疆督办盛世才表示拥护第二次国共合作，赞成建立抗日民主统一战线，还依靠苏联的援助，在边防督办公署航空队附设航空训练班，公开登报招生。陈云深谋远虑，向中央建议选调人员到盛世才办的航空训练班学习。他的建议得到了中共中央和毛泽东主席的高度重视和支持。据此，陈云亲自从新兵营中挑选30多人，25人体检合格并于1938年2月28日入学。1937年11月27日，陈云奉命调回延安后，又从延安抗日军政大学、摩托学校等处挑选19人，由严振刚带队，于1938年1月8日，从延安出发，经西安、兰州，于2月28日到达迪化。至此，先后两部分学员合计43人（原44人，1人因身体原因未入学），分成飞行班和机械班，飞行班25人，机械班18人。这是中国共产党建立的人民军队第一支航空队。历史上通常称为新疆航空队。

航空训练班3月3日举行开学典礼，3月上旬，训练班正式授课，上午连续6节课，下午进行自习和体育锻炼。经过一段共同的航空理论基础学习，飞行班和机械班即分开进行专业培训。飞行班学员从4月4日开飞，先后飞过苏制乌2、埃尔5、伊尔15和伊尔16等4种飞机。中央驻新疆第三任代表陈潭秋还亲自组织伊尔15和伊尔16的改装飞行。平均每人飞行约1000个起落、300小时，于1942年4月毕业，飞行技术达到了作战水平。机械班学员经过一年半的理论基础学习和实践操作训练，于1939年9月毕业。

中国共产党对新疆航空队非常关注。新疆航空队党支部归中央驻新疆代表处领导，重大问题直接请示中央。1939年8月，周恩来去苏联治疗摔伤途经迪化，伤愈途经迪化回延安，都接见了航空队代表。1940年，新疆地区经济恶化，航空队伙食很差。驻新疆的中共党代表陈潭秋特报请中央有关部门批准，从节余党费中每月拿出120元，补贴他们的伙食费。

1942年2月24日，盛世才公开投蒋反共，突然把中国共产党新疆航空队队员及中国共产党在新疆学习、工作和路过新疆的人员软禁起来，断绝他们与外界的联系。1944年11月6日，又把他们投入监狱，施行残酷折磨。身陷魔窟的航空队员们以各种方式同当局展开斗争。

1946年6月10日，这批被监禁的共产党员获得自由，于7月11日返回延安。7月12日，毛泽东、刘少奇、周恩来、朱德、任弼时等在延安党校接见了从新疆归来的航空队全体人员。8月，朱德总司令主持组成八路军总部航空队，由方子翼任队长。

新疆航空队我党飞行班与机械班学员回到延安（1946）

方子翼（1938）　方子翼提供

新疆航空队飞行班学员，左起：赵群、杨一德、朱火华　方子翼提供

建在山洞中的飞机制造厂

1936年，中国和意大利签订合同，在中国建立南昌飞机厂。到1939年上半年，人员、设备陆续撤到重庆，转至四川南川县建设厂房，番号改为航空委员会第二飞机厂（通常称为“南川飞机厂”）。

南川飞机厂约有600多名员工，建在南川县丛林沟一个叫海孔洞的自然山洞里。洞内两侧建厂房，洞口及附近山谷建办公室、水电厂、木工厂、机身制造厂和宿舍等。日本侵略军飞机曾多次侦察，妄图一举炸平这个工厂，却始终未能发现。南川飞机厂在交通极其不便、生活十分困难的条件下从这一年冬季开始自行设计制造“中运”号小型运输机。林同骅任“中运”号小型运输机的总设计师，顾光复、高邦俊任副总设计师，设计员有陆孝彭、张桂联、程宝蕖等20多人。他们都是中央大学、西南联大、西北联大等学校航空工程系的毕业生，平均年龄二十三四岁，个个血气方刚，报国心切。为了加快进度，他们边设计出图边生产，还经常到现场解答图纸问题，听取设计工艺修改意见。到1942年秋，基本完成总体设计、理论模线绘制、气动力计算、载荷分布、重量分配、强度计算等工作。1944年8月完成了设计，总装出首架飞机并将其命名为“中运1号”。1944年春夏，日军进逼西南大后方。这一年冬，贵州独山失守，西南危急，南川飞机厂、贵州大定乌鸦洞航空发动机厂均接到准备搬迁的命令。但南川飞机厂的员工们临危不惧，将飞机拆开分装在几辆汽车上，为躲避日机侦察以及白天路面紧张的状况，车队昼伏夜行，经过七八天周折到达重庆白市驿机场后再将飞机装配起来试飞。

“中运1号”因受航材限制，采用了木质和金属混合结构，只有副翼和襟翼采用铝合金结构；该机乘员11名，除正、副驾驶和领航员外，可乘旅客8人；安装两台莱特公司的旋风975E3活塞式发动机。

在试飞现场，试飞员跨进驾驶舱，设计师林同骅与检验员林同骥一同登机，“中运1号”顺利升空，在机场上空盘旋20多分钟后，平安降落，首飞成功。经数次试飞后，决定由重庆飞往成都。厂长对飞机很有信心，亲自登机，与林同骅等一起飞行。11月18日，经59分钟，小型运输机“中运1号”由重庆飞到成都。1946年底，“中运1号”被奉命移交给空军空运大队。

在此期间，昆明飞机厂厂长朱家仁开始研制中国首架直升机“蜂鸟”号。

1943年，美国西科斯基公司带着一架R-4直升机到中国昆明进行飞行表演。这是现代直升机第一次在中国天空飞翔。在现场观看直升机飞行表演的朱家仁深受触动，从此他下决心设计制造直升机。

朱家仁1926年毕业于麻省理工学院航空工程系，次年回国，在上海虹桥飞机厂任工程技术人员。1937年春，朱家仁设计制造了“苏州”号双翼教练机。

1944年，朱家仁开始研制直升机。1948年他制造了“蜂鸟”甲型、乙型共轴式直升机各一架。1951年，朱家仁在台湾又制成了CJC-3 纵列双旋翼直升机。1955年8月，朱家仁制成了CJC-3A型直升机。

南川飞机制造厂大门

南川飞机厂员工在“中运1号”飞机前合影

“中运2号”运输机在机场上

“中运1号”飞机在工厂门前

“中运1号”飞机在重庆试飞成功

朱家仁设计制造的“蜂鸟”甲型直升机

美军R−4直升机队进驻中国云南

朱家仁设计制造直升机的试验模型

晋察冀三战友的"航空缘"

这张年代久远、颜色泛黄的老照片，摄于1940年冬的山西省。照片中身着戎装、英姿勃发的三位战友分别是赵尔陆（右）、张连奎（中）和吕东。当年他们不过二三十岁。中华人民共和国成立后，他们分别成为共和国的部长，有意思的是，他们都先后与"航空"结缘，成为航空工业的重要领导人。

赵尔陆，1905年生于山西省崞县（今原平县）。1926年参加西北革命同志同盟会。1927年参加南昌起义，同年加入中国共产党。参加了二万五千里长征。抗日战争时期，任八路军总供给部部长、晋察冀军区第二军分区司令员兼政委、晋冀军区司令员。解放战争时期，任晋冀纵队司令员兼政委、华北军区参谋长、第四野战军第二参谋长。

1952年，中央成立国防工业部（即第二机械工业部），赵尔陆被任命为部长、党组书记，并兼任航空工业局局长。这是他与航空结缘的开始，为了加快航空工业的发展速度，他提出起点要高，由修理过渡到制造，逐步掌握技术。他经常深入基层，调查研究，现场解决问题。经过国防工业部门广大职工的努力，只用了两年左右的时间就完成了老厂的技术改造，仿制出初级教练机——初教5等一批新型武器装备，并投入成批生产。同时，也只用三五年时间，建成了一批大型骨干工厂，仿制成功了喷气式歼击机、坦克、重型火炮、雷达、指挥仪等新型武器装备。

张连奎，1933年考入北京师范大学，在学校曾是"一二九"运动的学生领导人之一。抗日战争中参加革命，曾任冀晋军区副政委兼第二军分区政委。抗美援朝中入朝参战，任66军副政委兼政治部主任。后任第一机械工业部副部长、第三机械工业部（国防工业部）部长、第五机械工业部副部长，长期在国防工业包括航空工业战线上工作。1957年和1959年两次赴苏谈判引进图-16轰炸机，后来我国仿制成功轰6轰炸机。

吕东，1915年7月14日出生于辽宁省海城县。1935年考入东北大学史地系，次年转入北京大学历史系。1937年6月加入中华民族解放先锋队，在太行区八路军第一游击纵队从事民运工作。同年10月加入中国共产党。1940年5月，他调任晋察冀边区第一行政督察专员公署专员、党团书记。

1952年8月，吕东任重工业部副部长。1956年5月起，吕东先后担任冶金工业部常务副部长、部长、党组书记。

1977年12月，吕东出任航空工业部部长、党组书记。经他的努力，国务院同意以航空工业部为试点单位，试行自行出口创汇。这是国防工业部门中获得此项外贸经营自主权的第一家。1980年2月，吕东把发展航空工业的战略指导方针，简明地概括为"三个一代"(更新一代、研制一代、预研一代)和"三个转变"(转到质量第一、科研先行、按经济规律办事)。尽管当时全国正处在为解决林彪、"四人帮"长期干扰破坏造成的各方面比例关系严重失调而实行的"三年调整"时期，航空工业"量力而行，有所作为"，仍然取得了令人鼓舞的成就。

1940年冬，赵尔陆（右）、张连奎（中）和吕东

赵尔陆（三排左二）、张连奎（前排右一）、吕东（三排左一）和晋察冀战友们在一起

中华人民共和国成立初期在重工业部工作的吕东同志

1956年12月张连奎（左四）在沈阳飞机厂总体验收仪式上

1966年在延安毛泽东住处前，右起：赵尔陆、吕东、李人俊、谷牧

1979年吕东视察哈尔滨飞机厂，后排左六为吕东，右二为徐汉生

航空委员会创办航空研究院

1936年在清华大学成立了由航空委员会资助的航空研究所。抗日战争爆发后，航空研究所先后辗转成都、昆明。由于当时包括空军在内的所有飞机都依靠国外供应维修器材，而口岸基本都被敌封锁，航空器材除空运和通过中缅公路运输外，别无他途，因此航空器材供应十分危急。1939年7月7日，航空委员会决定在成都成立航空研究所，这主要是为了研究解决利用国内航空器材的问题。航空研究所初建时，没有集中办公地点，各机构散布在成都城西。1942年后，除风洞外，集中搬迁到成都东门外新建的场所。

航空研究院研制的研教2型教练机

建所初期，技术业务分器材、飞机、空气动力学3个组。1941年8月1日，航空研究所扩大为航空研究院，院长由航空委员会副主任黄光锐兼任，实际上是副院长王助负责，设置器材、理工两系。器材系下设器材试验、竹木试验、化工、电器、仪表、金属材料、兵器7个组；理工系下设空气动力、结构、飞机设计、试飞、发动机5个组。理工系还附设飞机试造场和飞机工场。航空研究院研究人员都具有理工大学本科毕业以上水平，还聘请了10名专家，作为委托研究员，其中有在美国任教的钱学森和英国学者李约瑟。

航空研究院的副油箱装配车间

航空研究院先后取得了一批研究成果，特别是基本利用国内资源研制了研教1、研教2型教练机和研滑1型滑翔运输机；研制成功的材料与零组件有麻布、火花塞、层板、层竹、麂皮、皮革、酪胶、油漆、层竹副油箱等。

第一位援华的美国试飞员
罗伯特·肖特

1932年1月28日，日本侵略军挑起淞沪事变，攻击我军。中国空军首次参战。美国飞行员罗伯特·肖特也参加了对日机的空战。

肖特原为美国陆军航空队飞行员，退伍后应聘担任美国波音飞机公司驻华代表及试飞员。

事变前夕，适逢波音向华推销战机，将1架波音218战斗机(美军P-12之原型机)运抵上海虹桥组装。战事爆发后，肖特目睹日军暴行，义愤填膺，驾机参加对日战斗。

2月20日下午，肖特驾组装完成并配备武器的波音218战斗机，向南京疏散。肖特在南翔西方约9千米处上空，遭遇日军3架三菱BIM-13轰炸机，激战20分钟后，他击伤日机一架。肖特飞回南京后即加入中国空军阵营。

2月22日，肖特跟随我机共9架至上海警戒，因上海雾重，与我军失去联络。肖特飞向苏州主动求战。结果在苏州上空与日军6架舰载机展开了一场生死搏斗。肖特在战斗中，击毙日军飞行编队长指挥官小谷进大尉。但终因孤军奋战，肖特飞机被日机击中，肖特不幸牺牲，年仅27岁。

肖特烈士的遗体被安葬在上海虹桥机场。苏州民众在肖特坠机牺牲的地方建立了3米高的华表式花岗岩纪念柱。吴县人民为了纪念肖特义士，特募资在苏州公园修建了纪念碑，碑上镌刻着："赠上尉美国肖特义士碑"。碑文如下：

赠上尉美国肖特义士传

上尉姓肖特氏，名劳勃脱，美利坚华盛顿参科玛乡人。为人义侠，习航空有声，任职于其国盖尔飞车公司主驭。旋来吾国上海贸易，送任吾国航空教士。今岁日侵上海，见其残虐无人理，愤不可遏。2月21日忽变服至吴淞，狙击日机，竟碎其一。23日闻致飞炸苏州耗，立驭一机蹑其后，遇敌机六，方肆虐，遂上下

罗伯特·肖特

革攻之。上尉从容力御，碎其一机，顾倘多力亏，卒以殉，年二十七。耗闻，我国人皆惊叹，国议追赠上尉，中外震惊。上尉中立国人，第人类而见非人类之残杀，为正义人道计，纵死亦以所甘，以视同践国之上，同食国之毛，独熟视其国之人宰割呼号而无视者，何如哉！呜呼！

中华民国二十一年吴县人民公立　　张一鳞书 黄慰萱刻

(注：碑文记肖特驾机起飞、作战时间有误，应以文章中所述时间为准。)

1937年8月，上海"八一三"抗战中，肖特墓曾被日军炸毁，纪念碑石由苏州市民收藏起来，抗战胜利后交博物馆珍藏展出。1988年苏州市政府重建纪念碑。南京市政府在航空烈士公墓为肖特烈士修建了墓碑。

罗伯特·肖特空战图　陈应明绘

罗伯特・肖特驾驶的波音
XP−925A 飞机

EX Tls. 30.
Corporation

The China Press

MAJESTIC RADIO
1932
Mex $285.00
Electric Service Corporation
1607 North Kiangse Road

SHANGHAI, WEDNESDAY, FEBRUARY 24, 1932 — 14 PAGES — 10 CENTS

RICAN KILLED IN AIR BATTLE WITH JAPANESE

ding Chinese Turn Japanese Offensive Into Failure

te Check Attempts dvance Line

Beat Back All Efforts To Take Kiangwan Held Firmly By ; Japanese Entrench Selves

JAPANESE BOMB SOOCHOW AIRDROME

AIR FIELDS ARE OBJECTS OF ATTACKS

Local Hangars Damaged Least Because Of Poor Aim

Japanese Suspend Passes Of Local News Men After Publicity On Atrocities

U.S. AGAIN TO PROCLAIM OPEN DOOR

Stimson Understood To Be Planning Restatement Of Policy

Dies For China

"BOB" SHORT SHOT DOWN OVER SOOCHOW

Nippon Lieutenant Also Slain In Desperate Duel Of Skies

SIX INVADING PLAINS INVOLVED

U.S. Aviator Last Year Planned To Span Pacific Ocean

Intervention By French In East Thought Remote

Police Directed Toward Protecting Interests, And Citizens

1932年2月24日《中国日报》刊登
罗伯特・肖特的英雄事迹

坐落在上海的罗伯特・肖特之墓

陈纳德来华

克莱尔·李·陈纳德，1893年9月6日生于美国得克萨斯州康麦斯，1911年从路易斯安那州州立师范学院毕业后，担任乡间教师。1919年从飞行学校毕业，1923年被派往夏威夷，负责指挥第19战斗机中队。在那里陈纳德编写了《战斗机飞行技巧手册》。

1936年1月，中国空军毛邦初上校邀请他到杭州笕桥的中央航空学校担任飞行教官，1936年6月3日，宋美龄任命他为中国空军顾问，帮助建立中国空军。在洛阳考察航空学校时，卢沟桥事变发生，抗日战争爆发，他当即表示："如有需要，愿意尽力为中国服务。" 后赴南昌，被指派指导该地战斗机队的最后作战训练。 陈纳德先后参加了淞沪会战、南京保卫战和武汉会战，与中国和苏联空军司令官共同指挥战斗。他还在湖南芷江组建了航空学校，后来又到昆明航空学校任飞行教官室主任，负责给高级班授课。

1941年4月15日，罗斯福总统签署了一个未公开发表的命令，允许美国的预备役军官和从陆、海军航空队退役的人员参加美国志愿队去中国作战。陈纳德和蒋介石的私人代表宋子文，以"中央飞机制造公司"的名义高薪在美国招募了一批飞行和地勤人员，条件是飞行员月薪600美元，中队指挥官月薪750美元，机械人员350美元～400美元，每年30天带薪休假，外加每月30美元生活津贴。飞行人员击落1架日机可得500美元奖金，薪金和奖金由中国政府支付。1941年7月10日，由110名飞行员和150名机械师等人员组成的第一批美国志愿队员从美国启程抵达缅甸。

1941年8月1日，中国空军美国航空志愿队成立，陈纳德担任上校队长。1942年7月4日，美国航空志愿队转变为美国驻华空军特遣队，陈纳德担任准将司令。1943年3月10日，美国驻华空军特遣队转变为美国陆军第14航空队，陈纳德担任少将司令。同年7月25日陈纳德应聘中国空军参谋长。1943年10月中美空军混合联队组成并投入战斗，陈纳德任指挥。陈纳德于1945年8月8日离开中国，他在中国生活了八年两个月零八天，与八年抗战结下了不解之缘。

1958年7月18日，艾森豪威尔总统和美国国会批准晋升陈纳德为中将。1958年7月27日，陈纳德逝世，终年63岁。美国国防部以最隆重的军礼将其安葬于华盛顿阿灵顿军人公墓。他的墓碑正面是英文墓志铭，镌刻着他所获得的各种奖章；背面是用中文写的"陈纳德将军之墓"，这是阿灵顿公墓中唯一的中文文字。

陈纳德（右一）初来中国

陈纳德一家1923年合影

在美国陆军航空队的陈纳德

陈纳德准将（中）于昆明

蒋介石、宋美龄与陈纳德

晚年的陈纳德中将

“飞虎队”扬威

“飞虎队”全称为“中国空军美国志愿援华航空队”，成立于1942年4月，1946年4月抗日战争结束后解散，创始人是美国飞行教官陈纳德。“中国空军美国志愿援华航空队”的插翅飞虎队徽和鲨鱼头形战机机首名闻天下，其“飞虎队”的绰号也家喻户晓。

1938年8月，应航空委员会秘书长宋美龄的要求，陈纳德在昆明市郊筹建航校，以美军标准训练中国空军，积极协助中国空军对日作战。1941年，在罗斯福政府的暗中支持下，陈纳德以私人机构名义重金招募美军飞行员和机械师。同年7月和10月，200多名队员来华对日宣战。当时日本人控制了中国的港口和运输系统，几乎使国民党政府与外界隔绝。这一小队空战人员驾驶着破旧的老式飞机，尽管经常面临燃料、零件和飞行员的不足，仍不断战胜远比他们规模大、装备好的日本空军。他们空运给养，在缅甸公路提供空中掩护，并在中国的绝大部分地区上空与日本人作战。

1941年12月7日，日本偷袭珍珠港，太平洋战争爆发。12月8日，美、英、加、澳、荷等国正式向日本宣战。1942年1月1日，中、美、英、苏等26国在华盛顿发表反侵略共同宣言。蒋介石出任中国战区盟军最高统帅，统一指挥中国、越南、泰国等地作战的盟国军队。中国空军的作战形势也随即发生了变化。到1942年10月，中国空军实力得以恢复，有飞机290余架。其中，美国援助的新式战斗机150架、轻型轰炸机19架。中国空军根据太平洋战争初期的态势和自身的条件，决定采取空中游击战术。中国空军及美国志愿航空队用这种空中游击战术，分散了日军航空兵力，策应了盟军在太平洋的作战。

中国空军与美国志愿航空队并肩作战，主动出击越南境内的日本空军基地。1942年1月22日，陈纳德指挥美国志愿航空队1中队9架P−40型战斗机，掩护中国空军第1大队的18架爱司勃型轰炸机，从云南蒙自机场起飞，袭击越南河内嘉林的日本空军基地，日军损失惨重。1942年7月4日，美国志愿航空队并入美国陆军航空队，陈纳德也恢复成现役军人，晋升为准将，继续担任这支空军的指挥官，接受驻印度的美国第10航空队司令比斯尔将军的领导。1943年3月10日，美国驻华空军特遣队扩大成立了美国第14航空队，独立在华作战。陈纳德晋升为陆军少将，继续担任第14航空队的司令官。3月中旬，美国为该航空队增配了第11轰炸机中队，增强了美国驻华空军的实力。到1944年夏，美国第14航空队共拥有战斗机500架，轰炸机115架。

截至抗日战争结束，“飞虎队”共击落敌机2600架，击沉或重创223万吨敌商船、44艘敌军舰、13000艘100吨以下的内河敌船只，击毙日军官兵66700名。“飞虎队”多数队员均得到了中国政府的嘉奖；有10多名飞行员获得美、英政府颁发的飞行十字勋章。

中国空军美国航空志愿队飞行员奔向战机，出击日机

中国空军美国航空志愿队机群

中国空军美国航空志愿队王牌飞行员鲍勃

中国空军美国航空志愿队第三中队

中国空军美国航空志愿队首战飞行员艾里克森·E·谢林

中国空军美国航空志愿队徽标

中国空军美国航空志愿队3个中队的队徽

中国年画中的“飞虎队”

中国空军美国航空志愿队的战机在挂副油箱

第11轰炸中队在昆明机场的团体照

美国航空护士小姐送伤病员上飞机

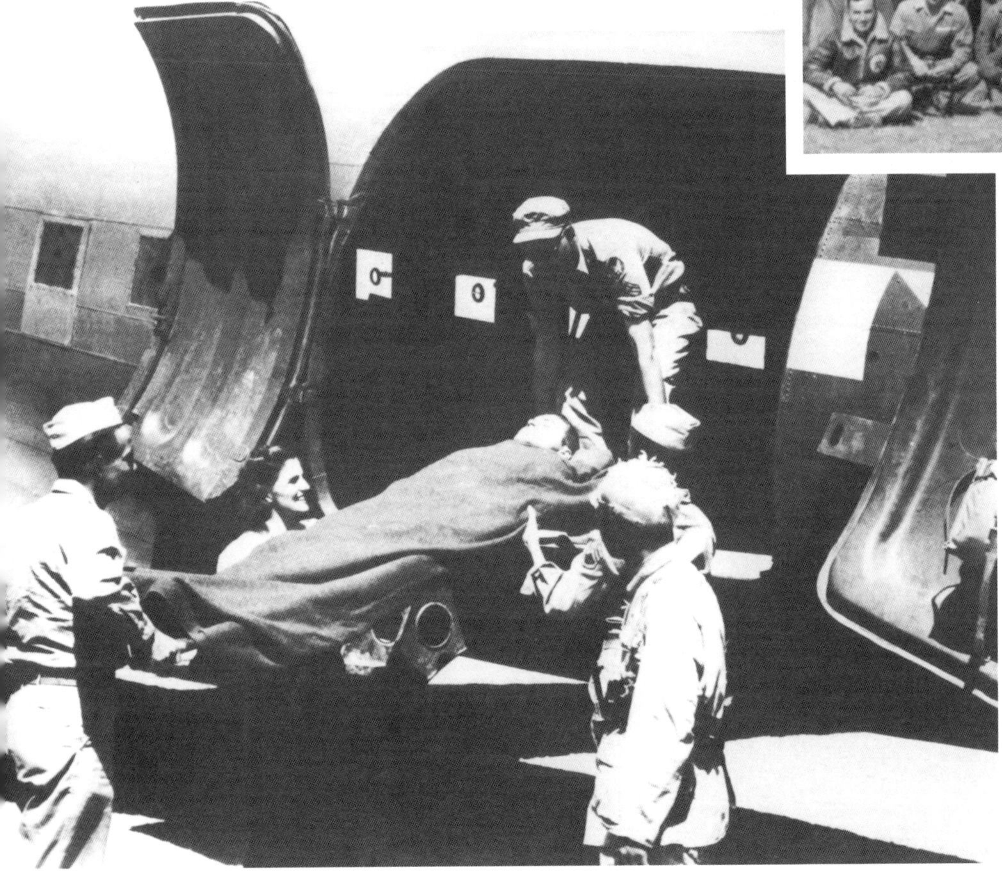

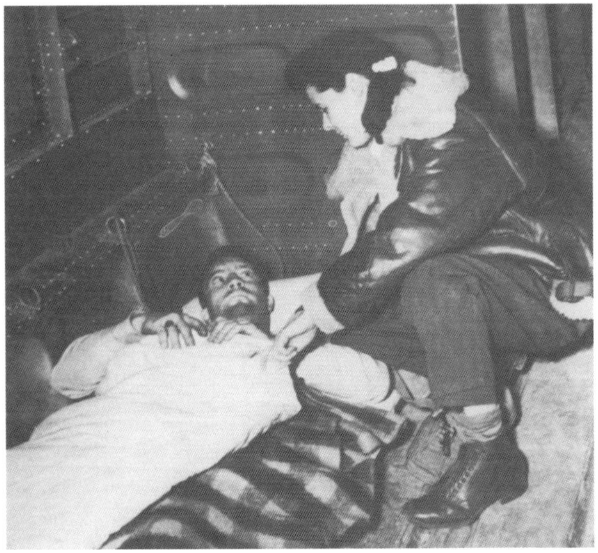

美国航空护士小姐在飞机上护理伤病员

“驼峰”空运

1942年4月28日，日军攻占缅甸北部的交通枢纽腊戍，中国对外唯一的陆上通道中缅公路被拦腰切断，美国等同盟国的大批军用援助物资被迫改为海运到印度，而中国本土抗战却急如星火，只有打开南部航线，即从云南昆明起飞，开辟中国—缅甸—印度航空通道。

1942年5月初，美国政府应中国多次紧急要求，最后总统罗斯福宣布不计困难风险，开辟中国—缅甸—印度的空中通道。中缅、中印间横亘喜马拉雅山脉及其支脉，有野人山、高黎贡山、怒山等雄峰，沿途重峦叠嶂，深谷大川，或荒无人烟，或云雾弥漫。山高一般在4000米～5000米，终年积雪，玉龙雪山更是高达5914米。航线飞越的地形极为复杂——状如骆驼的驼峰，因而被称为“飞越驼峰”；加之气候变幻莫测，上下气流温差大，风力强大，雷雨多，更增加了开辟“驼峰”航线的艰险，因而“驼峰”航线有“死亡运输航线”之称。6月，中国航空公司的中美两国空地勤人员通力合作，开始“飞越驼峰”。1943年8月起，美国运输队每天平均有100架飞机，中国航空公司有23架，在“驼峰”飞行。地形、气候、飞机性能落后，再加上战争，多重艰险在当时为世间罕见。“飞越驼峰”使用的飞机为C-46、C-47、C-53和C-54，实用升限7000米，巡航高度5000米，载重后只能飞行3000米～4000米。飞行使用的地图又是美国版，多年没有实测校正，很不准确。白天尚可参考地形地貌、山脉、河流、村镇，校正飞行；夜航时窗外经常是一片漆黑，犹如沉入茫茫大海。云南驿、楚雄、大理一带还有灯光闪烁，而进入野人山、林海，越横断山脉、高黎贡山直到印度，却几乎不见灯火。在高山密林中飞行，无线定向机和地面电台经常失去联络，飞行员常常无法弄清航行飞机的准确位置。气候变幻莫测，异常恶劣，雷雨季节，有多变的上下气流和强大的山谷强风与季风，飞机在高空飞行时则常被冰层包围。这样的天险“驼峰”飞行，即使最有经验的飞行员也难免失事。飞机一旦失事便会立即坠落进深山而无影无踪，虽进行多方搜救，也都无功而返；飞行员遇险跳伞，也是落入茫茫林海大山之中，最终都殉难了。

参加“驼峰”空运的是美国空运队和中国航空公司，但主要是美国空运队。1942年美国空运队有75架飞机，1945年6月美国参加“驼峰”空运的官兵达到33938人；中国航空公司1943年投入20架飞机，1945年投入39架飞机。“驼峰”空运从1942年4月正式运送第一批物资，到1945年11月结束，3年中飞越“驼峰”约8000架次，紧急空运中国驻印度军队主力新编第6军、新编第1军的将士回国投入主战场，加上旅客，共计33477人次；从印度空运到中国的物资有70多万吨，由中国空运到印度的物资2400多吨；另有1000多架飞机“飞越驼峰”投入中国战场。“驼峰”空运打破了日军封锁，架设了“空中生命线”，加强了中国的抗战实力，尤其是对于抗战后期中国取得制空权起到了关键作用。为此付出的代价也极其巨大：牺牲中美飞行员1579名，损失飞机514架。另据1945年9月美国出版的《时代》周刊估计，3年间，因“飞越驼峰”而失踪、坠毁的飞机达3000架以上，每架飞机上至少有正副驾驶两人。

中国航空公司的美国飞行员

中国航空公司的C-47飞机在昆明降落

一架C-46运输机在“驼峰”上空飞行

从飞机上拍摄的滇缅公路上著名的24拐弯道

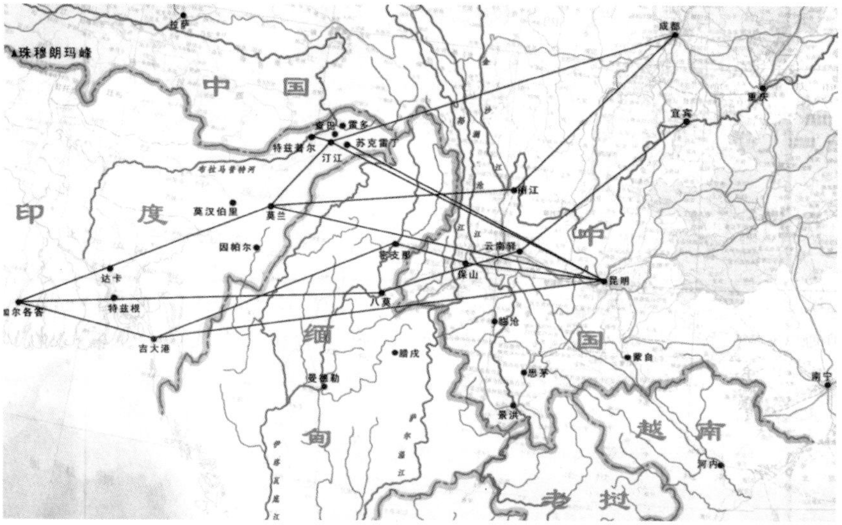

“驼峰”示意图

昆明市郊的“驼峰”飞行纪念碑

中国人民齐心合力修机场

中国民工修建机场

抗战后期，云南的战略地位愈显重要，为了夺取中国战区的制空权，云南先后投入10万人力在呈贡、沾益、蒙自、祥云、保山等地，修建可供战斗机、轰炸机使用的大中型飞机场5个，扩充了昆明巫家坝机场。这些扩充、新建的军用机场，对支援我国和盟军空军掌握制空权，歼灭日本航空部队，配合地面部队歼灭日军起到了极大的作用。

1939年巫家坝机场开始扩建。为了阻止日军占领巫家坝机场，工作人员常常将装满沙子的汽油桶，推到跑道上，阻拦日机降落。陈纳德等200多名退役军人组成的中国空军美国志愿队（“飞虎队”），于1941年7月进驻巫家坝机场，12月20日“飞虎队”从巫家坝机场起飞，一举击落日机9架，巫家坝机场因此和“飞虎队”一起名扬天下。

1942年2月，滇缅公路被切断，“驼峰航线”开启，5月17日昆明空运站在巫家坝机场正式建立；6月，中国航空公司又抽调6架飞机，参加“驼峰”空运。在整个“驼峰”空运期间，巫家坝机场成了世界上最繁忙的机场之一，平均每一两分钟就有一架飞机起降。

1942年5月，巫家坝机场开始大规模扩建，当时没有施工机械，全部是人工，特别是压路都是用人拉大石碾子；石头也没有火车运输，用人力拉到机场边，再用榔头一块一块敲。在最紧张的1942年，云南动员了十万民工大军抢修各地机场。据传，有一天陈纳德到昆明郊外时，看到一个老妇人像放羊一样看着10多个孩子，他觉得奇怪便走上前询问，老妇人告诉他：“这些孩子的大人都去修机场了”。陈纳德听了感动得半天说不出话来。

在1942年—1945年“驼峰”空运期间，巫家坝机场是“飞虎队”和中国航空公司的主要基地，共起降飞机7 800多次，运送旅客3万多人次。

中国男女老少合力修建机场

中国民工扩建昆明巫家坝机场

修机场的民工大军

昆明巫家坝机场塔台

中国民工修建云南祥云县云南驿机场

桂林西南方山峰中的秋塘空军基地（现已废弃）

哈尔西少将和杜立特中校与中队全体成员在出发前合影

营救杜立特中队

1942年4月18日清晨，美国杜立特中队16架B-25轰炸机从“大黄蜂”号航空母舰上起飞轰炸日本本土。按计划，杜立特中队轰炸日本之后，飞往中国华东的3个机场降落(衢州、丽水、玉山)。4月18日晚9点，杜立特中队飞临中国大陆，他们在空中已经艰苦飞行了13个小时，16架飞机大部分已燃油耗尽，而且遭遇恶劣天气——正在下大雨，天空被云层覆盖。

为了保持行动机密，杜立特只在飞机起飞之后才通知中国国民政府，但已为时太晚。当杜立特中队的飞机飞临中国海岸时，地面的警报系统发出了警报，误以为日军飞机来袭，实行了灯火管制。这样，原计划的接机工作完全失败了，杜立特中队的16架轰炸机，除8号机飞往苏联海参崴，在那里安全降落以外，其他15架飞机分别迫降或坠落在浙江、江西、安徽和湖南。当天深夜，中国军事当局通知各地政府和部队全面出动协助营救落地的美国飞行员。由此展开了一场大规模营救美军飞行员的行动。

杜立特中队在中国境内坠毁或迫降的飞机共15架，每架飞机上有5名机组人员，总共75名飞行员。其中64名被中国人民救起，8名被日军俘虏，3名落地时身亡。

杜立特中队使用B-25轰炸机轰炸东京

中国遇救记

理查德·科尔

1942年那个4月进行的对日本的首次空袭一直受到人们的关注。今天，作为那次行动的一号机的副驾驶，我将向你们介绍我们的机组成员以及我们从航空母舰起飞后的经过。我们的机组人员包括飞行员吉米·杜立特中校、我、导航员汉克·波特准尉、机械师兼机枪手保罗·莱昂那德军士以及投弹手弗雷德·布勒梅。

根据原先的计划，除非我们被敌人提前发现，我们于4月19日的黄昏从日本以东400英里的位置起飞，于当晚8点抵达东京并投下2000磅的燃烧弹，然后在夜幕的掩护下飞往中国。

我们投下的燃烧弹将为后面的飞机指明目标。我们将在天亮时到达中国的株洲，然后再去重庆。驻中国的作战单位将接收我们的B–25轰炸机用于今后的对日本作战。

但是事件的发展偏离了我们的原定计划。我们提前与一艘日军巡逻舰遭遇，不得不于4月18日早上8点20分提前起飞。

我们贴近海面在200英尺～300英尺的高度飞行。天空中有高层云系，附近有一些零星的降雨，海面上没有看到任何船只，高空中有一架四引擎“空中飞行舰”飞机在我们上方掠过，很显然它没有看到我们。我们在东京以北20英里的地方进入陆地，那里的天气不错，高空中有稀薄的高层云，我们可以清楚地看到东京湾。我们转向南，在1500英尺的高度沿着一条南北向的大街投下了炸弹。敌人的防空火力开始朝我们猛烈射击，但是精度不高，我们进行了规避机动，降低了高度并转向南，直到我们重新回到了海面上，从那里开始我们转为西南航向朝中国飞去。在与日本列岛平行的海岸，我们看到了几个日本海军基地，里面有巨大的战舰和航空母舰，没有迹象显示他们发现了我们。虽然把日本本岛抛在后面，但此时我们无法通过阳光来判断航向，根据导航员的计算，我们将在离中国海岸180英里的地方耗尽燃油。我们开始销毁文件并让飞机离开了预定航线。我们不时能看到水面上的鲨鱼，这着实让我们感到害怕。海水逐渐从碧绿转成了浑浊的棕色。我们意识到我们已经离中国海岸很近了。我们运气好，赶上了这个季节少有的强劲东风，这使我们能在燃油耗尽前抵达中国大陆。当我们抵达陆地的时候，天气开始转坏，大雨和浓云迎面扑来，我们不得不完全依赖仪表读数来导航。我们爬升到了9000英尺的高度，试图接收株洲的无线电导航信号。我们当时不知道，株洲没有安装计划中的无线电导航设备，因为运送设备的飞机中途失事坠毁，机组成员无人生还。当燃油报警灯亮起的时候，我们不得不放弃飞机，在漆黑的夜空中跳伞。随着我们飞机的马达声逐渐远去，我们降落在了这片异国的神秘土地上，心中充满了不安。最令人害怕的是，在漆黑的雨夜里，我们完全不知道我们所处的位置以及地面的情况。杜立特落在了一片稻田里，后来他描述了当时的情形：“在下落过程中我一直提醒自己不能犯错误，我得让双腿稍微弯曲以缓冲地面的撞击力。稻田中是齐膝深的水，我站在水里，对自己的表现颇为自赏。我开始考虑下一步该怎么办，同时鬼使神差地坐了下去。”这一坐可坐坏了他的好心情。

我的降落伞幸运地挂在了一棵松树上，减缓了我下坠的冲击力。我挂在离地12英尺高的半空中，成功地把大部分降落伞拉到头的上方遮挡雨水，直到天亮后，我才了解清楚自己的处境。我在跳伞过程中也犯了一个小错误。飞行守则上要求，为了避免降落伞卷入机尾部分，跳伞的人在离开机舱后要念完“一千、两千、三千”以后才能拉开降落伞。我记得当我念完“三千”以后，我找到了降落伞拉环，然后使出吃奶的力气猛地一拉，结果我用力过猛，把自己的一只眼睛给打青了。

杜立特在一个竹棚里度过了一夜。第二天早上，我们各自从不同的地点出发寻找安全庇护所。杜立特和我都被中国游击队拯救。波特和布勒梅两人碰巧走到一起会合，随后他们遭到了土匪的抢劫，身上的钱夹、手表和手枪都被枪走。紧接着赶去搭救他们的游击队又伏击了这帮土匪，夺回了他们的钱夹、手表和手枪，并活捉了所有的土匪。他们跟随游击队去营地的时候正好碰上了莱昂那德。到天黑的时候，我们全都回到了安全地点。

（节选自理查德·科尔：《轰炸东京》，原载《飞虎的咆哮》）

一架B–25轰炸机在“大黄蜂”号航空母舰上起飞

B–25轰炸机在“大黄蜂”号航空母舰上准备起飞

被营救的杜立特中队 11 号机组人员

杜立特中队 2 号机组人员与
中国营救人员合影

1992年，5位中国老人与他们当年
救助的美国飞行员在白宫前合影

美军B-29轰炸机以成都为前进机场轰炸日本

1944年6月15日下午，79架B-29重型轰炸机从成都附近的广汉、邛崃、新津和彭山机场起飞，经7个多小时的长途飞行，抵达日本上空，轰炸了八幡钢铁厂、军工厂，给日本军国主义以沉重的打击。

这次行动由美军第58轰炸机联队B-29轰炸机群执行，指挥官是桑德斯准将。这次行动是为了配合同一天美军发起的对西南太平洋日军重要岛屿塞班岛的登陆作战。轰炸行动中，有1架轰炸机被日军击落，6架因故障坠毁。这是继杜立特中队之后美军又一次轰炸日本本土。4个飞行大队均获得美国总统褒奖。

B-29飞机从成都机场起飞轰炸日本

1942年4月，美国派遣杜立特中队轰炸日本，但这仅仅是象征意义的，而且需要使用航空母舰。真正具有战略意义的轰炸，只有使用B-29轰炸机。但是由于B-29轰炸机不可能从航空母舰上起飞而只能使用陆基机场，成都位于中国内陆，又在B-29到达日本本土的航程之内，而且成都和昆明一样，美军飞机飞越“驼峰”航线后可以直接到达，因此成都成为美军所能选择的轰炸日本的最佳前进机场。

轰炸日本本土是一项很复杂的作战计划。因为B-29轰炸机的基地在印度，前进机场在成都，轰炸目标是日本。执行一次任务需要4天时间，第一天从印度飞越“驼峰”航线到成都机场过夜，第二天在成都机场进行补给，第三天轰炸日本并返回成都，第四天飞回印度。

此后半年，即至1945年1月15日，从成都起飞的B-29轰炸机对日本本土及占领区军事目标，共进行了3058架次轰炸，共投弹1万吨。

中国对美军使用B-29轰炸机轰炸日本给予积极有力的支持，出动大量人力物力修建机场和提供后勤补给，同时也承受了日军疯狂报复的巨大牺牲与损失。

B-29轰炸机飞抵日本上空

B—29 轰炸日本八幡

B—29 轰炸机在中国上空飞行

B—29 轰炸日本后返回中国基地

B−29 生产线

成都机场上堆放的航空燃油，
左上角是 B−29 轰炸机的下部

扩建延安机场

延安军民修建机场（1944）

难忘的延安机场

油　江

1938年8月，我从国民党航空机械学校学习航空发动机结束以后，来到延安抗日军政大学(简称"抗大")学习。当时我曾给组织上写过报告，要求去新疆继续学习航空。抗大教育长许光达亲自找我谈话，去新疆已不可能，嘱我留在抗大继续学习。我在抗大教员训练队毕业后留任军事教员。1944年1月，组织上调我到教导2旅司令部工作。5月，军委决定在十八集团军总参谋部成立航空组，组长是王弼，常乾坤任副组长。航空组决定扩建延安老机场。当时，从毛泽东主席、朱德总司令等中央领导同志一直到党政军干部、工农群众都参加了这项工程的劳动。到年底机场扩建完工，建成一条长2000米的砂石跑道。与此同时，建立了机场的管理机构——延安卫戍司令部机场勤务股，业务上受总参航空组领导。1945年1月，我从教导2旅调到机场勤务股任股长，还有参谋等4人，教2旅1团派了一个建制连驻守机场，受勤务股指挥。我们的主要任务是维护、管理和警卫机场，调度在延安机场起降的飞机。当时美军在延安驻了一个观察组，因而常有美军的运输机来往。

我在延安机场工作中，最难忘的还是接送毛泽东主席去重庆谈判。

1945年8月28日上午10点多钟，毛主席、周副主席、王若飞在中央其他领导同志的陪同下来到机场，人群中立即响起了口号声，欢呼声。11时左右，毛主席、周副主席、王若飞和前来欢送的中央其他领导同志握手告别，登上飞机。毛主席站在机舱门口，挥动着帽子向欢送的群众告别。飞机随即升上万里碧空，朝重庆方向飞去。我们虽然胜利完成了任务，可是心还是放不下来，好像也跟毛主席一行飞向了浓雾沉沉的山城。

毛主席在重庆43天，1945年10月11日胜利返回延安。

11日中午，干部、战士、学生及工农群众3万余人，陆续来到机场。我们按照事先研究好的方案，将欢迎群众安排站在机场跑道西头之北侧。警卫部队站在群众横队前面维持秩序。我高声宣布："主席座机来了之后，同志们不要乱跑乱动，飞机就停在对面，主席从飞机上下来，保证大家都能看到。"大家也都回答说："没问题!"不久中央领导同志陆续到来，也都站在跑道西头之北侧，机场秩序很好。大约下午1时半，毛主席乘坐的飞机飞临机场上空，我亲自指挥，引导飞机滑行，停在欢迎队伍的前面。舱门打开，毛主席健步走出来，挥动帽子高呼："同志们好!"这一下群众怎么也堵不住了，潮水一般涌上前来，把飞机里三层外三层包围起来。毛主席和前来欢迎的中央领导同志走不了啦。我急得满头大汗。这时张闻天对我说："主席走不了啦，怎么办?"我说："我嗓子都喊哑了，有什么办法！"张闻天说："你领着大家喊口号。"我说："事前没准备。"张闻天说："我准备了。"于是他从口袋里拿出拟好的口号交给我，我就拿出全身力气，领着大家呼口号。群众喊着口号，也不再拥挤了，毛主席和前来欢迎的中央领导同志一行在警卫部队的协助下安然走出机场。我就宣布："欢迎大会到此结束，毛主席已安全回到党中央！"这时机场又是一阵欢呼。毛主席去重庆是赴"鸿门宴"，胜利归来，大家怎么能不欣喜若狂呢!

毛主席回到延安后第四天，也就是1945年10月15日，我们这才按照中央组织部的指示，依依惜别延安，踏上去东北的征程。

（节选自油江：《从延安飞机场到晋察冀军区航空站》原载《航空工业史料》）

1937年毛泽东在延安机场迎接王明、陈云等

1936年12月，西安事变和平解决后，周恩来乘飞机回到延安，毛泽东到机场迎接

抗日战争中的延安

1944 年 11 月，毛泽东、朱德在延安机场检阅南下部队

1946 年 3 月 4 日，毛泽东、朱德、周恩来在延安机场迎接马歇尔（左三）

1946 年 3 月 5 日，江青在延安机场送别马歇尔

李先念、张爱萍将军与被营救的美国飞行员

在抗日战争时期，八路军、新四军及解放区军民积极营救美军飞行员，受到美方的高度评价与赞赏。

1944年5月6日，美国陆军第14航空队文森特上校组织第68混合联队第75中队和第76中队的54架轰炸机和战斗机，从湖南零陵机场起飞，轰炸汉口的日军供应基地，严重破坏了该基地。在返航中，76中队代理中队长本尼达上尉驾驶的P51战斗机遭到10多架日军飞机的截击，美军飞机受伤坠落，飞行员跳伞。当地游击队、民兵和农民迅速赶来营救，并将所救飞行员本尼达从水路送到驻江陵赵家垴的李先念任师长的新四军第5师襄南指挥部。本尼达到达赵家垴后，得到襄南指挥部领导人的热情接待。为了安全的救护与照料，一星期后，襄南指挥部武装护送本尼达前往驻于大悟山区的新四军第5师师部。

第二张老照片是张爱萍将军在60多年前拍下的，当时张爱萍任新四军第三师副师长。新四军第三师驻扎在苏北洪泽湖一带。在1944年8月的一个晚上，一架美国B−29重型轰炸机坠落在附近的圩堤下。张爱萍命令部队前往出事地点侦察，得知该机在执行对日轰炸任务时，被日军地面炮火击伤，在返航时坠毁。飞机坠落地点在日军占领的湖垛镇附近。为营救美国飞行员，新四军与日军激战将近4个小时，终于从日军手中救出了美国飞行员，我新四军机枪班长李绍义和战士周仲昆、朱良、来长林等壮烈牺牲。

5位美军飞行员是：萨沃埃中校、奥布赖思上尉、斯特尔马克中尉、卢茨中尉和布伦迪奇上士。他们受到了新四军指战员的热情款待。张爱萍副师长举起相机拍摄下了欢迎会的场面，还使用自拍同美国飞行员合影。

1984年，时任国防部长的张爱萍将军应美国国防部长温伯格的邀请访美。张爱萍把尘封40年的老照片找了出来，把它作为珍贵礼物送给了美国友人。1984年6月11日，在美国首都华盛顿的五角大楼，张爱萍与温伯格举行了友好的会谈，会谈结束后，张爱萍与当年被营救的5位飞行员中尚健在的3位见了面。

李先念将军（前排左三）与被营救的美国飞行员（1944）

张爱萍将军（前排左二）与被营救的美国飞行员（1944）

中国记者采访被八路军营救的美国飞行员

宋氏三姐妹在重庆研讨
防空问题

抗战中的宋氏三姐妹

抗战中人们习惯称的宋氏三姐妹是大姐宋蔼龄、二姐宋庆龄、小妹宋美龄。在抗日战争爆发后，她们抛弃一切前嫌和不同政见，投入了伟大的民族救亡斗争。

1932年上海“一二八”抗战时，宋蔼龄捐出10万国币，建立了一家名为培德的抗战医院；1937年“八一三”抗战中，又慷慨解囊，购买了3辆救护车、37辆卡车送给军队；她还特别为空军送去20多辆军用卡车和500件皮衣。

1938年6月，宋庆龄组织和主持保卫中国同盟，组织募捐，发表演讲，动员民众抗日。“西安事变”发生后，宋庆龄力主放蒋，在毛泽东、周恩来和宋庆龄等多方面的共同努力下，实现了和平解决“西安事变”，促成了第二次国共合作，共同抗日。上海沦陷后，三姐妹曾避居香港，1940年3月31日，三姐妹联袂从香港启德机场飞抵重庆，毅然回到抗日前线。三姐妹牵手走上街头，举行招待会，发表演讲，宣传和动员民众，捐献物资，投身抗日；走进医院，慰问伤病将士，参观防空设施，特别是宋庆龄把所有筹得物资、医药全部通过特别通道，运送给了八路军、新四军，她斡旋于中共和国民党之间，并介绍斯诺去延安。

1937年8月1日，宋美龄在南京主持成立了“中国妇女慰劳自卫抗战将士总会”，自任主任，并在全国各省建立分会，组织和动员抗日。她特别致力于空军的创建和投入抗战，主动向蒋介石提出担任航空委员会秘书长要职，亲自促成陈纳德来华组成“飞虎队”；赞成和支持派战机远征日本本土“轰炸”。她亲切地称空军为“我们的空军”，出入佩带“空军飞行徽章”。她没有担任军职又不懂现代空军建设，却被誉为“中国空军之母”，这在中外历史上是绝无仅有的。抗战期间，她更是一跃而成为外交舞台上的明星。太平洋战争爆发后，1942年2月，蒋介石和宋美龄出访印度，受到了甘地的热诚接待。他们游说英国承认印度独立，说服印度参加世界反法西斯大同盟，支持中国抗日战争，引起了全世界关注。1942年11月18日到1943年7月4日，宋美龄出访美国和加拿大，历时7个半月，行程8万余公里，足迹遍及华盛顿、纽约、芝加哥、旧金山、洛杉矶和加拿大的渥太华。她一路演讲中国英勇抗日的事迹，受到美国总统罗斯福以及成千上万官员和民众的热烈欢迎，由此掀起了“宋美龄旋风”。1943年11月21日，宋美龄陪同蒋介石出席埃及开罗中、美、英三国首脑会议，再一次展现了外交才能。

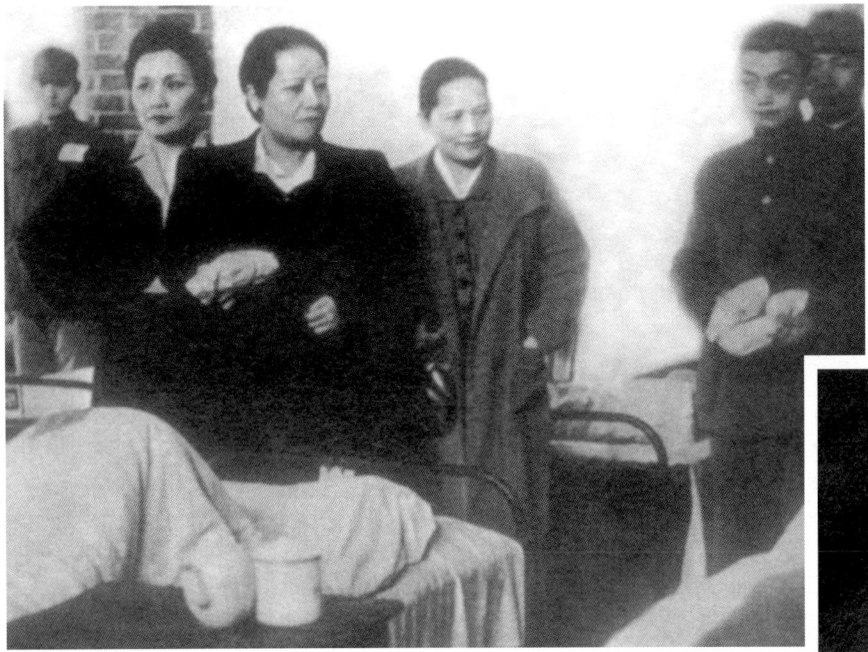

宋氏三姐妹在重庆医院慰问伤员，左起宋美龄、宋蔼龄、宋庆龄

宋氏三姐妹在20世纪20年代，左起宋庆龄、宋蔼龄、宋美龄

宋氏三姐妹看望难童

宋美龄与美国总统罗斯福的夫人在白宫草坪上

宋庆龄在重庆

日本三菱Ki-21陆军第97型重型轰炸机
在重庆上空实施狂轰滥炸

宋美龄巡视重庆被日军轰炸的灾情

苏军进军东北，溥仪在沈阳机场被俘

1945年8月9日，苏联根据苏、美、英三国首脑雅尔塔会议的决议，对日宣战，出兵我国东北。苏联最高统帅部在哈巴洛夫斯克建立远东军总指挥部，以华西列夫斯基元帅为总司令。

苏联投入的总兵力为150万人、5500辆坦克、5300架飞机、2.2万门火炮和自行火炮。以绝对优势，兵分3路向中国境内的日本关东军展开了强大攻势。

8月9日零时10分，苏联红军先遣队越过国界，展开了迅猛进攻，为配合地面进攻于拂晓时进行航空火力准备，出动大批飞机轰炸敌军，并派飞机轰炸了伪满洲国“首都”长春的宫内府和监狱，给前进部队开拓通路。

我东北抗日民主联军教导旅(又名“国际旅”)以独立步兵88旅番号编入苏联远东第2方面军。旅长为周保中，副旅长为李兆麟，该教导旅先遣伞降小队在牡丹江、海林、林门和东宁县等地空降，引导和配合苏军作战，发挥了很大作用。

驻中国东北的日本关东军有70万兵力，加上伪军20万，总兵力为90万；1155辆坦克、5600门火炮和25艘舰艇；航空兵力极其薄弱，当时仅有作战飞机48架、侦察机18架、调入轰炸机25架，这些飞机初期大部分被苏军摧毁。日军战斗力和作战意识已经丧失。在苏联红军和东北人民抗日武装的打击下，日军迅速溃散。

苏联红军出兵东北，实施的整个满洲战役，包括三次进攻战役，先后持续了25天，但实际战斗行动不到一半时间，提前结束了作战计划，取得了满洲战役的全胜。消灭关东军和伪军20余万人，俘虏日军148名将领、59.4万名军官和士兵。

1945年8月17日，苏联空军第12集团军空降部队在沈阳机场上捕获伪满洲国傀儡皇帝溥仪及其兄弟溥杰等人，并立即用飞机将其押至苏联远东赤塔，后转入伯力看守所。

朱可夫元帅（前排左二）与苏军进军东北主要将帅

苏军进军东北的宣传画

苏联轰炸机轰炸伪满洲国皇宫和监狱

半个机翼已折断的日军飞机

空战中的苏联伊－15战机

我曾克林部配合苏联红军占领辽阳后与苏军合影

1946年1月22日宋美龄、蒋经国乘专机赴长春与苏联红军会谈

东北抗日民主联军战士配合苏联红军占领哈尔滨

沈阳机场被俘记

溥 仪

17日（1945年8月——编者注）早晨动身时，我又当着吉岗的面，向告别的家人和“官吏”们讲：“我在满洲国没干好，我对不住天皇”。

飞机飞行的第一个目标是沈阳，我们要在那里换乘大型飞机。从通化出发的我们分在两架小型飞机里，和我在一起的是吉冈、桥本、溥杰和一名日本神官(随桥本捧“神器”的)，其他人和一名日本宪兵在另一架上。这天我先到了沈阳机场，在机场休息室里，等候着那另一架飞机。

等候了不久，我忽然从窗口看见天空出现了大批机群，接着是一片震耳的飞机马达声。先头的飞机盘旋了一下，低头下降了，接着又是一架，又是一架。着陆的飞机一停下，马上从里面走出一队队的手持冲锋枪的苏联士兵。他们走下飞机，立即将机场上的日本军队缴了械。不多的时间，机场上到处是苏联的飞机，也到处是苏联的军人。这是苏军受降的军使来到了。

这时我的心情，觉得平稳起来。我明白，我可以不去日本了！这是我的第一个念头。跟着第二个念头是：日本人看他们把我带走的计划失败，会不会趁现在苏联人未进门，先把我杀了？

这时，迟到的那架飞机也来了，我的妹夫、侄子们到了我的身边，只有吉冈等日本人不在这里。我蓦地把身上的手枪掏了出来。家人们看见我这举动还以为我要自杀，就要上来夺，我忙向他们摆摆手，布置他们都掏出枪来，分别站在门口和窗口防备日本人。这样一直到旋梯口的日本兵也被缴械，换上苏联兵站哨时为止。

一个苏联兵士走进来，看看我们都站着，他做了一个手势，让我们坐下。我看他好像找水，就亲自倒水给他。这是我平生第一次给别人倒水喝。我当时还以为人家和我一样，时时防备别人下毒，因此我倒了两杯，打算自己喝一杯，以示无妨，可是不等我喝完，他已经喝完了那一杯。

这时，那个桥本虎之助慌慌张张跑进来，直奔那堆和他形影不离的神器，伸手一掏，把那个天照大神的铜镜掏出来，鬼鬼祟祟地掖在怀里，又慌慌张张地出去了。后来，据一个苏联军官说，他从桥本身上检查出了这个铜质的镜子，莫名其妙，不知是干什么用的，桥本也不肯说明，在一旁急得手舞足蹈，又想要回，又不敢动手去夺，围着那军官直转。那军官后来明白了这不过是一面镜子，就扔还给他。

我们在屋里待了不久，吉冈和桥本陪着一位苏联将军进了屋子。这个将军朝我笑笑，和我握了一下手，就靠近一张圆桌子坐下来了。

原来桥本还会俄文，他和溥杰俩人，成了我们一俄一日的翻译，他们俩人和吉冈也随苏联将军围桌而坐。我独自坐在靠窗的沙发上，听他们开始了谈话。

吉冈后背正冲着我，我看不见他的脸，只听他说话声音直哆嗦。溥杰后来告诉我，吉冈的脸色苍白，说话时满脸是泪。他简直是用哀求的声音向那位苏联将军说：

“请允许让溥仪，随我们一同到日本去吧　”

溥杰把这话一翻译完，我的心几乎要跳出腔子来。我很想说我不去日本，又怕开口之后，苏联将军不理，反而答应了吉冈的要求，那么我到了日本更要倒霉。我急得没法，只好在吉冈的背后，向苏联将军又打手势又努嘴，想叫苏联人明白，我不赞成吉冈的话。苏联将军对吉冈的要求和我的哑谜全无反应。等吉冈说完，桥本翻译完，他宣布道：

“所有的人，今后的一切行动，须全听从苏军的命令。”

这一下子，我心里的一块石头落了地。吉冈却低下脑袋，再也不发一声。

将军站起了身，又和我握一下手，走了。

过一会儿，又进来一位将军，还带进不少的苏联军官。这位将军宣布道：谁有武器，就交出来。我们立刻把手枪、子弹都拿出来，放在桌上，由苏联兵收了去，也没有搜身。我的侄子给我携带的一只盛着珠宝首饰的大黑皮箱，也没有检查。

这时吉冈、桥本在门外，向里面伸头探脑，想进又不敢进，不进来却又像对我舍不得撒手。我想向苏联军官们暗示一下："那里还有日本鬼子，你们快带走吧。"我没法子说话，就向他们挤挤眼示意，可是没有人理。有一个年轻的军官大概以为我是和他开玩笑，也向我挤挤眼。我干着了一阵儿急，也没办法。

后来我们被领去搭乘苏联的巨型运输机。在飞机降落休息时，我看见了有一位少将在那里散步，我走到他跟前，想试一试能不能交谈。我用英文问了他好，巧得很，他也会说英文。他问明了我的身份，很有兴趣地和我交谈起来。我的英文很不够用，也凑凑合合表示了我的意思：我不愿意和日本人在一起，希望能把我们分开。他答应可以为我向上级转达，就去了。

这时，过来不少苏联兵。我一看，里面还有中国人，吓我一跳，我以为是蒋介石的人，后来听他们说，才知道是苏联籍的汉族人和其他东方民族的人，都是苏联军队的军官和兵士。有的还和我握握手，很好奇的样子看着我。我们言语不通，互相瞧着打手势的时候，那个少将请示回来了，笑道：

"你看，苏维埃的兵士和皇帝握了手了，哈哈。"

他告诉我，我的要求已经得到了准许。他说：

"由你叫吧，你叫谁谁就跟你一起。好，开始！"

我把我们那一堆中国人一个一个地叫了过来，中国人都过来了，可有个日本宪兵，也偷偷摸摸地想混过来，我发现了，忙嚷道："他不是！他不是！"

于是，这家伙又给苏联士兵赶回去了。吉冈安直远远站在那里，瞪着眼。

这天晚上，苏联军官把我们送到苏军的一个临时医院(中国人开的)里，休息了一夜，次日上午便从通辽乘飞机飞往苏联。

（节选自爱新觉罗·溥仪《我的前半生》，标题为编著者所加）

溥仪在沈阳机场被苏军俘获

1945年8月25日美军飞机运送八路军将领上前线，行前八路军将领林彪等合影留念

美军飞机运送八路军将领上前线

1945年8月25日清晨，刚刚接到乘飞机回前线通知的20名干部匆匆赶到延安东关机场。这20人是：邓小平、刘伯承、林彪、陈毅、薄一波、滕代远、陈赓、萧劲光、杨得志、邓华、李天佑、江华、聂鹤亭、陈锡联、陈再道、王近山、张际春、宋时轮、傅秋涛、邓克明。这些人不是身负要职的重要领导就是叱咤风云的名将，他们肩负着中国革命的重担。

这是毛泽东委托叶剑英向美军“借”飞机送我军重要将领赴前线。行前，毛泽东对邓小平说，你们到前线去，放手打就是了，不要担心我在重庆的安全。你们打得越好，我越安全，谈得越好。

美军观察组提供的道格拉斯运输机舱门矮小，由于长期使用，门已关不严实。飞机有两个螺旋桨，但起飞时得靠人推动才能启动发动机。毛泽东非常关心这次飞行安全，专门派叶剑英和杨尚昆到机场检查并组织登机，并要求每个人都要带上降落伞以防万一。这些将领中的大多数根本没有坐过飞机。登机前，大家照相留念。陈毅诙谐地说：“如果摔死了，就用这张照片开追悼会!”

中共与美军观察组在航空飞行方面的合作已经很久了。在抗日战争中，曾有许多美军飞行员因执行战斗任务或飞机出现故障降落在我敌后根据地，并受到当地军民的大力救助。我军民为救护美军飞行员付出过许多血的代价。抗战后期，蒋介石对延安进行封锁。美军观察组建立后，延安不但可以从他们那里看到大后方出版的报纸等，还可以看到外国的出版物。延安的许多紧缺物资，如药品、电讯器材等也可以托观察组的飞机带到延安。双方合作颇为愉快。

当时朱德的秘书黄华也前往机场送行。当他看到乘坐这架飞机的都是“要人”时，不禁大惊失色。他担心的是：这些不懂英文的将帅将如何同美国飞行员交流?在请示杨尚昆后，他也登上了飞机，以翻译的身份加入到这批“乘客”的行列。

飞机起飞了，延安总部充满了紧张的气氛，叶剑英更是坐立不安。当飞机平安到达目的地的电报传来后，叶剑英心中的一块石头才落了地。“要人”在机场附近稍事休息，便分别奔赴各自的战区。就这样，美军飞机运送中共将领上前线，使中国共产党完成了本来需要大约两个月才能完成的战略性运送任务。

1944年12月毛泽东、朱德、周恩来、叶剑英
与美军观察组约翰·戴维斯（中）合影

1945年8月，毛泽东、朱德与美军观察
组组长包瑞德上校在延安机场

1945年8月25日八路军将领在飞机前合影，后
排站立者右六为陈毅、右五为邓小平、右四为
刘伯承，前排右二为聂荣臻

毛泽东飞赴重庆谈判

抗日战争胜利后，中国共产党提出了和平、民主、进步三大口号。蒋介石一面要消灭中国共产党及其军队，但又迫于国内外呼吁和平的压力，不敢贸然发动内战。于是，蒋介石于1945年8月14日、20日、23日，连续电邀毛泽东赴重庆谈判。

毛泽东在中共中央政治局会议上明确表示："可以去，必须去"，"这样可以取得全部主动权"。有的同志担心，出去谈判会造成城下之盟的局势。毛泽东说："签字之手在我。自然必须作一定的让步，如果让步还不行"，那么"城下就不盟，准备坐班房"。

1945年8月24日，毛泽东复电蒋介石，接受去重庆谈判的邀请。

1945年8月27日，美国驻华大使赫尔利和蒋介石的代表张治中乘飞机到延安来接毛泽东。8月28日，毛泽东同周恩来、王若飞在赫尔利、张治中的陪同下离开延安赴重庆谈判。

这是毛泽东生平第一次乘坐飞机。此次重庆之行，全国瞩目，责任重大。当时的毛泽东，并不轻松。飞机升空后，毛泽东要求飞机绕延安上空飞行一圈，向延安军民告别。

经过4小时的颠簸飞行，毛泽东、周恩来、王若飞等到达重庆机场。在重庆机场受到各界人士的热烈欢迎。

重庆谈判进行得十分艰难。国共双方在一些问题上达成了共识，但在军队缩编、解放区等问题上却搁了浅。9月21日，赫尔利找到毛泽东，要求中共交出军队，交出解放区，说要么承认蒋介石的要求，要么破裂。毛泽东说，不承认也不破裂，问题复杂，还要讨论。

谈判在艰难曲折的道路上缓慢前进，斗争十分激烈。10日下午，中共代表周恩来、王若飞同国民党代表王世杰、张群、张治中、邵力子在桂园客厅正式签署《国民政府与中共代表会谈纪要》(通常称作"《双十协定》")。

1945年10月11日，也就是在《双十协定》签订的第二天，毛泽东在张治中陪同下离开重庆飞返延安，受到延安军民的盛大欢迎。

1945年8月28日，毛泽东、周恩来、王若飞（右一）在延安机场乘飞机赴重庆谈判时与赫尔利（右三）、张治中（左一）合影

1945年8月27日，毛泽东与美国驻华大使赫尔利（后左二）、张治中将军（后左三）在吉普车上

毛泽东、周恩来等抵达重庆时受到重庆各界人士的热烈欢迎

毛泽东与蒋介石合影

毛泽东在重庆谈判时下榻的
张治中公馆——桂园

毛泽东回到延安，向欢迎群众讲话

毛泽东回到延安，受到盛大欢迎

1946—1957

崛起东方

(1946—1957)

创办东北老航校

1945年8月，中共中央为尽快创建人民空军作准备，决定利用日本侵略我国东北时遗留的航空器材等创办一所航空学校。9、10月间，王弼、常乾坤带领30多名航空技术干部，奔赴东北，1946年1月到达海龙。经过向中共中央东北局汇报请示后，他们兵分两路：由王弼带一部分同志分赴延吉、牡丹江、哈尔滨、佳木斯、齐齐哈尔、辽阳、营口、鞍山一带收集航空器材；由常乾坤带领其余同志赶赴通化。他们共收集到各种破旧飞机120架，发动机200多台，仪表100多箱，油料近千吨，一大批航空零备件。

在此期间，东北民主联军总部受降了原驻辽宁东部奉集堡、桥头、凤凰城一带的日本关东军的一个航空训练大队，并于1945年9月30日，将这个大队改编为东北民主联军航空队。东北民主联军参谋长伍修权接见了原日军航空训练大队林弥一郎等人，向他们晓以大义，欢迎他们参加创办航空学校。

为加强航空学校的筹建工作，1945年11月13日，中共中央东北局和东北民主联军总部决定组织成立航空委员会，参谋长伍修权兼主任，主要任务是筹建航空学校。11月下旬，航空队奉命先从沈阳移到辽阳，继而转战宫原、奉集堡，再转移至通化。移驻通化后，又从抗日军政大学山东分校和通化炮校挑选了100多名航空学员，航空队已达到近600人。1946年1月1日，航空队改为航空总队，下辖教导队、民航队、机务队、修理厂等。

1946年3月1日，东北军政大学副校长、通化军分区司令员何长工受命宣布“东北民主联军总部”关于成立东北民主联军航空学校的决定，宣布由朱瑞兼任校长，吴溉之兼任政治委员，常乾坤、白起任副校长，王弼、黄乃一、顾磊任副政治委员。这是中国共产党领导下的人民军队创办的第一所航空学校，历史上习惯称它为“东北老航校”。

东北老航校的航空教学和飞行训练的艰难困苦是难以想象的：经常受到敌军和土匪的空袭、骚扰、破坏；飞机破损，航空器材奇缺，飞行训练中经常发生故障和事故；教员无经验，教学无教材，学员文化水平低；在生活上，不论领导干部还是空、地勤人员，都是一样地吃高粱米，啃玉米窝窝头，就咸菜疙瘩，住的都是一样四面透风的日伪破旧兵营。前方打仗，供应极端困难，在零下30多摄氏度的环境下，没有棉衣，他们就用面袋自己缝制；缺乏航空油料，他们经过反复试验，创造性地以酒精代替了油料；只有4架初级教练机，没有中级教练机，他们就打破常规，直接上日制的“九九”式高级教练机进行教练。经过教员的精心指导和学员的苦练，只带飞10多个小时，学员就放了单飞，闯出了平常难以设想的一条飞行训练途径。

随着人民解放战争的节节胜利，1948年3月航空学校由东安迁回牡丹江，1949年3月又迁到长春，增加开设了飞行班和机械班，还新设了场站班、通讯班、气象班、仪表班，最多时在校学员达到320余名。1949年5月，这所航空学校被改称为“中国人民解放军航空学校”。到同年7月，在近4年时间里，它共培养各种航空技术人才560名。他们在中华人民共和国建立后，大都成为空军、航空工业和中国民航的第一代创业者和领导骨干。闻名于世的空军战斗英雄王海、张积慧、刘玉堤等，都是这个航空学校培养出来的飞行员。

东北老航校训练用的“九九”式高级教练机

1946年3月1日，东北民主联军航空学校在通化成立，左起：校长常乾坤，副政委黄乃一，副政委顾磊，政委王弼，政治部主任白平，第一政委马文，副校长刘善本

1947年9月，东北民主联军参谋长刘亚楼兼任东北民主联军航空学校校长

东北民主联军航空学校

用马车运输航空器材

东北老航校搬迁示意图

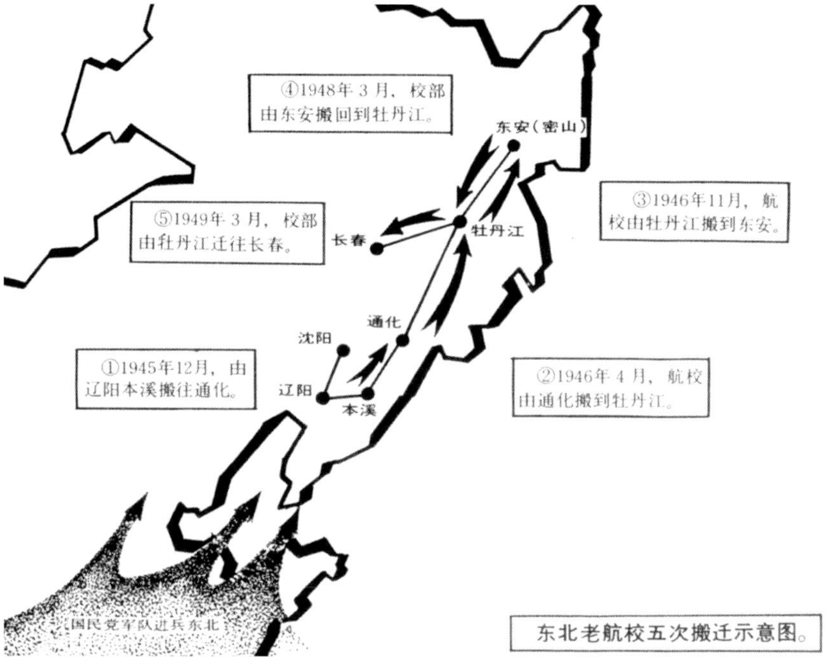

用自行车气筒为飞机轮胎打气

东北老航校部分学员，前排右起：、吴元任（兼队长）、翟满绪、张建华、刘耀西、孟延、姚峻（兼政治指导员）　姚峻提供

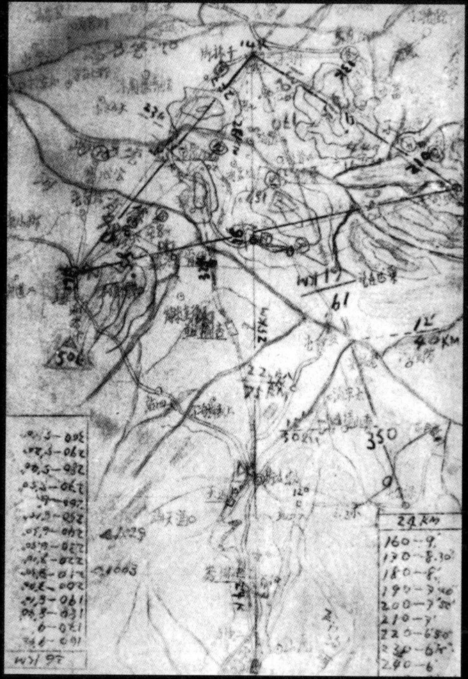

1947年姚峻手绘的飞行图　姚峻提供

1946年8月，已被分配到东北老航校的王海（后排左一）与山东战友在哈尔滨留影　王海提供

战友在照片背面的签名　王海提供

回顾东北老航校的诞生

伍修权

抗日战争胜利前夕，党中央科学地预测了抗日战争阶段过去后时局发展的方向，决定争取东北，建立巩固的东北根据地。同时估计到日本在东北盘踞多年，修了很多机场，有航空工厂，有飞机，这对我们兴办航空事业是个有利条件，因此，中央决定把我党多年培养和储备的一些干部派到东北去，设法创办航空学校，为建立人民空军培养干部。

1945年9月18日，我与彭真、陈云、叶季壮等同志到达沈阳。在组成东北民主联军总部(简称“东总”)领导机构时，中央任命我担任参谋长，并负责航校筹建工作。

10月上旬的一天，东总接到曾克林部报告，他们在凤凰城、连山关以西地区，受降了一支300余人的日军部队，已查明是一批航空技术人员，领头的是林弥一郎，等待处理。经与彭真等领导同志商议，决定争取他们为我办航校服务。

为使这些日本航空技术人员了解我们的政策，消除顾虑，彭真同志决定把林弥一郎等人召到沈阳，由我出面谈话。我对他们讲明了我党战后对待日本战俘的基本态度和政策，指明日本侵华战争是少数日本军国主义分子挑起的，侵略战争的责任应由日本军国主义分子承担，对一般日本军人我们加以保护。通过晓以大义，直截了当地要求他们留下来，为我们训练航空人员。同时答应对他们不以战俘身份对待，改善生活待遇，安排好他们的家属，条件具备就尽早让他们回国。这次谈话中还有个小插曲，林弥一郎要我把随身携带的一支勃朗宁手枪送给他作纪念。我在短暂而复杂的思考后，采取了“用人不疑”的态度，将手枪亲手赠与他，这使林弥一郎和他的同伴们深为感动，纷纷表示愿为我们办航校出力。随即把他们安排到奉集堡等机场。

这时，首批从延安出发的刘风、蔡云翔等五人到达沈阳，东总便派他们去领导组织这批日本航空技术人员搜集航材、修理飞机。随后东总又派出几名干部参加工作，成立了沈阳航空队。11月初，东北局又派黄乃一任航空队政委。

为加强对创办航空事业的领导，东北局决定成立航空委员会，由我任主任委员。我按照彭真同志关于筹办航校的一些想法，找黄乃一、刘风等人研究确定亟待进行的几项工作：一是组织人员赴南满各地搜集和修理飞机航材；二是初步确定办校任务、方针、招生、训练等问题；三是把起义人员、日本航空技术人员团结组织起来，按我军办法，实施管理教育，开展工作。

不久，从延安出发的另两批干部陆续到达东北，又从抗大山东分校挑选了100多名航空学员。1946年1月1日，在通化成立“东北民主联军航空总队”。在东北局、东总的领导下，建校准备工作高速度地进行着。

经过艰苦的搜集、运输工作，得到了残破不全的各型日式飞机40余架，当时估计其中30余架可修复使用。此时，常乾坤、王弼等已全部到达航校，在编人数已近500人。东总下令于1946年3月1日，成立“东北民主联军航空学校”。

我军第一所航空学校终于诞生了。在那艰难困苦的战争年代里，赤手空拳在很短时间内办起了一所航空学校，这多么值得庆贺啊！数十年间，我也常常念及那些老航校的创业者们，以及曾给我们帮助的日本朋友，我深深地感谢他们。

(原载《东北老航校》)

国民党空军上尉刘善本驾机飞延安

飞抵延安

刘善本

刘善本

过了秦岭，按计算再有30分钟就可到延安了。地图上这一带山都在海拔2000米以下，于是，我们调整飞机，下降到2300米飞行。这时，雨小了，云也没有刚才那么黑了，灰白色的云，一阵阵从机头掠过，座舱里亮多了。看来越向北飞天气越好，我们心放宽了不少。

忽然发现前下方有团黑影，原来是个云洞。在浓云大雨里飞行了1个多小时，乍看见地面，大家很高兴，立即关掉自动驾驶仪，推机头下去。猛然发现前方一座长满青葱树林的高山插入白云里，又急忙把机头一拉，重新进入云中，上升到原来的高度。好危险，几乎撞山！

飞了一会，又看见一个云洞，推头下去看，云和山峰已经离开几十米，我们就在云下山上飞行。这时外面还在下着小雨。

忽然，左下方发现了一条河，河东边有一个城市，按方向、速度、时间计算和地形、河流看，应该是甘泉，但用的这张日本出的地图上，甘泉是在洛河西岸。这时，“鬼样子”已经变得无精打采，既不向外看，也不看地图。我只好把地图拿过来，自己计算。假定是甘泉，从甘泉到延安要8分半钟，于是改飞航向10度，一路上尽是连绵起伏的山岭。飞行了约9分钟，过了一座山岭，忽然看见3条河岔，一片开阔地展现在眼前，依地形看，应该是延安了。但是，既看不见城市，也没有机场，我就在这个河岔上空盘旋寻找。

几年前，我问过到延安的飞行人员，他们都说延安机场很不好，就是一块平地压了压。莫非这几年已经种了庄稼？但城市还应该有呀！在隋唐小说上就写到过大破延安，延安应该是个很不小的城市才对。

“看，那边有房子！”小受忽然喊起来，他手指的方向，果然有一座青色砖瓦房子(后来才知道这就是杨家岭礼堂)。我立即向右转弯，一条明显整齐的跑道出现在前面。我高兴极了，对正跑道右边的山飞去，这才看见左边山腰上一排排密密层层的窑洞房子，原来延安城就在这里。

突然我又想到危险。我们距山顶只有几十米，下边一开炮不就打下来了吗？绕过宝塔山，飞过跑道，我急忙喊：“放下起落架，全关油门，全放下襟翼。”飞机向左急转弯，对正了跑道，我将机头一推，迅速下降，便着陆了。原来跑道是这样平直，也相当长，只用了一点儿刹车，飞机滑到跑道另一头，便停住了。

待要关车时，我的心又被另一个念头抓住了：万一不是延安，而是国民党机场，那就糟了。我没有关掉发动机，坐在机舱里待一会，准备随时重新起飞。这时，外面还在下着小雨，我一眼看见左边深草里有两个穿灰色军服的士兵，两手端着枪，弯着腰向飞机走来。看到他们含有敌意的行动，我放了心，伸手把4个发动机全关了。

直到这时候，我的紧张的心情才随着飞机的发动机停机平静下来；直到这时候，我才真正意识到：我确实是到了延安——全中国人民的希望所在地。一阵狂烈的喜悦涌上了心头，涌上了眼角，我掏出手帕擦呀擦呀，可是眼睛怎么也是模糊的，我真想仔仔细细看一看延安，看一看我多年来梦想的地方。我从窗口伸出手去，热情地向那两位战士招手。他们立刻看出了我的友谊的手势，便直起身提着枪走过来。

我拿起所有的手枪便往下走。领航员拉了我一把说：“让后边共产党先下去好了。”我说：“没关系，我先下去看一看。”

我跳下飞机，跑到一位带手枪的同志面前，紧紧地握住他的手说：“我们是反对内战来的。”说着，就把带来的4支手枪全部交给了他。

“这是到了什么地方？”有人在后舱窗口问。

“延安到了！”我拉长了声音回答，音调中充满着愉快、兴奋。机组中张受益、唐世耀、唐玉文等都愿意留在延安参加革命，只有领航员“鬼样子”不愿意，就发给他路费，送他回去了。

到达延安的第5天，6月29日晚上，毛主席、朱总司令和中央其他首长亲切接见了我和机组人员。敬爱的周恩来副主席也多次接见我，给予亲切的鼓励。当我握着毛主席的手时，许多话奔涌喉头，一时不知说什么好。好容易才说了一句：“主席，我终于到你这里来了。”

（节选自刘善本：《飞向延安》，原载《空军回忆史料》）

1964年刘善本任空军学院少将副教育长

刘善本与机组人员合影

心退出內戰漩渦

劉善本上尉駕機飛延

號召空軍人員拒運軍火拒炸同胞

《新华日报》的报道

1946年春，周恩来（左二）、贺龙（右二）、聂荣臻（左一）、叶剑英（左三）、肖克（右一）、蔡树藩（右三）在张家口航空站机场办公楼前　徐昌裕摄

1946年春，油江（后排右四）、徐昌裕（前排右一）、熊焰（后排右三）在张家口航空站美军飞机前合影

相逢张家口

读者看到的这两张珍贵历史照片均摄于1946年春的张家口航空站。第一张照片为徐昌裕所摄，照片中的人物是周恩来、贺龙与聂荣臻等。这期间周恩来、聂荣臻因参加美国、国民党、共产党三方组成的军事调处执行部的工作而经常去北平。而此时的张家口在我军控制之下。1945年8月，八路军晋察冀军区接收了日本侵略军在张北、灵丘以及张家口的两个机场、两架飞机和一批航空器材及油料，还有几十名日军飞行、机务人员。为管理这些设施和人员，于9月在张家口市成立了晋察冀军区航空站，下设场务科和修理厂，王弼、油江相继任站长。张家口航空站曾负责接待过军调部三人“执行小组”，即周恩来、张治中及马歇尔及其一行，负责指挥他们乘坐的飞机起降。第二张照片则是航空站部分人员在周恩来乘坐的美军飞机前的合影。其中有航空站长油江、航空站飞机修理厂厂长徐昌裕、机务科长熊焰等。这3个人建国后均参与了中国航空工业的创建和发展，并为中国的航空事业奋斗终生。

油江，湖北省公安县人，1915年出生，1938年2月参加八路军，1938年春到延安。抗战胜利后，奉命赴东北创建航空学校，经过张家口时，经中央批准，任晋察冀军区张家口航空站第二任站长。1949年3月，任航空局民航处长，并被任命为华北军区航空处副处长（6月接任处长）。他是开国大典空中阅兵的总指挥。1949年11月他被任命为华北军区空军司令部参谋长。

1952年11月，调任第二机械工业部航空工业局副局长，主管发动机的生产、技术工作。1963年12月，任航空工业部第二生产技术司副司长、生产局负责人。1978年4月任航空工业部副部长、党组成员、部科技委员会副主任等职务。1999年逝世。

徐昌裕，江苏吴江人。1914年出生，1936年上海交通大学机械工程学院航空门毕业，分配到南昌航空机械学校高级机械班学习，毕业后留校任教。1938年2月，由成都辗转奔赴延安，同年4月加入中国共产党。1945年11月，奔赴东北，途中在张家口航空站工作7个月之久。1946年到1948年，任东北老航校修理厂厂长、机务处副处长。空军司令部成立后，被任命为修理处处长。在刘亚楼司令员的直接领导下，草拟了向中央呈送的《关于航空工业建设的意见书》。1951年4 月，调任航空工业局生产技术处长；1952年8月，任航空工业局副局长。1963年航空工业部成立，先后任飞机司司长、航空研究院副院长。1978年4月，任航空工业部党组成员、副部长兼航空研究院院长。2004年逝世。

熊焰，1919年2月27日（农历）出生于安徽省芜湖县。1937年从空军南昌航空机械学校毕业。1938年辗转到了延安。1939年加入中国共产党。1945年9月，熊焰出发去东北，到张家口航空站时被留下任机务科长。1947年1月任航校修理厂厂长。1948年11月底筹建了空军修理厂即空军5厂，任厂长。1950年组成东北空军修理总厂，任总厂厂长。1951年，以空军第 5修理厂为基础组建了沈阳飞机厂，任厂长兼总工程师。1958年，奉命组建西安阎良飞行试验研究所，任所长。1970年8月奉调到上海主持运10研制任务，并任设计组组长。1996年逝世。

开国大典空中阅兵总指挥油江

油江（左一）与华北军区航空处领导在一起

徐昌裕（右二）与战友在延安

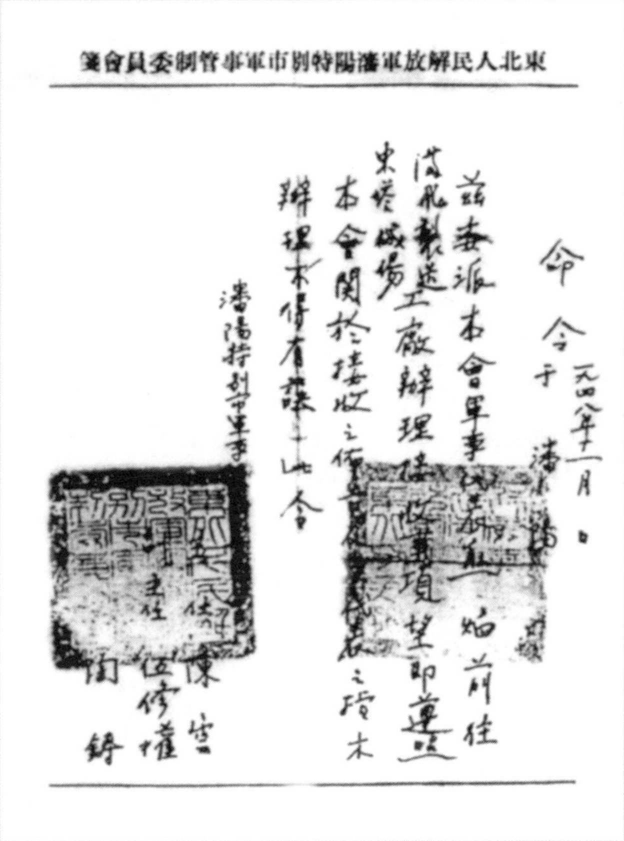
東北人民解放軍瀋陽特別市軍事管制委員會箋

命令

于一九四八年十一月 日 瀋[illegible]

茲委派本會軍事代表熊焰前往

滿飛製造工廠辦理接收事項望即速

東塔機場

本會關於接收之[illegible]之[illegible]

辦理不得有誤 此令

瀋陽特別市軍事管制委員會

主任 陳雲

副主任 伍修權 陶鑄

1948年11月，陈云、伍修权、陶铸命令熊焰接收满飞和东塔机场

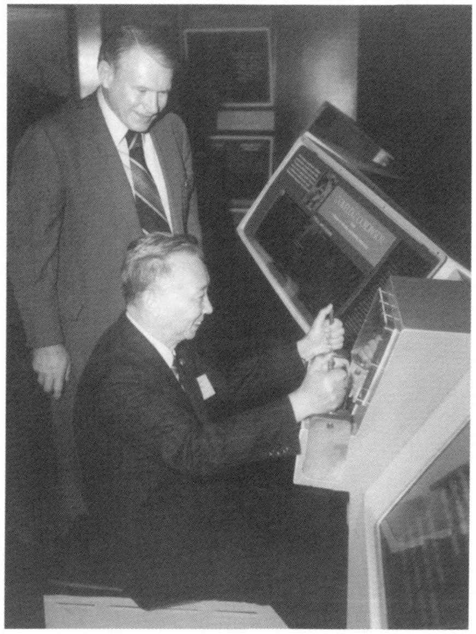
1980年9月徐昌裕访问美国航空航天局

熊焰与夫人陈然（1942）

徐昌裕在东北老航校

王若飞、叶挺罹难

1946年4月8日，出席重庆国共谈判与政治协商会议的中共代表王若飞、秦邦宪，为了向中共中央汇报请示，和新四军军长叶挺、中共中央职工委员会书记邓发、进步教育家黄齐生等冒着恶劣天气飞返延安，同机的还有八路军军官李绍华、彭踊左、魏万吉、赵登俊、高琼和叶挺夫人李秀文及其子阿九、其女扬眉以及4名美军驾驶人员。但因天气恶劣，飞机失事，他们不幸以身殉职。4月19日，毛泽东、刘少奇、周恩来等中央领导和延安各界群众三万余人，在飞机场举行追悼大会，悼念死难的烈士。

王若飞，1896年生。贵州安顺人。1919年赴法勤工俭学。1922年6月与周恩来等在巴黎发起成立旅欧中国少年共产党，同年转入中国共产党。1923年赴莫斯科中山大学列宁学院学习。1925年回国，任中共豫陕区委书记，中共中央秘书长。1928年任中共共产国际代表。1931年回国，在包头被国民党逮捕。1937年出狱后任中共中央秘书长，八路军副参谋长。1944年5月作为中共代表参加国共两党谈判。中共第五届、第七届中央委员。

叶挺，广东惠阳人。1918年保定军校毕业后参加孙中山领导的粤军，次年加入国民党。1924年赴苏联东方劳动大学学习。1925年加入中国共产党，同年8月回国，任国民革命军第4军第34团团长、独立团团长。1926年5月率部北伐打先锋，被誉为“北伐名将”。1927年参加并领导南昌起义，任前敌总指挥；年底又任广州起义总指挥和工农红军总司令；起义失败后出国，与党失去联系。抗日战争爆发后，任新四军军长。1941年1月“皖南事变”中被国民党扣押。1946年3月4日，国民党迫于压力恢复叶挺自由，中共中央批准他重新加入中国共产党。

秦邦宪，又名博古，1907年生。江苏无锡人。1925年加入中国共产党。1926年赴莫斯科中山大学学习。1930年回国，任全国总工会宣传干事。1931年4月任中国共产主义青年团中央委员会书记，同年9月至1935年1月，为中共临时中央总负责人。在中共中央政治局遵义会议上，被免去中共主要领导人的职务。后任中国工农红军野战部队政治部主任。1937年任中共中央组织部长。抗日战争爆发后任中共驻南京代表以及中共中央长江局、南方局组织部长。1941年后在延安创办和主持《解放日报》和新华通讯社。

邓发，1906年生。广东云浮人。1925年加入中国共产党，1927年参加广州起义。1928年后任中共香港市委书记、广州市委书记、广东省委组织部长。长征中任纵队政治委员。抗日战争期间任中共驻新疆代表、中共中央党校校长。在中共六届三中全会和第七次全国代表大会上当选为中央委员，六届五中全会上当选为政治局候补委员。

罹难前一天叶挺将军在重庆

叶挺一家

王若飞（右一）与家人

罹难地点

“两航”起义

“两航”起义人员抵天津

“两航”起义的飞机在济南机场加油

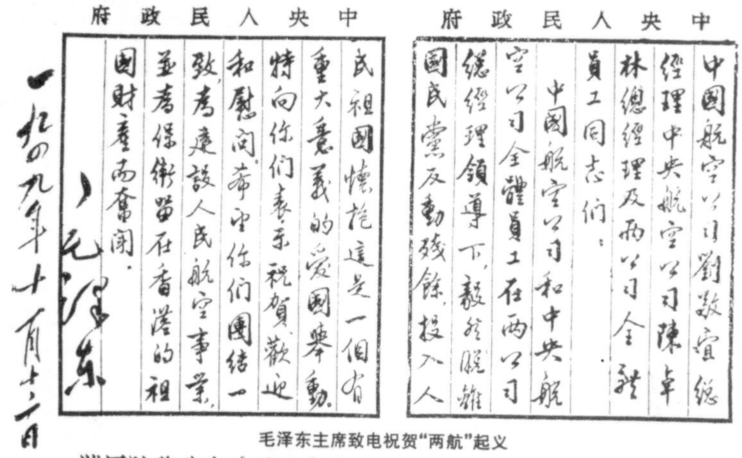
中央人民政府

中國航空公司劉敬宜總經理、中央航空公司陳卓林總經理及兩公司全體員工同志們：

中國航空公司和中央航空公司全體員工在兩公司總經理領導下，毅然脫離國民黨反動殘餘，投入人民祖國懷抱，這是一個有重大意義的愛國舉動。特向你們表示祝賀、歡迎和慰問。希望你們團結一致，為建設人民航空事業，並為保衛留在香港的祖國財產而奮鬥。

毛澤东

一九四九年十一月十二日

毛泽东主席致电祝贺“两航”起义

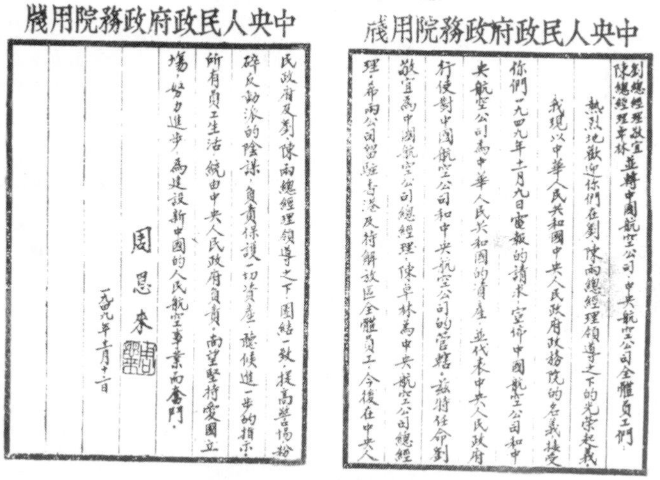
中央人民政府政務院用箋

劉總經理敬宜、陳總經理卓林並轉中國航空公司、中央航空公司全體員工們：

熱烈地歡迎你們在劉、陳兩總經理領導之下的光榮起義。

我現以中華人民共和國中央人民政府政務院的名義接受你們一九四九年十一月九日電報的請求，宣佈中國航空公司和中央航空公司為中華人民共和國的資產，並代表中央人民政府行使對中國航空公司和中央航空公司的管轄。茲特任命劉敬宜為中國航空公司總經理，陳卓林為中央航空公司總經理，希兩公司留駐香港及待解放區全體員工，今後在中央人民政府及劉、陳兩總經理領導之下，團結一致，提高警惕，粉碎反動派的陰謀，負責保護一切資產，聽候進一步的指示。所有員工生活，統由中央人民政府負責。尚望堅持愛國立場，努力進步，為建設新中國的人民航空事業而奮鬥。

周恩來

一九四九年十一月十二日

周恩来总理致函祝贺“两航”起义

毛泽东、周恩来致电、致函祝贺“两航”起义

“两航”起义后停留在香港的祖国飞机

1949年12月10日，蒋介石在成都凤凰山机场登上“中美”号专机前的瞬间，他从此永远离开了大陆

潘国定早年在美国学习飞行时留影

潘国定驾驶的“北京”号飞机现藏航空博物馆　周日新摄

回顾“两航”起义

潘国定

1949年10月1日，当我听到毛主席向全世界宣告中华人民共和国成立的消息时，心情非常激动，中国人民从此站起来了，中国人民不再受外国人的欺辱和压迫了，因而我对新中国非常向往。1949年11月9日，“两航”员工在香港发动了震惊中外的“两航”起义。起义前，我就略有所闻。在“中航”工作时，我与何凤元、陆元斌相处较好，他们都知道我的为人，也了解我的苦闷心境。他们跟我讲，去台湾没有发展前途，不如回内地，民航才可能有大的发展。他俩是中共秘密党员，是“两航”起义的发动者和组织者。当他们告知我起义北飞的日期和计划后，我非常高兴，并立即表示同意参加北飞。当时，吕明与“两航”总经理和大家一起商讨了北飞的具体办法。为使飞行速度快一些，“央航”决定用一架“空中行宫”飞机，并由我驾驶。

为能平安飞离香港，北飞行动计划决定，利用航班预报正常起飞。北飞的前一天，公司安排我的航线是香港—台北。9日，北飞的飞机共有12架，其中“中航”10架，“央航”2架。起飞前，大家心情均很紧张，都怕自己走不了，都想早点起飞，因而一度使起飞的秩序有些乱。经过喊话，才按顺序一架跟着一架地离开地面，直插蓝天，飞向心中的目的地——北京、天津。早晨6时10分，我按计划第一架起飞，机组成员有路家玖、韩家琪、余惠民，飞机上有刘敬宜、陈卓林两位总经理，还有吕明、查夷平、邓士章、吴景岩等人。飞机起飞后，先向台北方向爬高，等脱离了塔台视线，我就掉头向武汉方向飞去。当飞机快要接近长沙时，不知是谁在无线电里说，他在飞机左方发现一黑点。大家以为是国民党军飞机来拦截，心里都非常紧张。后经过细心观察，发现什么也没有，这时大家的心情才慢慢地平静下来，真是一场虚惊。原定武汉广播电台在我们起飞后开始广播，作为飞机导航之用，可是我们一直收不到，等飞机飞过了武汉才收到电台广播。飞机经过郑州，逐渐接近了北京，当时我真有说不出的高兴。

“中航”总经理刘敬宜（左）和“央航”总经理陈卓林

当日中午12时15分，飞机安全降落在北京西郊机场，我们胜利完成了这次终生难忘的北飞任务，心里充满了无限的喜悦。

我把飞机滑到停机坪关车后，李克农部长、刘亚楼司令员和蒋天然处长等前来欢迎我们。

当天晚上，周恩来总理在北京饭店宴请了“两航”总经理和我们机组人员，以及随机到达的其他人员。周总理在宴会上讲了话，勉励大家克服困难，不要对帝国主义存在幻想，要坚持爱国立场，保持光荣，为建设新中国民航而奋斗，并说今后如有事，可以写信给他。周总理的这些教诲，我们一直铭记在心中。在这次宴会上，我第一次见到周总理，这样一位伟大人物，和蔼可亲，非常平易近人，根本不像国民党官员那样，官气十足，盛气凌人。周总理给我留下了深刻的印象。11月15日，周总理又在北京饭店宴请北飞的“两航”全体人员。聂荣臻、李克农、章伯钧、刘亚楼、乔冠华、罗青长等领导人参加了这次盛会。整个宴会自始至终非常热烈而隆重。

（节选自潘国定：《回顾“两航”起义》，原载《国民党军起义投诚空军》）

成立人民空军

1949年六七月间，人民解放军迅速向东南、中南地区进军，全国大陆解放指日可待。中共中央、中央军委指出：今后的战局，大陆上已无更多的大仗可打，但在海上尚有解放台湾、海南岛两役需费大力。欲达全胜必须渡海作战，关键必须有空军、海军。但现时我们空中力量太弱，难以担当渡海的重任。因此，中共中央、中央军委决定加快建立空军的步伐。

1949年6月，以刘少奇为首的中共中央访苏代表团曾向苏方提出帮助中国建设空军的问题。斯大林当即同意，答应派专家帮助中国建设航空学校，建立飞机装配及修理工厂，卖给中国民用及军用飞机。

1949年7月10日，毛泽东根据朱德的提议写信给周恩来，提出建立空军的问题。毛泽东说：我现有空中力量要压倒敌人空军短期内是不可能的。但仍可考虑选派三四百人去苏联学习6至8个月，同时购置飞机100架左右，连同现有的力量组成一个攻击部队，掩护渡海。第二天周恩来召集刘亚楼等人研究建立空军的问题，并责成刘亚楼提出关于空军领导干部的人选和空军领导机关的组成方案。刘亚楼与有关人员研究后，很快提出了方案，上报中央军委。1949年7月26日，中央军委决定刘亚楼、肖华两同志担任建立空军的工作。同一天，中共中央还电告中共代表团在苏联访问的刘少奇，请其向斯大林提出：（1）拟向苏联订购战斗机100至200架，重型轰炸机40至80架，并配足各项备份机件及重磅炸弹；（2）请苏联航空学校代中国训练空地勤人员1700名，时间半年至一年。（3）拟请苏联派出空军高级顾问3至5人，于9月来华参加中国人民解放军空军司令部及航空学校工作；（4）如上述（1）、（2）两项原则同意，拟即派刘亚楼（将任空军司令员）赶赴莫斯科，参加这一计划的具体商谈。7月27日，刘少奇向斯大林等提出上述意见。斯大林当即表示赞成，但提出空军学校不必设在苏联，可设在中国，这样既可节省经费又可节省时间。据此，中央军委决定由刘亚楼率王弼、吕黎平等人去莫斯科。刘亚楼等人到莫斯科后，于8月13日参加了中共代表团关于苏联帮助中国建立空军问题的谈判。最后苏联卖给中国434架飞机，派出878名顾问，帮助开办6所航校。

为了组建人民空军的领导机关，中央军委于1949年8月1日致电四野首长："由四野拨来作为成立空军司令部之基础的十四兵团指挥机构，请即令其开来北平待编。"随后，第14兵团机关共2515人，由参谋处长何廷一、组织部长王平水率领，从武汉启程，8月19日到达北平南苑，等待整编。

1949年9月21日，毛泽东主席在中国人民政治协商会议第一届全体会议上，向全世界宣告："我们的国防将获得巩固，不允许任何帝国主义者再来侵略我们的国土。在英勇的经过了考验的人民解放军的基础上，我们的人民武装力量必须保存和发展起来。我们将不但有一个强大的陆军，而且有一个强大的空军和一个强大的海军。"

10月25日，中央军委任命刘亚楼为空军司令员、肖华为空军政治委员兼政治部主任、王秉璋为空军总参谋长。中央军委确定1949年11月11日为中国人民解放军空军成立日。

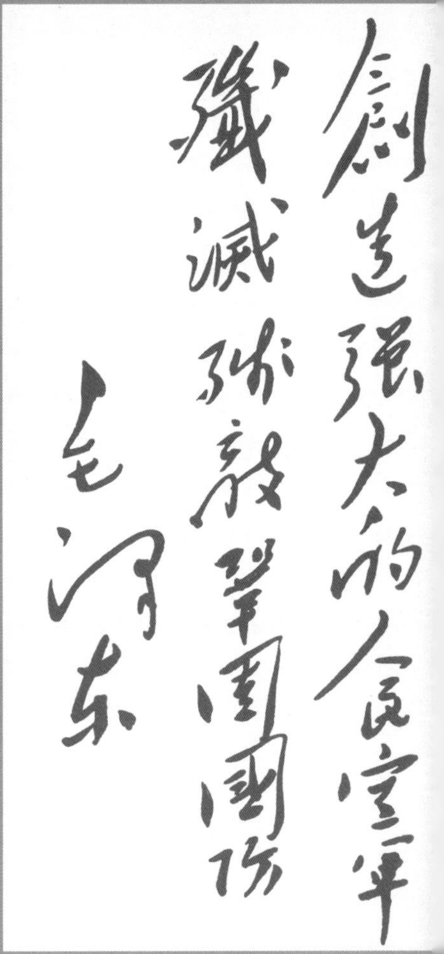

毛泽东为空军题词

军委航空局

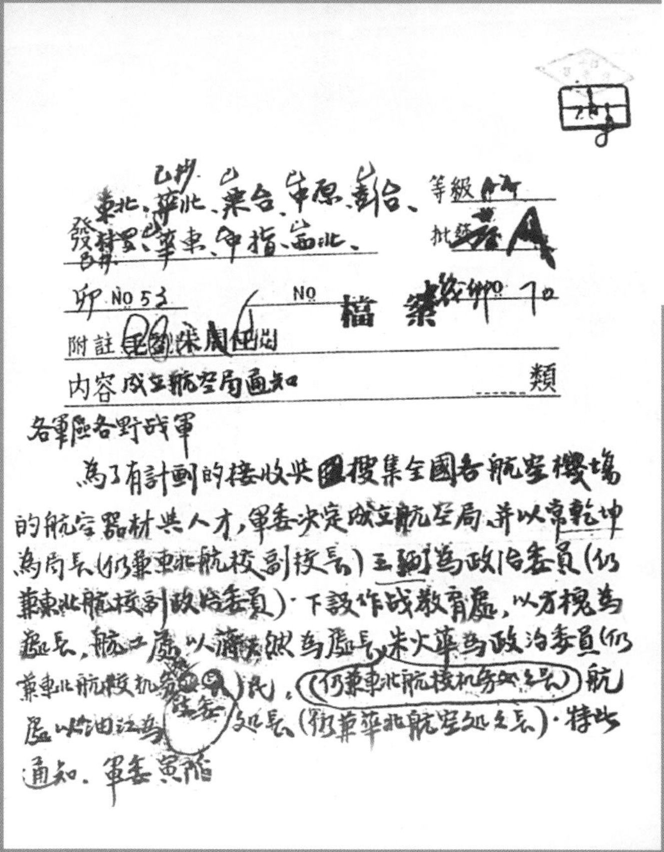

發 東北、華北、華東、中原、西北、總合、中指、各野
等級 特
批 A
卯 No 53　No 檔案 70
附註 朱周任閱
内容 成立航空局通知　類

各軍區各野戰軍

為了有計劃的接收與搜集全國各航空機場的航空器材與人才，軍委決定成立航空局，并以常乾坤為局長（仍兼東北航校副校長）王弼為政治委員（仍兼東北航校副政治委員）。下設作戰教育處，以方槐為處長，航工處，以蔣天然為處長，朱火華為政治委員（仍兼東北航校機務處處長），航行處以油江為處長（仍兼華北航空處處長）。特此通知。軍委寅皓

1949年3月17日成立军委航空局的批件

1949年11月6日毛主席关于空军全称方案的批示

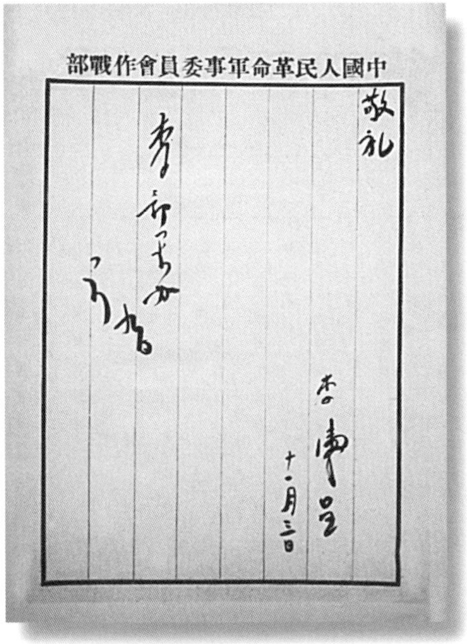

中國人民革命軍事委員會作戰部

敬礼

十一月三日

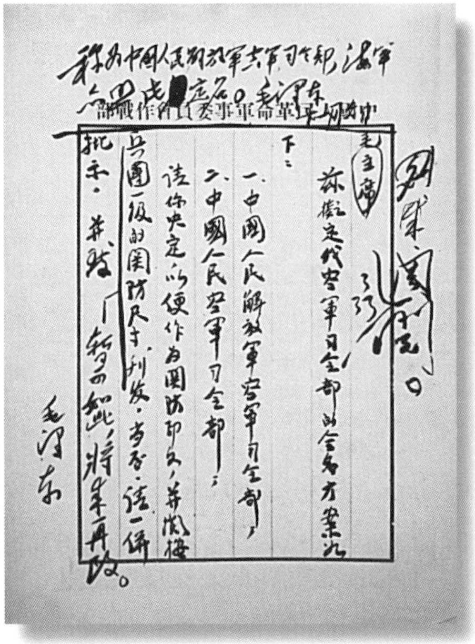

中國人民革命軍事委員會作戰部

毛泽东

刘亚楼（左五）率团赴莫斯科谈判

空军第一任司令员刘亚楼

空军第一任政治委员肖华

空军第一任参谋长王秉璋

刘亚楼将军　刘煜鸿提供

人民空军首任司令员刘亚楼

1949年10月25日，中央军委任命刘亚楼为空军司令员。

刘亚楼，1910年3月12日出生于福建省武平县湘店乡大洋泉村一个农民家庭。1929年春加入中国共产党。

1930年9月，刘亚楼任红12师第35团政治委员。1930年12月，率该团参加了中央根据地第一次反“围剿”作战中的龙冈围歼战，全歼国民党军第十八师9000余人，该团作战英勇并活捉了国民党军师长张辉瓒。1932年3月，刘亚楼调任红11师政治委员，1933年6月，刘亚楼任第2师政治委员。他还参加了第四、五次反“围剿”作战和长征。红一方面军、红四方面军胜利会师后，刘亚楼先后任红一军（原红一方面军）第一师师长、陕甘支队第二纵队副司令员。1936年6月，作为中国抗日红军大学第一批学员入校学习。12月毕业后，留校任抗日红军大学训练部部长。1938年1月，刘亚楼任抗日军政大学（抗日红军大学改称）教育长。1939年初赴苏联入伏龙芝军事学院学习。苏德战争爆发后，加入苏军参加了苏联卫国战争。1945年8月，随出兵中国东北的苏联红军回国。1946年初任东北民主联军参谋长。8月，兼任东北航空学校校长。1948年1月，刘亚楼任东北野战军和东北军区第一参谋长。6月，经中共中央批准，任中共中央东北局委员，同时被委任为军委会东北分会委员。1949年1月，刘亚楼任平津前线司令部参谋长兼天津前线总指挥，指挥了天津攻坚战役。3月，出任中国人民解放军第四野战军第十四兵团司令员。

1949年7月，刘亚楼奉中共中央和中央军委之命，负责着手筹建人民空军。8月，赴苏进行购买飞机、派遣专家及援建航校的谈判。

刘亚楼一贯注重调查研究，善于总结经验。每当飞行员在国土防空中击落敌机或训练中出现事故时，无论手中的工作多忙，他都要亲赴现场总结经验或探讨教训。通过观察和总结，他把培养飞行员的全过程划分为四个阶段，并提出按飞行员技术水平分类编组，做到“平战一致”。他还对空军的作风建设、空军机务工作和空军专业技术院校的建设，付出了大量的心血。

1954年，刘亚楼被选为全国人民代表大会代表，并被任命为国防委员会委员。1955年被授予上将军衔，荣获一级八一勋章、一级独立自由勋章、一级解放勋章。1956年参加中国共产党第八次全国代表大会，并被选为中央委员。1959年被选为中华人民共和国国防部副部长。1964年被选为中国人民航空协会名誉主席。

刘亚楼于1965年5月7日因病在上海逝世，终年55岁。

刘亚楼一家　刘煜鸿提供

刘亚楼在苏联伏龙芝军事学院时的留影　刘煜鸿提供

1937年6月刘亚楼在延安抗日军政大学任教育长　刘煜鸿提供

1956年10月，刘亚楼与毛泽东主席在机场　刘煜鸿提供

平津战役时的刘亚楼　刘煜鸿提供

1958 年空军入闽作战时的刘亚楼　刘煜鸿提供

辽沈战役时的林彪（中）、罗荣桓（右）、刘亚楼　刘煜鸿提供

刘亚楼上将（左六）参加1956年6月苏联航空节，赫鲁晓夫同时还邀请了美国特文宁将军、英国派克空军元帅和法国巴尼大将参观航空展　刘煜鸿提供

1963年刘亚楼（前排右三）访问古巴
刘煜鸿提供

开国大典空中阅兵

1949年10月1日，中华人民共和国的开国大典在天安门广场隆重举行。

广场上，30万群众手执鲜花、红旗，以无比激动与兴奋的心情参加这一举世瞩目的庆典。

下午三时，毛泽东宣读《中华人民共和国中央人民政府公告》，他向全中国、向全世界庄严宣告："中华人民共和国中央人民政府成立了！"

下午四时，朱德总司令下达阅兵令，代总参谋长、阅兵总指挥聂荣臻站在指挥车上引导步兵分队首先通过天安门，接着是骑兵、装甲兵、炮兵。

正当威武雄壮的坦克部队隆隆驶向天安门时，天空中也传来了轰鸣声，三机编队的战斗机出现在人们的眼帘。开国大典的空中阅兵开始了。第一组为9架P51D战斗机；第二组为两架"蚊"式战斗轰炸机；第三组为3架C46运输机；后面是一架L5联络机和两架费尔柴尔德PT19初级教练机。

当P51D机群飞过天安门广场上空时，指挥部又给P51D飞机领队邢海帆下令："9架P51D飞机再通过天安门广场一次"。邢海帆率领9架P51D飞机从西面绕回东面，跟着PT19初级教练机的后面又一次飞过了天安门广场。所以总共有17架受阅飞机，人们看到的却是26架。

开国大典阅兵式安排空中阅兵是朱德总司令、周恩来总理提出，由聂荣臻代总参谋长在1949年8月召开的开国大典准备会议上定下来的。军委航空局常乾坤局长接受了这一光荣任务。具体受阅方案由军委航空局作战教育处处长方槐和油江以及苏联顾问组成的四人小组提出，经批准后，方槐主抓受阅飞机训练，油江担任空中阅兵总指挥。

由于新中国的航空工业尚未建立，开国大典空中受阅的飞机都是外国制造的。P51D是美国制造、在第二次世界大战中最好的单座歼击机之一。抗日战争后期，中美组成"中美混合大队"，我国得到P51D飞机。自1948年辽沈战役胜利后至1949年止，人民解放军共有39架P51D飞机。"蚊"式战斗轰炸机是英国德·哈维兰公司制造，国民党政府购进的，该机也是第二次世界大战中著名的战机之一。我人民解放军缴获了5架这种飞机。C46运输机是美国制造的，抗日战争后期，曾参加飞越"驼峰"运输飞行，后移交给国民党空军。国民党败退，将一些C46飞机遗弃在机场上。L5联络机和PT19初级教练机也是国民党空军遗弃的。

空中受阅的飞行员大部分是从国民党空军起义归来的新同志，也有一部分是我们自己培养的新飞行员。其中有后来成为空军副司令员的林虎，他驾驶P51D战斗机两次飞过了天安门上空。

开国大典上毛主席宣布中华人民共和国中央人民政府成立

开国大典上毛主席与党和国家领导人观看空中阅兵

空中机群编队通过天安门广场上空

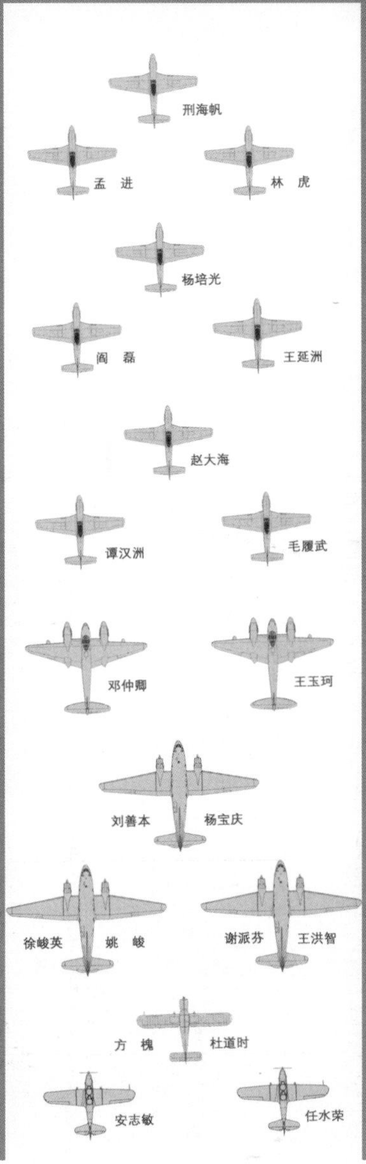

空中机群编队队形

空中机群与地面步兵方队同时通过天安门

开国大典时游行群众中的清华学生队伍，二排左二为管德　管德提供

开国大典驾机飞过天安门的飞行员姚峻在其驾驶的运输机前 姚峻提供

新中国民用航空“八一”开航

旧中国民航业原本就很薄弱，加之战争破坏，大部分航空人员携带飞机和航空器材去了台湾，留在大陆的真是名副其实的破烂摊子。建国初期，中央军委民航局审时度势，明确提出1950年为民航准备年，并采取“小飞”方针，积极筹划。

当时，民航只有5000多名职工，他们又来自四面八方——有“两航”起义的，有从空军、陆军刚调入的，还有新分配来的毕业生，不仅要做大量的团结与思想工作，更急需提高专业技术和业务水平。为此，1950年1月，经周恩来总理批准，民航局创办了民航学校。周总理不只批准了呈报的有关请示报告，还对校址作了具体指示。同年，在重庆、天津、上海和北京成立了4所民航学校。6月，在河北省石家庄机场还创立了中央军委民航局干部训练队，培训从军队调来的干部。因朝鲜战争爆发，培训于7月结束，共培训了24名站长、14名空中交通管制人员。

开航的各项准备工作紧张有序地展开。1950年3月15日，军委民航局局长钟赤兵根据“小飞”方针，提出了1950年主要业务工作方针。6月，民航局设立了机务科和航务科，逐步拟定了适合当时实际的民航组织、财务、营运、机务、航务等工作计划与制度，以及成本计算与运价标准。在开航准备工作基本就绪后，7月18日民航局钟赤兵局长、唐凯副局长向周恩来总理、聂荣臻代总参谋长以及刘亚楼空军司令员等作了开航事宜的请示报告， 7月21日周总理批示“同意”这一请示报告。

首班航班机组人员在“北京”号飞机前合影

开航前的7月29日，又在北京隆重举行了将“两航”起义北飞的CV240型XT610号飞机命名为“北京”号的庆祝活动。

1950年8月1日，新中国民航正式开飞了天津—北京—汉口—广州和天津—北京—汉口—重庆两条航线。这是新中国民航事业的伟大开端，具有重大历史意义，历史上称之为“八一”开航。当日首航班机经停北京西郊机场时，军委民航局举行了隆重的“八一”开航庆祝活动。同一日，在天津民航办事处驻地、武昌南湖机场、广州天河机场和重庆白市驿机场都分别举行了庆祝活动。“两航”起义留港人员深切关心新中国民航开航，也在香港原中国航空公司仓库举行了“八一”开航庆祝活动。《人民日报》、《天津日报》分别发表了《国内民用航空“八一”正式开航》的报道，以及《飞行在自由祖国的天空》的署名文章。

军委民航局局长钟赤兵祝贺“八一”开航

“北京”号乘客走下飞机

广州机场举办的“八一”开航典礼

中苏民航股份公司首航仪式

1950年8月1日启用的中国民航局徽

中国民航第一批空中小姐“十八姐妹”

1955年，中国民航第一批空中小姐走上工作岗位

1953年，中国人民银行发行的纸币印有中国民航飞机的图案

藏于航空博物馆的中苏民航飞机　周日新摄

周恩来在中南海西花厅办公

周恩来派何长工、沈鸿、段子俊赴莫斯科谈判创建中国航空工业

1950年12月下旬，一个决定中国航空工业命运的会议在北京中南海西花厅召开。周总理主持会议。经过连续几次会议讨论，最后周恩来总理作总结，并决定派出以何长工为团长，段子俊、沈鸿为团员的三人代表团赴苏，谈判苏联援助我国创建航空工业问题。1951年1月1日，何长工率领代表团飞往莫斯科；1月8日，正式开始谈判。苏方参加谈判的人员以维辛斯基为首，日常谈判由考瓦里主持。谈判主要围绕三个问题进行：

第一个问题是关于中国建立航空工业的方针问题。我们的方针是先搞修理，后搞制造。按照这个方针，苏联的援建项目不仅仅考虑修理的问题，而且要从长计划，考虑将来的制造问题。但是，苏方对我们这个方针不很理解。他们提出，中国不需要搞航空制造业，需要飞机及器材向苏联订货就行了。谈判只谈修理问题，至于制造，以后再说。代表团据理力争。最终，苏方同意我们的主张，并决定待协定正式签订后，即派8名顾问、100名专家来中国。

第二个问题是关于修理的规模。双方议定，苏联帮助我们修理发动机2000台、飞机500架(主要是米格－9、米格－15，图－2轰炸机，雅克－11、雅克－18和拉－9、拉－11等)，建设规模为年修发动机3000台，飞机600架，先改扩建6个工厂。

第三个问题是援助中国的工厂在哪里设计。这个问题争论最激烈。苏方提出在莫斯科设计，然后把图纸送到中国施工。代表团坚持在中国设计。最后议定苏联派20名专家，到中国搞设计。

经过18天的努力，确立了《中苏航空工业技术协定》草案。2月19日，何长工和苏方代表草签了“协定”。

1951年10月30日，中国驻苏联大使张闻天和苏联外贸部副部长考瓦里代表双方政府正式签署了《关于苏维埃社会主义共和国联盟给予中华人民共和国在组织修理飞机、发动机和组织飞机修理厂方面技术援助的协定》。这项协定包括援建6个修理厂及其所需技术资料、设备、工具、材料和配套件等，以及派遣专家、顾问，总金额为3000万旧卢布。

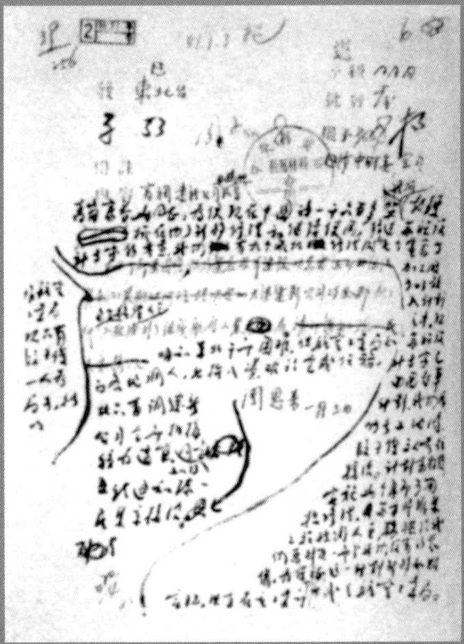

1951年1月3日，周恩来关于成立航空工业局的电报手稿

三人代表团在莫斯科，左起：段子俊、何长工、沈鸿

三人代表团与我驻苏使馆人员合影

抗日战争时期的何长工

在法国勤工俭学时的何长工（前排左三）

何长工（前排左五）与毛泽东（前排左二）、朱德（前排左三）在延安

段子俊夫妇在沈阳民生路
航空工业局前合影

新中国航空工业从这里诞生

1951年4月17日，是新中国航空工业的诞生日。这一天，中央人民政府人民革命军事委员会和政务院颁发了《关于航空工业建设的决定》（简称“《决定》”）。

《决定》指出：为加强对航空工业建设的领导，决定成立航空工业管理委员会，置于军委领导之下，以聂荣臻、李富春、刘亚楼、何长工、段子俊、马文等为委员；聂荣臻为主任，李富春为副主任。《决定》明确空军所辖的有关航空工厂、仓库、器材、工人等行政领导关系，限空军司令部与航空工业管理局于1951年4月20日前交接完毕；航空工业管理局应保证1951年5月1日开始修理空军司令部亟待修理的飞机、发动机。

《决定》发布的第二天，中共中央电告各中央局、分局、军区并财委：为适应空军建设，根据中央决定，在重工业部设立航空工业管理局，统一负责飞机的一切修理工作，由段子俊任局长。同时要求各部门应尽大力予以援助，并及时进行监督指导。重工业部航空工业管理局在沈阳市民生街63号开始办公。

同年7月，政务院决定由重工业部代部长何长工兼任航空工业管理局局长，段子俊、陈一民、陈平任副局长。

中央的决定为航空工业建设指明了方向，提出了具体要求，意义十分重大。特别是在新中国航空工业创建的一号文件中，明确了对航空产品的严格质量要求，规定了质量检验和验收制度，对后来的航空产品研制产生重大影响。

1952年8月，中央人民政府决定成立第二机械工业部（即国防工业部），任命赵尔陆为部长兼航空工业局局长，任命王西萍为航空工业局第一副局长兼分党组书记。王西萍、段子俊、王弼、油江、范铭、陈一民、徐昌裕、陈少中、方致远和李兆翔组成了航空工业局的领导班子。

在航空工业创建的当年，航空工业管理局以战时的工作效率迅速组建。健全了局机关的办事机构，接收从空军划归的工厂16个，从兵工总局划归的工厂两个，共18个厂，职工8567人，其中技术人员554人，厂房面积48万平方米，设备2865台，新中国的航空工业在这样的基础上开始了大规模的建设。

扩建中的沈阳飞机厂

1951年的沈阳发动机厂

坐落于北京交南大街67
号的航空工业部

段子俊在延安枣园

段子俊（右一）在大连

段子俊与长子在海水中

航空工业局首任局长段子俊

1951年4月17日，中央人民政府人民革命军事委员会和政务院颁发了《关于航空工业建设的决定》。《决定》发布的第二天，中共中央电告各中央局、分局、军区并财委：“为适应空军建设，根据中央决定，在重工业部设立航空工业管理局，统一负责飞机的一切修理工作，由段子俊任局长。”

段子俊1913年1月27日出生于河南济源县。1930年加入共产主义青年团，1936年转为中国共产党。1932年被党派往苏联莫斯科学习电讯工程。1937年回到延安。1945年9月奔赴东北，历任军委东北联络分局局长、大连大学党委书记、大连建新公司副董事长等职。

1950年12月，段子俊奉命组建航空工业，匆匆赶到北京，多次参加周恩来总理主持召开的会议，研究并确定中国航空工业的创建和发展道路的问题。1951年1月1日，何长工、段子俊、沈鸿三人，带着周恩来的嘱咐，赴苏联谈判。

根据中央“边打边建”的方针，他一面抓航空工业的改建工程；一面狠抓飞机修理，并在1952年召开的航空工业第一次厂长会议上提出了航空产品质量第一的方针。

1951年8月他与何长工联名向中央作了3至5年时间实现由修理过渡到制造的报告。经聂荣臻、陈云、李富春等审议后，正式报经毛主席、周总理批准实施。按照这个计划，航空工业于1954年、1956年先后试制成功活塞式教练机初教5及喷气式歼击机歼5，提前实现由修理走向制造的目标，而且使我国成为当时世界上能够掌握喷气飞机制造技术的少数国家之一。

1954年12月，他与航空工业局局长王西萍一道去苏联考察。经过他们的努力，苏联给我方提出了建设航空科研机构的备忘录，为我国航空科研机构建设的起步作了准备。1956年，航空工业响应中央向科学技术进军的号召，先后建立起飞机、发动机、仪表设计机构及航空材料、航空工艺、飞行试验、技术情报等科研机构，并开始自行设计歼教1型飞机。

1963年9月，成立航空工业部后，段子俊历任副部长、副部长兼航空研究院院长、部党组副书记等职。段子俊在航空工业担任领导职务时间最长，是新中国航空工业的主要创建人之一，为航空工业的创建和发展壮大做出了重大贡献。

段子俊与苏联专家

段子俊与幻影－2000总设计师在专机上

段子俊与外宾会谈

1987年3月退休后的段子俊与其他航空工业老领导合影，左起：陈少中、段子俊、油江、徐昌裕、王其恭 周日新摄

《人民空军》毛泽东题写刊名

《航空杂志》周恩来题写刊名

空军报

张廷发同志在空军军以上政治干部读书班上强调指出

真理标准问题讨论要着眼未来重在行动

《空军报》1958年3月创刊

航空报刊陆续创刊

中国航空报刊最早始自1920年北洋政府航空署编辑的《航空月刊》。到20世纪30年代才有少数技术性刊物出现。在中华人民共和国成立之前共出版过航空刊物80余种。建国之后，航空事业得到迅速发展，航空报刊相继创刊。内容包括学报和研究报告、工程技术、情报、教育、科普、文献检索等门类。报纸主要有：《空军报》、《中国航空报》、《中国民航报》；期刊主要有：《航空杂志》、《中国空军》、《航空学报》、《国际航空》、《航空知识》、《航空世界》、《环球飞行》、《航空档案》等。

《中国航空报》创刊于1986年。当时的报名为《航空时报》（1986年7月—1989年6月），是以信息类内容为主的四开四版报纸，由航空工业部主办，一共出版了153期。1989年《航空时报》与《航天报》合并为《中国航空航天报》（1989年7月—1993年6月），由航空航天工业部主办。它是兼有指导性和信息性两方面功能的行业报纸，对开四版，一共出版了338期。1993年7月起更名为《中国航空报》，它是伴随着中国航空工业总公司成立而出版的行业报，一开始是周刊，1994年起改为半周刊。1998年7月《中国航空报》改由中国航空工业第一集团公司、第二集团公司联合主办。

《国际航空》是中国航空信息中心主办的动态性航空航天综合信息月刊，创刊于1956年，1961年7月更名为《现代航空》，1972年更名为《国外航空》，1979年7月恢复原名，由叶剑英元帅题写刊名。20世纪80年代中期，《国际航空》与世界上最大最具影响力的美国麦格劳—希尔航空周刊集团合作，从而为《国际航空》走向国际市场创造了条件。《国际航空》杂志连续多年荣获国家科委科技期刊评比一等奖。今天的《国际航空》杂志社正朝着现代化的出版集团迈进，除出版《国际航空》杂志外，还出版《中国航空信息》（英文版）、《航空周刊》、《航空工程与维修》、《航空科学技术》等。

《航空知识》是中国航空学会主办的科学普及性月刊，创刊于1958年10月，其发行量目前在全国航空航天类报刊中居于首位，在广大青少年中有较大影响。《航空知识》曾连续获得国际航联（FAI）荣誉奖、全国优秀期刊评比一等奖、国防优秀科技期刊评比一等奖，2000年荣获我国期刊最高奖——首届国家期刊奖。《航空知识》杂志社被授予“全国先进科普工作集体”称号，主编谢础1997年被评为全国首届百佳出版工作者。

1985 年国际航联向《航空知识》颁发的荣誉奖状

《航空时报》(《中国航空报》前身) 1986 年创刊新闻发布会　周日新摄

《国际航空》

《航空知识》

《中国空军》

《中国民用航空》

《航空档案》

志愿军空军首次空战：
李汉击伤、击落敌机

志愿军空军 28 大队大队长李汉

志愿军空军机群

被李汉击中的美机

李汉驾驶的 08 号米格－15，现藏于航空博物馆　周日新摄

我第一次击落敌机

李汉

1951年1月21日，是一个令人难忘的日子。就是在这一天，我空4师10团28大队在朝鲜战场空战中，首战告捷，第一次击伤美国飞机。当时，我任28大队大队长，对那次空战以及后来的几次空战情景，时到今日难以忘却。

1951年1月21日，我们终于盼来了机会。这天上午，美国空军出动了F—84型战斗轰炸机20架，沿平壤—新义州一线，对铁路运输线进行轰炸，企图阻止我志愿军的后勤供应。方子翼师长立即令我28大队起飞迎击。我们在地面指挥所的引导下与敌机相会了。一见敌机，我顾不得察看敌机的数量和部署，率队直向敌机冲去，立刻向敌机发动了攻击，结果陷入了20架敌机的重围。经过一番苦斗猛打，我乘机迂回到4架美机左侧400米处，瞄准敌长机开炮，将其击伤。这次仅仅击伤1架敌机，这使我们高兴，又使我们遗憾，因为我们要的战果不是击伤，更不是1架，而是更多的敌机在空中爆炸，为朝鲜人民报仇。事后，空军首长给空4师发来了贺电，指出这次空战，“证明年轻的中国人民空军是能够作战的，是有战斗力的”，给予我们高度的评价和鼓励。

1月29日，那是首次击伤敌机的第8天，那天和往常一样，天不亮我们就来到了机场，坐进座舱，进入了一等战斗准备，一直等了大半天。下午1时30分，我雷达发现了一批敌机在安州、定州上空盘旋活动，企图封锁与袭击安州车站和清川江桥。我大队奉命出击。

“叭！”一颗绿色信号弹从师指挥所腾起，我们28大队8架飞机即刻开车，滑进跑道，加大油门飞向云天，直奔战区。我一边爬高，一边回头察看我的编队，8架飞机、8个战友都紧紧跟着，确实我们大队的集合编队有了长足的进步。我们继续加大油门，以最大的航速向战区疾驰。1时40分，我们飞临定州以西上空。

“101注意，目标120度，高度6000至7000米，距离80公里，注意搜索！”耳机里传来了师指挥所方师长的命令。

“101明白！”我一边回答，一边确定我机的接敌方案。以己之长击敌之短，这是克敌制胜的重要手段，敌人在技术和战斗经验上比我们强，但敌人的突出弱点是怕死。两军相交勇者胜嘛，我们首先要从精神上压倒他，使他们的水平发挥不出来。于是，我先摆了个与敌机对头相撞的架势，迫敌先躲，为我击敌创造有利条件。

“101注意！你们和敌人在一起了！”又是方师长的通告。

接着，7号机孙悦昆报告：“左前方发现敌机！”

豆粒大的黑点同时出现在我的眼前。4个，6个，8个，16个！黑点迅速放大，看清了，敌机十字型，是F—84，我们称它为“油挑子”，上下两层，每层8架，都是4机在前，左右侧后各有双机掩护。

仇人见面，分外眼红。这时，只要我一声令下，我和战友们就会像猛虎下山一样扑向敌机。但我没有贸然行事，要接受第一次空战的经验教训。现在敌机高度虽处于劣势，但在数量上占优势，要设法造成敌人的错觉，创造更有利于我而不利于敌的条件，然后给以突然的袭击。于是，我率编队继续前进，并迅速做好了战斗准备。

“101，敌机向太阳方向转来！”方师长再次通报。

“101明白。”

见此态势，我想，咱来个将计就计，敌机到达右下方时，我们即集中兵力攻击其最上层，以奇取胜，打它个措手不及。

我立即发出命令：“投副油箱，1中队攻击，2中队掩护。”随后带领机群直冲敌机。

敌人的弱点即刻暴露，顶不住了，企图左转弯摆脱，我顺势左转机头切敌半径跟踪咬尾，先瞄敌长机，但因角速度太大，前置量拉不出来了，只好改打敌3号机，在300米开炮，3束炮弹曳光直向敌机扑去，“中了！”敌机拖着浓浓的黑烟，机头下冲，直向地面坠去。"打掉1架！打掉1架！"耳机里响起了我8号机魏梦云的喝彩声。

1架不行，我有点贪，接着攻敌4号机。由于冲速过大，一下子冲进敌4号尾喷管处，还没有来得及开炮，敌机尾喷管的强大喷气涡流把我的飞机冲了大翻转，距离实在太近了。我立即将飞机改平，向后方警戒，此时敌另外8机正在向我攻击，我掩护中队迅即迎头冲上去，发出了火力截击，虽没有击中敌机，却暴露了敌人的怕死本性，敌机跑了。但仍有1架敌机对我穷追不舍，由于我攻击时动作过猛，僚机全被我甩掉了，此时我成了光杆司令，且处于被动挨打的地位，对我非常不利，唯一的办法就是发挥我机爬高性能好的优势，以最大油门、最有利的迎角直线上升摆脱。此时我心里还真有点发毛呢！

这一招很快见效，敌机渐渐掩后，距离慢慢拉大，我心里也随之轻松了些。但我一刻也不敢放松对敌机的警惕。敌机见追不上我，便掉转机头跑了。我立即转弯180度，从受敌攻击转而向敌追去，这大概就叫"回马枪"吧！这一着，看来敌人未曾料到，没想到一个被追慌了的人还会回过头来咬他一口。敌机直线南飞，给了我一个千载难逢的攻击机会。当时，不知是因为高兴太过，还是慌神未定，这一炮竟没有把它打掉，后经胶卷判读，定为击伤，深感遗憾。

两次与敌交锋，我28大队取得了击落击伤敌机3架的战绩，从而揭开了空战之"谜"。1952年12月，空军给我记了一等功，并授予我"二级战斗英雄"的荣号。

（节选自李汉：《抗美援朝空战中第一次击落敌机》，原载《空军回忆史料》）

志愿军空军战机出航

1950年12月21日，空四师师长方子翼率大队长李汉等10名志愿军空军飞行员进驻安东（丹东）机场

王海和王海大队战美机

空三师九团一大队大队长王海

王海与僚机飞行员焦景文（右）　王海提供

王海与战友一起研究战术　王海提供

王海与战友们　王海提供

抗美援朝空战纪事

王 海

1951年10月21日，我们大队同空3师的战友们一道，肩负着党和人民的期望，投入到抗美援朝、保家卫国的战斗中去。

当时，我是空3师9团1大队大队长。来到前线后，为了摸清航线和战区的情况，在上级的统一部署下，我们接连做了几次熟悉航线和战区的飞行，同志们亲眼看到了兄弟邻邦朝鲜在美帝国主义的铁蹄践踏下，改变了容貌，昔日繁华的城市和美丽的乡村，如今到处是断垣残壁，一片废墟。战友们触目生情，极端愤慨，恨不得马上把美国强盗消灭干净，方解心头之恨！

1951年11月8日，我们经历了第一次难忘的战斗。这天上午，师指挥所接到上级通报：敌机一批，在清川江一带活动。我们团奉命起飞，机群排着“品”字队形向南飞去。当我率领本大队飞到宣川上空时，一簇簇黑点突然出现在右前方，战友们不约而同地喊起来：“发现敌机！发现敌机！”可是，就在我们准备迎上去攻击的一刹那间，狡猾的敌人先动手了。12架F—86敌机猛然一个左转弯，绕到了我们机群尾后，准备瞄准射击。在这紧急的关头，飞在机群后尾的马保堂手疾眼快，一扭机头便朝着敌机群猛冲过去。敌人见势不妙，立即散开，呼啦一下把马保堂包围起来。马保堂浑身是胆，毫不畏惧，猛一拉操纵杆，来个急跃升，把敌机甩在下面。接着，他又一推机头冲下去攻击敌人。敌人感到没有便宜可占，只好向海上遁去。

战斗就这样结束了，敌我双方均无伤亡。

11月9日，我们又打了一仗。这天上午9时44分，在平壤以南发现敌F—84型飞机8架。9时51分，我们9团起飞18架飞机，由副团长林虎率领截击该敌。到达战区后，发现敌机群已经返航，前方约40公里处有1架敌机在活动。为了抓住这一有利战机，经带队长机允许，我率领焦景文、周凤性、刘德林向敌机扑去。敌人发觉后慌忙做了个180度转弯向南逃跑。我们加大油门追击近百余公里，至镇南浦上空追上敌机。我首先开炮，击中了敌机，眼看着敌机晃了几晃，可就是不往下掉，我又急忙按动炮钮，却听不到炮弹出膛的声音，原来是炮弹打光了。我立刻退出攻击，喊道：“你们攻击！”紧跟在我后面的焦景文、周凤性火速冲上去，“咚、咚、咚”发出了一阵连珠炮，炮弹打光了，敌机还是没有掉下来。这时候，只有刘德林一个人没有开炮了。他紧跟在敌机后面瞄准射击，一共开了10多次炮，这架英制FMK—8型飞机终于冒烟起火，机毁人亡了。

我们大队首次击落敌机的消息轰动了整个机场，师、团首长和战友们都向我们表示祝贺。但是，我们没有被初战胜利所陶醉。这次战斗，虽然我们4个人个个猛打猛冲，全部开了炮，而且个个击中了敌机，取得了战果，可是值得吸取的教训也不少。一是见了敌机红了眼，距离1700米就开炮，结果把炮弹打光了；二是我作为大队长只喊了“你们攻击”四个字就完了，没有具体指挥；三是我和焦景文、周凤性3个人炮弹打光后不应该各自返航，应该继续佯攻，互相掩护。

11月18日，我们大队打了一次漂亮仗。这天下午，美国侵朝空军180余架飞机活动于大同江及永柔地区上空，其中数批窜入安州、清川江一带轰炸扫射。由志愿军空军和友空军共同编成的大机群，奉命飞往战区截击敌机。我们大队出动的6架飞机，由我领队向指定的战区飞去。当飞到清川江上空时，我发现左前方低空有数十架(实际是60多架)F—84型战斗轰炸机，有的正向清川江桥投掷炸弹，地面上冒起一股股浓烟。这时敌人还没有发现我机。我立即发出口令：“跟我攻击！”便带领编队，从6000米的高度冲到1500米，对敌机群展开攻击。

敌人遭到这突如其来的攻击，十分惊慌，把炸弹胡乱投掉，急忙抢占位置，仓促应战。敌人采用圆圈战术，互相掩护着与我机兜圈子，企图寻找机会咬尾攻击。开始，我机和敌机混在一起转了一阵圈，双方靠得很近，可就是抢占不上有利的攻击位置。

王海（站者）向刘亚楼（中）报告空战情况

我感到这样不行，因为敌机水平机动的性能优于我机，而垂直机动的性能不如我机，我们应当以己之长攻敌之短。于是我马上喊道："爬高占位！"6架飞机一昂机头"哗"地爬上高空，占据了有利位置。紧接着，我们又猛冲下来，猛拉上去，再猛冲下来，如是反复数次，硬是把敌人摆开的"圆"阵捣乱了。我赶紧抓住这有利时机，在500米左右的距离上瞄准敌机猛烈开炮，打得两架F—84飞机翻滚着跌落下来。我的僚机飞行员焦景文也大显身手，在600米以内打得2架F—84飞机火烟滚滚，坠落下去。素有刺刀见红精神的飞行中队长孙生禄，逼近敌机至300米，一阵炮火把1架F—84飞机打得凌空开了花。几分钟的战斗，接连击落敌机5架。

敌人被我们打懵了，一时摸不清我们究竟出动多少架飞机，一个个惊慌万分，四下逃散。我考虑到敌众我寡，不能恋战，否则，敌人察觉我们只有6架飞机，而且炮弹消耗得所剩不多了，回过头来包抄，我们会吃亏的。于是，我毫不犹豫地下达了"集合返航"的口令。6架飞机编着整齐的队形返回了基地。

1951年10月21日至1952年1月14日，在第1次参加抗美援朝实战锻炼的86天中，空3师共击落击伤美机64架，我们大队就击落击伤15架，在全师个人战绩突出的8人当中，我们大队占了3名：我击落击伤敌机5架，焦景文击落击伤4架，刘德林击落3架，因此被同志们誉为"英雄的大队"。

（节选自王海：《空9团1大队参加抗美援朝空战纪事》，原载《空军回忆史料》）

王海大队

王海与苏联专家　王海提供

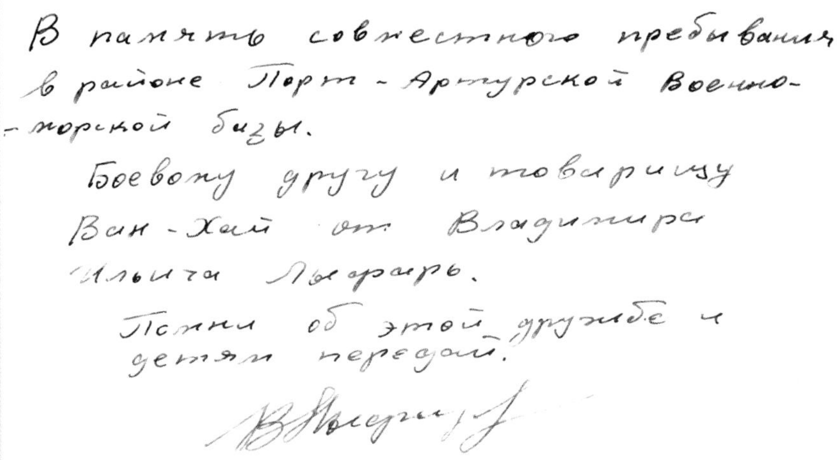
В память совместного пребывания
в районе Порт-Артурской Военно-
-морской базы.
Боевому другу и товарищу
Ван-Хай от Владимира
Ильича Лызарь.
Помни об этой дружбе и
детям передай.

苏联专家的留言　王海提供

1965年王海师长（中）在南京会见驾机起义归来的黄植诚　王海提供

1988年12月，邓小平
接见王海司令员

王海驾驶的2249号米格－15，现
藏于航空博物馆　周日新摄

张积慧击毙戴维斯

1953年5月，中国人民慰问团慰问志愿军空军

1953年1月在祝捷庆功大会上，左一张积慧、左二赵宝桐、右一王海
王海提供

张积慧（中）在中国航空博物馆　中国航空博物馆提供

击毙戴维斯

张积慧

1952年2月10日早晨6至7时，有美机数批先后侵入平壤、沙里院和价川等地上空，其中有F—84、F—80型战斗轰炸机两批16架，在18架F—86型战斗截击机掩护下，轰炸军隅里附近的铁路交通线。志愿军空军首长命令，第4师准备起飞两个团34架米格—15型歼击机，以第10团的16架飞机为攻击队，第12团的18架飞机为掩护队，急速飞往战区反击敌人。我们根据方子翼师长的命令，跨上战鹰，做好了战斗准备。7时07分，耳机里传来了志愿军空军刘震司令员的声音：“命令10团、12团立即起飞至定州、价川空域作战！”随即师指挥所就发出了起飞的信号。

顿时，整个基地立刻沸腾了。轰鸣的发动机声撼山震地，两个团共34架米格—15歼击机，像支支离弦的利箭，腾空而起。

机群有序地穿出基地上空的薄雾，霎时间展现在我们眼前的是湛蓝的万里晴空。机群由10团团长阮济舟(代号201)率领，采取师编队团“品”字队形前进。一会儿，耳机里又传来了刘震司令员的声音：“201注意，今天出来的是‘狗熊’，你们要严加警戒，勇敢沉着！”带队长机立即回答：“明白！”声音洪亮而坚定。我知道首长通报的“狗熊”指的是美国空军第4联队，它是美国侵朝空军主力之一。我暗下决心：“这次一定要消灭它几只，决不让狗熊逃掉！”

我们大队位于编队的第1梯队。在鸭绿江上空发现左下方有1架敌机。同时又看到了从远处海面上飞来黑糊糊的一群苍蝇式的东西。再仔细看，那些苍蝇变成了一个个小黑点。当时，我一面报告带队长机，一面命令僚机爬高(我的僚机是单子玉，代号为230，我的代号是223)。可是当我们爬到1万米高度时，一眨眼，这一群敌机又不见了。

空中战场瞬息万变。那群黑色敌机突然消逝，我意识到来犯的这批敌机飞行员一定是老手，非常狡猾。虽然当时我们并不知道这批敌机领头的就是戴维斯，但我们发现它的动作诡谲，变化多端。我料到今天要打一场恶仗。

空4师12团3大队
大队长张积慧

在这批黑色敌机神秘消逝和我陷于瞬间的思索当中时，我和单子玉与自己的编队，拉下了一段距离。于是我们加大油门，疾速地向自己的机群靠拢。在我们追赶自己的机群至泰川、纳青亭之间的上空时，在右前方远距离上发现一批敌机迎面扑来。此时真可以说是仇人相遇，分外眼红。我命令僚机投掉副油箱，继续爬高，准备与敌机大战一场。当敌我越来越接近时，我看清了敌机是8架，并看到敌机正在向右转弯，绕到我机尾后偷袭。

“230，防止狗熊咬尾！”我赶紧提醒僚机。单子玉的反应是敏捷的，动作也很利落。我们一对米格—15飞机，以神速的动作爬上高空，彼此心领神会，配合默契，不等敌机靠近，我们就一同也来了个右转弯，摆脱了敌机的尾追。但敌人并不死心，特别是当我们带着上升角右转约90度时，敌1号机(戴维斯座机)和2号机(戴维斯僚机)正处在我和单子玉双机的右下方，还在继续右转。我估计敌机速度大，会很快地冲过去，为了抓住战机，我即命令僚机：“230快向左反扣！”单子玉不愧是一位好僚机，他与我真正做到了密切协同。说时迟，那时快，我们双机像风驰电掣般地同时向左反扣过去。这一招使我们占据了有利位置(处在敌机右后上方)，把敌机逼到了被动挨打的境地。戴维斯见势不妙，急忙俯冲，企图逃跑。

"跑！没有那么容易。"我心里想。我和单子玉急切地猛侧下去，紧紧咬住不放。戴维斯眼看不能摆脱我们的追击，诡计再生，抬起机头，迅即向着太阳方向奔去。他以为我们迎着太阳追击有困难，他就可以轻易地甩掉我们。其实他打错了算盘。因为我们在战斗预案中已经估计到了可能出现的这种情况，而且早就准备好了对付的办法。我们针对敌人这种花招，一面急跃升，一面使飞机向左边侧开，避开了刺眼的阳光，仍然咬着敌人，狠追不放，步步紧逼

戴维斯的诡计又一次失败了。但他忽然又做了一个意外的动作，由上升突然改为向下冲去，再次企图逃窜。

就在戴维斯的机头再次往下冲去的瞬间，我也猛地向下冲去，并迅速接近了戴维斯的飞机。单子玉也紧跟在我的后边，全神贯注地掩护我，支援着我。

我一边接近戴维斯的飞机，一边瞄准。瞄准具的光环一套住它，我就狠按电钮，一串仇恨的炮弹射了出去。不料，这串炮弹从戴维斯飞机旁边擦过，没有命中。"没打中，要稳要准！"我心急地警告自己。右手紧握操纵杆，左手不停地调节着油门，高天之下，看不见山山水水，我两眼只是目不转睛地盯着戴维斯的飞机，从敌机的左后方进入，继续瞄准。戴维斯的飞机又一次被套进了光环，距离600米，我又按了电钮，"咚咚咚"第二次向他开炮了。"打中了！打中了！"我听到了僚机的呼声，抬头一看，只见戴维斯的飞机一晃就冒起烟来，旋即喷着浓烟大火跌落下去。接着我又瞄准敌2号机。正想开炮，敌机做上升转弯摆脱。我疾速地切敌内圈。在400米的距离上，猛烈射击，把敌2号机打了个凌空爆炸。戴维斯的僚机就这样也毙命了。

当我击落戴维斯的僚机之后，正准备返航时，遇到了敌人增援的机群。我又与敌人展开了激战。终因寡不敌众，我的飞机被敌击中失去操纵，我当即跳伞，安全降落在志愿军第50军149师驻地附近。

空战结束后，志愿军陆军部队从美机残骸中找到了一枚驾驶员的不锈钢证章，上面刻着：第4联队第334中队中队长乔治·阿·戴维斯少校。这个戴维斯正是美空军所称"百战不倦"的、"特别勇敢善战"的"空中英雄"。

戴维斯有着3000小时以上的飞行经历，在第二次世界大战中曾参加战斗飞行266次。1951年8月，美空军为取得喷气式战斗截击机空战经验和增强空战力量，开始以轮换方式派遣一批参加过第二次世界大战的老牌驾驶员到朝鲜作战，戴维斯就是其中之一。据说，他被击毙之前，已在朝鲜执行60次战斗任务，击落11架歼击机、3架轰炸机，成为朝鲜战场上"成绩最高的喷气机王牌驾驶员"。

在抗美援朝作战中，我共击落F-86型敌机4架，先后荣立特等功1次、一等功2次、二等功1次。1952年12月空军授予我"一级战斗英雄"的荣誉称号，另外，我还荣获朝鲜民主主义人民共和国授予的二级自由独立勋章。

（节选自张积慧：《击毙美国空军"王牌"飞行员戴维斯》，原载《空军回忆史料》）

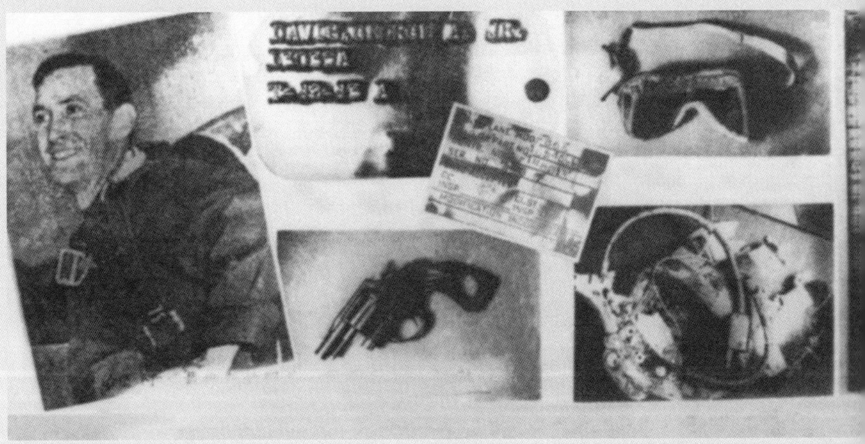

戴维斯的照片及证件

韩德彩击落费席尔

韩德彩

审讯费席尔

“双料王牌”飞行员费席尔是怎样被我击落的

韩德彩

1953年4月7日下午4点来钟，我团12架米格－15比斯型歼击机奉命起飞。我们是最后一个中队，长机是大队长李春贵，2号机杜基恩，我的长机张牛科是3号机，我是4号机。当我们上升到5000米高度时进入了云层。在云层里，长僚机之间基本能看到，中队之间就一点也看不到了，一直到1.1万多米方出了云层，但仍看不见其他两个中队。我们的任务是从集安出航，到鸭绿江口截击敌机。

此时在集安上空，前面两个中队和敌人遭遇了，就是我们这个中队没和敌人接火。于是，地面指挥员令我们返航。当飞到宽甸上空时，又令我们在机场上空掩护我机起飞着陆，防敌偷袭。那时，敌人尽量避免与我们正面交锋。由于敌人的F－86载油量比我们米格－15多，留空时间长，所以敌人就抓住我们这个弱点，经常偷偷摸摸来几架飞机钻到我们机场南头或北头上空，单等我们起飞或降落的时候打我们。因我们的飞机起飞时速度小，不能很好地发挥性能，着陆时又因油量少，也无法充分发挥性能与敌机周旋。为了保护起飞或降落的飞机不被敌机偷袭，我们双机之间拉开800到1000米的距离，在3、4转弯那个地方飞三角。这样既能防止敌机偷袭，我机之间又能互相支援。我们在空中飞了两三圈后，我一飞行员突然报告说，在机场的西北方向，有两架敌机跟踪他。于是地面指挥员就命令长机李春贵和2号机杜基恩去支援。我和长机张牛科继续担任执行掩护机场的任务。飞了六七圈之后，油量警告灯亮了，我马上报告了长机，地面也听到了我的报告。地面指挥员随即命令：“你们回来吧，现在没有什么情况。”我和长机就放下减速板从3000米的高度迅速下降到400米，大概离山头只有100多米吧，这时我和长机间隔距离约400到600米。当我们改平与跑道平行时，地面指挥员突然喊道：“快拉起来！快拉起来！敌人向你开炮了！”当时我在后面，就压右坡度把飞机翻过来向右后方看，没有哇。又压左坡度向左后方看，还是没有。再向前看，发现在我们左下方有两架飞机，距离比较近，像编队一样，一前一后，急剧地向左转。米格－15和敌F－86的形状在转弯时是不易分辨的。当后一架飞机转到我的长机左后下方，突然把坡度改平时，我才看出来，是敌机F－86正紧追我一友机！可突然间它又放弃追击，一侧机头，趁势咬住了右前方我的长机。我赶快报告长机：“你快拉起来！快拉起来！敌人向你开炮了！”这家伙动作也很快，还没等我报告完，它就对着我的长机开炮了。我看到长机的发动机冒了一股白烟。我判断被击中了，就叫我的长机：“不行快跳伞！不行快跳伞！”这时我的长机就向左拉了一个上升转弯，敌机也跟着他转，我也跟上了敌机。我与敌机的距离只有600米左右，所以不敢开炮，怕误伤我长机。这时敌机也发现了我在跟踪它，就放弃了对我长机的攻击，做了个向右下转弯的动作。我一看这个高度，就七八百米吧，下面有400多米高的山，这个高度不能做这个动作，否则是会撞山的。敌机这是为了摆脱我而耍的花招，因为F－86水平机动性能比米格－15好。如果我跟着下去，它就可以把我甩掉，我没有跟着它转，相反地带了带机头，紧紧盯着敌机。敌人当然也不会眼睁睁去撞山的，它向右一转，接着又向左反过来。我紧追不舍，迅即推机头瞄准准备攻击，敌机突然又向右转，我也迅速地向右转紧跟上敌机，把光环往后一缩就开了炮。我这炮打得也是够狠的，三炮齐射，一气打了80多发炮弹。看着炮弹打在敌机左机翼与机尾之间，敌机冒出了很长一段火，接着又看到敌机上出来一个什么东西，再一看是敌人跳伞了。我就报告地面：“快点抓俘虏！敌人跳伞了！”随即扭过机头安然落地了。

后来，听说他在俘虏营里还很不服气，他不相信是我们中国的飞行员把他打掉的。因为我们飞行的时间短。的确，那年我只有20岁，飞行时间还不到100小时。但我们为了祖国的安全，为正义而战，我们不怕死，所以在任何情况下，不惊不慌，能以压倒一切的勇气与敌人战斗，我们就胜利了！这是敌人永远不能理解的事情。费席尔在朝鲜战场上出动过175次，击落飞机10多架。按美国空军的规定，击落5架可称“王牌”，而他可算是“双料王牌”了，竟然被我这个年仅20岁，飞行仅几十小时的中国飞行员打掉！按照他们的逻辑当然不服气，不可理解！然而，按照我们的逻辑，这很正常，没有什么奇怪的。连同击落费席尔在内，我在抗美援朝作战中共击落5架敌机，空军授予我“二级战斗英雄”的荣誉称号。

（摘自韩德彩：《“双料王牌”飞行员费席尔是怎样被我击落的》，原载《空军回忆史料》）

1997年10月，费席尔在上海见到了韩德彩

常香玉捐献飞机抗美援朝

1951年6月2日，中国人民抗美援朝总会向全国人民发出号召，推行爱国公约，捐献飞机大炮，支援抗美援朝，打击美国侵略者。这一号召得到全国人民以及各阶层特别是文艺界、工商界、体育界人士的热烈响应。著名豫剧表演艺术家常香玉就是其中的一个优秀代表。

常香玉带领剧团到全国各地义演，用义演所得收入购买了一架战斗机捐献给中国人民志愿军空军。抗美援朝总会为表彰常香玉的爱国精神，将飞机命名为“香玉剧社号”。

1953年，常香玉到志愿军空军部队进行慰问演出，受到热烈欢迎。空军指战员用击落敌机的残骸为她精心制作了一件纪念品。

常香玉是河南巩县人，1922年出生于艺人家庭，原名张妙玲。她九岁随父张福仙搭班学戏，拜翟燕身、周海水为师，并随义父姓改名为常香玉。初学小生、须生、武丑，后专演旦角。10岁登台，13岁主演6部《西厢》，名满开封。1948年在西安创办香玉剧社，致力于培养青年演员。1952年参加第一届全国戏曲观摩演出大会获荣誉奖，同年出国演出。1994年6月荣获“亚洲最佳艺人终身成就艺术奖”。1995年被国务院授予“全国先进工作者”称号。她历任中国戏剧家协会副主席、河南分会副主席、河南豫剧院院长、河南省戏曲学校校长，是一、二、三、五、六、七届全国人大代表。常香玉被誉为“豫剧皇后”，2004年6月1日逝世，享年81岁。

常香玉义演　孟昭瑞摄

常香玉接受“爱国捐赠”奖状

常香玉（前右）、小香玉（左）来到航空博物馆　航空博物馆提供

香玉剧社号飞机现藏航空博物馆　周日新摄

全国人民捐献飞机大炮

常香玉到王海所在部队慰问

常香玉到志愿军空军部门慰问

1953 年著名京剧演员
马连良与王海合影

第一批分到航空工业的大学生

1951 年夏上海交通大学航空系部分同学留影，右三为屠基达，
右二为徐学架　屠基达提供

1951 年 8 月摄于北海公园九龙壁，右四为屠基达，
右一为顾诵芬　屠基达提供

五个大学生

屠基达

1951年9月，我们一行五人，新中国成立后第一批国家统一分配的大学生，来到了北国风光的哈尔滨国营121厂。这里的气温明显的比南方凉多了，对我们这些南方人来说，第一次到了“北满”，一切都显得新鲜。

我们五人，徐学棨和我是上海交大航空系毕业的，芮荫棠是清华航空系毕业的，周峙衡是武大机械系毕业的，何寿轩是浙大航空系毕业的。芮、何二位分到发动机组，徐、周和我分到飞机组。

我和小徐等同学是8月下旬离开上海，由国家统一分配到了中央重工业部的。我们直接从学校出发，集体坐火车去北京。各地分来的学生集中起来以后，就由重工业部何长工部长作了一次动员报告。除再一次动员大家服从分配以外，还介绍了重工业部的任务、现状和部内的组织机构。我们第一次听说有个航空工业局，真是十分兴奋，“苏联的今天就是我们的明天”呀。之后，部人事司又分批用卡车送我们到北海、颐和园等名胜，让我们首次领略了首都的风光，几天之后，我们20多人就分到航空工业局了。

当时航空工业局在沈阳。我们第一个见到的领导是段子俊局长，他召我们20多人在大食堂的一个大饭桌旁集体谈的话；第二位是一位保卫处长，他向我们进行了保密教育，这位处长身材魁梧，随身带一只大狼狗，很有些保卫的味道。过了几天，即宣布分配方案了，人事处的同志把我们五人找到一起，指定由我带队到哈尔滨的121厂，并说几个厂中，哈尔滨厂是重点，因为离朝鲜前线较远且靠近苏联。

哪里都一样！离开上海家时，南北东西，不知道中央重工业部会把自己分配到什么地方，反正绝对服从组织安排，没有任何个人的打算。分定以后，只知道哈尔滨更北一些，要冷一些。

我们技术科，这时已有60多人，当然大部分是年轻人。业务上，什么修理技术都管，从飞机到发动机、设计、工艺（那时叫施工）、冶金（热表处理、理化试验）全在内，而飞机还包括特设仪表。除了理化试验的瓶瓶罐罐和一个小图书室，在另外两间小房子外，全科全挤在一间旧平房的大房间里，包括科长和苏联专家。飞机大组的组长是英国回来的胡昌寿工程师，我的顶头上司是齐志焜同志，大家都叫他齐工程师。他分配给我的第一个任务，是测绘一个金属油箱。

我们在学校学的主要是基础知识、书本知识，见的飞机也不多，究竟飞机是怎么造出来的，不甚了了。工厂开始修理的是雅克-18教练机和图-2轰炸机，苏联的一套，从图纸的画法、文件制度、标准、一直到公差、材料、热表处理，对我们讲全都是新的，需要自己摸索。厂里有一部分修理用的苏联原文图，但不全；修理需要制造配件，有的需自己测绘，修理图更需要自己设计。工厂的生产和抗美援朝的前线是连在一起的，有的来修的图-2飞机，在朝鲜战场上被打穿了机体，有的还喷有朝鲜人民军的军徽。眼看来的一架架破旧飞机修理后飞返部队，我们在宿舍里常常自豪地议论，我们实际上是不穿军装的战士。

过第一个哈尔滨的冬天是很兴奋的，很有些革命的诗意。戴了皮帽子，一路走到工厂，帽边和眉毛都结成了白霜，大家见了禁不住哈哈地大笑。在上海，我原来对雪的概念是一片片慢悠悠积成团随风飘下来，在地上、屋顶上、树上逐渐积厚起来的，从懂事的小孩到长大，对下雪总是有些神往的。但是在哈尔滨，雪是面粉一样的，干得很，不黏，在地面上也随风吹，被风吹过的地面或屋顶可以一点积雪也没有，但兜风的地方则可以有好几尺厚的雪，下雪时又常常伴着风，没有飘飘然慢悠悠的天女散花似的诗情画意，与南方下雪大不一样。特别是在风刮得厉害时，棉衣、毛衣似乎全被吹透了，这时才感受到赶大车的老乡，臃肿地穿着老羊皮大衣，脚蹬毡靴是多么的必要了。国庆以后开始下雪时，我们在上下班的土路上，还常兴致勃勃的唱起《白毛女》中那个歌“北风那个吹，雪花那个飘······”

（摘自屠基达：《北国风光里的五个南方大学生》原载《航空档案2006年第一、二期合刊）

1950年3月由哈尔滨工业大学同时出校的空军战友，前排左起：隋承素、姜士杰、李英范，后排左起：杨育容、齐肇慧、温家琦、申扶风　麦林提供

即将毕业的清华大学航空系的部分同学，右三为何文治，右一为陈一坚，右四为刘昌琼，右二为刘世邻，左一为何永钧，摄于1952年夏　谭万诚提供

1951年冬刚刚在哈尔滨飞机厂参加工作的屠基达

在废墟上建设大型航空企业

1952年5月，聂荣臻主持中央军委会议，做出了《关于航空工业建设决议案》，对航空工业建设的重要工作做了部署。

从修理到制造，对航空工业来说是一次质的飞跃，只有进行大规模的基本建设，把原有的修理厂改扩建为制造厂，航空工业才能阔步前进。在第一个五年计划期间，新中国航空工业基本建设的重点——六大厂，基本上都是在国民政府遗留的废墟上建立起来的。

哈尔滨飞机厂和哈尔滨东安航空发动机厂地处哈尔滨市平房区，这块地方曾是日本帝国主义研究细菌武器的杀人工厂即“731”部队的所在地，日军曾在这里杀害了我数千名无辜的中国同胞。1958年，哈尔滨飞机厂在修建职工宿舍挖地基时，曾掘出了满满三大卡车的白骨，这是日军杀人的铁证。

建厂初期的平房区，满目疮痍，一片荒凉，到处是断壁残垣。曾任哈尔滨飞机厂厂长的马真回忆当时在职工中流行的顺口溜说：“一片荒草窝，人少兔子多，吃水摇辘轳，做饭砖支锅，刮风一身土，下雨水成河，耗子编队走，乌鸦来唱歌。”航空工业的创业者们，就是在这样的一片土地上，建立起两座现代化航空工厂的。

1953年，大规模基本建设开始了。哈尔滨飞机厂5平方公里的建筑工地上，脚手架林立，建筑材料堆积如山，施工现场红旗招展，热火朝天。1955年秋，胜利完成第一阶段建厂任务，1957年工厂基本建成，一座崭新的现代化航空工厂展现在人们面前。

哈尔滨东安航空发动机厂进行了为期4年的大规模基本建设，工厂规模有了很大扩展。据1956年底的统计，该厂占地149万平方米，其中厂区63万平方米，全厂机械设备790台。广大职工掌握了活塞式航空发动机修理技术和复杂零件制造技术。

到1956年、1957年，航空工业六大厂即3个飞机厂、3个发动机厂先后建成，随之相配套的航空机载设备厂也于1957年底相继投入生产，新中国的航空制造业宣告诞生。

哈尔滨飞机厂原址废墟

哈尔滨东安航空发动机厂原址废墟

在“满洲航空株式会社”原址建设沈阳飞机厂

2007年8月13日，本书编著者（左起：周日新、孟赤兵、李周书、归永嘉）在原日军“731”部队遗址前　王荣摄

在原九零兵工厂原址建设沈阳黎明航空发动机厂

在废墟上建设哈尔滨东安航空发动机厂

修理飞机支援朝鲜前线

由于抗美援朝战事的紧急需要，航空工业已开始从事飞机装配与修理工作。中国人民志愿军赴朝参战，苏联政府向我国提供100多架新式喷气歼击机米格－15、米格－15比斯及米格－9的成套部件，只要火车一到，工厂立即组织装配、试飞，让飞机以最快速度投入战斗。

由于战事紧张，飞机赴朝参战频繁，耗费大量副油箱，因此自行研制副油箱的任务交给了工厂。在既无图纸，又无工量夹具的情况下，工厂集中了一批能工巧匠参加试制。到1951年5月，共生产了近万个副油箱，最高日产达百余个，保证了战事的需要。

航空工业创立以后，党中央和政务院高度重视，政务院发出了《全国支援航空工业建设的决定》，国家计委主任李富春指示“要物给物，要人给人”，沈阳飞机厂成立不到半年，就调来干部、工人900余人，初步解决了人手不足的问题。

1951年5月，我国向苏联租赁的“修理列车”抵达沈阳飞机厂，该列车有技术人员和工人150余名及配套齐全的修理设备。7月—9月，18名苏联专家到厂，在他们的指导下，沈阳飞机厂的技术人员和工人迅速地掌握了苏式飞机的修理和零备件制造技术。在建厂当年的6个月内，工厂修理了38架各型苏式飞机，105台各型发动机。到1952年底，沈阳飞机厂已成为拥有5000名职工的大型修理厂，到当年年底共修理飞机345架。

航空工业修理飞机的另一个战场在哈尔滨。1951年8月创立的哈尔滨飞机厂一开始就接受了飞机修理任务，先是修理雅克－18教练机。后来这种飞机修理与制造转到南昌飞机厂。哈尔滨飞机厂则从1952年4月开始修理各种轰炸机——先后有图－2轰炸机、伊尔－10强击机和伊尔－28轰炸机等。

到1958年哈尔滨飞机厂共修理各种飞机432架，其中修理最多的是图－2轰炸机，共351架。图－2是苏联图波列夫设计局于20世纪40年代初设计的轰炸机，它在卫国战争中起了重要作用。在抗美援朝战场上，图－2轰炸机也给了敌人以重创。

根据航空工业管理局的统一布置，当时修理飞机发动机的任务除沈阳飞机厂、哈尔滨飞机厂两厂外，还有：沈阳黎明航空发动机厂，主要修理爱尔德－20、爱尔德－10喷气发动机；哈尔滨东安航空发动机厂，主要修理阿什－82、阿什－21发动机；南昌飞机厂，主要修理雅克－11、雅克－18、拉－9、拉－11等飞机；株洲航空发动机厂，主要修理爱姆－11活塞式发动机。

新中国的航空工业从修理起步，打了一个漂亮仗。截止到1957年末，共修理各种飞机3291架、发动机14248台，以及大量的机载设备，不仅保证了抗美援朝和空军训练的需要，也为航空工业从修理走向制造创造了条件。

苏联修理列车官兵与沈阳飞机厂领导合影
（前排右三为熊焰，右四为孙大文）

哈尔滨飞机厂修理的飞机

沈阳飞机厂土法生产飞机副油箱

1952年在北京南苑机场空军副司令员常乾坤（前排左四）与苏联顾问合影，前排左三为姚峻　姚峻提供

1951年7月，朝鲜停战谈判在开城举行，参加谈判的中方代表和工作人员在板门店合影，前排左起：解方、李克农、边章伍、杜平、乔冠华

1951年南京空军副司令陈华堂（前排右一）与苏联顾问鲍罗夫（前排右四）等专家合影　麦林提供

叶剑英元帅接见空军女跳伞员

1950年9月29日空军陆战第一旅首次进行跳伞训练，营长崔汉卿（左）第一个跳伞成功

1951年3月14日，新中国第一批女跳伞员（左起：凌冲珪、毛镇夷、沈元珍、李朝旭）跳伞成功

新中国第一批女跳伞员

1951年3月14日上午8时，一架运输机从中原某机场腾空而起，沈元珍、李朝旭、凌仲珪、毛镇夷等4名女跳伞员坐在舱门旁边。沈元珍兴奋地等待着跳伞的信号。因为按照预先安排，她将第一个跳出机舱。预备跳伞的铃声响起，接着绿灯闪烁，沈元珍纵身跃下飞机，一阵猛烈的震动，接着她感到身体仿佛被人卡住脖子猛地往上提了起来，这表明主伞打开了。沈元珍静下心来，操纵着降落伞向着陆场飞去。很快，她看见了地上白色的箭头，这就是着陆点。

“成功了！”着陆场上的同志们欢呼着拥了过来。部队领导紧握着沈元珍的手激动地说：“你们这一跳，宣告新中国妇女开创了勇敢者事业的新篇章！”朱云谦师长，当场就给沈元珍佩戴上了一枚天蓝色跳伞纪念章。

1949年8月19日，中央军委决定在空军编制内成立空降兵部队。1950年7月26日，空军陆战第1旅旅部在上海组成。同年8月1日，空军陆战第1旅旅部移驻开封。1950年9月16日，第一支空降兵部队——空军陆战第1旅在开封正式成立。

空军陆战第1旅成立之初，仅有从苏联购买的300具降落伞，缴获的几架美制C-46飞机和苏联的伊尔-12飞机，根本无法满足空降官兵跳伞训练的需求。于是部队采用了古老而原始的跳伞方式——伞塔跳伞。经过短短11天的训练，官兵们便基本掌握了跳伞的地面动作要领和降落伞的折叠技术。1950年9月29日，空军陆战第1旅进行了新中国空降兵的第一次跳伞。狙击第1营营长、战斗英雄崔汉卿率领62名官兵乘美制C-46运输机跳伞，拉开了中国空降史上崭新的一幕。6个多月后，中国第一批女跳伞员也跳伞成功了。

新中国第一批女飞行员

1952年3月8日“国际劳动妇女节”，首都各界妇女隆重集会庆祝新中国第一批女飞行员起飞典礼。当天下午1时，参加飞行表演的6个女空勤机组驾驶6架苏制里－2型运输机从北京西郊机场起飞。她们通过天安门上空时，聚集在天安门广场上的首都群众欣喜地挥手欢呼。

1951年初，空军遵照中央军委的指示，从华东军政大学和航空预科总队中选调了55名女学员，4月初进入牡丹江第7航校学习，被编为第2期丁班，入校后根据机组成员配套的需要，确定14名飞行学员、6名领航学员、5名空中通信学员、30名空中机械学员。当时第7航校负责培养运输机空地勤人员，使用的是美制PT－19型和日制双发“99”式教练机。

在这55名女学员中，只有14名是学飞机驾驶的。她们是来自湖南的周真明、万婉玲、周映芝，来自上海的何月娟、黄碧云、施丽霞、阮荷珍、陈志英，来自浙江的戚木木、邱以群，来自广东的王坚、伍竹迪、秦桂芳和来自河南的武秀梅。

女学员们刻苦钻研，勇闯难关，仅用7个月的时间就掌握了飞行技术，于1951年11月毕业。随后都分配到空军运输航空兵部队服务。

1952年3月24日，毛泽东、刘少奇、周恩来等中央领导同志在中南海接见了参加“三八”飞行表演的女飞行员。

自1951年至20世纪80年代末，空军已先后培训了5批共291名女飞行员，我国成为世界上培养女飞行员最多的国家之一。

新中国第一批14名女飞行员合影

朱德与新中国第一批女飞行员在一起

朱德在新中国第一批女飞行员起飞典礼上讲话

1952年3月8日，新中国第一批女飞行员起飞典礼大会会场

1952年3月24日，毛主席接见新中国第一批女飞行员，并向空军司令员刘亚楼（右）询问有关情况，毛主席问："她们都成器了？"刘答："都成器了，能够独立执行任务。"

邓颖超与女飞行员们
孟昭瑞摄

组建海军航空兵

我国海岸线长达1.8万多公里，应当归属我国管辖和拥有资源主权的海域面积相当辽阔，沿海岛屿星罗棋布，面积在500平方米以上的岛屿就有6500多个。鉴于中国近代史上外国侵略者从海上入侵的惨痛教训和保卫新中国的极端重要性，1949年1月8日，中共中央就指出要建立“一支保卫沿江沿海的海军”。海军航空兵是现代化海军的重要组成部分。根据中央军委的决定，在建立海军舰艇部队的同时，要加速海军航空兵的建设。1950年6月，海军下达了“成立军校，训练学员，培养干部，建立海空军部队”的任务，第一所海军航空学校在青岛成立，为建立海军航空兵迈出了第一步。1952年1月8日，海军司令员萧劲光向中央军委毛泽东主席、朱德和周恩来副主席上报了《一九五二年建立海空军部队》的报告。当时，围绕着要不要建立海空军，上上下下发生了争论。周恩来经过调查研究后，认为海军航空兵是海上作战的特殊兵种，是海战中的突击和保障力量。另外，还请苏联海军航空兵顾问作了介绍，明确提出了支持建立海军航空兵的意见。这个报告最后送到了毛主席那里。毛主席毅然决断，在周总理提出的意见上批示“同意，照周批办”。同年4月，海军航空兵部在北京成立；6月，以海军航空学校第一期毕业的学员为基础组建的海军航空兵1师在上海成立；9月6日，中央军委正式下达组建海军航空兵的命令，任命顿星云为海军航空兵司令员，人民海军航空兵正式诞生了。20世纪50年代到60年代初，又先后组建了东海、北海、南海舰艇航空兵，分别统辖轰炸机、歼击机、水上飞机、直升机、高炮等部队，共同担负保卫领海和国土防空的神圣任务。

海军航空兵一边战斗一边建设，毛泽东主席三次亲自点将，命令海军航空兵出征参战。1954年海军航空兵便第一次参加了国土防空作战。这年2月，装备喷气式飞机的歼击机团悄悄进驻宁波机场。3月18日，副大队长崔巍、中队长姜凯奉命出击，各击落敌F–47型战斗机1架，以2∶0的战绩，打响了海军航空兵战史上的第一炮。同年5月，海军航空兵又协同陆军和海军舰艇部队，打响了解放东矶列岛的战斗，击落敌机6架，击伤2架。同年11月，海军航空兵1师两次对上、下大陈和一江山等岛敌指挥所和防御设施进行了轰炸。1955年1月10日，海军航空兵2师、4师掩护空军出击，击毁敌坦克登陆舰1艘，击伤敌护卫舰和运输船4艘。从1954年11月1日到1955年1月17日，海军航空兵协同空军共出动飞机260余架次，先后7次轰炸大陈、一江山、渔山等岛屿的军事目标，击伤敌舰船5艘，迫使敌舰艇白天不敢在大陈岛锚地停泊，飞机也不敢飞到大陈岛上空。1955年1月18日，海军航空兵出动5个轰炸机、歼击机团，参加我军历史上首次陆海空协同作战，一举解放了一江山岛，夺取了浙闽沿海的制空权。1964年6月1日，飞行员陈根发、石振山击落窜入祖国大陆骚扰的台湾当局的P2V电子侦察机。20世纪60年代中期，美国扩大侵越战争，不断派飞机侵入我南海领空，中央军委命令海军航空兵赴海南作战，第一次在国土上空与外国飞机较量，取得了9∶0的辉煌战绩。

海军航空兵创建50年来，在保卫祖国领海领空的战斗中屡建功勋，取得了击落、击伤敌机359架的骄人战绩，涌现出了“海空雄鹰团”等先进战斗集体和舒积成等一批著名战斗英雄。毛泽东主席曾先后25次接见“海空雄鹰团”的战斗英雄代表，激励着一代又一代海军航空兵官兵。1979年7月29日，邓小平同志来到海军航空兵水上飞机部队视察，听取了部队建设的情况汇报，观看了飞行表演，勉励官兵要牢记党和人民的重托，守卫好祖国的海空。1995年11月29日，为祝贺“海空雄鹰团”命名30周年，江泽民主席题词：“建设强大的海军航空兵部队，保卫祖国领海安全”。

海军航空兵首任司令员顿星云（前排右五）及飞行员和苏联专家合影

驻在上海虹桥机场的海军航空兵第1师主要成员

海军航空兵初创时期的飞行训练

海军航空兵初创时期的图 −2 轰炸机群

海军航空兵首任司令员顿星云中将

海军空潜战斗演练 牟健为摄

海军航空兵轰炸机与舰艇协同出海演练 牟健为摄

海军航空兵直升机上舰 牟健为摄

海军航空兵歼击机与舰艇协同出海演练 牟健为摄

新中国第一架飞机上天

1954年7月3日下午5时15分，新中国第一架飞机初教5飞机升空。初教5是中国航空工业从修理走向制造的里程碑。

按照国家批准的航空工业第一个五年计划，新中国制造的第一架飞机是苏联的雅克－18教练机，中国型号为初教5，其发动机是爱姆－11爱夫爱尔活塞式发动机，计划于1955年9月制造完成。飞机制造由南昌飞机厂承担；发动机制造由株洲航空发动机厂承担。

至1953年底，经过为时三年的修理，南昌飞机厂已在设计、工艺、工装、机加、装配、总装等方面具备了自制飞机的条件。1954年2月，雅克－18飞机图纸、技术资料到厂。3月31日，航空工业局向南昌飞机厂下达了提前试制初教5的命令，要求提前一年试制出初教5，并于当年交付10架。工厂立即行动，在苏联专家的帮助下，连夜编制试制计划，并动员全厂职工，大干100天，“为制造祖国第一架品质优良的飞机而奋斗”！5月12日，首架初教5全机静力试验取得了圆满成功，加载至105%～110%时全机发生破坏，全机强度符合设计要求。整个试验工作从4月5日开始到6月26日全部结束，提前完成了试验任务。

试飞工作从7月初开始，工厂专门成立了试飞委员会。7月3日首飞成功后，按试飞大纲继续试飞，至7月11日，飞完了全部试飞科目。7月14日，国家试飞员黄肇濂对飞机进行了飞行检查。7月20日，国家试飞委员会得出结论：飞机性能符合设计要求，可作为空军航校教练机之用，可以进行成批生产。

几乎同时，7月29日传来了株洲航空发动机厂总装完成3台爱姆－11爱夫爱尔发动机的消息。该发动机是5缸、星型、气冷式活塞发动机，起飞功率118千瓦，质量180千克。株洲发动机厂按照“先修后造、由修理走向制造”的方针，为制造发动机做了较好的准备：在1952年底已基本掌握了该发动机的修理技术，从1953年起开始制造零件。至1954年4月，工厂已修理爱姆－11爱夫爱尔发动机575台，试制生产零组件322种，占该发动机全部零组件的55%。所以当航空工业局提前试制初教5及爱姆－11爱夫爱尔发动机的命令下达后，株洲航空发动机厂试制工作进展迅速。8月16日，爱姆－11爱夫爱尔发动机通过了200小时鉴定试车和国家鉴定试车。

1954年，中国航空工业从修理向制造迈出了极为关键的第一步，把国产飞机送上了蓝天。当年，制造初教5飞机9架，爱姆－11爱夫爱尔发动机18台。中国航空工业第一次向部队提供了自己生产的飞机。

初教5飞机

1954年10月6日，首批初教5交付空军使用

初教5飞机试制成功庆功大会

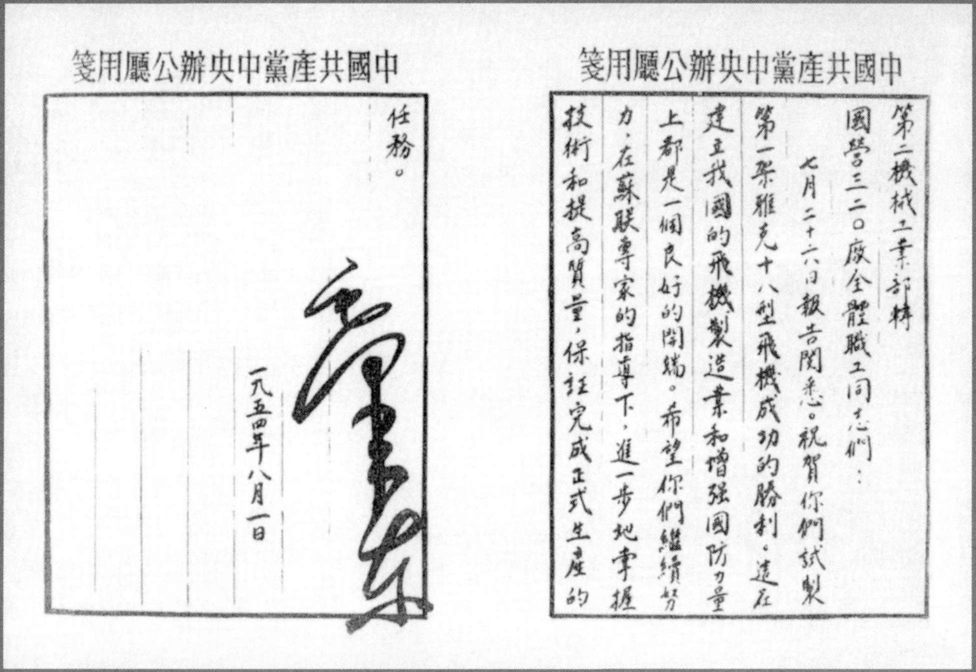

中國共產黨中央辦公廳用箋

第二機械工業部轉

國營三二〇廠全體職工同志們：

七月二十六日報告閱悉。祝賀你們試製第一架雅克十八型飛機成功的勝利。這在建立我國的飛機製造業和增强國防力量上都是一個良好的開端。希望你們繼續努力，在蘇聯專家的指導下，進一步地掌握技術和提高質量，保証完成正式生產的任務。

毛澤東

一九五四年八月一日

毛主席给南昌飞机厂职工的嘉勉信

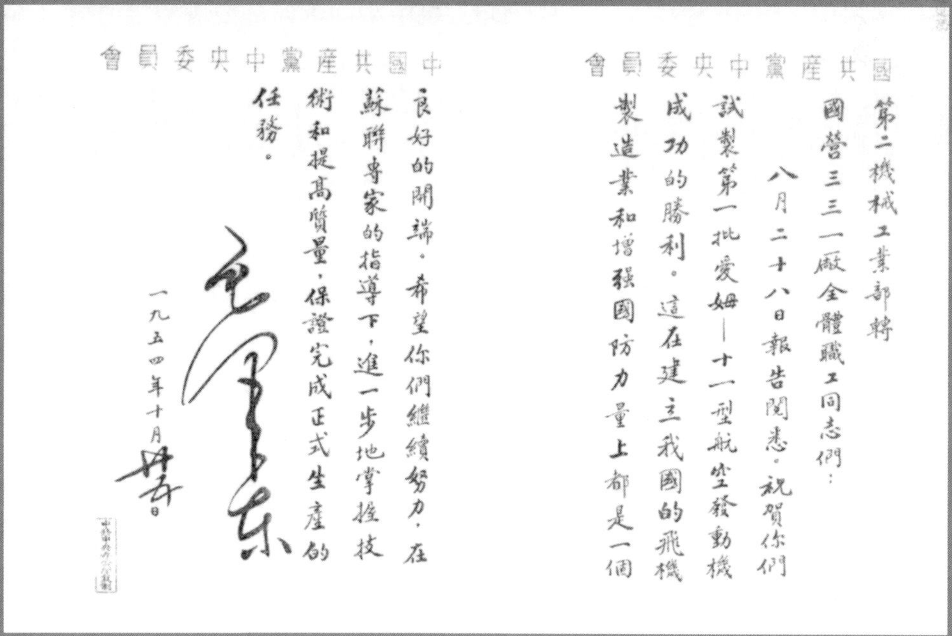

中國共產黨中央委員會

第二機械工業部轉

國營三三一廠全體職工同志們：

八月二十八日報告閱悉。祝賀你們試製第一批愛姆—十一型航空發動機成功的勝利。這在建立我國的飛機製造業和增强國防力量上都是一個良好的開端。希望你們繼續努力，在蘇聯專家的指導下，進一步地掌握技術和提高質量，保證完成正式生產的任務。

毛澤東

一九五四年十月廿五日

毛主席给株洲航空发动机厂职工的嘉勉信

海军航空兵第一仗

1954年3月18日是中国海军航空兵组建后首次与国民党空军作战之日。在这次空战中，海军航空兵一举击落两架敌机，被击中的敌机坠入大海。取得2∶0的战绩。

1954年2月，海军航空兵歼击机团进驻宁波机场。海军航空兵副司令曾克林前来宁波指挥。

3月18日凌晨，我华东军区海军“兴国”、“延安”两舰与部分巡逻艇在三门湾外北泽海面与敌“太”字号护卫舰、“永”字号扫雷舰及小型炮舰各一艘交火，我击中“永”字号舰尾。敌即从大陈岛调来两艘军舰增援，我即主动撤出战斗。当日14时10分，在三门湾巡逻的我巡逻艇队遭到国民党空军6架F-47战斗机的袭击，我艇队迅速给予了还击，击伤敌机1架，但因我艇过于密集，致使两艇中弹。我海军航空兵立即起飞迎战，给予反击。

海军航空兵歼击机团副大队长崔巍、中队长姜凯驾米格-15比斯飞机双机编队于14时38分起飞，迅速奔赴战区上空。崔巍在朝鲜战场上曾击落过美机，姜凯只飞过200多小时，但在抗美援朝战争中也参加过空战，具有一定的实战经验。

崔巍、姜凯飞抵南田上空盘旋时，地面指挥员通报：“敌机就在你们的前方，注意搜索！”崔巍迅速搜索，果然发现在约2000米处有4个黑点向大陈岛方向移动，崔巍双机立即快速向敌1号机追去。逼近敌机约1000米时，对方尚无察觉。眼看敌机即将临近大陈岛上空，要继续尾追，就可能受到敌在大陈岛地面炮火的攻击，崔巍抓紧时机向敌机开炮。敌机发现遭到攻击，迅速右转弯摆脱，并掉头向崔巍他们扑来。当1号机转到45度时，崔巍迅速切半径迎了上去，在距敌机400米时开炮，敌1号机中弹起火坠海。另一架敌机迅即逃脱。

崔巍击落敌机后，正在上升转弯脱离，尾随在后的敌3、4号机迅速向他扑来，企图偷袭。姜凯早已看在眼里，立即冲上去掩护长机，迫使敌机掉头逃窜。姜凯见长机已脱离危险，便向敌4号机发起攻击，距离700米时第一次射击未中；继续瞄准射击，命中敌机左翼尖；姜凯看到没有命中敌机要害，继续驾驶战机抢占有利攻击位置，当距敌机460米时按下了发射按钮，三炮齐射，只见敌4号机拖着浓烟坠入大海，3号机逃遁。当日15时16分，我双机编队返回机场着陆。

海军航空兵组建以来首次升空作战就创造了2∶0的全胜记录，显示了这个新兵种的作战威力。在我海军作战史上写下了光辉的一页。华东军区参谋长张爱萍当即打电话祝贺。海军司令部授予崔巍和姜凯每人银盾一座，并各记三等功一次。

1954年3月18日，姜凯、崔巍各击落国民党空军F-47一架

姜凯（右）与崔巍

海军航空兵飞行员研究战术

“克什米尔公主号”事件

1955年亚非会议（即万隆会议）召开之前，国际反动势力和台湾当局相勾结，阴谋暗害出席亚非会议的中国代表团和周恩来总理，制造了震惊中外的“克什米尔公主号”事件。

1955年4月11日12时25分，参加亚非会议的中国代表团成员和随同采访的中外记者共11人乘坐印度国际航空公司的包机“克什米尔公主号”从香港起飞，途经雅加达转赴万隆。当飞机飞越印度尼西亚北婆罗洲沙捞越附近海面上空时爆炸起火，机身坠入海中。中国代表团的工作人员石志昂、李肇基、钟步云，新华社记者沈建图、黄作梅、李平，中央人民广播电台记者杜宏，中央新闻电影制片厂摄影师郝凤格以及同机的越南民主共和国代表团工作人员王明芳、波兰记者斯塔列茨和奥地利记者严斐德等人全部遇难。13日，失事飞机的残骸在新加坡东北500公里的印度尼西亚所属的纳土纳群岛的斯达瑙岛附近发现，机身坠入离海岸1公里的水中。

建国初期，新中国还没有直飞雅加达的航线，所以周总理原定也准备4月11日乘坐印度包机“克什米尔公主号”前往雅加达。当时总理刚做完阑尾炎手术，尚未完全康复。因应邀去仰光与缅甸总理吴努、印度总理尼赫鲁和埃及总统纳赛尔会晤，周总理在昆明临时改变了行程。

经调查，这是国际反动势力和台湾当局相勾结，阴谋暗害出席亚非会议的中国代表团而制造的“克什米尔公主号”事件。

据印度尼西亚调查委员会公布的调查结果说，“克什米尔公主号”的失事是由于放在飞机右翼轮舱处的一个定时炸弹爆炸造成的。9月3日，香港政府发表声明说，港英警务处已从法官处获得对被控有阴谋谋杀罪的周梓铭（化名周驹）的逮捕状，周梓铭已于5月18日离开香港赴台湾。英国已要求台湾当局将周梓铭交回香港当局受审。

1995年，台湾《中国时报》周刊第171期刊登了专访谷正文谈筹划刺杀周恩来始末的文章。当时任台湾保密局侦防组组长的谷正文承认，“克什米尔公主号” 事件是台湾特务人员干的。直接参与这一阴谋的一个是时任保密局敌后部署组组长的周斌成，另一个是组员陈鸿举，他们以60万港币的巨额赏金买通了香港飞机工程公司的清洁工周梓铭，令他将伪装成牙膏模样的TNT炸药作为洗漱用品送上飞机，结果这枚定时炸弹在飞机起飞4小时后爆炸，造成机毁人亡的惨案。

50多年过去了，“克什米尔公主号”事件渐渐从人们的脑海中淡去。今天，在北京八宝山革命公墓，依然矗立着一座高高的纪念碑，石碑的正面有周总理的亲笔题词，背面有11位烈士的姓名和简历，还有记载烈士们殉难经过的碑文，碑文的最后写道：“为和平、独立和自由的事业而光荣牺牲的烈士们永垂不朽！”

“克什米尔公主号”事件中遇难的新华社香港分社社长黄作梅

周恩来出席“克什米尔公主号”事件中牺牲的烈士遗骨安葬仪式

“克什米尔公主号”残骸

首次授衔的航空人

1955年 9月16日，国务院举行第18次全体会议，通过了关于1955年征兵的命令和应授予中国人民解放军有功人员勋章的第一批人员的名单，决定提请全国人大常委会审议。会议讨论和批准了中国人民解放军新的服装制式和军衔肩章、领章和兵种、勤务符号的样式，决定从10月1日起在全军实行。9月27日，授衔、授勋典礼在北京举行。毛泽东主席将授予元帅军衔的命令状分别授予朱德、彭德怀、林彪、刘伯承、贺龙、陈毅、罗荣桓、徐向前、聂荣臻、叶剑英。同日下午，国务院举行授予军官将官典礼，周恩来总理分别把大将、上将、中将、少将军衔授予粟裕等在京将官。其中在航空工业工作（含授衔后调到航空工业的）的有赵尔陆、唐延杰、薛少卿、吴融锋、王振乾、曹丹辉。

赵尔陆（1905年—1967年），1905年生于山西省崞县（今原平县）。1926年参加革命。1927年参加南昌起义，同年加入中国共产党。土地革命战争时期，任红四军军需处处长、红一军团供给部部长等职，参加了二万五千里长征。抗日战争时期，任八路军总供给部部长、晋冀军区司令员等职。解放战争时期，任晋冀纵队司令员兼政委，第四野战军第二参谋长等职。中华人民共和国成立后，任第二机械工业部部长兼航空工业局局长、第一机械工业部部长、国家经委副主任、中央军委国防工业委员会副主任、国务院国防工业办公室常务副主任兼国防工业政治部主任。1955年被授予上将军衔。

唐延杰（1909年—1988年），1909年11月7日出生于湖南长沙。1923年9月加入中国社会主义青年团。1926年9月，在叶挺独立团任副排长。1927年8月赴莫斯科进入东方大学中国特别军事政治训练班学习。1930年6月参加中国工农红军。长征时任军团后方部部长。抗日战争时期，任八路军总部作战处处长、晋察冀军区教导团参谋长。解放战争时期，任冀晋军区司令员、华北军区参谋长兼平津卫戍区参谋长等职，中华人民共和国成立后，任中国人民解放军军事学院教育长、国防部航空研究院院长、国防科委副主任。1955年被授予中将军衔。

薛少卿（1910年—1991年），1910年12月1日生于湖北省监利县。1929年参加革命，1931年5月参加中国工农红军。土地革命战争时期，任红二军团政治部没收委员会副主任、红二方面军政治部地方部武装动员科长等职。参加了湘鄂西、湘鄂川黔苏区反“围剿”的多次作战和长征。抗日战争时期，任120师政治部民运部部长、组织部部长。解放战争时期，任东北军区政治部

周恩来给将军们授勋

组织部部长、东北民主联军航空学校副政委兼政治部主任等职。中华人民共和国成立后，任空军工程学院院长、空军副司令员等职。1961年9月至1963年9月，被中央任命为第三机械工业部副部长兼航空工业局局长。1955年被授予少将军衔。

吴融锋（1916年—1974年），江西永新人，1916年生。1930年加入中国工农红军。1931年加入中国共产党。参加了二万五千里长征，历任战士、宣传队长、政治指导员、支部书记、科长、团政治处主任、旅政治部主任、军政治部主任、军政委、中国人民志愿军党委委员。1955年被授予少将军衔。1961年后任国防工业委员会政治部副主任。1963年9月航空工业部成立，他历任航空工业部副部长兼政治部主任、代理部党委书记。

王振乾（1914年—2005年），1914年9月1日出生于辽宁省沈阳市。1932年参加革命，1936年加入中国共产党。“西安事变”后，党组织委派他到东北军组建抗日先锋队第二支部，并担任政治领导（少校）。抗日战争时期，任八路军山东纵队政治部科长、东北军新111师政治部主任、山东军区滨海支队政治委员。解放战争时期，任东北民主联军第一纵队政治部副主任、中南军区公安部队政治部主任等职。中华人民共和国成立后任中国人民解放军44军、55军政治委员，中共广州军区党委委员。1955年被授予少将军衔。1962年，调国防部航空研究院任政治委员。1965年任航空工业部副部长。

曹丹辉（1915年—1977年），1915年3月出生于江西省南康县。1929年3月参加中国共产主义青年团，同年9月参加中国工农红军，1930年转为中国共产党党员。1935年任红一军团前卫台报务主任，参加了二万五千里长征。中华人民共和国成立后，曹丹辉被调到邮电部，任长途电信局局长。1953年3月调任军委通信部副部长、通信兵部副主任等职。1955年被授予少将军衔。1962年12月曹丹辉被调任航空研究院副院长。

赵尔陆上将

唐延杰中将

薛少卿少将

吴融锋少将

王振乾少将

曹丹辉少将

赵尔陆在初教 5 飞机试
制成功大会上讲话

王振乾在书房

吴融锋在三线

唐延杰在北京航空材料研究所

1950年，上海与莫斯科首次通话，
曹丹辉与苏联官员互致祝词

薛少卿（前排右四）与空军十
三厂同志合影

王西萍

航空工业局局长王西萍

王西萍1914年12月生于山东乐陵。解放战争时期，历任中共旅大地区党委常委兼秘书长、宣传部长，大连县委书记兼县长，旅大区党委财经委员会委员，关东行署农业厅厅长。1949年春，他随第四野战军南下，任武汉警备区政治部秘书长、中南军区保卫部副部长、部长。

建国后投身新中国航空工业的创建与发展。1952年8月7日，中央人民政府决定成立第二机械工业部，任命赵尔陆为部长兼航空工业局局长。调王西萍任航空工业局第一副局长，主持工作。1953年1月，航空工业局成立分党组，王西萍任分党组书记。1955年3月，中共中央正式任命王西萍任航空工业局局长。他还是第二机械工业部党组成员、部长助理。

王西萍为奠定中国航空工业的基础做了大量的工作。在部党组和赵尔陆部长的领导下，认真贯彻中共中央、国务院、中央军委关于航空工业建设的一系列方针政策，团结局分党组一班人，艰苦努力，提前完成了航空工业第一个五年计划，实现了由修理走向制造并开始向自行设计过渡。

他任职期间，航空工业先后建成和基本建成一批企业和学校。其中有：南昌飞机厂、株洲航空发动机厂、沈阳飞机厂、沈阳黎明航空发动机厂、哈尔滨飞机厂和哈尔滨东安航空发动机厂等6个主机厂，西安飞机附件厂、西安发动机附件厂等18个机载设备厂，1个修理厂和1所航空专科学校，8所中等航空专业学校。

完成从修理到制造的过渡。实际执行结果是提前完成国家计划：1954年制造成功初教5飞机及其发动机；1956年9月制造成功歼5飞机及其发动机；1959年试制成功超声速歼击机歼6及其发动机；自行设计的歼教1喷气教练机及初教6初级教练机也于1958年相继试飞成功；1958年还开辟了战术导弹的试制生产，为导弹事业的发展创造了重要条件。

他十分重视航空科研事业。1955年—1956年，他主持决定，首先建立科研最急需的航空材料研究所、航空工艺研究所和航空科技情报研究所。1956年下半年开始，先后在沈阳、南昌、南京的航空工厂及北京建立飞机、发动机、航空仪表和降落伞设计室。这些设计室后来都发展壮大为设计研究所。1958年前后，分别在陕西、沈阳建立飞行试验、空气动力、飞机附件与航空电器的设计机构。同时在北京航空学院、南京航空学院建立航空科学研究室，一批工厂也建立产品设计室。到60年代初，航空工业共拥有科学研究所6个，产品设计研究所3个，厂、校属设计研究所（室）19个，职工近万名，科研设计人员数千人。在航空工业生产发展过程中，孕育出了科研设计机构的雏形，为中苏关系破裂后中国航空工业走上独立自主发展道路提供了一定的基础条件。

王西萍历经坎坷。在1960年召开的国防工业三级干部会议上，他曾受到错误的批判和处理，随之以“国民党特务嫌疑”被隔离审查两年多，1963年重新分配工作，到1978年底才由中共中央组织部行文给予彻底平反。

王西萍（左三）在工厂考察

王西萍（前左四）与苏联专家在一起

晚年的王西萍与夫人夏端

中国跨进喷气时代

1956年7月19日，沈阳飞机厂试制的喷气式歼击机歼5试飞成功，这是一架高亚声速歼击机，飞机从机头进气，后掠式机翼，装一台带加力燃烧室的离心涡轮喷气式发动机，最大飞行速度每小时1145千米，实用升限16600千米，最大航程2020千米。

沈阳飞机厂试制喷气式歼击机是根据国家批准的航空工业第一个五年计划进行的。歼5飞机的起点相当高，是当时世界上比较先进的喷气式歼击机之一。全机零件14719种、253550件，成品228种。其制造技术远比初级教练机复杂。

沈阳飞机厂在1951年至1954年，共修理过202架喷气式飞机，主要是米格－9、米格－15比斯，掌握了米格型飞机的结构和特点，这是有利的方面。但是米格－17爱夫毕竟是更新的飞机，其技术难度是相当大的。

当新机试制开始的时候，沈阳飞机厂作为苏联援建13项重点工程之一，基本建设也在大规模展开。工厂采取基建、生产、培训同时进行的方针，促进新机试制工作的开展。

1955年3月，苏联提供的米格－17爱夫成套技术资料到厂，9月，大批苏联零件、工艺装备到厂。苏联为帮助中国试制喷气式飞机，除提供全套图纸、技术文件和大部分工艺装备外，还提供两架样机、15架份飞机散装件、10架份锻件及原材料、8架份外购件、15架份标准件。另外还派来一批苏联专家。

工厂为了缩短试制周期，尽快掌握技术，根据苏联专家的建议，采用了“四阶段平行作业”的快速试制方法。“四阶段平行作业法”的优越性在于，将不同制造过程同时展开，缩短了试制周期——仅为481天，而且便于培养成套技术力量，便于提前发现技术质量问题，保证产品质量，使得新中国制造喷气式飞机的时间提前了一年零5个月。1956年7月26日，歼5飞机静力试验完成。全机加载到105%载荷时发生破坏，完全符合强度要求。“中0101”号歼5飞机于1956年7月13日总装完成，用于首飞及一系列试飞。

与喷气式飞机试制同时，其动力装置维卡－1爱夫型发动机也在沈阳黎明航空发动机厂投入试制。但该厂基建工程量相当大，这给试制喷气式发动机造成很大困难。在厂长莫文祥的带领下，全厂职工积极投入新发动机试制，1956年2月完成首批3台份发动机零件制造，3月至4月，两台发动机分别进行100小时长期试车，6月2日通过国家鉴定。国产维卡－1爱夫型发动机试制成功，比原计划提前了一年零4个月。

歼5飞机制造成功，标志着航空工业进入了喷气时代。

“中0101”号歼5飞机

吴克明

主任试飞员吴克明登上“中0101”号歼5飞机

沈阳飞机厂职工观看飞机首飞

1956年9月8日，王秉璋中将在歼5试制成功文件上签字

聂荣臻、史良参加歼5试制成功庆功大会

聂荣臻、史良乘专机抵沈阳飞机厂

苏联专家指导装配歼 5 飞机

歼 5 飞机总装生产线

现藏于北京航空博物馆的“中0101”号歼 5 飞机　周日新摄

1956年9月27日，首批歼5交付空军使用

飞机与导弹的论争

1956年，正当中国航空工业踌躇满志，开始筹划发展航空科研和自行设计的时候，它受到了“飞机和导弹之争”带来的影响。

1956年3月12日，聂荣臻副总理提出《关于十二年内我国科学对国防需要的研究项目的初步意见》，其中针对航空工业的发展方向提出：“现在使用的喷气歼击机似已是最后一代，喷气轰炸机当其达到超音速时，亦是最后一代。因此，在我国科学技术人才极缺，水平亦低的情况下，不宜以大力对飞机的改进进行研究工作，而应采取依照苏联图纸(不断改进的)进行生产的办法解决军队今后的装备需要。今后空中斗争的研究方向应首先集中仅有的技术力量用于火箭、导弹方面的研究和制造。”这一意见，反映了由导弹取代飞机的观点。

1956年4月4日，国家科学规划委员会召集会议，讨论研究科学规划问题。会议将国防工业系统航空部分编组单独活动。组长：钱志道，副组长：钱学森、王弼、徐昌裕。这次会议着重讨论了火箭与飞机的关系问题。基本有三种意见：一、有人主张在中国应全力投入火箭的研究试制；二、火箭与飞机应同时进行，但主要力量放在火箭方面；三、前五年先搞火箭，五年后火箭有了一定基础，再回过头搞飞机研制。徐昌裕在会上提出：“国防工业科研工作不能只考虑如何达到国际水平，而不顾现在的需要，应估计到美帝国主义可能发动的战争。研究工作不应脱离目前生产和高等教育水平，不应只为科学而科学，生产应有科学研究配套，如把生产停留在现阶段，则技术水平无法提高。所以科学研究，既要看到今天，也要看到明天。总之第一、三方案不切实际。第二方案应考虑力量分配，应在飞机生产的基础上搞火箭。”经会议讨论，基本同意第二种意见。

1956年12月，中共中央所同意的12年科技规划修正草案把“发展和掌握喷气技术”列为五大措施之一，同时要求优先发展导弹。但后来在国防科技的实际决策上，飞机的发展并未被放在应有的地位；作为“五大措施之一”抓的“喷气技术”，实际上也只限于抓火箭技术。当时，“导弹可以代替飞机”的见解，已开始影响国家军事科技的决策，进而导致把飞机划在尖端(高科技)和科研重点之外，列为常规生产的范围。

1959年林彪主持中央军委工作后，抑制航空科技发展的主张正式成为工作的指导原则和方针。首先是把导弹称作“尖端”产品，而把飞机列为“常规”产品，人为地把航空技术排除在高科技领域之外。接着，提出了“科研以尖端为主，生产以常规为主”的方针。从而否定了航空科研在整个国防科研领域的应有地位。

直到1995年9月中共十四届五中全会，才在文件中把航空工业明确列入国家高科技领域。

1956年5月，著名科学家钱学森在北京航空学院科学讨论会上讲话

1960 年钱学森在导弹试验基地指导工作

1956 年彭德怀（中）、聂荣臻（左）、叶剑英观看歼5飞行表演

歼 5 总装车间

红旗2号地空导弹

1960年11月5日，我国制造的第一枚近程导弹东风1号试验成功

开辟拉萨航线

飞机飞翔在日喀则上空

打开拉萨上空航道

姚长川

1956年3月，我们航空兵独立第4团，奉命参加这场向高原的进军。赋予我们的任务主要是三项：一是空中试航，打开北京—拉萨的空中航道；二是找出一条适合当时运输机飞行性能的航线，为运输部队开辟通路；三是于4月22日飞临在拉萨召开的西藏自治区筹委会会场上空撒传单、低飞示意，以鼓舞民心，同时兼负为在高原修建机场、建立导航台等地面设施选点的任务。空军首长在交代任务时把我们比作这次开辟航线的“空中尖兵”，并告诉我们，赴拉萨参加西藏自治区筹委会成立大会的中央人民政府代表团团长陈毅副总理非常关怀通航工程，行前嘱咐过空军：“大会结束，我要乘飞机回来！”听了首长的传达，当时我作为一团之长心情很激动，为自己的部队能承担这样的重任感到自豪，充满了信心和力量。

4月3日，打开“世界屋脊”上空航道的日子到来了。

这一天，当拉萨还被晨雾笼罩的时候，我们机组驾驶的图－4飞机已经连续进行了几小时的夜间飞行，飞过岷山，越过巴颜喀拉山，出现在唐古拉山上空了。沿途，我们对航线两侧的山高和地标再一次作了测量、校正，力求使之更准确一些。那天高原天气格外晴朗，刚过唐古拉山不久，在150千米以外，就看到念青唐古拉山7300米的主峰，如一座庄严的古城堡，昂首屹立在群山之中，成了我们的天然导航点。

随着飞机的迅速前进，一排排的山峰在我们的机翼下消失，视界豁然开朗，前面再不是高山峻岭，而是辽阔丰饶的藏北草原了。地面上排列着牧民们雪白的帐篷，散布着星星点点的牛羊，蓝色绸缎般的腾格里海在阳光下闪闪发亮，雄伟的喜马拉雅山脉像千百万大军镇守在国境线上。拉萨快到了！激动和喜悦振奋着机上每一个人，驱走了长时间高空飞行的疲劳。飞机顺利地通过了念青唐古拉山山口，向右转弯寻找目标——拉萨附近正在修建的当雄机场。

1956年5月26日，民航试航拉萨成功

10时39分，飞机准确到达目的地。拉萨上空有史以来第一次响起了飞机发动机发出的巨大的轰鸣声，它像一曲响彻云霄的凯歌，向全世界宣告：横贯“世界屋脊”的航道终于被年轻的人民空军打通了。我抑制住心头的激情，一面命令通信员张克力立即给部队发报“到达拉萨”，好让党中央放心，一面降低高度盘旋，向拉萨人民摇摆机翼致意。据当时的报纸报道，这一天拉萨市万人空巷，人们像潮水般地涌上街头，爬上屋顶，登上山坡，翘首欢迎有史以来第一次出现的天菩萨——毛主席派来的飞机，许多人激动地流下喜悦的泪花。

（摘自姚长川：《开通“世界屋脊”上空的通道》，原载《空军回忆史料》）

藏族同胞向机组敬献哈达

飞行机组 孟昭瑞摄

北京—拉萨航线试航成功庆祝大会在西安举行

飞机飞抵拉萨机场 孟昭瑞摄

徐舜寿领衔组建飞机设计室

徐舜寿，新中国飞机设计事业奠基者之一。1937年毕业于清华大学。1944年赴美，曾在麦克唐纳飞机公司从事FD1、FD2飞机的设计工作。中华人民共和国成立之后，创建中国航空工业时，他任航空工业局第一技术处飞机科科长。1956年8月2日，航空工业局决定分别在沈阳飞机厂和沈阳黎明航空发动机厂建立飞机设计室和发动机设计室。任命徐舜寿为飞机设计室主任设计师，领衔组建飞机设计室。

沈阳飞机工业公司飞机设计室旧址

“推油门，上！”

程不时

1956年六七月份，全国掀起了“向科学进军”的热潮。在全国科学规划会议之后，我国航空工业决定走出按照苏联图纸单纯仿制苏联飞机的局面，要建立我国自己的飞机设计力量。

航空工业局决定成立“第一飞机设计室”，初期建在沈阳，依托沈阳飞机厂代管，计划以后再迁回北京。决定首批从航空局调四个人，即当时的飞机技术科长徐舜寿、老工程师黄志千，以及建国后从大学航空系毕业的顾诵芬和我。徐舜寿将担任设计室主任，黄志千担任副主任，我将担任总体设计组长，而顾诵芬则任空气动力组组长。

对于这次工作调动，我们谁也没有提出困难。那时人们普遍都有一种“好男儿志在四方”的气概，面对兴旺发达的事业，充满一种创业的雄心，对自己有机会接受这个令人羡慕的任务，内心充满喜悦呢！

徐舜寿解放前曾在航空研究院工作过。他思维清晰，作风细致，受过严格的专业训练，是十足的“科班出身”。黄志千将任设计室副主任，他也曾在英国参加过喷气式飞机设计。另由原已在工厂的叶正大任副主任，他是解放后在苏联学习回来的。

我们在北京讨论首先设计一架什么飞机。徐舜寿当时的主导思想是：要把需要和可能结合起来。因此他提出，设计室成立后设计的第一种机型应是一种喷气式歼击教练机。这不仅是培养新飞行员的需要，而且新中国的设计队伍本身也需要一个“教练”过程，应当通过设计这架飞机使我们的设计队伍成长起来。因此，这里的“教练”是具有双重含义的。另一方面，我们已经具有制造喷气歼击机的工业基础，设计一架亚音速的喷气教练机是完全可能的。这个意见，得到航空工业局领导的同意。

这样，在北京期间，我们就对“喷气教练机”的设计工作进行了准备，我分析了其他国家及我国一些驾驶员的训练体制，收集了世界同类型飞机的资料和图片，分析其数据及设计特点，并开始酝酿方案，我们还一起讨论了设计要点。

新中国第一次设计飞机，就是一架喷气式，这个起点不低，赶上了世界航空技术发展的脚步。另一方面，新设计的飞机并不是对国外一种现成飞机“照葫芦画瓢”的模仿，也不是作一些“小修小改”的小打小闹，而是根据飞机的任务需要，从世界航空技术总库中挑选合适的手段，进行新的“工程综合”来形成自己的设计。这是新中国从设计第一架飞机开始就建立起来了的设计路线，也是世界航空发展所遵循的主要设计路线——不是用一支现成的曲调来填词，而是要唱出一首新的歌。

飞机总体设计的任务使我深深地投入，我不断调整比较各种方案，简直达到魂牵梦萦的程度。

沈阳飞机厂是20世纪50年代我国最大的飞机工厂，在沈阳北郊，工厂的干部和工人是从全国精选来的。1956年10月我们从北京航空工业局调来设计室的四名人员先后到达沈阳。“第一飞机设计室”成立时，距离我国仿制生产的苏式喷气式飞机“歼5”成功试飞才三个月。从历史上看，我国航空工业作出建立自己的飞机设计队伍的决定是非常高瞻远瞩而又及时的。

飞机设计开始时的一个重要步骤就是征求使用者对新机设计的意见。徐舜寿和黄志千正副主任，带着我一共三人到另一个城市的一所训练飞行员的航空学校去调查研究。

那年冬天东北大雪。我们到达航校时，正值飞行员们在院内打扫积雪。身穿皮衣的飞行员们抬着盛雪的箩筐，把雪倒在高地上，一面劳动一面笑闹。有一个抬在前面的上坡时踉跄了一下，后面那个高声叫道：“推油门，上！”我听到他们用飞行术语来作为劳动号子，感到十分新鲜有趣，心想：我们国家的飞机设计事业，也要“推油门，上”了！

（节选自程不时：《天高歌长——我的飞机设计师生涯》）

1958年6月，飞机设计室设计人员与苏联专家在初教6木质样机前合影，前排左起：室党支部书记王汇清、室副主任黄志千、安东诺夫设计局斯米尔诺夫、雅克福列夫设计局马尔道夫、室主任徐舜寿、室副主任叶正大、室行政助理曲延桥；后排左起：总体组组长程不时、气动组组长顾诵芬、初教6主管设计师屠基达、强度组组长冯钟越、机翼组组长沈尔康、机身组组长方宝瑞、起落架组组长李文龙、操纵组组员席炆、室管理员、液压组组长郭松林、翻译、高空组组长吴石青、初教6副主管设计师林家骅

风华正茂的飞机设计师们在歼教1飞机前合影，左起：陆孝彭、叶正大、徐舜寿、王汇清、程不时、顾诵芬、汪子兴　叶正大提供

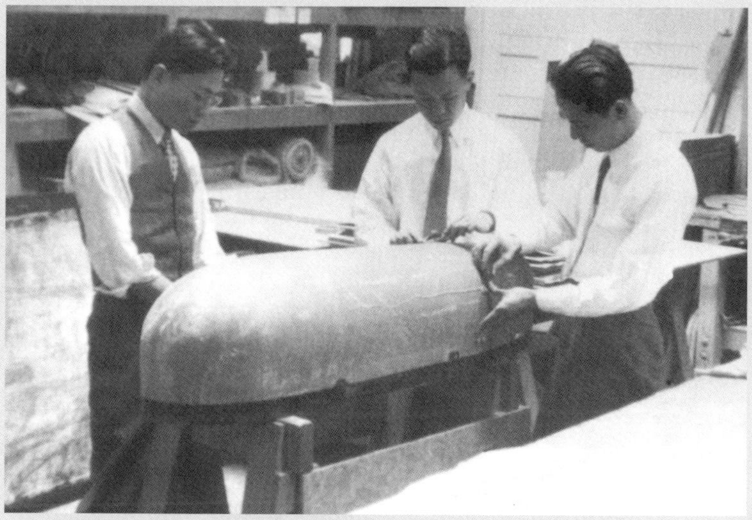

徐舜寿（右一）在美国费城一家工厂实习（1945）　宋蜀碧提供

徐舜寿清华大学毕业照（1937） 宋蜀碧提供

被授予上校军衔的徐舜寿（1961） 宋蜀碧提供

徐舜寿与夫人宋蜀碧在四川南充丛林沟（1947） 宋蜀碧提供

徐舜寿在清华大学实习工厂（1936） 宋蜀碧提供

“马槽里飞出金凤凰”

1956年5月21日，朱德副主席视察航空机载设备企业——太原航空仪表厂，看到该厂利用阎锡山在太原三营盘马厩改建的简易厂房，在厂长于辉的领导下，一面完成修理任务，一面试制新产品，仅用半年时间，便在1954年制造成功首批航空仪表——空速管和磁罗盘。朱德副主席盛赞这一成就是“马槽里飞出金凤凰”。

旧中国的机载设备制造能力微乎其微。1951年4月，中国航空工业创立之后，也有计划有步骤地逐步建立机载设备企业。当时从空军和民用工业接收了3个厂，即南京航空附件厂、天津航空电器厂和新乡平原机器厂，1952年从民航接收了太原航空仪表厂，组建了南京降落伞厂，分别从事航空仪表、电器、附件、无线电和军械设备的修理。在第一个五年计划期间，上述5厂均进行了改扩建，增强了制造能力。

在苏联援建13项的重点项目中，有5个机载设备企业是新建的，即：西安飞机附件厂、西安发动机附件厂、陕西兴平电器厂、兴平机轮刹车附件厂和陕西宝鸡航空仪表厂。到1957年底，除兴平机轮刹车附件厂外，其余4厂均按计划建成投产。

机载设备的老厂和新建厂，在边修理、边建设的情况下，积极开展新产品试制。首批产品有：陀螺磁罗盘、地平仪、调压器、直流发电机、驾驶杆、液压泵和喷气发动机燃油附件等。到“一五”末期，航空工业共改建、新建机载设备企业12个，分别从事仪表、电器、液压、电源、发动机附件、降落伞、机轮刹车附件和电接插件的生产。机载设备的国产比率逐步提高。到1958年，歼5飞机的国产机载设备达50%以上，1959年更跃升到90%。

朱德视察太原航空仪表厂，盛赞：“马槽里飞出金凤凰”

贺龙（前右三）、聂荣臻（前右二）视察太原航空仪表厂

太原航空仪表厂首任厂长于辉　吴仑提供

苏联专家在中国航空工业局

从1951年到1961年，根据中苏两国协议，中国从苏联引进了7种型号的飞机、9种发动机、5种战术导弹、数百项机载设备的制造技术，以及成套设备和器材。先后聘请苏联顾问、专家共856人。这批专家，尤其是早期的专家，有列宁勋章和斯大林奖金的获得者，有博士和先进工作者，他们大多经历过第二次世界大战的磨炼，有丰富的技术知识和经验，能吃苦耐劳，在极其艰难的条件下同中国职工一起战斗在修理、基建、制造第一线，对中国航空工业的创业和发展做出了卓越贡献。

航空工业局先后聘用三任总顾问、副总顾问，即总顾问波斯别霍夫、切尔尼柯夫、索科洛夫，副总顾问戈尔捷也夫、诺维科夫、施莫特良科夫。大部分专家工作积极热情，认真传授技术业务，真诚帮助中国航空工业发展。航空工业局总顾问切尔尼柯夫对我国航空科研的起步和发展做出了卓越的贡献。航空工业局设计基建处专家组长瓦西列夫，帮助我国航空工业进行早期的大规模基本建设，对加速航空工业从修理走向制造做出了突出贡献。

航空工业局总顾问切尔尼柯夫(前排左五)

苏联专家索科洛夫与航空工业局工作人员合影

苏联教育专家罗马尼柯（左二）、彼伏伐洛夫（左三）与航空工业局教育处人员合影
龚瑛提供

欢送苏联专家日卡尔金（前排左五）

苏联专家在中国航空企业

1954年8月1日，在南昌飞机厂举行的国产第一架飞机试制成功庆祝大会上，第二机械工业部部长赵尔陆代表政务院总理周恩来向苏联专家、南昌飞机厂总顾问马托林颁发了感谢状。在试制新中国第一架飞机的过程中，来厂的苏联专家给予了有效的帮助，无论是总顾问马托林，还是工艺顾问扎依采夫、装配顾问巴甫洛夫，都付出了辛勤的劳动与智慧，受到工厂职工的好评。

苏联专家在南昌飞机厂

沈阳飞机厂是苏联专家较多的企业之一。从1951年7月起就有苏联专家来厂，到1956年达到56人，包括厂长顾问赫拉莫夫，总工程师顾问卡列夫，主要车间和科室的专家等。在试制喷气式歼击机的进程中，赫拉莫夫提出了“四阶段平行作业法”，并为工厂所采纳，对保证歼5飞机在一年零4个月制造成功发挥了重要作用。卡列夫主办了模线样板—标准样件工作法学习班，他和其他专家讲课，使工人很快掌握样板的制造技术，成功地制造了水平尾翼等模线样板800多块。

在哈尔滨飞机厂，从1951年至1957年聘有两批苏联专家共39人。这两批专家年龄多半在40岁以上，不但有较高的技术理论知识，大多数还有实际操作能力。特设车间修理一件成品，工人过去根本未见过，不知从何下手，特设专家基洪诺夫就拆了装，装了拆，示范给中国职工。当第一台产品修好交付后，他已到了合同期，但他感到特设工人尚未熟练掌握修理技术，就主动申请延期，直到工人掌握了修理技术后才回国。

在哈尔滨东安航空发动机厂，从1951年至1960年间共来过四批91名苏联专家。第一批专家于1951年10月到厂，他们乘坐流动修理列车，共有9名军官、26名机械兵战士，修理列车拥有各种修理设备，列车停在工厂铁路专用线上修理发动机，对早期修理工作起了很大作用。以后几批专家都进工厂工作，根据专业分配到主要科室与车间，对哈尔滨东安航空发动机厂掌握修理制造发动机技术给予了很大的帮助。

在沈阳黎明航空发动机厂，从1951年到1956年先后有70多名苏联专家来厂工作。最初阶段，专家既讲课又示范，有时还顶班工作，直至1952年上半年两位试车专家每天仍顶班12小时。中期阶段，专家进行重点指导，必要时给予示范操作。后期阶段，专家主要进行答疑，解决关键问题。在试制国产第一台喷气发动机维卡－1爱夫时，苏联派来了从工厂总顾问到工段调整手等方面的成套专家，维卡－1爱夫发动机提前试制成功，渗透着他们的智慧和辛勤劳动的汗水。

苏联专家在沈阳飞机厂参加修建机场劳动

国防工业委员会副主任方强（前排左八）与苏联专家在南昌飞机厂

苏联专家在沈阳飞机厂，前排左四为牛荫冠

苏联专家在秦岭电气厂参加建厂劳动　石玲提供

沈阳飞机厂领导牛荫冠（左三）、高方启（左二）、
孙大文（右三）与苏联冶金专家（左四）合影

苏联专家与哈尔滨飞机厂领导及科技人
员在试制成功的直5直升机前合影

苏联专家帮助株洲航空发动机厂试制成功第一台国
产发动机后与航空工业局领导及厂领导合影

苏联专家在哈尔滨东安航空发动机厂指导发动机安装

苏联专家在沈阳黎明航空发动机厂指导加工发动机部件

苏联专家库兹明（左）在沈阳黎明航空发动机厂谈试车问题

苏联专家在中国航空科研院所和院校

苏联专家与北京航空学院院长武光（中）、副院长沈元（右）研究工作

北京航空学院开工典礼大会会场

苏联专家与北京航空学院院系领导在一起

苏联女教师在北京航空学院讲课　赵延永提供

苏联专家与北京航空工艺研究所科技人员

苏联专家与南京航空学院院长邓永清（前排左三）
在一起

1952年10月被任命为顾问兼苏联专家组组长的谢尔盖耶夫来到沈阳航空工业学校，至1956年共有6名苏联专家在那里工作。图为苏联专家指导学生实习，教室右上方所悬挂的苏联领袖像为时任苏联部长会议主席的布尔加宁元帅　沈航提供

南京航空学院学生毕业答辩

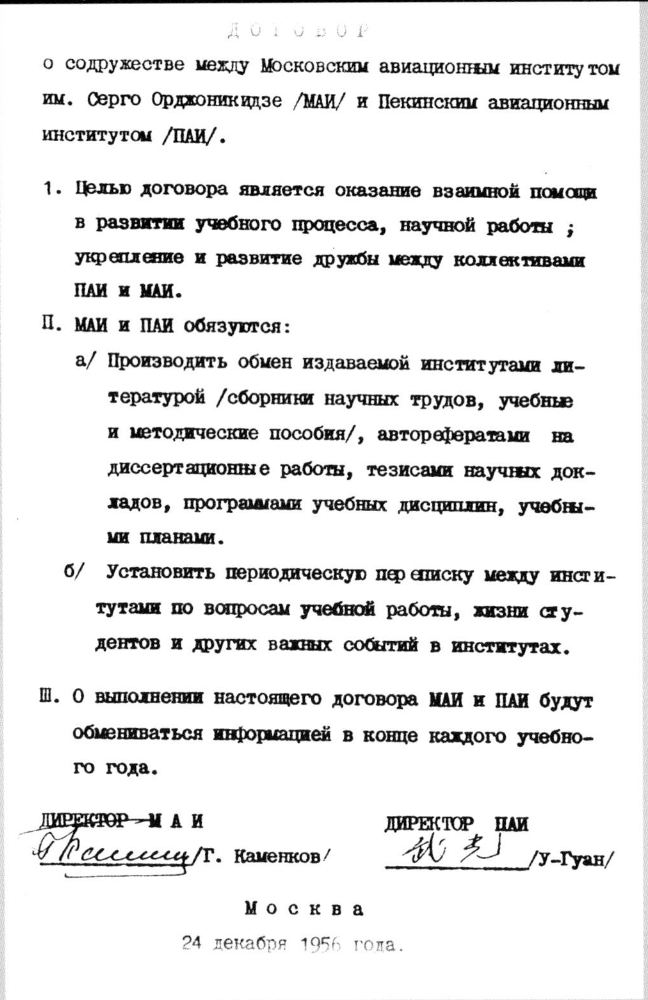

Д О Г О В О Р

о содружестве между Московским авиационным институтом им. Серго Орджоникидзе /МАИ/ и Пекинским авиационным институтом /ПАИ/.

1. Целью договора является оказание взаимной помощи в развитии учебного процесса, научной работы ; укрепление и развитие дружбы между коллективами ПАИ и МАИ.

П. МАИ и ПАИ обязуются:

а/ Производить обмен издаваемой институтами литературой /сборники научных трудов, учебные и методические пособия/, авторефератами на диссертационные работы, тезисами научных докладов, программами учебных дисциплин, учебными планами.

б/ Установить периодическую переписку между институтами по вопросам учебной работы, жизни студентов и других важных событий в институтах.

Ш. О выполнении настоящего договора МАИ и ПАИ будут обмениваться информацией в конце каждого учебного года.

ДИРЕКТОР М А И /Г. Каменков/

ДИРЕКТОР ПАИ /У-Гуан/

М о с к в а

24 декабря 1956 года.

1956年北京航空学院与莫斯科航空学院签署的合作协议　赵延永提供

1956年，在北京航空学院的苏联专家与中国同事合影　赵延永提供

北京航空材料研究所的苏联专家

佚 名

1956年4月7日，中苏两国政府签订苏联援建的补充议定书，将北京航空材料研究所列入援建项目。在这之前，已有几位苏联专家到该所，他们是金属材料及压力加工专家马特韦耶夫、非金属专家马留京、结构钢专家阿列克先科、焊接专家巴利科韦茨及电镀和表面防护专家图皮岑。他们协助北京航空材料研究所魏祖治所长、荣科副所长等考虑专业设置、确定科研项目，并亲自指导各项科研工作。

这些苏联专家曾在中国各有关工业部门进行了大量的调查研究工作，了解当时中国的冶金工厂、化工厂、橡胶厂的生产水平，考虑如何安排航空材料的研制及生产问题。

1956年9月，马特韦耶夫专家和在冶金部工作的苏联专家诺维科夫、布尔霍诺夫，到全国主要钢厂进行调查，之后向第二机械工业部航空工业局写了报告。报告说，迄今中国的冶金工厂已试制成功了约75%的航空用钢、合金及其半成品，并由生产普通钢转向生产中等及高合金钢。在报告中，专家对如何开展下一步的工作提出了一些有益的建议。马特韦耶夫还曾亲自参加我国第一个高温合金ЭИ435的仿制工作。他和冶金部的苏联专家朱耶夫一起，在抚钢及鞍钢，从头至尾指导ЭИ435合金的冶炼、锻造及轧制工作，培养了一批技术干部。1957年苏联专家加泽济扬来到北京航空材料研究所，帮助所里的技术人员会同抚顺钢厂研制成功了一系列仿苏镍基高温合金。

在1957年到1960年间，我国又聘请了一批苏联专家到北京航空材料研究所工作。他们的专业有化学分析、机械性能、X射线分析、超声探伤，橡胶、塑料、油料、金相、钛合金、仪表合金和非金属材料性能等。

总之，来华的材料专家，配备比较齐全，对中国航空材料科研建设起了很大的指导作用。

苏联橡胶专家库金娜（前左三）与北京航空材料研究所科技人员 龚瑛提供

苏联专家与北京航空材料研究所领导一起研究工作

聂荣臻元帅率团访苏

1957年9月6日，一架苏制伊尔-18专机从北京西郊机场起飞，飞机载着以聂荣臻为团长，陈赓、宋任穷为副团长的中国工业代表团赴苏联，就军事、兵工、导弹、航空等事项与苏方进行会谈。

代表团成员有钱学森、李强、刘杰、万毅，通信兵部主任王诤，第二机械工业部副部长张连奎、刘寅。此外还聘请了21名火箭、原子能、飞机、电子等方面的专家、教授当顾问，其中航空方面的专家有3位：航空工业局副局长徐昌裕、飞机设计师徐舜寿、机载专家昝凌。

谈判从9月9日开始，10月15日签协定，共进行了35天。在这段时间里，中苏两国代表团人员进行了内容广泛的谈判。谈判的进展较为曲折，不过这也正如估计的那样，苏联方面不会无保留地把一切新技术都交给中国，聂荣臻对此是有思想准备的。整个国防新技术谈判分为导弹、原子能、飞机及其基地建设等方面，各方面分头进行谈判。每个方面，可以说是一点一点地取得进展。所幸的是，代表团各个方面的准备都比较充分，有的要求非常具体。在谈判桌上，苏联人总的来说是友好的，别尔乌辛甚至对聂荣臻说，有些项目你们提出的型号性能已经落后了，可以提出更新一些的型号。但有的技术项目也有保留，不是只给资料，就是只给样品。经过20多天的谈判，9月底，双方终于达成了协定草案。

通过5次谈判，达成了引进米格-19飞机及其发动机的协议，还签订了引进5种导弹：近程地地P-2（“东风1号”）、地空B-750（“红旗1号”）、空空K-5（“霹雳1号”）、以及海防导弹等。这是中国首次从苏联引进导弹。

毛泽东、周恩来对这个草案表示满意。1957年10月15日，聂荣臻代表中国政府，苏联部长会议第一副主席别尔乌辛代表苏联政府，分别在协定上签了字。协定的全称是《关于生产新式武器和军事技术装备以及在中国建立综合性原子能工业的协定》(简称“《国防新技术协定》”)。代表团圆满地完成了任务，16日启程回国。

1957年9月，聂荣臻、万毅、李强、宋任穷（自左至右）在莫斯科谈判合影

1956年2月，聂荣臻（左二）随朱德副主席(左三)访苏，与赫鲁晓夫（左四）会见时合影

1957年9月钱学森（右一）、徐昌裕（右三）、屠守锷（右四）在莫斯科

1966年冬，聂荣臻（前排左四）视察核武器试验现场，前排左三为钱学森　孟昭瑞摄

第一架民用飞机上天

1957年12月25日《人民日报》在一版显著位置刊登了新华社电讯："我国航空工业又一新的重大成就，第一架多用途的民用飞机诞生"，这种多用途民用飞机就是仿制苏联安2的运5飞机。

运5是小型双翼多用途运输机，半硬壳式金属结构，装一台活塞5发动机，后三点式起落架。飞机巡航速度每小时240千米，最大航程845千米，续航时间6小时10分，载重2133千克。运5有较好的低空飞行性能，可在土跑道上起降，能适应包括农林作业等多种用途的需要。其原型机安2是苏联安东诺夫设计局于20世纪40年代末研制成功的。这种飞机以其实用、经济、安全而风靡世界，总共生产了一万多架，至今还在使用。

为运5首飞剪彩

运5飞机虽然结构简单，但比初教5还是要复杂得多。南昌飞机厂在设计和制造上都进行了自己的探索。1957年12月就制成两架整机，一架用于静力试验，一架用于试飞。活塞5发动机自1956年9月起在株洲航空发动机厂开始试制。1957年12月7日，运5首飞成功。1957年12月23日，以主任委员王秉璋为首的国家临时鉴定委员会认为运5飞机是合格的，可以进行成批生产。

到1968年转厂时止，南昌飞机厂共生产运5飞机728架，并进行了多种改型——有运5甲型旅客机（5座和11座）、运5乙型空降兵机、运5丙型水上飞机、运5丁型轰炸领航教练机和运5农业机等。有78架支援了阿尔巴尼亚、朝鲜、越南、尼泊尔等国，还曾改装为专机送给越南、尼泊尔等国家的元首。

运5首飞成功

运5转产至石家庄飞机厂之后，又改型为运5B飞机。到1996年底，我国累计生产运5系列飞机1000多架。

运5飞机于20世纪50年代末用于飞播造林以来，飞播区域已扩展到全国24个省、市、自治区，飞播面积达1亿多亩。1975年以来，还每年进行农林灭虫作业达百万亩。

南昌飞机厂职工欢庆运 5 试制成功

有关部门领导与飞行人员在飞机前留影

石家庄飞机制造厂生产、交付东方航空公司的运 5B 飞机

1958—1976

披荆斩棘

(1958—1976)

我国自行设计制造的歼教1试飞成功

歼教1飞机总装完成

目击银燕腾空

程不时

1958年7月，歼教1完成了试飞前的一切准备，距离王西萍局长来工厂动员又正好一百天。这是歼教1历史上第二个一百天。7月26日那一天，全体机务人员在检查完飞机之后，一反工厂试飞站平时比较随便的工作习惯，而是在飞机旁列队立正。组长跑步到身穿皮飞行服的试飞员面前，猛然立定，举手敬礼，报告“准备完毕，飞机良好。”这个场面是很动人的。

于振武来到登机梯前，看着这架崭新的从来没有人飞过的飞机，不自觉地用脚在地上擦了擦靴底上的土，才攀梯登上飞机。

指挥台升起一颗绿色的信号弹。这是对歼教1放飞的信号，是对我们这支航空设计队伍的成绩初次考核的信号，也是祖国航空设计事业起跑的信号。在这个历史性时刻，我感到喉头发哽，眼睛直冒泪花。

歼教1的发动机启动了，这台由中国设计人员第一次设计、由沈阳发动机厂制造的动力装置，给了“歼教1”以生命。飞机仿佛从沉睡中苏醒过来了，呼啸着向跑道滑去，尾喷流卷起一片热浪。

然后，歼教1在跑道上加速向前冲去，轻盈地飞上了蓝天。只见它逐渐积累高度，形状也迅速变小，它灵活地转了一个弯，保持在人们的视线内。

当时许多设计人员和工人都在跑道边观看。他们紧张的心情立即释放出来，迸发出一片掌声和欢呼，在这空旷的机场上汇成巨雷般的轰响。

试飞时，我们设计所人员的观看位置被安排在试飞站建筑的二楼平台上，可能是认为这里相当于剧院包厢以示对设计人员的优待，但这却使肩扛摄影机的八一制片厂的摄影师在下面敲锣打鼓的人群中跑来跑去找不到设计人员。我站在平台上还嫌不够高，便找了一块突出的砖块站上去看着飞机飞行，并情不自禁地一直热烈地鼓掌。没想到这一幕被远处的摄影师发现，他给我拍了一个远镜头，使我在这部历史性电影中的试飞场面里留下身影。

按照初次飞行的规定，歼教1绕场一周，便下滑进入着陆航线。毕竟这是中国的第一架喷气飞机的胜利飞行。飞机安全着陆后，设计室主任徐舜寿和试飞员于振武热情拥抱，人们把于振武抛了起来。

美国在设计他们的第一架喷气式飞机F—80的时候，飞机刚在地面试车阶段，突然“砰”地一声，进气道被吸瘪了，飞机总设计师正站在一旁，差一点被吸到进气道里去。F—80在试飞中共摔过7架飞机，摔死了他们最好的试飞员；而我们的歼教1同样采用的是两侧进气方式，不但地面试车没有发生过吸瘪进气道的问题，后来在试飞中也没有出现过致命的事故。

新中国第一架自行设计的飞机胜利进入试飞阶段的消息，当即被报告给了周总理。经过对环境条件的通盘考虑之后，总理认为当时还不宜公开这条消息。周总理说，告诉这架飞机的设计人

沈阳飞机厂职工紧张地装配歼教1飞机

员，要他们做无名英雄。新华社为这架飞机首飞成功发了一条内部消息。这条消息是组织委托我起草的。

叶剑英元帅和空军司令员刘亚楼特地从北京赶到沈阳参加了歼教1的庆功会，并观看了歼教1作的精彩飞行表演。当时表演的飞行员在前期的飞行中感到这种飞机的操纵十分得心应手，因此表演时在空中作了很多精彩的特技动作。当时因心情兴奋，他突然飞临众多观众头顶作超低空大坡度盘旋，动作万分准确但也令人惊心动魄，引得观众们发出一片惊呼。刘亚楼司令员叫身边的工作人员立即向指挥塔台跑去，急急叮嘱说："叫他飞高些！飞高些！"

30年后，第一位试飞员于振武担任了中国空军司令员。

（节选自程不时：《天高歌长——我的飞机设计师生涯》）

试飞员于振武试飞归来

沈阳飞机厂职工欢庆歼教1试飞成功

空军司令员于振武（后）参观中国航空博物馆
中国航空博物馆提供

叶剑英、刘亚楼观看歼教1飞行

“双二五”东风 113 与东风 107 战机双双夭折

东风113歼击机设计方案是哈尔滨军事工程学院（简称“哈军工”）提出的。1958年春，在“大跃进”之风影响下，不少航空院校与工厂都在设计制造飞机。哈军工空军工程系部分师生提出设计新式战斗机的要求，得到系党委的支持。系主任唐铎召开各专科主任及教研室主任会议进行商讨，提出东风113歼击机的设想，其作战对象为美国的F－105战斗机和B－58轰炸机，初始性能为*Ma*数2.0，高度20千米。后来将作战对象定为美国1958年刚刚装备部队的高空高速、性能更先进的F－104星式歼击机，遂将东风113的性能指标大为提高，号称“双二五”即飞行速度*Ma*数为2.5，升限25000米的歼击机。当时这种性能的歼击机在世界上还没有。

东风113这样技术先进、全面超越美苏的战机我国能设计制造出来吗？其实在哈军工的教师中间也是有争论的。有的老教授认为，设计这种新飞机，需要研制新发动机、空空导弹、航空机炮、雷达、自动驾驶仪等，需要过“热障”的新材料，需要大口径的超声速风洞等大型试验设备，这些我国都没有，而且短期内也难以解决。这种意见本来是实事求是的，正确的，可惜太弱小了。多数意见认为，只要组织全院和全国大协作，上述问题都能解决。哈军工竟然提出：东风113要在1959年10月1日前研制出来，向建国10周年献礼。

1958年8月，航空工业局根据空军的要求，决定将飞机设计室提出的东风104歼击机的*Ma*数提高到1.8，升限提高到20000米，装两台“红旗2号”发动机，单台推力为4000千克力，加力时为5000千克力，并将飞机改名为东风107。后来赵尔陆部长带队到哈军工参观学习，在东风113高指标的影响下，又将东风107飞机的*Ma*数提高到2。

研制东风113困难重重。一是要做的许多试验还无法进行。如：空气动力试验，学院的低速风洞才开始设计，工厂的高速风洞、天秤未过关。另外“热障”问题经过半年多的艰苦攻关，尚无结果。二是需要的许多材料没有着落，如飞机需要的钛合金和发动机需用的耐高温、高压的多种高强度钢材我国还没有。三是需要的新工艺，如钛合金、发动机叶片的加工等等，国内尚未研制出来。加之沈阳飞机厂任务很重，也无力同时进行两种歼击机的研制。1959年12月，上级决定东风107下马，为东风113让路。

1961年4月，第三机械工业部根据贺龙的指示，明确集中力量搞歼6（米格－19）优质过关，东风113试制暂停。至此，“双二五”东风113的研制曲终人散。

1959年12月23日，周总理视察哈军工空军工程系，哈军工副院长刘居英少将陪同视察

哈军工副院长刘居英（左）向马明德教授授奖

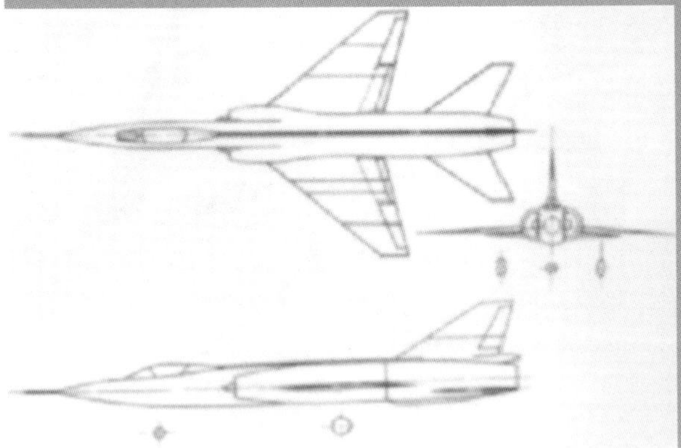

东风 113 三面图

东风 107 样机

哈军工的风洞试验

1959 年 7 月彭德怀视察株洲航空发动机厂

1958 年 9 月，彭德怀元帅视察哈军工

哈军工院长陈赓大将
检阅第一期学员

哈军工学员在轰炸机前实习

1957年11月，中国军事友好代表团团长彭德怀（左二）、副团长叶剑英（左一）访苏时与赫鲁晓夫（右一）、布尔加宁会见

哈军工学员在教室上飞机结构课

1958年9月，叶正大（左一）、徐舜寿（右三）、黄志千（右二）等与苏联航空动力研究院院士马尔道文（左二）研究东风107飞机有关问题　叶正大提供

中南海瀛台的航空馆

1957年至1958年，航空工业局在中南海瀛台举办了航空工业展览。毛主席两次参观了展览，刘少奇和其他中央领导也参观了展览。

1958年6月6日，毛主席在二机部部长赵尔陆、航空工业局副局长徐昌裕的陪同下，参观了在中南海举办的航空工业展览。他在参观1956年7月首次飞行的“中0101”号歼5飞机时，提到：“你们不是还要生产××型飞机吗？”毛主席询问了各种飞机的性能、结构及使用寿命方面的问题。参观到解剖的国产飞机时，他抚摸着飞机，仔细地观察飞机复杂的内部结构，还很有兴趣地拿起机身、机翼的结合螺栓仔细察看，询问这种螺栓是用什么合金钢制造的。

毛主席很注意飞机的制造工艺及过程，详细地了解了模线样板的作用，如何压制钣金零件，怎样检查铆接质量以及防止镁合金零件锈蚀等问题。他对采用组合型架代替一般型架以缩短飞机的试制周期和节约金属材料的做法表示满意。

毛主席十分重视中国自己设计飞机，他观看了正在研制的中国第一个自行设计的喷气教练机——歼教1的模型，询问了有关数据。当赵尔陆部长汇报在第二个五年计划中将自行设计制造多种飞机时，他非常满意。他询问航空工业有多少设计力量，徐昌裕副局长做了回答。毛主席又指示，刚开始设计经验不足，免不了要抄别人的，照葫芦画瓢，然后再逐步提高。

1958年7月2日，毛主席再次来到航空工业展览馆，观看了飞机模型。并与航展工作人员李国富、贺福康、吕慧敏亲切握手。毛主席提出中国要自己设计飞机，要有自己的图波列夫。毛主席说，图-104飞机很不错，他同图波列夫干过杯，这个人很了不起。

航空工业展览从1956年9月办起，开始是为了供中国共产党第八次全国代表大会的代表参观。航展地点在故宫奉先殿，当时共有飞机、发动机、制造工艺、特设和材料馆。从9月28日预展到11月18日结束，共接待中央领导、“八大”代表及各界人士12000人次。后来展览搬到中南海瀛台。

1958年4月4日，刘少奇同志由刘鼎副部长和段子俊副局长陪同，参观了飞机馆和喷气发动机馆。

展出的国产喷气式歼击机歼5

毛主席与航展工作人员李国富（左）交谈

1958年6月6日，毛主席在赵尔陆（前左二）、徐昌裕（前左一）陪同下参观航空工业展览　徐昌裕提供

毛主席观看沈阳飞机厂模型

1958年7月2日，毛主席参观航空工业展览时与工作人员吕慧敏（左）握手，中为工作人员贺福康
吕慧敏提供

刘少奇在空军司令员刘亚楼(右一)陪同下参观航空工业展览

中南海飞机馆正门

航展工作人员在国产喷气式歼击机歼5前合影

展出的国产初教5飞机

赫鲁晓夫提前转让图–16轰炸机制造技术

我国生产的轰6甲型飞机，其原型机是苏联的图–16型战略轰炸机。该机是苏联20世纪50年代初研制成功的。根据中国航空工业发展规划，“一五”期间是从修理走向制造，仿制苏联的教练机和歼击机，“二五”期间才考虑着手仿制苏联的轰炸机。1958年8月23日，猛烈的炮火震动了金门，也震动了整个世界。这是不是人民解放军解放台湾的开始?蒋介石摸不着头脑，美国人也慌了手脚。这也使赫鲁晓夫提前送来了图–16轰炸机。

1958年9月16日，赫鲁晓夫接见了刘晓大使。赫鲁晓夫说，如果中国认为需要而提出要求的话，苏联可派一批带有导弹的图–16轰炸机到中国，配备苏联飞行员，可用在中国领海、领空，给侵略者以打击。他希望刘晓大使把这一建议转告毛泽东主席和中国政府，并反复说明苏共这个建议内容和他们的考虑，以引起我方的重视。

10月12日，周恩来总理电复赫鲁晓夫，内称：“我们非常感激您的好意。我们觉得从目前整个斗争形势来看，不宜这样做。因为我们目前没有使用轰炸机出海作战的意图。同时美国也在尽力约束蒋介石空军，不许轰炸大陆。这样就使图–16这样的轰炸机没有作战机会。相反，由于苏联空军突然出现在中国大陆上，情况可能复杂起来。为了有效地加强中国空军的作战力量，我们决定从苏方提前引进图–16轰炸机生产。当前最迫切的问题是要从苏联方面提前得到有关生产图–16飞机的技术资料和样机，以及苏联技术专家的援助。”10月31日，赫鲁晓夫回电给周恩来总理表示同意。

毛主席、周恩来的果断决策是十分正确的。既巧妙、委婉地回绝了赫鲁晓夫的“好意”，又为我国引进轰炸机争取了时间。

中苏于1959年2月4日签订了《图–16飞机生产技术援助问题谈判结果议定书》。

为了仿制图–16轰炸机，哈尔滨飞机厂从1958年起就进行技术改造，把厂房面积扩大一倍，补充了相应的技术设备。1959年初，两架图–16飞机和一架飞机部件及一架飞机散装件陆续抵达，35名苏联专家也于5月到厂。在广大职工的努力下，仅用67天就完成了第一架飞机的总装（苏联总装周期是3个月）。9月27日，这架中国自己装配的轰炸机——轰6首次试飞成功，当年12月交付部队使用。

1961年11月，航空工业局决定轰6的试制全部转到西安飞机厂和西安航空发动机厂进行。

西安飞机厂试制的是轰6甲型飞机，它是当时中国试制的最大的飞机。该机装有两台涡喷8发动机，由西安航空发动机厂试制。1968年12月24日，轰6甲飞机由李源一机组驾驶，在西安飞机厂升空。

轰6甲飞机进行了多次改进改型，除核武器运载机外，还改装了第二代领航系统和轰6丁飞机。轰6丁的左右机翼下各悬挂一枚空舰导弹，主要用于攻击敌方的舰艇。该机于1985年12月通过设计鉴定。后来，空中加油机也在轰6的基础上改型成功。

1954年5月1日，莫斯科举行盛大空中阅兵，图–16首次亮相

1958年7月31日，毛泽东前往机场迎接来访的赫鲁晓夫

轰6甲型飞机总装

轰6飞机投弹

1969年2月，国产轰6飞机装备部队

航空工业局局长王西萍（前排左二）、副局长段子俊（前排左一）、油江（前排右一）与苏联图-16项目专家津金（前排中）在一起

轰6加油机起飞　周日新摄

首都机场开始建设

首都机场建成

北京首都国际机场位于北京的东北方向，距市中心天安门广场25.35千米，是我国地理位置最重要、规模最大、设备最齐全、运输生产最繁忙的大型国际航空港。北京首都国际机场不但是中国首都北京的空中门户和对外交往的窗口，而且是中国民用航空网络的辐射中心。

北京首都国际机场的历史可追溯到1950年。1950年中国民航开辟国内固定航线时使用的是北京西郊机场。由于该机场属军民共用并且靠山太近，没有发展前途，军委民航局决定另行选址修建一个与首都地位相称的大型民用机场。1954年，经过土地测量和初步规划，民航局选定原属顺义县天竺村以北、二十里铺村以东的地区为新机场场址，即现用场址。1954年12月3日，国务院批准了此项设计计划任务书。1955年，中国民航局成立北京中央航空港工程处，正式全面建设施工。经过两年多的积极修建，新机场于1957年11月成功地进行了总体试运转并于1957年12月完成国家验收。

新机场于1958年3月2 日由建港工程处向民航北京管理处办理移交并正式投产使用。新建的首都机场拥有一座1万平方米以上的航站楼、一条2500米长的跑道、可停放42架各型飞机的机坪以及塔台等配套设施，总面积达8.4万平方米，是新中国成立以来兴建的第一个大型民用机场，其规模和现代化程度在20世纪50年代的远东地区堪称前列。1957年11月，中国政府正式命名该机场为“中国民用航空局首都机场”，一般简称“首都机场”。首都机场建成之时，正值中国经济建设的高潮时期。以北京为中心的全国航空网络已初具规模，连接了全国21个省会、自治区首府和直辖市。

随着民航事业的发展及客货运量的不断增长，首都机场进行了大规模的扩建施工。1980年1月1日，面积为6万平方米的一号航站楼及停机坪、楼前停车场等配套工程建成并正式投入使用。一号航站楼按照每日起降飞机60架次、高峰小时旅客吞吐量1500人次进行设计。扩建完成后，首都机场飞行区域设施达到国际民航组织规定的4E标准。1995年10月—1999年11月期间，首都机场对航站区又一次进行了扩建。1999年11月1日，建筑面积达33.6万平方米，使用现代化技术设备装备起来的二号航站楼正式投入使用。二号航站楼每年可接待超过2650万人次的旅客，高峰小时旅客吞吐量可达9210人次。

北京首都国际机场，吸引了66家国内外航空公司在首都机场运营，其中有11家国内航空公司，55家国际航空公司。国内通航城市88个，国际通航城市69个，每周有5000多个定期航班从这里飞往祖国和世界各地。

首都机场举行庆祝北京—拉萨试航成功集会

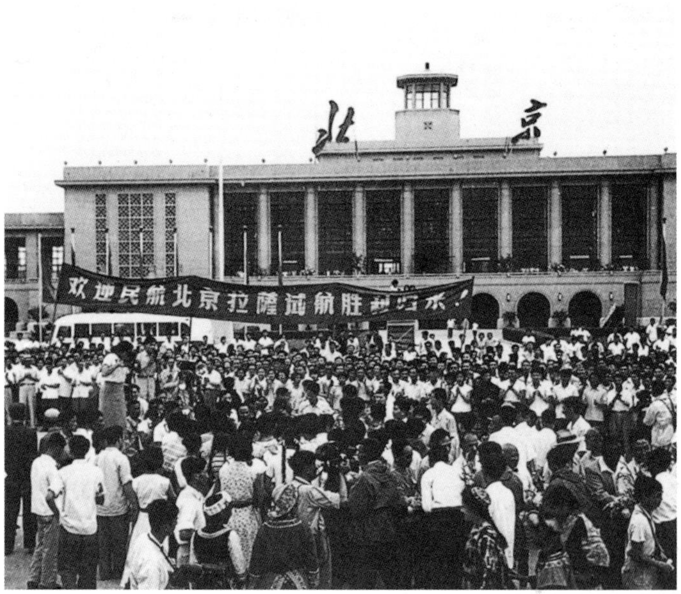

首都机场候机楼

1959 年 9 月 30 日，毛泽东、周恩来、邓小平到首都机场迎接乘图－114 专机到京的赫鲁晓夫，他们在等待专机降落，中国民航修理厂用 3 天时间赶制了图－114 的专用客梯

1964 年 11 月 14 日，毛泽东到首都机场迎接周恩来

1965 年周恩来到首都机场欢迎李宗仁自海外归来

20世纪90年代的首都机场

从“响尾蛇”到“霹雳”空空导弹

1958年下半年，国民党当局为策应美国和英国对中东的入侵，在台湾海峡和大陆沿海加紧窜扰活动。9月24日，在浙江南部沿海有两批24架F−86飞机窜到温州地区上空，我海军航空兵出动4批24架歼5飞机进行拦截。飞行员王自重与台机格斗5分钟，击落台机两架，最后他被台机发射的美制“响尾蛇”空空导弹击落。这是世界上第一次使用空空导弹的空战，台机发射了6枚“响尾蛇”导弹，有的未爆炸，坠落后被我方缴获。

这种“响尾蛇”导弹是美国当时研制的新产品，红外线导引，自动寻的，发射后不管，尾追攻击。当时我国按苏联提供的资料和样品仿制的空空导弹（“霹雳1号”），是由机载雷达波束制导的，发射后仍要受载机控制，性能落后。在缴获“响尾蛇”导弹的残骸后，我国有关方面即组织专家进行解剖研究，苏联专家也参与了此项工作，并带走了有关资料。

1962年，苏联向我国转让米格−21飞机及其配备的K13空空导弹的生产技术资料和样品，可以看出，K13导弹与前述“响尾蛇”（AIM−9B）导弹没有什么明显的区别。可以说它就是在当时苏联的科研生产技术基础上，基本按照“响尾蛇”的样品研制生产的。当时我国由于科研基础差，只好又从苏联引进了。

我国仿制的K13导弹命名为“霹雳2号”，先安排在兵器工业的企业仿制，于1967年11月定型投产；1964年又在株洲航空发动机厂开辟了一条生产线，于1970年定型投产。1966年建设陕西汉中空空导弹厂，1972年该厂完成“霹雳”2号的转厂生产定型。1970年又开始建设贵州空空导弹厂，1978年建成投产。

为了不断提高战术技术性能，随着科学技术的发展，“响尾蛇”导弹在不断改进改型，如AIM−9C、9D、9E、9L等，主要是增加发射距离，增大攻击范围，提高命中率，增强抗干扰能力等。我国的空空导弹设计研究单位和各生产厂从1965年开始根据实战的需要，对“霹雳2号”进行了多种改进改型，接着又开展了自行设计和研制。如株洲航空发动机厂改进的有“霹雳2甲”，陕西汉中导弹厂改进的有“霹雳2乙”，洛阳空空导弹设计研究所研制的红外型导弹有“霹雳3号”、4乙、5乙和6号，其中“霹雳3号”完成了设计定型，“霹雳5乙”装备了部队，并荣获国家科技进步二等奖。一系列的研究设计取得了一大批科技成果，培养了队伍，建设了专业实验基地，为“霹雳”导弹的后续发展打下了坚实基础。

F−22发射“响尾蛇”空空导弹

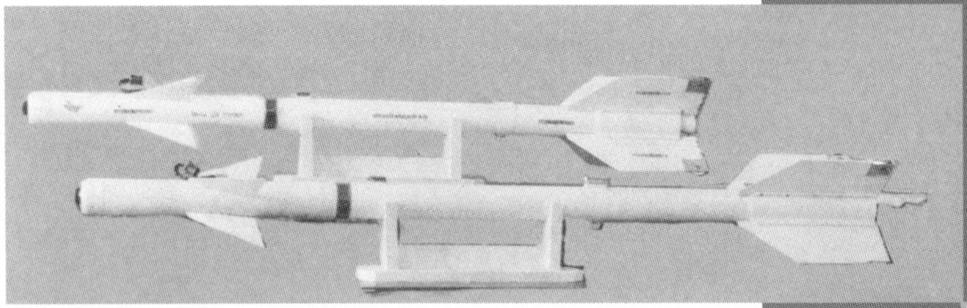

“霹雳 2 号”空空导弹

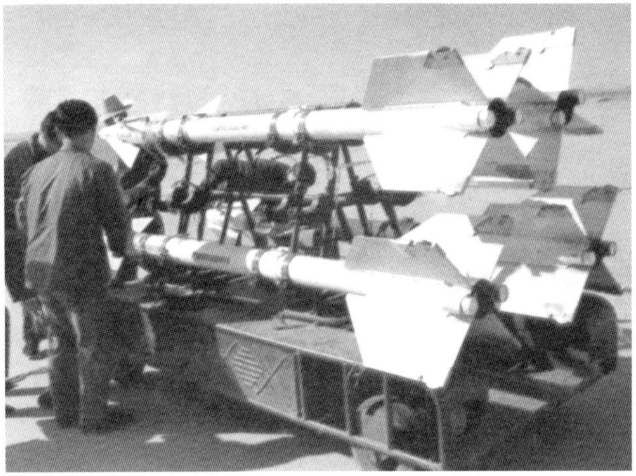

“霹雳 5 乙”空空导弹

“霹雳 1 号”空空导弹

地面发射空空导弹

从飞机上发射空空导弹

歼8Ⅱ型歼击机机翼下挂空空导弹　周日新摄

歼8Ⅱ型歼击机发射空空导弹

北京1号旅客机

“大跃进”中多种飞机上天

1958年，“大跃进”之风席卷全国。8月21日，毛泽东在中央政治局扩大会议上说，每个公社都将公路修通，修一条宽一点的洋灰路和柏油路，不种树，可以落飞机，就是飞机场。将来每个省都搞一二百架飞机，每个乡平均两架，大省自己搞飞机工厂。

中国航空工业经过从修理走向制造，通过苏联的援助以及自己的实践积累了宝贵经验，但在1958年全国性的“大跃进”气氛下，也变得不谨慎了，认为设计制造飞机非常容易。这股思潮甚至蔓延到航空工业之外，因此，当时出现了全民办航空的热潮。

首先是航空工厂自作主张造飞机。哈尔滨飞机厂于1958年自行研制了松花江1号小型客机。该机可乘五六名旅客，最大起飞质量1.6吨，最大商载640千克，最大平飞速度每小时274千米，最大航程805千米。该机于1958年9月29日首飞。上海飞机厂研制飞龙1号水上飞机。该机最大起飞质量1.59吨，最大飞行速度每小时130千米，航程600千米。该机曾在长江口进行起落试飞。目的是用于近海救护和运输渔业等。1958年9月15日首飞。

接着航空院校也纷纷设计制造飞机。北京航空学院自行设计制造了北京1号。该机是轻型多用途飞机，起飞质量3吨，最大商载1.2吨，最大平飞速度每小时300千米，最大航程730千米。沈阳航空工业学校设计制造多用途飞机沈航1号，于1958年10月7日首飞。西北工业大学研制单发延安1号活塞式多用途飞机，可用于跳伞和农业，亦可用于客货运输。哈尔滨航空工业学校研制了单发活塞式多用途飞机黑龙江1号，于1958年12月16日首飞。北京航空工业学校研制了多用途运输机红旗1号，用作农业机，也可作为客货运输机使用。南京航空学院还研制了“01”号靶机。

同时非航空系统部门也跃跃欲试造飞机。首都机械厂研制双发活塞式螺旋桨运输机，以短途客运和货运为主，载客6人到8人，亦可用于农、林、渔业等。

据不完全统计，在1958年全民办航空的浪潮中，设计制造的飞机共19个型别，除一架靶机、一架水上飞机外，都是低水平重复的运输机。这次“大跃进”中的全民办航空，除在一定程度上有普及航空知识的作用外，别无其他实质性成果。

北京1号在飞行中

红旗1号

松花江1号

延安1号

首都1号

沈航1号

1958年10月7日，沈航1号在沈阳浑河机场试飞成功。图为研制沈航1号的部分师生合影（后排左五为沈航1号技术负责人、飞机专科主任张振瀛）
沈阳航空工业学院提供

飞龙1号水上飞机首飞

无偿援助16国

在毛主席的“我们不做军火商”的思想指导下，1958年至1982年，我国曾向朝鲜、越南、阿尔巴尼亚、罗马尼亚、巴基斯坦、孟加拉、柬埔寨、尼泊尔、埃及、赞比亚、坦桑尼亚、苏丹、刚果（布）、几内亚、马里、南也门等16国无偿援助了各种飞机。共计援助了歼5、歼教5、歼6、歼教6、歼7、直5、轰5、轰教5、初教6和运5等10种飞机1163架，还有多种备份发动机和航空零备件，向其中3个国家提供了少量海防导弹和空空导弹，帮助其中5个国家建设了飞机修理厂，帮助个别国家建设了一些相关设备厂。

我国援助的主要特点是：⑴不带任何附加条件，提供自己最好的产品、设备和器材；⑵保证受援国人员充分掌握使用和维护技术；⑶援助建设的项目投资省、见效快；⑷在使用中如出现重大问题，继续无偿帮助解决；⑸派往受援国的工作人员素质好，不需提供特殊待遇。无偿援外项目的经费由国家负担，任务按计划渠道下达。航空工业的广大职工在国家困难时期和十年动乱中克服了重重障碍，努力完成了各项援外任务，得到各受援国政府和人民的赞誉。

1966年周恩来陪同阿尔巴尼亚部长会议主席谢胡视察哈尔滨飞机厂

以对阿尔巴尼亚的援助为例，从1961年开始，阿尔巴尼亚同苏联关系恶化，处于非常困难的境地，中国从各方面给阿尔巴尼亚以支援。1964年至1966年，周恩来总理三次访问阿尔巴尼亚。1966年和1967年阿尔巴尼亚部长会议主席谢胡两次访华。两国的关系被誉为“海内存知己，天涯若比邻”。1962年至1970年，我国援助阿尔巴尼亚的歼6、歼7、歼教5、初教6、直5、轰5和运5等7种飞机、直升机共167架，还有活塞7、涡喷6两种发动机共71台，及各种零配件。

1964年初，中国政府同意阿尔巴尼亚政府的请求，无偿援助其建设飞机综合修理所，由我国航空工业部门承担建设任务，建工部门协助。从1964年7月开始筹建到1969年5月竣工，历时近5年，中方承担工程设计，指导施工，提供试修用技术资料和航空器材，前后共派出6个专家组51人。建成后的修理所可承担米格－15、米格－17、歼6、轰5、直5、等7种飞机、直升机的中修任务，每月的修理能力为1.5架至2架。修理所投产后，阿尔巴尼亚领导人曾前往参观，盛赞中阿友好合作。

1969年5月，应阿尔巴尼亚政府请求，两国政府又签订了《中国无偿援助阿尔巴尼亚将现有飞机综合修理所扩建为飞机大修厂的议定书》。此工程由中国空军后勤部负责建设，航空工业负责协作。

我国曾给予无偿援助的国家，大多数与我国一直保持友好合作关系。在1979年开始由无偿援助转变为互利贸易后，其中一些国家又成了我们出口航空产品的主要用户，如巴基斯坦、埃及、孟加拉、赞比亚等。

1974年朝鲜政府为我援朝人员授勋

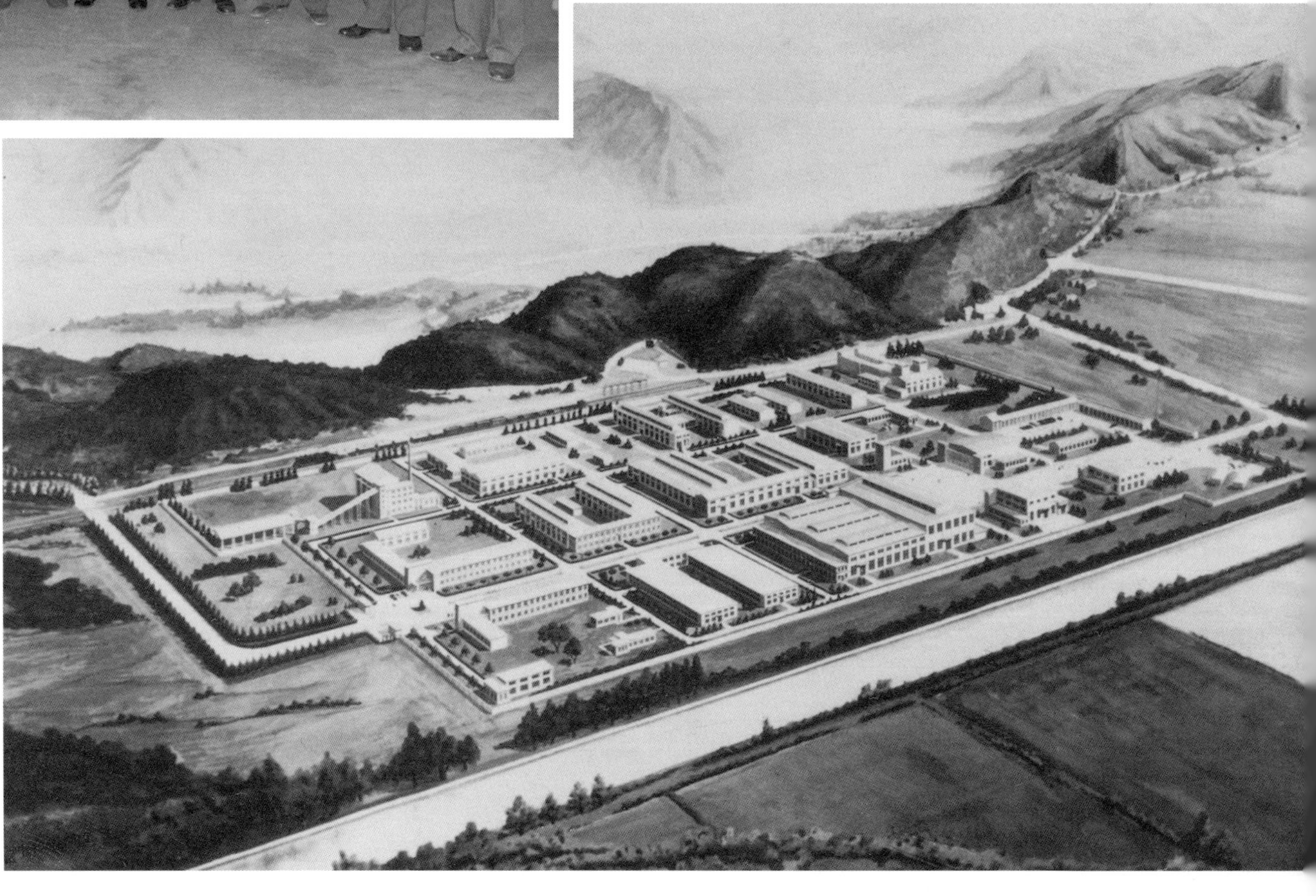

1974年援助朝鲜的歼6飞机修理厂模型图

1963年中国援助阿尔巴尼亚专家与阿空军有关人员在选址现场　曹大文提供

中国援助阿尔巴尼亚的飞机修理厂模型图

中国援助阿尔巴尼亚的直5专家组在阿空军基地

1972年阿尔巴尼亚空军人员在中国接受培训　左明生提供

1975年阿尔巴尼亚歼6飞行员与中国专家在斯大林城
左明生提供

中国援助巴基斯坦的歼6飞机

中国援建巴基斯坦歼6飞机修理厂的装配车间　屠基达提供

中国援助巴基斯坦的歼6飞机修理厂

1978 年中国援助柬埔寨的轰教 5 工作组

1966 年中国专家在越南
卢贵智提供

我国自主研制的初教6首飞成功

我国在1954年已经试制出的初级教练机初教5，是根据雅克－18飞机仿制的，起落架为后三点式。我国空军训练的进一步发展，对初级教练机的性能提出了更高的要求，并且要求起落架为前三点式。此时苏联已经研制出前三点式的雅克－18A，并将图纸送交中国。沈阳飞机设计室主任徐舜寿从培养锻炼我国自己的设计队伍，增强自行设计飞机的能力出发，提出了自行设计一种新型的初级教练机——初教6的建议，并得到了上级批准。

初教6飞机是双座、下单翼、前三点式的初级教练机，动力装置为一台285马力的活塞6甲发动机，配以双叶自动变距螺旋桨。初教6的机身、机翼和尾翼安定面改为全金属结构，仅副翼和舵面为金属骨架蒙布结构。飞机装有全套飞行仪表、发动机仪表、无线电通讯导航设备。

初教6的总体设计是在沈阳飞机设计室进行的，由林家骅、程不时负责。从1957年第四季度到1958年5月，进行了初教6飞机的方案验证、总体布局、风洞试验以及结构与系统的打样设计，并在沈阳飞机厂制作一架1∶1的木质样机。

由于当时沈阳飞机厂正在试制歼教1飞机，航空工业局决定将初教6转至南昌飞机厂试制。沈阳飞机设计室派出屠基达、林家骅等20余名设计人员去南昌支援。南昌飞机厂在厂长冯安国的领导下，积极投入初教6试制，成立飞机设计室，任命高镇宁为飞机主管设计师，屠基达、林家骅为副主管设计师，设计试制工作进展很快。1958年8月27日，首架初教6飞机由试飞员吕茂繁、何银喜驾驶在南昌上天。

初教6试飞中最关键的科目——尾旋试飞，由国家鉴定试飞员黄肇濂进行。他具有丰富的飞行经验，飞过多个国家的飞机，总飞行时间超过5000小时。他在抗日战争时期参加空战时，曾在已进入尾旋的飞机上脱险。

1960年11月18日，黄肇濂沉着冷静地启动发动机，飞机滑行、加速，随着呼啸声而升上天空，在机场上空2500米的高度，黄肇濂驾机从检查失速状态开始，由半圈试到三圈尾旋，第一次尾旋试飞成功了！

1961年，南昌飞机厂针对初教6试飞中暴露出的主要技术问题进行改进，重新生产了定型试验机，进行了定型试飞。1962年1月5日，国家正式批准初教6飞机定型投产。

1965年12月，初教6甲飞机诞生，该机装用了加大功率的活塞6甲发动机。

作为一种自行设计的飞机，初教6是成功的。研制周期只有4年半，飞机投入成批生产后共生产2300多架，为中国空军、海军培养了数以万计的飞行员。中国政府还无偿支援了阿尔巴尼亚、孟加拉、柬埔寨、朝鲜、坦桑尼亚和赞比亚等国一定数量的初教6飞机。近20年来初教6还有一定数量的出口。1980年，初教6飞机荣获国家金质奖。

初教6飞机首飞成功

初教6、直5直升机在北京展览馆展出

1959年发行的全国工业交通展览会图片，图片中展示了初教6和直5直升机　屠基达提供

初教6飞机 屠基达提供

1962年11月初教6试飞小组在飞机前合影，后排右一为何文治　谭万诚提供

初教6机群

1984年，高镇宁（右七）、王南寿（右九）访问法国斯奈克玛公司　王南寿提供

华航的第一架波音 747 货机

台湾成立中华航空公司

台湾中华航空公司（简称“华航”）1959 年 12 月 16 日创建。1993 年 2 月 26 日股票正式挂牌上市，成为岛内首家股票上市的民营国际航空公司。华航是由国民党空军退伍军官集资创办起来的，公司刚开办时，只有两架 PBY 型飞机和一部分简陋的机务维修设备，随后购买了一批美国战后剩余物资（DC–3 型和 C–46 型飞机），办理团体包机业务。在越南战争期间，华航承担美军需物资包机运输任务，奠定了此后发展的经济基础。此外，它还承担了东南亚各地的货运业务以及通用航空若干作业项目。

1962 年 10 月 31 日，台湾当局核准华航经营台北—花莲的定期航线，随后，该公司陆续开辟了台北至台中、台南、高雄、台东和马公等地的航线。经过 4 年的运营后，华航的基础日渐稳固，便订购了波音 727 型客机，于 1966 年 12 月首先开辟了台北–西贡（今胡志明市）航线。此后新的远程航线逐年增加。尤其是 20 世纪 60 年代后期，它开辟了到泰国、日本、韩国、菲律宾、马来西亚、新加坡以及香港等的航线。

1985 年上半年，华航已拥有从台北或高雄通往东北亚、东南亚、中东、西欧和北美地区的 24 条定期航线，包括东京、汉城等 19 个城市，其中每周从台北飞往美国各个城市的航班有 15 个。到 1990 年，华航的航线通达世界各地的 20 个城市。

为全力开拓航空货运，华航从 1981 年 1 月起，购买了 1 架波音 747 型全货机，开辟了从台北至纽约的货运航班，使台湾的航空货运进入洲际飞行的年代。

2001 年，华航载客人数为 832 万人次，平均载客率为 74.2%。华航至今拥有逾 40 条客货运航线，飞往全球近 50 个大城市。

至 2002 年 4 月止，华航有员工 9398 人，其中包括岛内 7846 人。该公司拥有波音、麦道、空中客车等各型飞机共 56 架。至 2001 年底，该公司拥有 13 架波音 747–400F 及波音 747–200F 全货机队。此外，华航下属转投资公司近 30 家。华航已跻身全球前 15 大航空货运公司。至 2001 年，该公司总营业额已超过新台币 700 亿元。

华航早期使用的PBY型
水陆两用飞机

华航使用的波音727－100
型客机

毛泽东与专机机组

1956年5月3日，毛主席第一次乘空军专机到广州，这是毛主席与机组成员合影

1956年，毛泽东主席提出要乘飞机到外地视察。毛主席说："外国人驾驶的飞机我不坐了，我要坐中国人驾驶的飞机。"这个艰巨而光荣的任务便由空军某部承担，从而揭开了该部专机任务光辉的一页。1956年5月3日，毛主席首次乘机到广州。这是毛主席第一次乘坐空军的专机。

毛主席在1956年乘坐专机6架次；1957年26架次；1958年32架次。三年总计64架次，飞行约150余小时，航程40000余千米。所到之处有：广州、长沙、武汉、郑州、上海、南京、杭州、南昌、徐州、济南、青岛、西安、成都、昆明、沈阳、长春、南宁、合肥、山海关等地。

毛主席一生中只有两次坐外国人驾驶的外国飞机：一次是1945年8月赴重庆谈判,坐的是美国人驾驶的C–47运输机。一次是1957年11月访问苏联，坐的是苏联派来的图104喷气客机。除此，毛主席乘坐的都是中国空军的飞机,共65个架次。

1967年毛主席从武汉乘伊尔－18型232号飞机到上海后，继续在南方各地视察了两个多月，空军又派出238号飞机随之执行驻地值班任务。在执行毛主席专机任务的过程中，机组人员不仅看到了他老人家到处巡视，找人谈话，还看到了主席读书、写诗和游泳，亲自聆听了主席寓意深刻的教诲，"你们是腾云驾雾，暴风雨中见成长"，这已成为空军部队建设的座右铭。

毛泽东专机伊尔－14

毛泽东主席最后一次乘飞机

王进忠

1967年7月21日凌晨4点，房门"吱呀"一声被人推开，大家都警觉地一跃而起。

"准备马上起飞！"

一声令下，仅用了二十来分钟，3架飞机就全部准备就绪。

我独自在机翼下漫步。

这时，一个模糊的人影匆匆向我走来，借着微弱的晨光，我判断出是潘景寅。

潘景寅停在我面前，大口地喘着粗气，胸口也剧烈地一起一伏，好似刚刚从百米赛跑线上下来。我望着他的这副样子好生奇怪。

"主……主席……毛主席来了！"

待潘景寅结结巴巴地说完这几个字，我也怔住了。并非是第一次见毛主席所产生的那种难以抑制的激动，而是消息太突然，又是在这黎明前的黑暗之中，在这纷乱的多事之时。

1967年7月21日凌晨2点，毛泽东主席从东湖宾馆梅岭1号楼秘密转移到王家墩机场。

事情出乎王家墩机场工作人员的预料，当然更出乎我们的预料。我极力镇定自己的情绪，让头脑恢复平静。但有一条我却非常地清楚，那就是毛主席的安全，强烈地意识到保证主席的安全，是我们这次特殊飞行的关键，绝对不能出现任何闪失。来不及请示报告，也来不及与机组同志商量，我马上将机组成员进行了调整。

我的副驾驶李万福，潘景寅的副驾驶罗来喜，他们俩人都只有在大本营单飞过机长课目的经验，按条令规定，不能在外场委以机长的任务。面对这特殊的情况，我只好打破常规，毅然决定由他们二人同飞一架飞机，而让潘景寅做我的副驾驶，同飞毛泽东主席的座机。

在我做这番工作的时候，毛泽东主席由政委余立金陪同，已经登上原由潘景寅驾驶的那架客机等候。情况不容再耽搁，我便急慌慌奔向等待着的主席座机。

朦胧星光中，见主席乘坐的小轿车已经退到安全线以外，等待着飞机起飞。我几乎是跪着登上驾驶舱的，在机长座位上坐定，还不等调匀急促的呼吸，便下达了开车的命令。

随着"轰"的一声爆响，发动机旋转起来，很快便达到了额定转速。这下领航员可着了急，他猛地一拍我的后背，高声质问：

"我们要飞到哪里去呀？"

此一问，我才如梦初醒。

领航员望着我，我盯住潘景寅，潘景寅看着领航员，我们六目凝视，默默无语，眼睛却在交流各自的思想：

"原来你们也不知道上哪儿。"

"上头到底出了什么事？"

"等着吧，总归会告诉我们航线的。"

正在大家为难之际，余立金政委推开前舱门进来。

"到虹桥机场！"

此时，机组的同志才知道毛泽东主席要去上海。我松开刹车，沿着滑行道向跑道滑去，同时急忙用无线电通知后面两架飞机去上海。

6000米高度层上，没有一丝气流骚扰，是当天的最佳飞行高度层，反正也没有预先申请飞行高度，我便推杆改平飞。

机舱里静静的，大家各自聚精会神地埋头工作。突然，一个颤抖的声音轻轻呼叫："主席！"

尽管大家都知道后面坐着主席，但都还没有见到主席，这一声叫无异一道命令，几颗脑袋同时转了180度，我们见到毛泽东主席高大的身躯挺立在我们身边，是这样的近。他脸上一副慈祥的神情，使我们感觉无比的亲切。

看着毛主席的脸，我突然想起刚入伍时见到的解放区家家户户挂着的那帧主席满面春风的照片。可眼前主席的笑脸，似乎没有那么舒展，没有那么开心。

一套烟色的中山服，把主席的脸衬得有些黑黄，足下蹬一双黄色皮鞋，与烟色的服装搭配给人一种头重脚轻的不协调感。当然，主席的这身衣着是在上海落地后，再次见到他时才看清楚的。晨光初上，机舱里光线不明亮，何况我们又都是坐在自己的位置上，哪里能见到主席的全貌。

主席抬起一只扭转乾坤的大手，非招非挥地向上扬了扬：

“同志们都好！”

“主席您好！”

“主席您好！”

“祝主席永远健康！”

“毛主席万岁！”“……”

我们各自呼喊出自己的心愿和祝福。

“到上海需要多长时间呀？”

“一个小时多一点就能到。”我代表机组的同志作答。

“那么，现在飞多大速度呢？”

“每小时800千米。”

“那很好。”

大概怕影响我们的工作，主席不再说话。他把我们每人仔细看了一眼，好像要记住我们的面孔似的，然后又扬扬手退了出去。

表面看去，毛泽东主席的精神很好。

起飞前，我自作主张调整了机组，调换了飞行员，情况紧急没有向上级请示。而正常情况下，机组成员都须报上级批准。机上坐着空军政委，我自然不能目无组织，至少先斩而后奏这道手续是不能免的。

1957年11月2日，毛泽东主席乘苏方提供的图-104专机抵达莫斯科，参加十月革命40周年盛典并参加有关会议，图为在莫斯科检阅仪仗队，左为伏罗希洛夫

毛泽东在专机上批阅文件

飞机进入平稳飞行后，我到余立金政委所在的中客舱，详细汇报了调换飞行员的动机和经过。余政委肯定了我的做法，他语气中带着赞同：“你做得很对，考虑得很周到，我还没有想到呢。”

余立金政委的中客舱，与毛泽东主席所在的前客舱相连，中间只用涂了淡绿色油漆的薄木板隔开，有一道门相通。门虚掩着，我就从门缝往里偷看，一心只想多看几眼毛主席。

我所见到的情景与众人所说事实相去甚远。常听飞过毛泽东主席专机的同志讲：毛主席在飞机上从不休息，总是没完没了地工作、学习。而我所窥见的毛泽东主席却半躺半坐侧身歪在床上，脸冲着墙壁，一动不动，似乎睡着了。

是累了？还是……我带着沉重的心情回到驾驶舱。

飞机载着毛泽东主席稳稳降落在虹桥机场。我将飞机滑到停机坪，刹车、摆平尾轮的惯性，把毛泽东主席从沉思默想中惊醒。他侧转头，望望窗外的绿树青草，很诧异地问：

"落地了么?"

"是，主席！"

毛泽东主席从飞机上一露面，舷梯下的张春桥便迎了上来，堆满一脸的笑。

立在机舱门口的毛泽东主席神采奕奕，步履矫健，一扫机上的倦意和烦闷。同张春桥带来的几个人握过手后，毛泽东主席转回身，用眼睛搜寻我们机组的同志。随主席眼睛的召唤，我们快步上前，握住他那温暖的大手。主席摇着我的手高兴地大声说："还是飞机快呀，比火车快多了嘛！什么时候火车也能有飞机的长腿就好啦。"

毛泽东主席依旧那样幽默，那样风趣。一辆黑色轿车停在毛泽东主席身旁，他再次向我们挥挥巨手。

载着毛泽东主席的汽车渐渐远去，我心中涌动着一股难以名状的复杂感情。这是我一生中惟一一次为毛泽东主席飞专机，既是第一次也是最后一次。

（节选自《云中岁月——专机机长、副师长王进忠的回忆》，原载《绝密飞行——共和国领袖专机保障亲历》）

1957年11月17日毛主席在莫斯科大学接见中国留学生（前排右二为姚峻） 姚峻提供

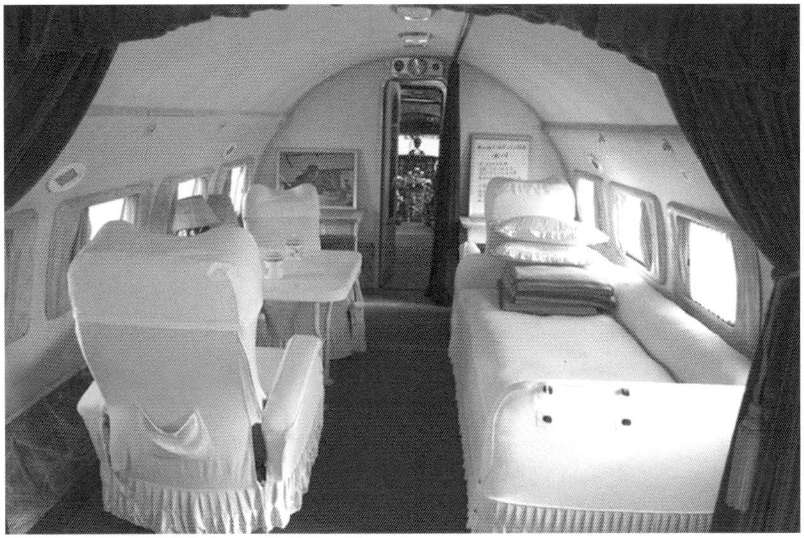

毛主席专机舱内　中国航空博物馆提供

毛泽东的专机伊尔－18现藏于航空博物馆　中国航空博物馆提供

刘少奇与专机机组

刘少奇同志从1957年首次乘机到上海，到1966年共乘坐空军某师专机53架次。在他担任国家主席期间，空军两次(1963年和1966年)送刘少奇同志出访南亚诸国。

刘少奇在专机上

1958年4月22日，刘少奇与专机机组人员合影

刘少奇主席出访印度尼西亚

杨昆尚

1963年暮春，刘少奇主席偕夫人王光美、陈毅元帅偕夫人张茜一行访问印度尼西亚。

飞机从昆明起飞，虽然起飞时间是在凌晨，当时机场上还银灯辉煌，可云南省委领导和昆明市领导都到机场送行。刘少奇和王光美、陈毅和张茜到达机场时，送行的人群热烈鼓掌欢送，他们先同送行的地方领导人亲切地一一握手，才转身走向飞机。

刘少奇身着中山装，满头银发，精神焕发。王光美内穿西服裙，外套一件宽松式薄呢大衣，紧随刘少奇之后，时不时地说着什么。我们列队在机舱门一侧等待，刘少奇走近我们时，听到王光美说："这是机组的同志。"

刘少奇伸出手来，同我们逐一握手，准备上飞机的时候，一位在机翼下面的同志走过来，王光美急忙叫住刘少奇——"还有一位同志没握手呢。"

刘少奇马上停下来，同那位同志握完手后，王光美又轻轻地提醒："可以上飞机了。"

当刘少奇上到舷梯一半的时候，王光美又提醒："回头，向送行的人招手。"

"王光美不仅是国家主席的夫人，她还是国家主席的私人秘书。"这是我们机组对王光美的印象。

载着刘少奇、王光美、陈毅、张茜及代表团的专机离雅加达马腰兰机场还有几十千米时，4架印度尼西亚的喷气式战斗机便前来接应护航。可他们的这一礼节却给我们平添了很多担心和害怕。

战斗机为客机护航，实际上等于5架飞机飞编队，而我们从来就没有与战斗机进行过编队飞行训练，并且在国内执行专机任务，其他飞机是要让路的。毛泽东主席的专机出动全国禁空，那真是天高任鸟飞。周恩来总理及其他中央首长的专机出行，沿线机场所有飞机停止飞行，哪里会有左右前后紧跟着飞机的情况？几架飞机围在四周，飞行员很担心安全。现在说起来好笑，那时不懂国际交往的规章，脑子里只知道资本主义是我们的敌人，害怕资本主义国家的飞行员有意撞过来，那将如何是好？最提心吊胆的，是忧虑距离速度控制得不好，出现相撞的事故。正副驾驶员紧张得全身都汗湿了。

国外飞行员的技术的确很好。但技术好就容易背上骄傲的包袱，而有了包袱就难免出问题。就在刘少奇主席、陈毅副总理兼外长访问印度尼西亚期间，在观看印尼空军的飞行表演时，一架飞机当场摔在了跑道上。

刘少奇主席访问印度尼西亚期间，正赶上印度尼西亚庆祝航空节。庆祝活动搞得很隆重，在机场举行了航空展览会和飞行表演，苏加诺总统亲自为展览会剪彩。刘少奇、王光美、陈毅、张茜以及全体中国代表团成员还有我们机组成员，都应邀参加了航空展览会并观看飞行表演。

苏加诺总统、印度尼西亚空军司令奥马尔·达尼及夫人陪着刘少奇主席和夫人王光美。苏加诺总统身着空军制服，却滑稽地戴一顶船形民族小帽，他们的头顶上有遮阳凉棚。几个人开始还是平静地坐着，看着飞机发动、滑行、起飞。

几架飞机跟进起飞，还没有脱离跑道头，就用很大的角度爬高上升，至500米左右，两个漂亮、洒脱的横滚翻。凉棚下几个人都从座位上站起来，眼睛跟踪着飘舞的银燕上下游动。

苏加诺总统得意地右手扶着凉棚立柱，左手拢放在胸前，掩饰不住地露齿开心而笑。刘少奇、王光美、印度尼西亚空军司令及夫人都翘首仰视，不由自主地为精彩的表演和飞行员的高超技术鼓掌。

其中一架不知是高度爬得不够还是没有控制好翻滚动作量，就在做第三个翻滚动作时，下面观看的人群鸦雀无声，大气都不敢出，眼看着飞机距地面不过十来米的高度，我当时在心里直叫："完了，完了。"做了半个翻滚动作，飞行员也发现高度太低，猛一拉杆，飞机失速掉在跑道上，立即出现一片火海。苏加诺总统的脸一阵白、一阵红、一阵青，刘少奇主席见此情景，真诚而又礼节性地宽慰苏加诺总统："这样的事情在哪个国家都是难免的，我们中国也是有的”。不料在“文化大革命”中，刘少奇主席作为“叛徒、特务、走资本主义道路的当权派”被打倒，而这句纯属外交辞令的话，被林彪、江青及空军的代理人所利用，成为刘少奇主席诬蔑空军的一大罪状。

当时，王光美穿了一件素色有小花的旗袍，很漂亮，但也很新奇。脖子上挂着一串珍珠项链，优雅清新，配上她那颀长而匀称的身材，落落大方的举止，很有国家主席夫人的气派和风度。

一件象征着民族风格的旗袍，一串并非华贵的项链，使王光美饱受了人间沧桑……其实，王光美同志的生活很朴素。访问期间，她的那身旗袍、那串项链只是戏剧舞台上的道具，摆出来给外国人看的。那回他们连续访问了越南、柬埔寨、缅甸，每访问一个国家，都回昆明休整一下，只要一踏上我们的国土，王光美就换上件青布褂子，一双黑布鞋，一位典型的中国妇女形象。

这次访问在后来的“文化大革命”中给刘少奇、王光美夫妇带来了极大的灾难。当然，作为国家主席及主席夫人出访，他们也受到了战斗机为其护航的最高礼遇。

（节选自杨昆尚：《翼上春秋——专机通信员、原航空兵某师通信科长杨昆尚的回忆》，原载《绝密飞行——共和国领袖专机保障亲历》）

1963年4月，刘少奇和夫人访问印度尼西亚，在雅加达机场受到苏加诺总统的欢迎

1966年4月，刘少奇主席访问缅甸，左为缅甸联邦革命委员会主席奈温将军，这是刘少奇主席最后一次出访

周恩来与专机机组

1954年7月2日，周恩来总理首次乘坐空军飞机从广州到柳州，以后的20年(到1974年)就像总理讲的“我是你们部队的常客”，每一年空军都接送周总理到全国各地。1960年，空军某师出动6架专机(伊尔－18型1架，伊尔－14型5架)执行周恩来总理率中国代表团访问印度、尼泊尔、柬埔寨、越南、缅甸和蒙古的专机任务，这是总理首次乘坐中国人驾驶的飞机出访多国。20年中，空军为总理派出专机157架次，总理乘坐过空军装备的大部分飞机，如里－2、伊尔－14、安－24、子爵、伊尔－18、三叉戟和国产直升机直5等。

周总理从1954年至1974年，还多次乘坐中国民航的飞机。他飞遍了祖国大江南北、城市山村，亚欧非许多国家和地区都留下了总理专机的航迹。总理乘坐飞机，解决了诸多国内外重大事件，为我国的内政外交，为世界的和平事业做出了不可磨灭的贡献。

周恩来登上飞机

周总理抱病飞长沙

杨扶真

1974年12月23日，天，出奇的寒冷，我们机组人员早早地到了机场，把飞机该检查的部位仔仔细细检查了一遍，该做的准备工作，也认认真真地做完了，然后静静地而又急切地等待着总理的到来。

还是和以往一样，周恩来总理非常准时地到了机场。然而，与以前不相同的地方也非常显著地表现了出来。这些不同之处正是大家为之焦虑之处。

首先，在周总理乘坐的小轿车后面跟着另一辆小轿车。那是因为总理病情比较严重，且又发现新的病灶，便产生了一个由心血管专家、泌尿科专家，另加总理的保健医疗专家和一名护士组成的医疗小组。随行医疗小组处于一级“战备”状态，以便能及时进行抢救工作。

周恩来总理有病，这是我们早已知道的，但是，我们无论如何没有估计到总理的病会如此严重，重到起居行走都有困难。车门开处，我们没有见到总理利索地一头钻了出来，竟是由一名卫士探进了半个身子，把总理从汽车里搀扶出来。

众所周知，周恩来总理不喜欢穿厚重的大衣，不喜欢戴麻烦的帽子。这一回，我们看见总理一改过去几十年形成的老习惯，不仅裹着厚厚的大衣，头戴着毡呢帽，而且还捂了一个大大的白口罩。但是，尽管总理穿着很多，却遮掩不住他瘦削的身躯。

从汽车上下来后，卫士扶着总理朝飞机慢慢走去。只见总理总是笔直板正的身体左右不住地摇晃，脚步飘忽不稳。走不了几步，他竟偏向机门的一侧而去，在卫士的帮助下好不容易纠正过来，可再走几步后他又偏到了另一侧。总算到了舷梯，总理一只手借助着扶手支撑着身体，由卫土搀扶了另一只胳膊，艰难地向飞机“攀登”。望着总理那张苍白的面孔，那副身不由己的模样，热泪情不自禁地涌上了我的眼眶。

眼前的周恩来总理已经被病魔改变了许多，但是，他那不屈的战斗到底的顽强意志，为人民服务的奋斗精神，坚定不移的共产主义信念，为人民幸福、为党的事业“俯首甘为孺子牛”的高尚品德永远不会改变。

在卫士的搀扶下，周恩来总理终于“攀”上了飞机。待卫士们将总理在飞机上安顿好之后，我敲开了总理客舱的门。大概因为休息了一会儿，总理的精神看上去显得好多了。他虽然身体虚弱，但头脑却依旧非常敏锐，我刚跨进门，他立即就发现并认出了我：

“杨师长，好久不见了，你好吧?”

周恩来总理称呼着我的职务，并向我伸出右手。我趋前几步，紧紧握住总理那只瘦骨嶙峋的手，心中一阵阵地发痛，强忍住泪水：

“总理，您的身体怎么样?现在，您有没有什么不舒服的感觉?”

那次去长沙，我的任务是担任机组领队。当我面对总理坐下的时候，飞机已经起飞在空中航行了。我担心总理病弱的身体不能够适应。

“我已经一年多不坐飞机了，在医院里住了八个多月。不过现在并没有什么不舒服的感觉。看来我就是和飞机有缘。”

总理说着，掉过头看了看机窗外。

“三叉戟飞机不错，飞得稳，震动小，速度又快。今后我还坐这种飞机。

“50年代，我坐你们空军的飞机多，60年代，我有意多坐民航的飞机。以后，我再坐你们空军的飞机。”

听着总理这些非常乐观的话，几乎使我忘记了眼前的现实，以为总理的病很快就会好起来，总理很快就会重新乘坐我们的飞机飞越万水千山，意气昂扬地去参加“万隆”那样的国际会议，乘坐我们的飞机到边寨，与少数民族群众一起，欢度“泼水节”那样的民族节日。可严酷的事实却是令人悲痛的，我们敬爱的周恩来总理这次抱病长沙之行，竟是他生命旅程中的最后一次乘飞机。

无论是空军的飞行员还是民航的飞行员，都根本不在乎总理是乘坐空军的飞机还是乘坐民航的飞机，他们的共同愿望是周恩来总理还能够一千次一万次地乘飞机远航。然而，仅仅一年后，我们空军的飞行员深夜领受的一项特殊任务，竟是空运周恩来总理的骨灰盒。飞行员们含着悲痛的泪水，遵照周总理生前的遗愿，将总理的骨灰撒在了他为之奋斗一生的祖国的江河湖泊、高山深谷之中。周恩来这个响亮的名字，与山河日月共存。

我当时根本没有估计到总理的病已经严重到致命的程度，总以为总理只是操劳过度，身心过于疲劳，要是真正能够静心休养是会好起来的，也就很乐观地劝总理放下工作，好好治疗休息。

"总理，您实在太劳累太辛苦了。开完四届人大后好好地休息休息，等恢复了体力，健康自然也就恢复了。"

总理听了我的话，笑了笑，然后平静地对我说："希望是这样子。与疾病也需要作斗争。但是要恢复到以前的健康状况已是不容易的了。"

我看了一眼骨瘦如柴的总理，一股忧伤袭上心头，意识到总理的的确确有病，而且还病得不轻，两行热泪忍不住夺眶而出。我害怕总理看见挂在脸颊上的眼泪，没有告辞，站起身来匆匆退到门外。总理也沉默着什么都没有说，估计总理已经看见了我的泪水，因而也有些伤感吧。

为了不打搅总理休息，整个航行过程中，我没有再进总理的客舱。

（节选自《紧急起飞——专机机长、原空军副参谋长兼某师师长杨扶真的回忆》，原载《绝密飞行——共和国领袖专机保障亲历》）

周恩来总理在飞机上

周恩来、邓颖超在专机前留影

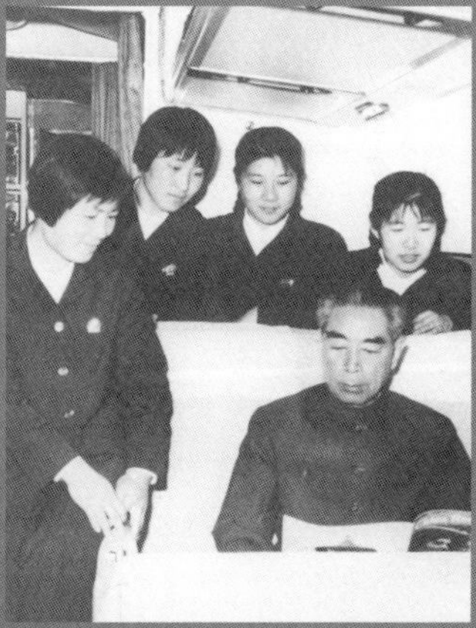

周恩来总理与乘务员

1954 年 4 月周恩来总理率团飞抵日内瓦，出席日内瓦会议

周恩来的专机伊尔 -18 现藏于航空博物馆　周日新摄

1957年1月，周恩来总理、贺龙副总理访问苏联抵达莫斯科

1965年周恩来、陈毅出访归来，在首都机场受到朱德、邓小平、贺龙的欢迎

1956年11月周恩来总理乘专机出访越南

1972年9月周恩来总理与日本首相田中角荣在中国专机上

邓小平与专机机组

1952年7月12日，时任中共中央西南局第一书记、西南军政委员会副主席的邓小平同志便乘坐空军飞机到重庆、昆明，开创了空军执行专机任务的先河。以后小平同志调到中央，便经常乘空军飞机出行。1978年，空军执行了时任国务院副总理的邓小平同志到缅甸、尼泊尔、朝鲜和日本的出访任务，到1982年，小平同志共乘空军专机107架次。

邓小平同志还经常乘坐中国民航的飞机。

1974年4月，邓小平率团赴纽约参加联合国大会第六届特别会议，周恩来抱病到机场送行

1952年7月12日，邓小平乘专机去重庆、成都

1963年7月，邓小平率团赴苏谈判，刘少奇、周恩来、朱德到首都机场送行

邓小平首访美利坚

徐柏龄

1979年1月28日是中国人的传统节日——春节。除夕的爆竹声刚刚散尽，“守岁”的人们早已进入梦乡。肩负党和人民的重托，率领中国政府代表团前往美利坚合众国进行友好访问的国务院副总理邓小平，登上中国民航波音707－2406专机。国务院副总理李先念、余秋里、耿飚、王震等领导同志前往机场送行。陪同出访的有邓小平的夫人卓琳、国务院副总理方毅和夫人殷森、外交部部长黄华和夫人何理良、中国驻美联络处主任柴泽民和夫人李友泽，以及外交部副部长章文晋等。

中国领导人首次访问美国是全世界关注的大事，责任重大。中国民航局决定，派出以我任领队兼机长的双套机组轮换飞行。专机从北京起飞，经停上海，取道安克雷奇，最终抵达美国首都华盛顿，总距离14343千米，计划飞行16个小时……

一架尾翼上涂有醒目的五星红旗标志的中国民航波音707专机在华盛顿安德鲁斯空军基地徐徐降落，美国副总统蒙代尔和夫人、国务卿万斯和夫人等亲临机场迎接邓小平副总理和夫人卓琳一行。

经过一昼夜的长途飞行，小平同志走下舷梯时，依然神采奕奕。他身着灰色制服及深灰色大衣，没戴帽子，顶着凛冽的寒风，面带笑容地走下舷梯同蒙代尔副总统和夫人、万斯国务卿和夫人等一一握手，向前来欢迎的人群频频挥手致意。

机场上，400多欢迎群众冒着刺骨的寒风，手中挥动着中美两国的小国旗，热情迎接中国政府代表团。

卡特总统对中国领导人邓小平的来访十分重视，做了精心的准备。三个星期前，他便详细地审查了所有接待计划的细节，破例以接待国家元首的礼仪规格接待邓小平副总理。与平素不同的是，白宫并没有立即举行隆重的欢迎仪式，也没有大摆国宴招待来宾，邓小平一行从机场直奔布莱尔大厦下榻。

美国人知道，中国人在正月里有串门的习惯，正月又是招待客人的季节，客人来了，总要摆家宴接待，以示热情。在接待活动的安排上，卡特总统别出心裁，力图使客人有宾至如归的感觉。卡特首先安排邓小平出席总统顾问布热津斯基的家庭晚宴，很大程度上是为了迎合中国人的传统习惯，更何况布热津斯基是邓小平的老朋友，去年布热津斯基访华时，邓小平曾为他举行了丰盛的宴会。这次邓小平访问美国，首先由布热津斯基回请，显得更重礼节，更有情趣。

邓小平对这样的安排十分满意，津津有味地品尝了布热津斯基夫人特地为他烹制的典型的美国风味菜——烤牛肉。

29日，美国首都华盛顿天气晴朗。上午10点，卡特总统在白宫南草坪上举行了盛大隆重的欢迎仪式。这座有着179年历史的白宫，被装点得像过节一样，草坪上铺着红地毯，美国政府要员、三军参谋长、参众两院议长，各界朋友、美籍华人、华侨约1000多人聚集在这里，热烈欢迎邓小平副总理和中国政府代表团。我们专机机组随同中国代表团出席了这个隆重的欢迎仪式。

当邓小平副总理和夫人卓琳在卡特总统和夫人罗莎琳·卡特陪同下，缓步走上检阅台时，现场响起了热烈的掌声，乐队高奏中美两国国歌，鸣礼炮19响。中华人民共和国国歌第一次在美国上空回荡。这是一个历史性的时刻。

在检阅仪仗队后，卡特总统致欢迎词。他说：“今年开始了具有历史意义的我们两国关系的正常化，今天我们又迈进了一步。我们期望，这种正常化能帮助我们一同走向一个多样化的和平的世界……副总理先生，昨天是旧历新年，是你们春节的开始，是中国人民开始新的历程的传统日子。我听说，在这新年之际，你们向慈善的神灵打开了所有的门窗。这是忘记家庭争吵的时刻，也是团聚与和解的时刻。对于我们两国来说，今天是团聚和开始新的历程的时刻，是久已关闭的窗户重新打开的时刻……让我们一同保证，美国和中国都会表现出为使我们的新关系继续保持下去所必需的那种谅解、耐心和坚持性。”

邓小平副总理致答词。他说：“中美关系正常化的意义远远超出两国关系的范围。位于太平洋两岸的两个重要国家发展友好合作关系，对于促进太平洋地区和世界的和平，无疑将是一个重要因素。世界人民的当务之急，就是要加倍努力维护世界的和平、安全和稳定。我们两国有不可推卸的责任，通过共同的努力对此做出应有的贡献。”

我站在白宫南草坪上，望着鲜艳的五星红旗第一次在美利坚合众国的上空迎风飘扬，心中感慨万千。过去，美国一直处心积虑对中国采取敌视、孤立、封锁、遏制的政策；今天，中国的五星红旗与美国的星条旗并排飘扬在美国白宫的旗杆上。亲临其境的我们，感到无比激动和自豪。

（节选自徐柏龄：《政要专机的绝密飞行》）

1979年1月29日，邓小平与卡特总统在白宫阳台上

1979年1月28日至2月5日，邓小平应卡特总统邀请访美，这是邓小平在专机上的留影

1978年1月26日，邓小平乘空军专机出访

邓小平与卓琳乘专机出访

1982年9月18日，邓小平与专机机组人员合影

毛泽东视察航空工业

1958年2月12日，毛泽东主席一下飞机，径直来到沈阳黎明航空发动机厂视察，到厂时已是下午5点多钟。

陪同视察的辽宁省委书记黄欧东向毛主席介绍了沈阳黎明航空发动机厂总工程师程华明。

毛主席笑着说，总工程师管很多事情，像总理一样。

当毛主席走进喷气式发动机装配车间，看到厂房整洁，生产秩序井然时，很高兴。程华明向毛主席介绍了该厂生产的发动机。毛主席很感兴趣，他抚摸着产品，从构造原理到总装和检查，从产品的性能到功用，都做了详尽的了解。

这时，厂党委副书记王焕然、林树，副总工程师齐克非，生产长康联森，驻厂总军代表密德平等同志都赶来了，陪同的同志一一做了介绍。

毛主席参观了生产线，问道："你们有停工现象吗？"程华明同志回答说："1957年有200万工时的剩余能力。"毛主席接着问："你们还生产什么？"程华明说："除了主要产品外，还生产农业用的煤气机。"毛主席赞许地说："生产农业机械是一个方向。像你们这样的大厂，不支援农业是没有道理的。"

2月13日7时40分，毛泽东主席在辽宁省委书记黄欧东、沈阳市委书记焦若愚的陪同下来到沈阳飞机厂，厂党委书记吕鸿安，厂长牛荫冠，厂党委副书记王其恭、赵辉，副厂长刘南生迎上前去，黄欧东一一向毛主席做了介绍。

毛主席来到飞机总装车间，车间主任穆恒信迎了上来，请毛主席参观飞机。毛主席登上工作梯，仔细观看正在总装中的歼5飞机。穆恒信坐进飞机驾驶舱，向毛主席介绍飞机的结构、性能及工作原理。

毛主席问，这里有苏联专家吗？穆恒信回答说，现在全厂只有1位，以前总装车间就有3位专家，并说自己从1951年起就跟苏联专家学习。

毛主席笑着说："那你现在是毕业了。"

当毛主席走到部件装配车间时，工人们涌上前，向毛主席问候、欢呼。苗春雨、刘智渊等同志还未来得及擦拭手上的油污，毛主席已紧紧握住了他们的手。

毛泽东视察沈阳飞机厂，观看歼5飞机座舱

毛泽东视察沈阳飞机厂，观看
车间反浪费展览

毛泽东视察沈阳飞机厂，观看车间黑板报

毛泽东与工人握手

毛泽东视察沈阳黎明航空发动机厂，观看发动机

刘少奇视察航空工业

1955年11月13日，刘少奇视察
沈阳黎明航空发动机厂

1955年12月5日，刘少奇、邓小平
视察沈阳飞机厂，与苏联专家合影

一次难忘的飞行表演

——忆为刘少奇、邓小平同志做的一次汇报飞行表演

吴克明

1955年11月下旬，我被调到沈阳飞机厂担任新机试飞任务。12月初，接受一项特殊的飞行表演任务。一天，沈阳市委第一书记焦若愚亲自来厂检查飞行表演的准备情况，并要我做飞行预演。我暗暗推测，一定是中央领导要来观看我国用苏联散装件组装的新型喷气式歼击机，不然市委第一书记怎能亲自检查飞行预演呢，预演结束后，牛荫冠厂长向焦若愚书记介绍说："这就是吴克明同志，在抗美援朝战争中曾打下过两架敌人的F-86飞机"。焦书记点点头表示满意，并做了一定要保证飞行表演安全的指示。

12月5日早上，我接到要向中央领导同志作汇报飞行表演的通知。地面机务准备工作早已停当，场务工作人员也已各就各位，试飞站站长刘忠宽一直陪同我，做好各项飞行前的准备工作。当我来到飞机前时，机械师袁奎勇率领机组人员，像部队通常做的那样有礼貌地向我报告："飞机准备良好"。我和他们一一握手表示谢意，然后，满怀信心地跨进了座舱，在机械师的帮助下，我佩戴好了一切飞行装具。这时，我发现机械师好像特别拘谨，显得略微有点紧张。我理解他们的心情，为了圆满地完成这次特殊任务，他们做了多少认真的准备啊！我劝慰地说："一切都好，不要担心。"接着我接通机上的电源和无线电，与塔台沟通联络。这时我看到一队小轿车已鱼贯驶入机场南门，塔台上也升起了绿色信号弹。我迅速启动了发动机，将飞机滑向起飞线。当飞机对正跑道停稳后，我看到中央领导同志已经陆续下完车，就顾不得细看，迅速地做好了起飞的准备，将发动机开到最大推力。当我接到塔台指示起飞的口令时，我立即松开刹车，飞机如脱弦之箭向前冲去，巨大的加速度把我的身躯压向座椅靠背，飞机在跑道上只滑跑了很短的距离就离开了地面。我随即收上了起落架，在不到一米的高度上，短时间的积聚了一下速度，就操纵飞机笔直地向上飞去。到达高空又连续地进行滚转，飞机灵巧地在空中画出各种优美的曲线。并时而机腹朝天进行倒飞，时而以最高的速度向场地冲去，然后低空通场，高速掠过人们的头顶。这时的飞机已飞在声音的前面，可以想象得出地面上的人将是目不暇接，只有当飞机拉起飞向高空，直插云霄的时候，霹雷般的爆鸣才来到人们的听觉中，震得耳膜嗡嗡作响。

汇报飞行表演结束了，飞机刚刚停稳，我便迅速打开座舱盖走下飞机，跑向中央领导同志观看的场地。啊！和蔼可亲的刘少奇委员长和邓小平秘书长正微笑地注视着我，当我向刘委员长、邓秘书长报告完后，刘委员长伸出手来，我连忙跨前一步，用双手紧紧握住刘委员长的大手，接着又和邓秘书长握了手。我是这样激动，在这幸福的时刻竟喃喃地讲不出一句祝愿两位首长的话来。而刘委员长却用充满鼓励的口吻说："飞得很好"，又问"这种飞机好吗？"我连忙回答："这种飞机很好操纵，性能比过去抗美援朝时使用的飞机要好。"刘委员长高兴地说："当我们有了自己优秀的战斗机，反侵略战争就更有把握了。"邓秘书长也说："是啊！为了建设强大的人民空军，我们就是要有自己的航空工业。"首长的鼓励和关怀，是对我自己最大的鞭策。我连忙回答说："朝鲜战场上，我们是凭勇敢和敌人进行空中较量的。这两三年加强了训练，再加上装备的更新，更不怕任何侵略者。"我只顾回答首长的问话，这时才发现摄影师正在对镜头，急忙后退一步，站到邓秘书长身后，摄影师就拍下了这珍贵的照片。

（原载《沈阳飞机制造公司史料第二辑》，有删节）

1965年刘少奇（前排右二）陪同西哈努克亲王（前排右三）参观哈尔滨东安航空发动机厂

刘少奇视察宝鸡航空仪表厂

1959年2月28日，刘少奇视察株洲航空发动机厂

1962年6月，周恩来视察沈阳飞机厂，观看飞机座舱

周恩来视察航空工业

周总理十分关心和支持航空工业的建设与发展。他在担任总理的26年中，对航空工业许多重大发展都给予了明确指示，他多次到航空企事业单位视察，多次乘坐国产直升机执行公务。甚至在“文化大革命”十分困难的时刻，他还亲自过问航空产品的质量整顿工作。他为中国航空工业的发展倾注了大量的心血。

1962年，中共中央连续召开了“七千人大会”、西楼会议和五月会议，全面调整国民经济。为帮助各地制订和落实调整方案，中央决定由周恩来和几个副总理分别到各省、市去督促和指导工作，讨论并落实各项调整任务和措施。1962年5月28日至6月25日，周恩来视察了大型企业众多、情况复杂、困难特别严重的重工业区东北，其中包括沈阳、哈尔滨的大型航空企业和科研机构。

6月13日，周恩来总理和全国妇联副主席邓颖超由沈阳市委第一书记焦若愚陪同到沈阳飞机厂视察，并听取了第一副厂长兼总工程师高方启关于产品质量的汇报。

在沈阳飞机厂，总理视察了5个厂房、9个车间，同数百名工人、干部亲切握手、交谈，同时参观了航空研究院空气动力研究所1号风洞，了解了风洞概况。之后，周总理在第三机械工业部部长孙志远、航空工业局副局长段子俊的陪同下与航空工业几个厂的领导干部进行了座谈，着重询问了下列问题：一、新老飞机“接不上气”的问题——询问新飞机什么时候能出来；二、原材料、成件的供应问题——特别对高温合金、非金属制品、轴承等询问得比较详细；三、工厂领导干部钻研生产、业务问题——询问每个领导干部“过去是干什么工作的”，现在“是专家了不是?”；四、技术力量问题——一批技术干部转走后的情况；五、承担整机制造的工厂如何处理零备件与整机生产之间的关系。

6月20日，周恩来总理到哈尔滨飞机厂视察，在厂领导陪同下视察了总装车间，并听取了工厂领导关于直5直升机优质过关情况的汇报。视察即将结束时，总理欣然接受厂领导的请求，乘敞篷汽车同全厂职工群众见面。同日下午6时，周总理到哈尔滨东安航空发动机厂视察，在厂领导的陪同下乘敞篷汽车与全厂职工见了面。

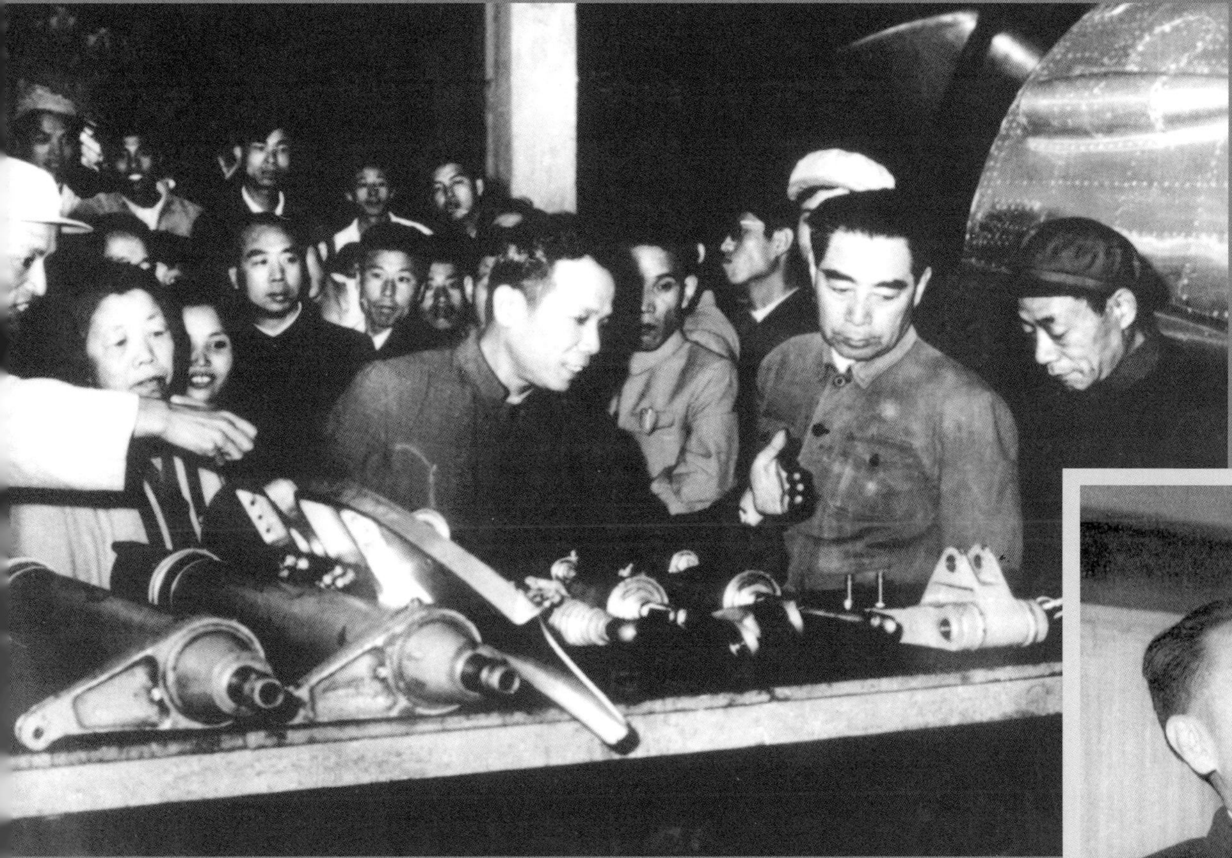

1962年6月，周恩来视察沈阳飞机厂

1958年10月，周恩来参观北京航空学院展览

1962年6月，周恩来视察哈尔滨东安航空发动机厂

1963年周恩来视察哈尔滨飞机厂，哈尔滨飞机厂党委书记兼厂长王福海（右一）、副厂长郇振中（前左二）等陪同

1966年周恩来陪同谢胡参观哈尔滨飞机厂

朱德视察航空工业

1957年4月朱德视察哈尔滨军事工程学院FL5风洞

1964年7月4日，朱德视察沈阳黎明航空发动机厂

1966年2月6日，朱德视察南昌飞机厂

1959年5月，朱德视察沈阳飞机厂，观看歼6飞机

1957年4月21日，朱德、贺龙陪同伏罗希洛夫参观沈阳飞机厂时合影

朱德委员长四次视察沈阳飞机厂

1964年7月3日，全国人大常委会委员长朱德、中华人民共和国副主席董必武，在东北局书记处第三书记马明芳、第三机械工业部部长孙志远等领导的陪同下到沈阳飞机厂视察。这是他第四次到沈飞视察。第一次是1956年6月，当时正值工厂紧张试制歼5飞机的阶段。朱老总参观完飞机生产后，高兴地与厂领导、驻厂军代表及苏联专家合影。第二次是1957年4月21日，他陪同苏联最高苏维埃主席团主席伏罗希洛夫来厂视察。第三次是1959年5月，他和董必武来厂视察，当时正值以空军副司令员王秉璋为首的国家验收委员会对东风—103飞机试制成功验收签字刚刚结束。朱老总对工厂取得的成绩予以肯定，并鼓励职工再接再厉。

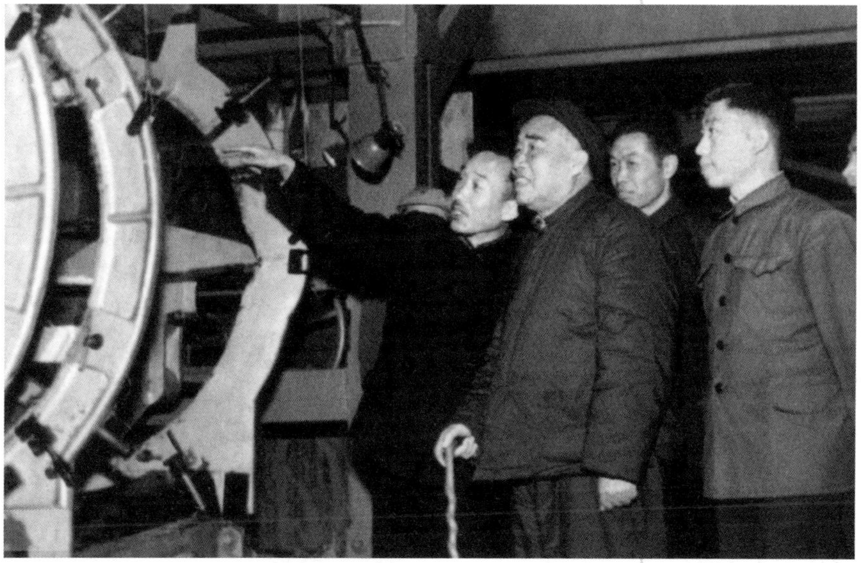

朱德视察成都飞机厂

1959年3月1日，朱德视察
株洲航空发动机厂

邓小平视察航空工业

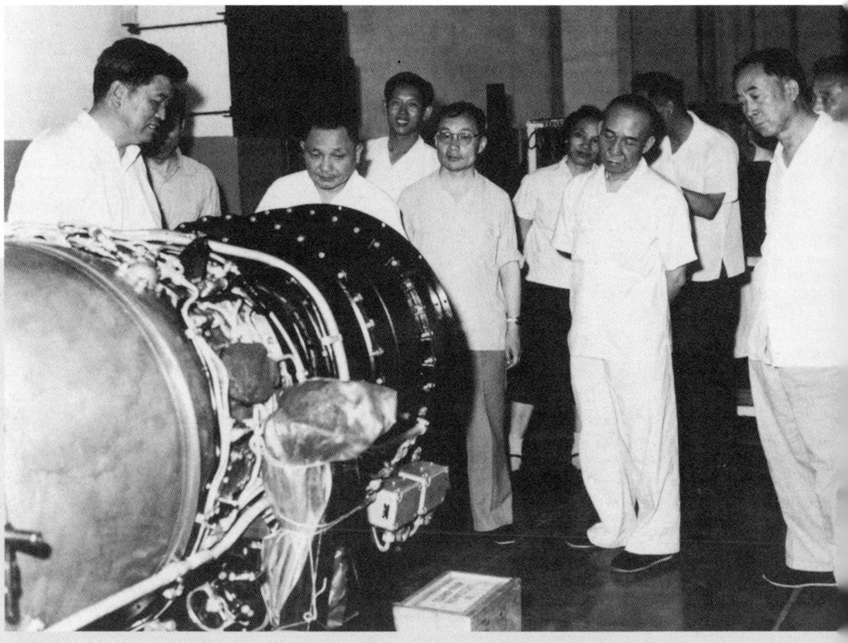

1964年6月25日，邓小平、李富春、薄一波视察沈阳黎明航空发动机厂

1966年3月12日，邓小平视察西安飞机厂

1964年7月14日，邓小平视察哈尔滨飞机厂

1991年1月21日，邓小平视察上海飞机厂

1982年9月，邓小平视察成都飞机厂

邓小平视察中国航空技术进出口深圳公司

邓小平对沈阳飞机厂的嘱托

1964年6月25日，中共中央书记处总书记邓小平和国务院副总理李富春、薄一波在中共中央东北局书记处书记顾卓新、辽宁省委第二书记黄欧东和沈阳市委第一书记焦若愚的陪同下到沈阳飞机厂视察。在视察过程中，邓小平询问了“红旗1号”地对空导弹的重量后说：“两吨多太重了，我们可搞得更小些、更轻便一些。”当厂长陆纲讲到材料问题时，薄一波副总理询问：“不能生产的材料布置了没有？”陆厂长说：“还有48项材料没有试制出来。”薄副总理说：“我们必须搞出来！”邓小平说：“一定要自己搞。”当邓小平和两位副总理将要离开工厂时，厂领导问还有什么指示，邓小平说：“没有什么指示，有个希望，1967年把米格–21飞机搞出来就好。”

沈阳飞机厂没有辜负邓小平同志的嘱托，提前把米格–21（国产型号为歼7）搞出来了。

米格–21属高空高速歼击机，苏联于1953年开始设计，1955年试飞，1958年装备部队，先后有20多种改型。

1961年3月30日，中苏两国政府签订了苏联向中国转让米格–21飞机生产权的协议书。米格–21飞机的技术图纸于1961年8月运抵沈阳飞机厂，该厂组织技术力量，仅用一年时间就完成了全部技术资料的复制，但按原文目录查对后发现苏联欠交资料256项，其中含有十分重要的资料如全机共振、全机疲劳等8大试验资料均未提供。这给试制带来了很大困难。

1962年4月至9月，苏联米格–21飞机散装件陆续到厂。1964年4月30日，第一架用苏制散装件装配的歼7飞机在鞍山首飞成功。到1964年9月，首批10架用苏制散装件装配的歼7飞机交付部队使用。对15架份的苏制散装件总装、试验、试飞，为试制国产歼7打下了扎实的技术基础。

1964年3月，沈阳飞机厂按照《歼7飞机试制总方案》全面铺开了国产歼7的试制工作。

1965年7月，全机零件制造任务基本完成，飞机部件装配工作开始。9月第一架供静力试验用的歼7飞机开始总装，10月总装完成。在进行全机静力试验过程中，全机加载至112%，飞机尚未发生总体破坏，比苏制米格–21强度提高了7%。11月28日，歼7第二架供试飞用的飞机总装完成。1966年1月7日，国产歼7飞机由葛文墉驾驶首飞成功。

1964年6月25日，邓小平视察沈阳飞机厂，与厂长陆纲交谈

整个歼7飞机的试制周期为两年零4个月，也就是说沈阳飞机厂提前一年零两个月完成了第三机械工业部下达的试制任务。

1966年12月，航空军工产品定型委员会批准歼7飞机生产定型并转入成批生产。

邓小平先后四次视察沈阳飞机厂，每次都给广大干部和职工以鼓舞和鞭策。

（节选自《中国歼击机摇篮》）

沈阳飞机厂厂长牛荫冠与苏联专家在公园野餐

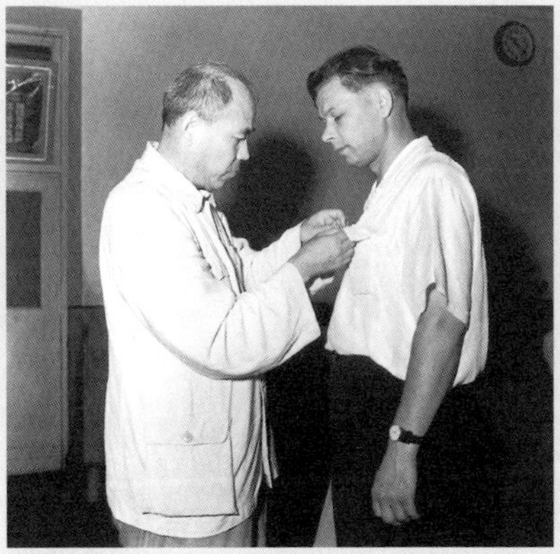

1960年沈阳飞机厂厂长牛荫冠为苏联专家颁发奖章

1960年7月，苏联专家卓洛图辛在欢送苏联专家回国大会上讲话

苏联撤退专家

1960年6月20日，苏联驻华经济代表处留比莫夫突然宣告苏联政府通知：从现在起，凡在中国航空工业部门的苏联专家，工作期满，必须按期回国，无论口头是否同意过，不得延聘。7月16日，苏联政府正式照会我国政府，片面决定召回在华工作专家800多人（其中在航空工业部门工作的有143人）。7月25日，未等我方答复，又通知我国政府：7月28日至9月1日将撤回全部专家。

苏联政府背信弃义，单方面撕毁原定协议，是中苏分歧日益加深的结果。面对这种猝不及防的形势，第二机械工业部和航空工业局当即召开会议，决定在新情况下，努力做好苏联专家的工作，充分发挥他们的作用，并要选派适当人员，分秒必争，向专家学好本领，要自力更生、奋发图强，把自己的工作搞上去。

当时在航空工业部门工作的143名苏联专家，除16人工作期满，2人由于特殊原因征得中方同意提前回国外，其余125人的聘期还有一年以上。苏联专家撤走，影响涉及航空工业22个工厂和院所、3个机种和3种导弹。在原材料方面，飞机与导弹共需原材料2.8万项。国内能正常生产的占75%；能够生产但质量尚不稳定的占11.7%；尚未安排生产的占13.3%。后两者大都是技术要求较高、试制难度较大的项目。

哈尔滨飞机厂正在仿制图－16飞机，陆续进行直5直升机的定型和成批生产，苏联专家的突然撤走，给仿制、生产带来了很大困难。当时苏方还欠交图－16资料844项，占全部资料的62.9%；欠交原材料、成品80项，占16.8%，给我方造成很大损失。沈阳飞机厂由于苏方提前撤走10名导弹专家、2名飞机专家、1名军代表，加之因苏方欠交资料而延误导弹试制进度造成的成品积压等，使工厂损失达900多万元。株洲航空发动机厂1960年7月试制的“霹雳1号”空空导弹打靶未能击中目标，而苏联专家又突然撤走，这给空空导弹继续试制造成极大困难。但株洲航空发动机厂的试制队伍奋发图强，刻苦攻关，终于发现打靶失败是发射前机载雷达未校准，造成导引偏差导致的。1963年底，再次进行的打靶试验获得了圆满成功。

许多苏联专家对于苏联政府的片面决定也是不满和不理解的。有的说：“我没有感到在中国受过什么委屈，我们是友好的。”有的表示，在离开之前，“要像拧湿毛巾一样把水挤干，把我们知道的全部告诉你们。”

遵照党中央“以礼相待、热情欢送和有理有节”的原则，航空工业局和有关厂所给撤回的专家赠送了中苏友谊纪念章、感谢信和纪念品，有的还组织了联欢会和欢送会，加深了中苏两国人民的友谊。

贺龙元帅

1960年3月，贺龙（前左四）与聂荣臻（前左二）、李井泉（前左三）视察成都飞机厂

1960年11月14日，贺龙到哈尔滨飞机厂视察

元帅决断："一刀两断"

1960年11月14日到21日，国务院副总理、国防工业委员会主任贺龙元帅，总参谋长罗瑞卿，空军司令员刘亚楼自朝鲜访问归来时视察了哈尔滨东安航空发动机厂、哈尔滨飞机厂、沈阳飞机厂和沈阳黎明航空发动机厂，亲眼看到航空产品质量问题严重，三年未向部队提供一架飞机和发动机，大批产品积压在厂的事实，十分震怒，严厉地批评了这四个工厂的领导人。

贺龙说："中央关于军工产品质量第一，在确保产品质量基础上求数量的方针为什么没有认真贯彻？全国人民不吃肉，不吃油，不吃苹果，勒紧裤带换来点外汇，进口点材料，都给你们糟蹋了。你们能忍心，能过意得去吗？"贺龙要求工厂彻底进行质量整顿，"要一刀两断，一丝不苟，原原本本按照苏联资料彻底整顿"。

从贺龙元帅视察过的这4家航空工厂来看，产品质量问题所造成的危害十分令人痛心。

哈尔滨飞机厂三年未出一架合格的直5直升机。工厂铆接装配而成的第一批直5满身疮疤，被苏联专家称为"三等病号"。结果是：已装成的15架直5，因质量问题不能出厂；交付部队的3架直5，全部返厂修理；援外的一架直5，因故障严重，滞留南宁，无法出国，致使工厂的经济状况十分困难。

沈阳黎明航空发动机厂在试制涡喷6发动机的过程中，未经定型即大批投产，重大质量问题频频发生。1959年共生产60台发动机，没有一台合格。直至1960年末，沈阳黎明航空发动机厂也未生产出一台合格的涡喷6发动机。

沈阳飞机厂同样在1958年到1960年三年中未出一架合格的歼6飞机。在1960年5月18日和6月24日，歼6飞机两次进行全机静力试验均提前破坏。在1958年到1960年三年中，歼6和歼6甲飞机共投料578架份（有一部分不配套），装配成111架飞机，却没有一架合格，已装配成的飞机积压，飞机厂成了“养鸡(机)场”。

在航空工业发展史中，1958年开始的航空产品质量严重下降是一个十分令人痛心的历史教训。事实上，航空产品质量严重下降，不是一个局部性的问题，而是一个普遍的全国性的问题，其根源是1958年开始的“大跃进”。当时，全国范围内“超英赶美”、“大放卫星”波涛汹涌，高指标、瞎指挥盛行，规章制度遭到粗暴的践踏，不按科学规律办事成了时尚，“左”的倾向愈演愈烈。1959年庐山会议非但未纠“左”，反而反“右倾”，把“左”的干扰推向了极端，给航空工业造成了极大的破坏。航空产品质量下降酿成的恶果令人触目惊心。

面对航空产品质量如此严重下降的状况，贺龙元帅做出决断：“一刀两断”，重新试制。

贺龙视察哈尔滨飞机厂

1958年“大跃进”中的沈阳飞机厂战地售货点

1958年“大跃进”中的沈阳飞机厂战地食堂

1960年11月20日，罗瑞卿（中）视察沈阳飞机厂

1959 年 9 月直 5 在北京展览馆升空表演

1958 年成都飞机厂动工建设

1960 年 5 月 31 日，贺龙视察株洲航空发动机厂

1958 年底，沈阳飞机厂大批飞机因质量问题严重积压在厂

“八一”飞行表演队成立

“八一”飞行表演队始建于1962年2月，是根据周恩来总理的指示，由当时空军司令员刘亚楼下令建立的，名为“中国人民解放军护航、表演大队”，在北京军区空军范围内组建，基地设在天津杨村机场。首任表演大队队长邵彦魁，表演使用的是国产歼5飞机（原型机是苏联的米格－17）。

原来在这以前，中国空军没有专门的飞行表演队。每逢重大节日和重要外事活动需要进行飞行表演时，都是临时抽调空军各部队的飞行员来完成这些任务。1959年，印度尼西亚总统苏加诺来华访问时，北京军区空军临时选拔飞行员，用8架飞机完成了护航任务。周恩来得悉这一情况，提议空军组建专门的护航、表演大队。

表演大队的主要任务有两项：一是执行对来华访问的外国元首专机实施8架飞机护航；二是为外国元首、政府首脑和高级军事代表团进行专场飞行特技表演。

“八一”飞行表演队

“八一”飞行表演队的歼7E机群　周日新摄

1968年6月20日，周恩来总理陪同坦桑尼亚总统尼雷尔来到杨村机场观看飞行表演队的飞行表演。他对飞行表演十分满意，并向尼雷尔总统介绍了带队长机飞行员。

1987年8月1日，在中国人民解放军建军60周年的纪念日，中国人民解放军护航、表演大队被正式命名为“八一”飞行表演队。

“八一”飞行表演队组建40多年来，为90多个国家和地区的290多个代表团和国家元首、政府首脑、军界领导人表演了数百场，无一失误。特别是还完成了华北地区军事演习、国庆35周年和50周年以及中国国际航空航天博览会的飞行表演任务。

“八一”飞行表演队的表演动作有楔队筋斗、6机向下开花、箭队俯冲变双楔队、双楔队变楔队、单机低空连续横滚、单机倒飞通场、5机扇形解散、4机纵队变箭队、4机箭队变菱形筋斗、4机向上开花等。在20世纪80年代，他们还演练了难度极高的9机开花。在1981年9月9日举行的华北地区军事演习的最后一天，当时的“八一”飞行表演队队长朱运迎驾驶长机，带领8架红色飞机，完成了极其壮观的9机特技编队飞行，把阅兵式推向了高潮。

在1995年以前，“八一”飞行表演队使用的飞机一直是国产的歼5、歼教5等亚声速飞机，在1995年之后才换装了国产超声速歼击机歼7E。1995年7月7日，“八一”飞行表演大队首次驾驶新换装的歼7E飞机做了精彩的4机编队表演。

“八一”飞行表演队换装歼7E飞机后，完成了单机特技以及4机、6机向上向下开花等16个动作的设计、试飞和表演；1998年和2000年连续两次参加中国珠海国际航空航天博览会并做飞行表演，完成了从亚声速到超声速表演的飞跃。在目前世界著名的飞行表演队中，使用超声速飞机做飞行表演的只有美国、俄罗斯和中国。

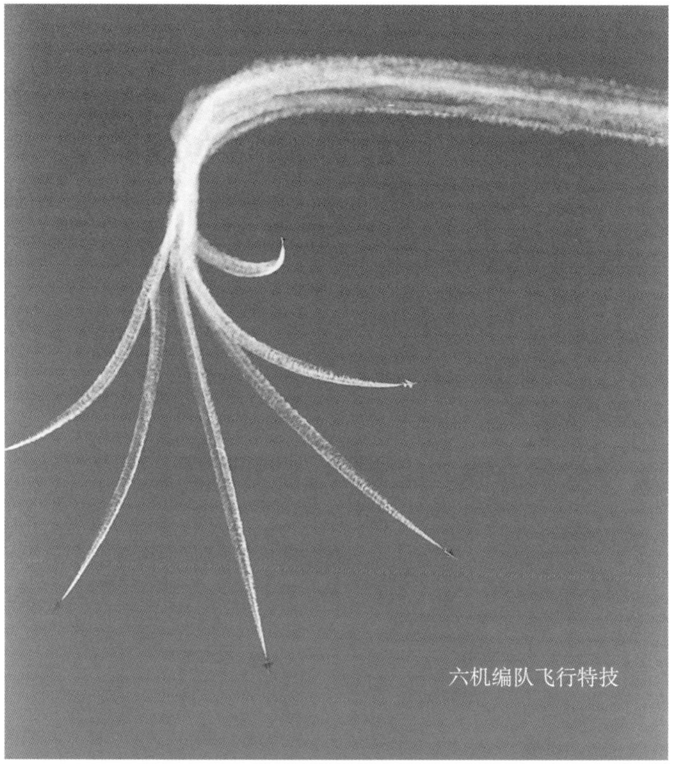

六机编队飞行特技

“八一”飞行表演队参加珠海国际航展

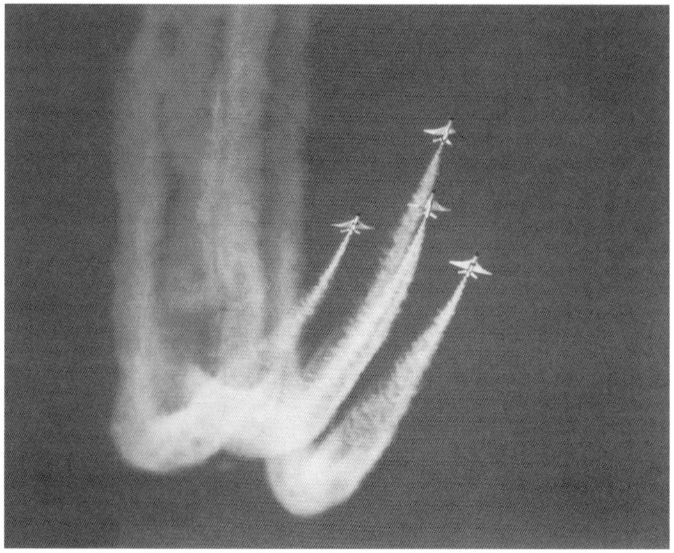

四机编队飞行特技

1985年10月5日，王海司令员陪同美国空军参谋长加布里埃尔上将观看“八一”飞行表演队飞行表演，加布里埃尔称赞中国空军飞得好，在朝鲜战争中王海与加布里埃尔曾是空中对手，如今成了朋友，他后来致信王海，说他最喜欢的中国格言是：“不打不成交”

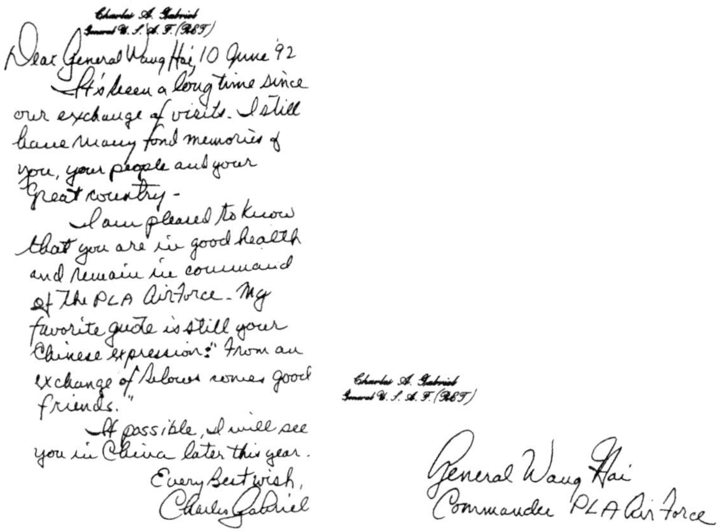

Charles A. Gabriel
General U.S.A.F. (RET)

Dear General Wang Hai, 10 June 92
It's been a long time since our exchange of visits. I still have many fond memories of you, your people and your great country.
I am pleased to know that you are in good health and remain in command of the PLA Air Force. My favorite quote is still your Chinese expression: "From an exchange of blows comes good friends."
If possible, I will see you in China later this year.
Every best wish,
Charlie Gabriel

Charles A. Gabriel
General U.S.A.F. (RET)

General Wang Hai
Commander PLA Air Force

亲爱的王海将军：

自从我们互访以后，时间已过去很久了。但是，我对您和你们的人民以及你们伟大的国家仍记忆犹新。

得知您身体很健康并仍为中国人民解放军空军司令员，我感到非常高兴。我最喜欢的格言还是你们中国的一句话：“不打不成交”。

今年底我可能有机会在中国会见您。

顺致最良好祝愿

加布里埃尔

1992年6月10日

成都飞机工业公司生产的歼7E

加布里埃尔致王海司令员的信

孙志远出任航空工业部部长

1963年国务院分别成立了新的第三（航空）、第四（电子）、第五（兵器）、第六（造船）机械工业部。孙志远组织领导了这次分部工作，出任航空工业部部长，并继续兼任国务院国防工办副主任。

孙志远到任后，对航空工业迅速做出了高瞻远瞩又积极务实的总体部署，尤其是继续狠抓产品质量不动摇。1963年9月，按优质过关要求新试制的歼6飞机试制成功，歼击机有了超声速的机种。紧接着，直5直升机也试制成功，填补了我国的空白。中央军委向航空工业部和试制工厂发出贺电。歼6飞机、涡喷6发动机、活塞6发动机和“霹雳1号”空对空导弹等一批航空产品，获得1964年国家新产品奖。

1964年1月，在航空工业企事业领导干部会议上，他提出建立基本独立完整的航空工业，使空海军的航空技术装备能够有所改善，并且基本上走出仿制阶段，走上生产自行设计产品的新阶段的发展战略。

1964年秋，他着力于航空产品的更新换代，形象地说，就是要“嘴上吃着一个（生产）、手上拿着一个（设计）、心里想着一个（规划研究）”，一代接一代，梯次展开。孙志远十分重视发展科研和新机研制，他表示：“宁可少建一套飞机厂，也要把科研建设搞上去。”他一方面要求加快歼击机和发动机、航空仪表等设计研究所及试飞研究所的续建；另一方面重点投资兴建空气动力、强度和发动机高空试车台等试验研究基地。当我国第一种自行设计的超声速强击机强5试制过程中遇到很多困难时，他到南昌飞机厂给予设计者大力支持，打开了局面，促进了强5飞机于1965年末初步设计定型。

孙志远

在新产品试制定型后，他适时地抓住产品的批量生产，并具体提出了在1965年内生产歼6飞机200架和“红旗”地空导弹100发的批量生产目标。经过艰苦奋斗，到这年年末优质超额地完成了任务，使航空工业上了一个新的台阶，到1965年底，各项经济技术指标达到了航空工业创建以来的最高水平，整个航空工业呈现出生气勃勃、欣欣向荣的景象，被誉为航空工业历史上最好的发展时期之一。

孙志远是中国共产党第八届中央委员会候补委员、全国政协第三届常务委员会委员。

1951 年孙志远（前排左一）在西藏和平解放协定上签字

孙志远与妻儿

1964 年 6 月，孙志远陪同贺龙视察沈阳黎明航空发动机厂

1963年9月，孙志远为重新试制的歼6首飞剪彩

歼6、直5优质过关

1963年12月11日，中央军委向第三机械工业部并转沈阳飞机厂、沈阳黎明发动机厂、哈尔滨飞机厂和哈尔滨东安航空发动机厂发出贺信，祝贺歼6、直5优质过关，重新试制成功。

歼6飞机是航空产品优质过关的重中之重。1961年1月，中央军委国防工委正式决定沈阳飞机厂重新试制歼6飞机。沈阳飞机厂在企业整风、建立健全规章制度的基础上，在返修已生产出的飞机的同时，认真地进行歼6的重新试制工作。

1963年9月7日，歼6第0002号飞机全机静力试验，加载到102%时，飞机开始破坏，证明飞机强度达到了原设计要求。

1963年9月23日，歼6第0001号飞机由试飞员吴克明驾驶，首飞成功，尔后又继续进行45个起落的试飞，共完成16个试飞科目，飞机的主要技术性能都达到了设计要求。

1963年12月5日，航空军工产品定型委员会（简称"航定委"）主任委员曹里怀在歼6飞机试制定型鉴定文件上签字。航定委认为，歼6飞机已达到优质水平，同意试制定型并投入成批生产。当天下午，中国人民解放军副总参谋长张爱萍出席歼6试制成功庆功大会，他代表党中央和国务院宣布，发给工厂奖金10万元。歼6重新试制的总周期为1069天，1963年末，第一架重新试制的歼6飞机交付部队使用。

歼6发动机涡喷6的优质过关在沈阳黎明航空发动机厂进行。1961年10月24日，重新试制的涡喷6发动机100小时全寿命试车考核获得成功。经国家鉴定验收，转入成批生产。

直5直升机的优质过关从1961年开始，哈尔滨飞机厂重新复制了苏联全套技术资料，制定了综合协调方案，编制了工艺规程，制造了标准样件和工艺装备。在试制过程中，重点对直升机振动过大的技术故障进行攻关，先后进行100余次飞行试验，从理论和实践上探索解决振动故障的途径，终于使直5振动幅度降低到苏联原文规定幅度的90%。

1963年9月，第一架重新试制的直5总装完成，进行了21小时的试飞，达到了优质标准，经国家验收，投入成批生产。

为直5直升机配装的活塞7发动机，由哈尔滨东安航空发动机厂进行重新试制。1963年9月23日，重新试制的活塞7通过400小时试车考核，12月25日通过国家鉴定。

1963年歼6、直5优质过关，不仅装配的全是国产优质零部件，而且全部机载设备也优质过关。这表明中国航空工业经受住了严峻的考验，具备了依靠自身的力量制造比较复杂的飞机的能力。

歼6(仿制米格-19C)优质过关签字仪式

完成试飞的直5直升机

1965年7月，贺龙（中）视察沈阳飞机厂，右四为厂长陆纲，右一为总工程师高方启

歼6巡航西沙群岛上空

歼6总装生产线

飞行中的直5直升机机群

1963年9月，首批直5装备空军

交付中国民航使用的直5

收藏于中国航空博物馆的直 5 及其他直升机

高方启当选模范厂长（1953） 王泮久提供

焦裕禄式好干部、“红色工程师”高方启

1966年1月29日，沈阳飞机厂第一副厂长兼总工程师高方启同志因病不幸逝世，终年51岁。时任中共东北局第一书记宋任穷率东北局及辽宁省、沈阳军区、辽宁省军区、沈阳市等的党、政、军领导前往吊唁。辽宁省、沈阳市举行了隆重的公祭，时任辽宁省省长黄欧东主祭，省委书记兼沈阳市委第一书记杨春甫致悼词。正在召开的第三机械工业部党组扩大会也举行了悼念和学习活动，并做出了《向焦裕禄式好干部高方启同志学习的决定》。解放军报社派记者到厂，以《红色工程师》为题撰写了长篇报告文学。

高方启1915年2月1日出生于河北省深县高家庄。1934年9月考入天津市省立工学院电机工程系。1937年7月参加抗日游击队。1940年3月，进入晋察冀边区华北联合大学社会科学院学习，并加入中国共产党。1948年11月2日沈阳解放，高方启随军进驻沈阳参加接收九O兵工厂枪弹所。1949年该所改称五三厂，他任该厂第一任厂长。1953年10月，被评为第二机械工业部东北地区劳动模范和模范厂长。

1953年10月，高方启奉命调任沈阳飞机厂厂长。1954年1月，国家正式批准沈阳飞机厂扩建为喷气式歼击机制造厂，并下达了试制国产喷气式歼击机的命令。1955年9月，牛荫冠任厂长，高方启改任第一副厂长兼总工程师。当时，试制国产喷气式歼击机正进入关键阶段，他全力以赴地组织科研生产，解决了新机试制过程中不少关键问题。在上级的关怀及各厂的大力支持下，经全厂干部职工的共同努力，于1956年12月完成了工厂扩建任务，并于同年提前1年零5个月完成了国产喷气式歼击机歼5飞机的试制任务。

高方启在歼教1飞机的设计与研制中主动帮助解决设计中的问题，亲自组织技术攻关，与广大职工共同努力，于1958年7月26日，将我国自行设计的第一架喷气式教练机歼教1飞机送上蓝天。

在歼6飞机优质过关中，高方启经常深入生产第一线，现场指挥，就地解决问题，闯过了一道道难关，使优质的歼6飞机于1963年9月23日首飞成功。12月5日，歼6飞机经航定委批准生产定型，转入批量生产。

1961年2月，高方启随空军司令员刘亚楼等赴苏联谈判引进米格－21飞机的制造技术。回国后，他领导了歼7飞机的试制，使国产第一架两倍声速的歼7飞机于1966年1月17日首飞成功。1966年12月28日，航定委批准歼7飞机生产定型，转入批生产。

高方启是第一届全国人民代表大会代表，在航空工业战线上工作近13年。在沈阳飞机厂工作时，他夜以继日地工作，一直到1966年1月病逝为止。他以忘我工作的高贵品质和艰苦奋斗的精神，为航空工业做出了卓越的贡献。

1959年，高方启向罗荣桓元帅介绍歼6飞机

1959年，高方启（右六）与飞机设计师徐舜寿（左四）、黄志千（左一）、叶正大（右四）合影　王泮久提供

1956年，高方启（右二）与厂苏联顾问（右三）、王其恭（右六）等合影　王泮久提供

宋任穷（中）等领导同志吊唁高方启同志　王泮久提供

被授予技术中校军衔的黄志千　江载芬提供

歼8总设计师黄志千

黄志千，1914年1月23日出生于江苏淮阴。1937年毕业于上海交通大学机械工程系航空专业。同年进入成都空军机械学校高级机械班进修飞机设计，毕业后被分配到成都空军第十一修造厂任课员。1939年5月转入云南垒允中央飞机制造厂。1942年4月到四川第一修理厂任装配股股长。1943年10月，去美国圣地亚哥康维尔飞机公司，参加了B−24飞机的设计、制造和试飞的全过程。1945年12月，进入美国密歇根大学航空系攻读力学。1946年9月，转赴英国格罗斯特公司学习。1949年9月，被分配到上海华东军区航空处。1951年7月，调到沈阳飞机厂任设计科代理科长。1961年8月，任沈阳飞机设计所总设计师。1964年2月，被授予中国人民解放军技术中校军衔。1964年，黄志千任歼8飞机总设计师，参与领导了歼8飞机的方案研究和论证工作。他权衡当时的技术水平和生产水平，提出歼8飞机动力装置的“双发”方案。 1965年5月20日，黄志千因公乘机途经开罗上空时，不幸遇难，终年51岁。中国人民解放军总政治部批准黄志千为革命烈士。

黄志千　江载芬提供

我与志千相识

江载芬

1951年夏，北京东城区五一女中来函聘请我去教高三英语。此校原名贝满女中，是一美国教会中学，但它在解放前夕有很强的地下党支部。能到这样的名校任教，我欣然应聘。家远，我申请了住校。我跻身于学校众多教学有方的老教师中，努力完成毕业班教学任务，心无旁骛。

同年国庆节之后，我收到老同学先英从沈阳的来信，讲她爱人张光初与她有意为我介绍一位十分了解的同事，一位叫黄志千的飞机设计师。于是我们开始通信。

1952年元旦前夕，志千由沈阳赶赴北京专程来看望我。我们见面了。两天后他返回沈阳，我去送站。他登车后，站在火车车厢门边，向我挥手，喊着："你到沈阳来啊！"——他是讲过希望我到沈教书……

此后，继续通信。一天，他信上讲很快就将调来北京，分在"四局"，搞"航空教育"。

志千刚到新单位，当然忙。我的教学负担也不轻，因高三学生就快毕业高考了。我们只在周日见见面，逛逛北海公园。那时北海公园连周日游客也不多，十分清幽，小船也好租。那年的春夏是我一生中划船最多的日子。记得一天傍晚，船在湖心，漫天晚霞染红了波纹，突然远方传来悠长的号声，使人感到像是夕阳在大声呐喊，这神奇的情景成为永恒的回忆。

1952年8月，我送走了我的第一批高三毕业生。50年代人们充满革命激情，我们结婚从简。工会代我向学校借用了"小楼"内两大间房作为"礼堂"，并且邀请工会主席主持婚礼。那天正值初秋，阳光明媚。"小楼"内的"礼堂"简朴大气。邀请的客人不多，庄重简短的仪式完毕，我与志千回到父亲家中，因我们一时还没有在学校附近找到住房。

我们当年的生活，会被现在的很多人视为缺少"情趣"，而我们自己回忆起来，倒也不乏温馨。

在北京，志千这个飞机设计师开始搞教育了。他骑车上班，早出晚归，回来后在家看书，写东西，生活很有规律。我们距王府井书店不远，他经常去看书，这是这处住房的一大优点。他这人好学不倦，干事尽心尽力。1952年，我国航空基础教育几乎是从零开始。他一心为航空工业技校、中专、大专打下良好的办学基础，编写出不少门类的教学大纲。他善于学习，也深知教育、师承的重要性。其后，当他调回沈阳的沈阳飞机厂飞机设计室再去搞飞机设计时，徐舜寿同志与他都很重视在实际工作中(如搞歼教1)"教练"出一支能搞设计科研及生产飞机的队伍。我想志千这种思想正是他在北京"四局"搞航空教育时的设想的延续吧。

（节选自江载芬：《难以忘却的纪念——回忆志千》）

黄志千与江载芬

1946年8月黄志千在英国伦敦　江载芬提供

1945年7月黄志千在美国圣地亚哥　江载芬提供

1958年6月黄志千在莫斯科　江载芬提供

歼8首任总设计师黄志千　江载芬提供

1955年8月游颐和园，左二为黄志千，左一为顾诵芬，右一为李在田　李在田提供

强5与总设计师陆孝彭

1965年6月4日，我国自行设计的强5飞机在南昌飞机厂首飞成功。

我国强击机是在歼击机的基础上发展起来的。1958年初，沈阳飞机设计室根据空军对强击机的迫切需求，提出了自行设计超声速强击机强5的初步构想。同年8月，航空工业局确定强5研制任务由南昌飞机厂承担。强5飞机的总体设计由南昌飞机设计室主任高镇宁与沈阳飞机设计室陆孝彭等设计人员共同完成。

陆孝彭（1920年—2000年）中国工程院院士，江苏省常州人。1941年毕业于重庆中央大学航空工程系。1944年赴美，在麦克唐纳·道格拉斯公司实习，参与了FD2舰载战斗机设计。1946年赴英，在格罗斯特飞机公司从事飞机设计。回国后参与新中国航空工业创建与发展。1956年调任沈阳飞机设计室主管设计师，参加歼教1设计工作。1958年以后主持强5飞机研制，任总设计师，并发展了一系列改型。

由南昌、沈阳飞机设计室共同设计的强5总体布局颇具特色：一是从机头两侧进气，提高进气效率；二是采用锥形机头，扩大飞行员的视界；三是采用蜂腰形机身，降低跨声速阻力；四是选取面积较大、后掠角稍小的后掠机翼，提高升力特性；五是设置面积较大的水平尾翼，增强纵向稳定性；六是采用向后上方开启的活动座舱盖和流线较好的大背脊；七是具有携带多种武器，进行多种方式的对地攻击能力，等等。

强5飞机的设计工作是在1958年"大跃进"的浪潮中开始的，一些年轻的设计人员出自报效祖国、赶超外国的愿望，热情高涨，但对研制超声速强击机的规律和程序不甚了了，因而提出过"奋战一年，飞机上天，向国庆节献礼"的不现实的口号，使飞机设计阶段埋下了质量隐患。

一波未平，一波又起。正当南昌飞机厂成立强5试制小组，准备全面展开试制工作之日，又逢中国国民经济发生暂时困难，

少年陆孝彭　陆孝彭提供

航空工业缩短战线，进行全面质量整顿之时，诸多新型号如东风107、东风113相继下马，强5也被暂停试制，面临"胎死腹中"的厄运。

陆孝彭抱着广大职工研制国产强击机的强烈愿望，一再上书要求不要停研强5，厂长冯安国坚定支持他的意见。终于，上级破例允许强5"见缝插针"地进行研制，以陆孝彭为代表的15人被留下来继续"试制"。

身为飞机总设计师的陆孝彭除设计工作外还兼跑加工、协作，甚至与工人一起操作。陆孝彭等人的顽强坚持精神感动了全厂职工，也感动了上级有关部门。1962年11月，经第三机械工业部和航空研究院呈请上级批准恢复了强5研制工作。经过两年多的研制，强5第一架供静力试验的飞机制造出来了。

强5首飞成功之后，南昌飞机厂又对飞机的液压、刹车、火控等系统做了一系列改进。1969年底，强5被批准进行批生产。强5基本型研制成功之后，又陆续开发了强5Ⅰ、强5ⅠA、强5Ⅱ、强5Ⅲ、强5鱼雷机、强5M等。强5还曾改装为特种武器载机，于1972年1月7日甩投核弹成功。

中央大学毕业照，前排左三为陆孝彭（1942） 陆孝彭提供

陆孝彭(中)向空军副司令员常乾坤(左)汇报工作（1965）

陆孝彭在强5飞机前 周日新摄

1966年3月，叶剑英（前排右七）在北京南苑机场观看强5飞行表演，前排右六为陆孝彭，右二为油江　油宪生提供

强5在飞行中　袁伟摄

黔岭苗寨扎大营

1964年10月，中共中央批准的《国防工业1965年工作要点》对国防工业的三线建设做了部署。根据中央精神，航空工业部门迅速做出了三线建设的部署：坚决停缓一、二线的在建项目，有计划有步骤地把一、二线的企业向三线搬迁，并开始搬迁上海、天津、南京等地的6个机载设备厂。从此拉开了航空工业三线建设的序幕。

1965年1月，第三机械工业部在贵阳、陕西汉中、四川、湖南成立办事处。1965年7月，任命王其恭为贵州地区办事处主任。之后又任命刘亚欣为陕西办事处主任，于辉为湖南湘西地区领导小组组长。

航空工业的三线建设是在“文化大革命”中展开的，尽管由于十年浩劫，给航空工业建设与发展包括三线建设造成极大破坏，但是由于广大干部、职工艰苦奋斗，以及国家的高度重视，投入大量资金，三线建设仍完成了一批重要项目。

航空工业最大的三线建设在贵州，在贵州建立了一套歼击机生产基地。在陕西汉中建设了运输机生产基地，后来运8系列飞机在这里得到长足的发展。在江西景德镇建设了直升机设计研究和生产基地，后来直8、直11在这里腾空而起。在湖北荆门建设了水上飞机设计制造基地，后来我国第一代水上轰炸机水轰5从这里的漳河水库升空。与飞机研制相配套的机载设备厂相继建成。在这个时期里，科研机构在三线的建设也有较大进展。空气动力基地和飞机结构强度研究所基本建成，发动机高空试车台也全面铺开建设。

由于三线建设实施“靠山、隐蔽、分散”的方针，选址多在经济落后、交通不便的山沟里。光是“三通一平”（通路、通电、通水和平整场地）的工作量就很大。贵州航空工业基地地处“黔之腹”、“滇之喉”的黔中地区，属苗岭山区。没有宿舍，职工们就风餐露宿；没有自来水，就地取水；没有电，就用煤油灯照明。从一、二线来的航空工业建设大军，以可歌可泣的吃大苦、耐大劳的革命英雄主义气概战天斗地，在黔岭荒山之中建设起了一座座航空企业。到1969年，先后有12个企业基本建成投产。在一线老厂的帮助下，1967年歼6原型机在贵州高原升空。1970年5月，首台涡喷7发动机试车成功。

从1966年至1976年这10年间，航空工业的三线建设共完成了40多个项目。由于“左”的错误影响，以及建设方针过分强调“靠山、分散、隐蔽”、“进洞”，把每个工厂、车间都人为地分散开来，乃至形成了“村落化”、“瓜蔓式”、“羊拉屎”等的局面。贵州基地的飞机部件厂的厂房分散在9平方公里的范围内，仅锅炉房就十几个，造成极大的浪费！同时过分强调因陋就简、“干打垒”，造成工程建设标准低、质量差，给三线企业的生产、生活带来很大的困难。有的项目由于匆忙选址，未经充分论证就盲目上马，造成很大损失，推倒重来的例子也非少见。对于三线建设造成的后遗症，20世纪80年代以后进行了多年的调整，情况才逐渐好转。

1966年3日18日，大批职工从东北
来到贵州支援三线建设

建在大山中的工厂

三线工厂建设初期

于辉（右前坐者）带队在湘西踏勘厂址　吴仑提供

在山洞里进行建设

空投原子弹、氢弹

原子弹爆炸成功后张爱萍打电话向周总理报告

1965年5月14日轰6空投原子弹

首次空投原子弹的“0”时纪实

李源一　于福海

1965年5月14日10时整，我国首次原子弹空爆试验成功了。我们机组执行了这次空投原子弹的飞行任务。机组成员有：航空兵独立4团副团长、第1飞行员李源一、第1领航员于福海、第2飞行员刘景新、第2领航员张公祥、通信员孙兴富、射击员韩惠安。时间已过去20多年了，但那高高的蘑菇烟云，常常在我们眼前清晰地浮现。

飞机起飞十几分钟后，我们心情逐渐平静下来，似乎开始把一切都忘记，只是集中全力地操纵着飞机在茫茫云海中穿行，向西，向西……

航程已过大半，一直在机身两侧翻滚不息的云浪，渐渐平静，渐渐淡薄，透过机舱向下望，往日熟悉的蜿蜒的弯弯河流和碧绿的点点湖泊，又依稀可见。当飞机飞近试验场区，天气已完全转好，蔚蓝色的晴空，只缀着几朵浅浅的白色云朵，我们一阵振奋。没过多久我们就发现了靶标，那是个方形的白框，里面套着一个直径200米的白圈，圈中画着白色的“十”字，所有条件都十分有利，我们的心情非常坦然。

为了确有把握地投好这颗原子弹，做到万无一失，事先研究确定了投弹程序，飞机要进入靶标3次。

第一次进入，搜索识别靶标，进行概略瞄准。

李源一打开自动驾驶仪，把飞机交给于福海，并说：“我和大刘(刘景新)一定把高度速度保持好，你放心大胆地瞄！”于福海用信任的目光看了看李源一，然后试着用光学瞄准具瞄了瞄靶，的确，瞄准镜中看到的靶标并不怎么晃动。

于福海发现靶标，立即接过飞机操纵，进行瞄准，迅速求出了投弹诸元。报告瞄准情况：“航向270度，偏流负2度，中间风修正80米，按照规定的高度、速度和原子弹的标准落下时间，计算结果，用34.8度的投弹角，没有发现靶标有偏离的趋势。”

听完于福海的报告，机组人员立即互相通报各自情况。

李源一：“速度好，偏流对，飞机平稳。”

刘景新：“航向和高度都很准确。”

张公祥告诉大家：“于福海求出的投弹角数据和我计算的完全一样。”同时报告：“原子弹温度正常，设备良好。”

最后一次进入了。

通信员孙兴富发出了“进入靶场上空投弹”的请示，地面指挥员成钧副司令员立即予以批准。关键的时刻到来了。

于福海利用飞机转弯进入靶标的机会，将一直俯在瞄准具上的上身直了起来，靠在坐椅背上，什么也不想，闭上眼睛镇静了一会。

到了轰炸进入点，李源一把飞机交给于福海，并说：“沉着一点，瞄准时间长一点。”于福海接过飞机操纵，把瞄准具里的十字标线稳稳地压在靶标中心，并开始做投弹动作，每做一个动作就要口述一遍，机组成员按事先分工对每个动作进行检查落实。

爆炸时间定为10点整。

爆炸前7分钟，于福海报告：“打开投弹总开关。”

“打开投弹总开关。”射击员韩惠安复诵着，同时在程序表上划去了这一项。

爆炸前3分钟，于福海报告：“接通原子弹上电源。”

爆前1分20秒，于福海报告：“打开自动投弹器。”

“打开自动投弹器”第2领航员张公祥激动起来。

“打开弹舱！”

“打开弹舱！”

9时59分10秒，于福海操纵瞄准具使得观测角和投弹角准确重合，电路接通。原子弹脱钩而出，飞机减轻了重量，突然向上窜了一下。

于福海向外一看，乳白色的原子弹在阳光下亮闪闪地直向靶标落去，他又在瞄准具中观察了10秒钟，十字标线仍然死死压着靶标，丝毫没有偏移。李源一忙问：“怎么样？”于福海很有把握地报告：“没问题，肯定能投进去！”

“立即关上遮光罩！”李源一高兴地命令着，并加大油门，增速到950公里每小时，争取远离原子弹爆炸中心，获得最大安全系数。

我们刚把座舱玻璃上用来防止光辐射伤害眼睛的遮光罩拉闭，一阵耀眼强光闪来，约持续四五秒钟，光焰刚过，于福海实在忍不住，揺开遮光罩飞快地向靶标看了一眼。靶标上空出现了一个巨大的火球，仿佛是太阳落在了我们脚下。隔了片刻，机组的其他同志也难抑惊喜之情，都往下望去。靶标已不见了，机翼下是一片汹涌壮阔的火海，乌黑的浓烟从火海中不断翻滚而出，越聚越多，飞速升腾着。我们飞离原子弹爆炸中心大约19公里，冲击波赶来，飞机强烈地抖动着，这样持续了六七秒钟，好像它在欢送我们胜利返航。

正如后来的影片中的解说词讲的那样，这是一次非常准确、非常成功的投弹。据地面雷达测定，原子弹爆炸时，距靶心只有40米！

当时坐镇指挥的成钧副司令员兴奋地对我们说：“周总理刚刚和指挥部通过话，总理让立刻转告你们。总理说：‘你们工作很好，祝你们安全返航，回去很好总结经验。’”

“明白！明白！”听到周总理这么及时地鼓励和赞扬，我们一时无法表达出内心的激动。

返航了，飞机从试验场区侧面掠过。眼前，那核爆炸特有的蘑菇烟云已经形成，宛若一条黑褐色的巨龙直冲九霄。我们一言不发，都静静地凝望着这壮观的奇景，直至把蘑菇烟云远远地留在了后面。

（节选自李源一、于福海：《执行首次空投原子弹试验任务》，原载《空军回忆史料》）

原子弹爆炸

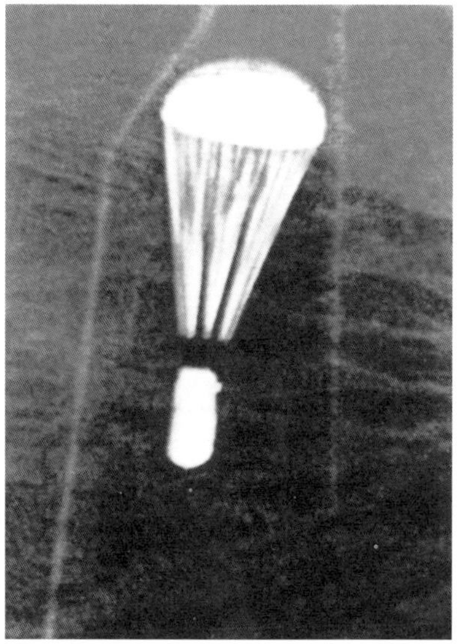

1967 年空军徐克江机组空投氢弹成功

聂荣臻元帅在氢弹试验现场向周总理报告　张贵友提供

氢弹爆炸形成的烟云

轰6核弹运载机与工程机务人员　张开帙提供

杨国祥驾驶强5甲型机空投小型原子弹

李源一机组第一领航员于福海　孟昭瑞摄

藏于航空博物馆的空投原子弹的轰6飞机　周日新摄

1965年5月30日周恩来总理在人民大会堂
接见核试验有功人员　张开帙提供

地空导弹击落U-2飞机

1959年10月7日，国民党空军的一架RB-57D从浙江上空窜入大陆，12时零4分窜至北京附近。严阵以待的地空导弹部队，一举将其击落，开创了中国空军和世界防空作战史上第一次用地空导弹击落敌机的先例。中国地空导弹部队用进口的武器系统先后击落4架U-2飞机。用国产导弹击落1架U-2飞机。

人民日报

RENMIN RIBAO

我解放军空军部队在华东地区上空

击落美制蒋匪帮U-2飞机一架

我空军某部举行祝捷大会

热烈庆贺击落U-2飞机的胜利

庆祝我军击落U-2飞机的重大胜利！

粉碎美帝国主义战争政策和侵略计划！

首都各界举

国务院总理周恩来

《人民日报》报道我击落U-2飞机的重大胜利

刘亚楼向毛主席、刘少奇同志汇报打U-2的情况

1962年9月20日毛泽东主席与“英雄中队”中队长岳振华握手

首次击落U–2

岳振华

1962年1月，美国装备国民党空军的U–2飞机经过一年半的训练准备，开始对大陆进行侦察窜扰。为了打击U–2，经中央军委批准，地空导弹部队开始以营为单位，实施机动作战。

1962年6月27日，二营奉命由北京转至湖南长沙大托铺机场，隐蔽设伏。在近两个月时间里，未遇战机。8月27日，又奉命转至南昌地区。

盛夏的长沙、南昌真是名不虚传的“火炉”。七八月间，住在单帐篷内，好似“蒸笼”，油机车内的温度高达60摄氏度～70摄氏度。加之蚊叮虫咬，人们昼夜难以入睡。当时正是国家经济严重困难时期，部队出发时携带的给养，50%是玉米面；行军途中，不慎将食油罐打坏，仅有的一点食油也泼掉了，这就更增加了我们生活中的困难。上级首长和部门对我们很关心，空军政治部曾多次询问有什么困难，我们总是回答说没有困难，没有向国家伸手。部队到达南昌后，即进入向塘地区的一个长满小松树的丘陵地带，依山就势修筑了阵地。一连阵地放在两山之间的凹部，二连阵地放在东西两面的山坡上，加上人工伪装，比较隐蔽。打破了阵地部署“梅花路”的旧格局，创造了打游击(刘亚楼说是一锤子买卖)配置阵地的新形式。这个阵地是成钧副司令员亲自选定的位置。因为空军领导机关多次研究发现，南昌是U–2飞机侦察大江南北的必经之地，而且凡是福建方向的航空兵有调动，U–2飞机总要出来侦察。因此，部署在此地，很可能获得战机。部队做好准备后，就开始与敌人斗智斗勇。

9月7日，空军命令驻南京的1个轰炸机大队空转南昌以南之樟树，以诱敌就范。果然，第二天，国民党U–2飞机1架，以侦察广州为试探，飞至距离广州市70公里左右，开始侧飞，然后突然转弯由北而南，通过广州市上空。我们认为：敌机是一次试探侦察，主要是看看江南地区有无“飞弹”部队，并作了导弹机动飞行试验。当日下午，我们针对敌情变化制定对策，研究打法，并按新的预案进行了演练。

9日6时许，1架国民党空军U–2飞机，从桃园起飞，7时32分，由平潭岛上空进入大陆，经福州、南平，沿鹰厦铁路上空北进。此时，接到空军指挥所刘亚楼司令员的命令：“岳振华同志，你看到U–2出来了吗?”“报告司令员，我从标图桌上看到了。”“把它打下来!”“是!坚决完成任务!”我坚定地回答。敌机飞至距南昌75公里时，开始侧飞临远，航向西北。我当时判断，敌用的又是8日侦察广州时的老战术，即命令目标指示雷达严密监视，部队做好对付敌机突然入侵的准备。但在其侧飞时，制导雷达不开天线以免打草惊蛇。8时10分，敌机飞至鄱阳湖上空时，我估计它可能快转弯了，即命令导弹接电准备。24分，敌机果然经九江左转直飞南昌。这时，我导弹已做好发射准备。32分，当它进入我火力范围时，我突然开天线捕捉目标，连续发射3枚导弹，一举将其击落。飞机残骸坠于距南昌15公里的罗家集附近。国民党中校飞行员陈怀身跳伞被俘，但因其伤势较重，经抢救无效丧命。

战斗结束后，接到刘亚楼司令员指示，要我立即赶到罗家集现场，尽快将飞行员送医院抢救，最好能救活，如死亡则用棺埋葬，并建墓碑。遵照上述指示，我们将其就地埋葬在一块小松林的山坡上。

这是我国击落的第一架U–2飞机。周总理第一个打来电话祝贺说：“这是一个伟大的胜利!美U–2飞机前几天侵入苏境，他们只是提了抗议，我们却把这种飞机打掉了。”15日，首都各界1万多人，在人民大会堂举行盛大集会，庆祝击落U–2飞机的重大胜利。周恩来、贺龙、罗瑞卿等党和国家领导人、各民主党派、各人民团体负责人出席了大会。此事，一时间也成了世界舆论的一个重要话题，有的人认为“对中国国防现代化应该重新估价”。有些国家的驻京记者活动频繁，总想弄明白中国究竟是用什么武器打下美国U-2飞机的。这在当时还是一个谜。

9月20日，我随空军首长去中南海向中央首长汇报。毛泽东、刘少奇、周恩来、朱德、陈云、邓小平和各位元帅等党和国家领导人听完汇报后，都非常高兴，多次鼓掌。贺帅还问了作战的具体情况。聂帅对科学技术问题问得很详细，他告诉我说：“我国正在加紧研究和试验防空导弹武器系统，我国已有能力制造，你们缺少元件无法补充的苦日子就要过去。按照毛主席积极防御的战略方针，我们这样大的国家需要建立一支强大的防空导弹部队，用于保卫国家领空的安全。”毛主席再次紧紧握住我的手连声说：“岳振华同志，打得好，打得好哇！”领导同志的讲话，给地空导弹部队广大指战员极大的鼓舞，激励着我们去努力奋斗，争取更大的胜利！

（节选自岳振华：《首次用地空导弹击落敌机的“英雄营”》，原载《空军回忆史料》）

台湾U-2飞行员的臂章

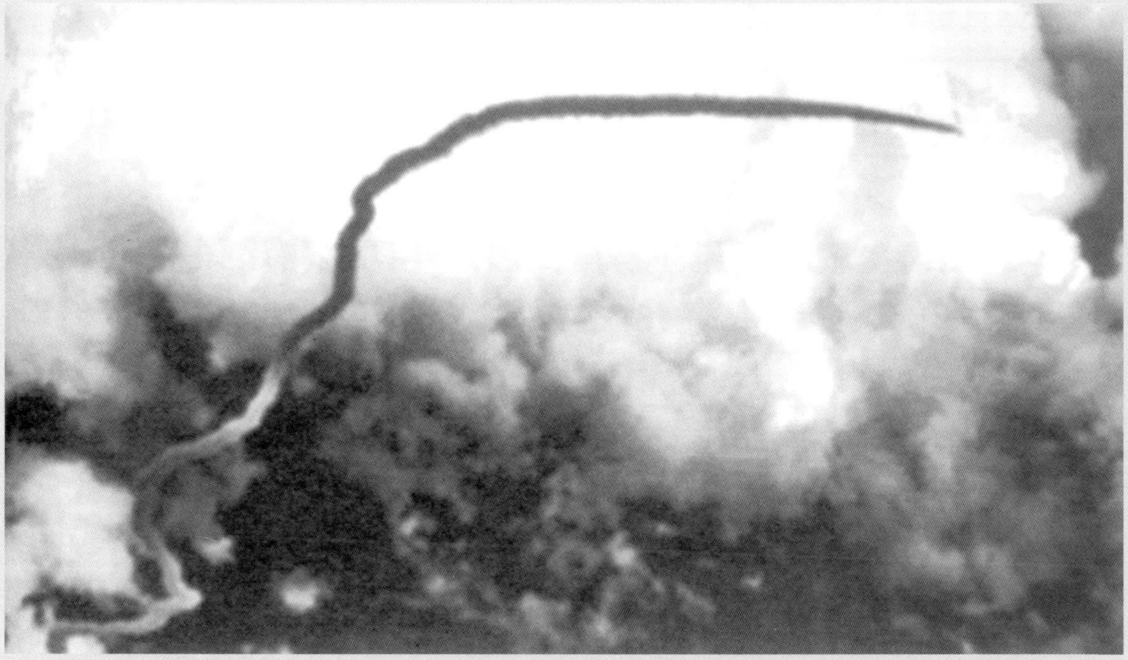
我发射地空导弹追击窜入大陆的U-2飞机

1964年7月23日，毛泽东、周恩来、朱德接见击落U-2飞机的“英雄营”全体指战员

1961年11月9日，蒋介石在台湾桃园基地与U-2飞行员合影

被击落的U-2残骸

1969年7月5日，歼8首次升空

高空高速歼击机歼8首飞成功

这张照片拍摄于1969年7月5日。它记录了我国自行设计、自行制造的第一架高空高速歼击机歼8刚刚从沈阳飞机厂机场上起飞的瞬间。引人注目的是，在这架歼击机修长机身的前部，有一道红色大字："中国共产党万岁！"

9时30分，两颗信号弹划过天空，试飞员尹玉焕驾机起飞，当飞机跃升至3000米高度时，就绕着机场上空飞行。飞机在两次通过机场上空后，平稳地降落在机场上，歼8首飞成功了！

沈阳军区司令员陈锡联、空军副司令员曹里怀高度评价了这次首飞，称赞歼8是架好飞机，一定要支持这架飞机。

歼8飞机来之不易。研制高空高速歼击机一直是中国航空工业广大职工特别是飞机设计人员的迫切要求。1964年5月，航空研究院提出，要在米格－21飞机的基础上，自行设计一种性能更好的歼击机。同年10月，新型歼击机开始方案论证。在采用何种发动机的问题上，设计人员提出了两个方案。一个方案是单台方案，即采用全新研制的大推力发动机的方案；另一种是采用两台改进的成熟发动机的方案。航空研究院院长唐延杰主持会议，在充分听取两种意见后，确定采用双发方案。后来的实践证明，这是一个正确的选择和决策，稳妥、可靠、现实，是歼8飞机能够研制成功的前提。

1965年5月，总参谋长罗瑞卿批准新机的战术技术指标和研制任务，新飞机被命名为歼8。

歼8飞机的气动布局采用机头进气、大后掠角、小展弦比、薄三角翼、下平尾、双腹鳍的形式，动力装置选用两台涡喷7甲发动机。

歼8的研制方案突出了高空（规定了在1.9万米高空中的作战时间）、高速（最大飞行速度*Ma*为 2.2）、增大航程（基本航程1500千米、最大航程2000千米）、提高爬升率（最大爬升率每秒200米）、加强火力（安装改进设计的导弹与航炮）。

歼8设计工作于1965年9月全面展开。因歼8总设计师黄志千于当年因飞机失事遇难，新机的研制技术工作由叶正人领导，以王南寿为负责人的总设计师办公室具体组织。

在歼8飞机的气动布局上，当时的副总设计师后来成为总设计师的顾诵芬做出了重要贡献。先后解决了飞机超声速方向安定性、水平尾翼和垂直尾翼位置、飞机焦点位置等重大技术问题。

歼8试制最紧张的时刻是在"文化大革命"中度过的。在"一月风暴"、"文攻武卫"和夺权风的冲击下，沈阳飞机厂批生产线几乎陷于停顿，唯独歼8试制照常进行，广大科技人员、工人甚至冒着生命危险上班，硬是使歼8研制没有中断。

空军副司令员曹里怀（右二）、国防工业办公室副主任叶正大（左一）、航空工业部部长莫文祥（左二）参观贵州黎阳发动机厂，右一为黎阳发动机厂厂长王新民 王新民提供

王南寿 王南寿提供

歼8首飞飞行员尹玉焕

歼8总装生产线

震惊世界的绝密飞行

1972年2月21日，周恩来到首都机场迎接美国总统尼克松

1971年7月9日，周恩来会见秘密访华的基辛格博士

基辛格的“遁身剧”

徐柏龄

1971 年 7 月 1 日，基辛格乘美国总统座机从华盛顿附近的安德鲁斯空军基地起飞，两天后到达南越傀儡集团占据的西贡市，同伪总统阮文绍和美国驻南越大使邦克会晤。人数众多的记者无不紧盯着基辛格的一举一动。《纽约时报》头版报道了基辛格的活动。美国哥伦比亚广播公司在“每晚电视新闻”节目里播送了基辛格同该公司评论员沃尔特 · 克朗凯特的长篇谈话。

7 月 4 日，基辛格到达泰国曼谷。对于蜂拥而至的记者，他只是微笑，一言不发。

7 月 6 日，基辛格飞抵印度新德里。新德里一度出现了骚乱，百余名反战示威者迫使基辛格从边门溜出飞机场。

7 月 7 日，采访基辛格的记者越来越少了。新闻界对基辛格的兴趣在急速下降，这正中基辛格的下怀。

7 月 8 日，基辛格从新德里飞抵赤日炎炎的伊斯兰堡。这时谁也不再注意他了。

20 世纪外交史上最了不起的遁身剧就在这天下午演出了。

在伊斯兰堡，基辛格首先向巴基斯坦总统叶海亚作了 90 分钟的礼节性拜会。然后，巴基斯坦方面按预定计划放出风声说，由于这位美国贵宾长途跋涉过分劳累，预订为他举行的“正式宴会”不得不取消，他将乘车前往海拔 2600 米的纳蒂亚加利山庄略事休息。

7 月 9 日，巴基斯坦政府宣布，基辛格“稍感不适”，不得不在纳蒂亚加利多住几天。有些记者说他准是得了“德里痢疾”。也有一些记者不信，猜测基辛格已经潜往东巴基斯坦（现为孟加拉国），帮助排解叶海亚与达卡方面之间的危机去了。

为了以假乱真，基辛格“纳蒂亚加利之行”非常引人注目。一支乔装的、插着巴美两国国旗的高级礼宾车队在摩托车队护送之下，从伊斯兰堡招摇过市，驰往山区。为首的一辆汽车里坐着美国驻巴基斯坦大使约瑟夫 · 法兰和巴基斯坦外交部秘书苏尔坦 · 穆罕默德 · 汗。

我领港人员、周恩来专机飞行员徐柏龄

苏尔坦 50 开外，高高的个子，穿着黑色的巴基斯坦传统式中长礼服、白裤子，谈吐潇洒自如，极富外交风度，60 年代，曾就任巴基斯坦驻中国大使。为给中美会谈牵线搭桥，苏尔坦曾两度出使北京，这次的遁身剧就是他一手策划的。

纳蒂亚加利到处是山间别墅，有僻静曲折的车路相通。苏尔坦特意请了一位巴基斯坦医生到这里来为一位病人看病。苏尔坦事先经过反复了解，断定这位医生分辨不出基辛格和其他白种人之后，才请他来的。这位医生以为他是在给基辛格看病，其实他看的是一位确实患了“德里痢疾”的美国特工人员。

巴基斯坦政府为了不露破绽，还组织国防部长、陆军参谋长以及其他政府高级官员陆续不断地从伊斯兰堡驱车到纳蒂亚加利探望这位尊贵的美国客人。苏尔坦将他们一一挡驾，请他们喝咖啡，推说基辛格正在休息，不便打扰。

其实，基辛格根本没有去纳蒂亚加利。他到巴基斯坦的当天与叶海亚总统会晤之后，便在总统宾馆下榻，在那里休息到午夜后两点半。这时，苏尔坦 · 穆罕默德来到宾馆，接他前往拉瓦尔品第国际机场。这种异乎寻常的时间安排，不仅是出于保密需要，而且是根据中国方面提出的时间表定下来的。中国希望基辛格在 7 月 9 日中午抵达北京。

基辛格一行由苏尔坦 · 穆罕默德亲自陪同乘车向拉瓦尔品第国际机场急驰而去。

一架巴基斯坦国际航空公司的波音 707 飞机停候在拉瓦尔品

第国际机场客机坪的尽头，基辛格自己乘坐的那架美国总统座机停靠在一个更为显眼的地方，这是故意做给人看的，为了使人们相信基辛格还在纳蒂亚加利。

7月9日凌晨，我们领港小组和章文晋等四位中国外交官在巴基斯坦安全委员会主席乌玛尔的陪同下，登上巴航波音707专机。我们7个中国人坐在客舱里静候着不久前还是敌人的客人。似乎大家都在思忖：与基辛格握手时的第一句话应该说什么？

3点半以后，基辛格一行被苏尔坦·穆罕默德送上专机。第一个登上飞机的是基辛格特使。他风度翩翩，显得稳重而有修养。可以看出，基辛格对于自己的使命有一种神秘莫测的感觉，眼睛里射出友善但又带有狡黠的光芒。与基辛格同行的是他的三位助手——他的私人助理温斯顿·洛德，以及亚洲问题专家约翰·霍尔德里奇和理查德·斯迈泽。

章文晋司长是我国外交部的老外交家。他彬彬有礼地迎接基辛格一行走进客舱，并把其他三位中国外交官员和中国领港人员一一介绍给基辛格。

20多年来，中美两国不相往来，在这种特殊的场合下见面、握手，彼此都有些拘谨。基辛格不愧为资深外交家，很快同章文晋司长等中国外交官攀谈起来。他不时用手推推那副架在他那格外醒目的大鼻子上的眼镜，带着几分顽皮的微笑，以幽默诙谐的语言冲淡了略显僵涩的气氛："我这次去中国很秘密，谁都不知道。我连身边的警卫人员都没有告诉。早上起来，他不见自己的主人会急坏的，以为被人绑架走了。不过不要紧，巴基斯坦人会告诉他，说我到总统府去了。上午，伊斯兰堡各家报纸一定会登载我有肠胃病需要休息的报道，谁都不会想到我到中国去了。"基辛格的一席话引起一阵笑声，客舱里的气氛顿时轻松了许多。

在与基辛格一行进行了简短的礼节性问候之后，我们领港人员便进入驾驶舱。老成持重的鲍克机长正襟危坐地坐在驾驶舱的左座上，他要亲自驾驶飞机完成这一具有历史意义的飞行。另一位巴航驾驶员坐在右座上。我和领航员刘志义、报务员王今亮各就各位。当塔台发出同意启动发动机的命令后，飞机滑向跑道逐渐加速腾空而起在伊斯兰堡上空右转盘旋后，加入航线径直向东北方向飞去。

（节选自徐柏龄：《政要专机的绝密飞行》）

1971年7月9日，叶剑英(左三)到首都机场欢迎基辛格博士

毛泽东会见尼克松

在首都机场，周恩来总理陪同尼克松总统检阅三军仪仗队

1972年2月26日，周总理、尼克松总统、罗杰斯国务卿、基辛格博士在去杭州的伊尔－18飞机上

尼克松与中国民航专机机组人员合影，尼克松是第一次乘坐中国飞机，他竖起姆指称赞中国民航："飞得很好！服务也好！"

三叉戟飞机坠毁温都尔汗

1971年9月13日凌晨2点30分，林彪乘坐的256号三叉戟飞机在蒙古温都尔汗地区坠毁，飞机上8男1女抛尸沙丘荒野。这是新中国政治舞台上一起令全世界震惊的事件，也是中国航空史上一起极特殊的事件。

1971年9月上旬，林彪反革命集团阴谋篡党夺权的野心已经按捺不住，企图趁毛泽东主席去南方巡视的机会下手。9月8日，林彪亲自下达了武装政变的手令。9月11日，林立果在北京向其反革命集团的部分成员下达谋害毛主席的命令。9月12日，毛主席突然回到北京的消息，像晴天霹雳，把林彪一伙从武装政变的迷梦中惊醒。林彪当即指使其死党布置南逃广州事宜，企图另立中央。林立果即乘三叉戟256号飞机从北京去北戴河，于当晚8时在山海关机场降落。约晚上10时，驻北戴河的警卫部队得知林彪、叶群、林立果要乘坐飞机去广州，立即向北京报告。周总理即给空军司令吴法宪打电话查问，然后命令说：飞机就停在那里不要动。

林彪、叶群很快得知总理在查问三叉戟飞机的事情，顿时慌了手脚。当夜11点多钟，林彪决定马上就走，改南逃对抗为北逃叛国。一辆高级防弹红旗轿车，不顾警卫战士的阻拦，急速驶往山海关机场，一直开到三叉戟飞机前。他们慌慌张张地顺着驾驶舱的小梯，一个一个往上爬，叫飞机快起动。没等副驾驶员、领航员和通讯员登上飞机，就让飞机强行滑出，于9月13日零点32分仓促起飞。先是向北飞行，然后往西飞往内蒙古，再往北直飞，进入蒙古上空，很快就从监视雷达的荧光屏上消失了。

1971年9月14日上午8时半，蒙古外交部紧急约见中国大使，说9月13日凌晨2点多，在蒙古温都尔汗地区，一架中国飞机坠毁，机上9人全部死亡。次日，中国大使馆人员来到飞机坠毁现场，在两个小山中间，一块长约3000米的平坦开阔地上，一架三叉戟飞机被摔得七零八落。机尾较完整，可看出中国国旗和256的标志。

林彪座机 ——256号三叉戟飞机坠毁在温都尔汗

林彪座机——256号三叉戟飞机残骸

在飞机残骸北面，9具尸体多被烧焦，面目不清，但可看出其中有一具女尸。还发现了林立果出入空军大院的通行证。

飞机究竟是怎样坠毁的？有人曾推断，可能是机组人员在叛国途中与林立果等死党发生了争执和对抗，致使飞机坠毁；也有人说是被导弹打下来的。但根据对现场的调查和分析来判断，256号三叉戟是在缺油的情况下，迫降未成而坠毁的。

中国民航的三叉戟飞机

1970年8月，林彪（中）、黄永胜（右二）、吴法宪（左二）、李作鹏（左一）、邱会作在江西九江机场

周宇驰等人乘坐的直5直升机

引进英国“斯贝”航空发动机专利

1975年12月13日，在京签订引进英国“斯贝”航空发动机专利合同，中方签字者为中国技术进口总公司总经理崔群，英方签字者为罗·罗公司董事长基思；中国外贸部副部长柴树潘、中国驻英大使宋之光、英国驻华大使尤德出席签字仪式　杨书林提供

从20世纪60年代初，中国航空发动机的技术引进中断，而自行研制又接续不上，这就造成了现役的发动机性能日益落后。1971年12月26日 周总理在航空产品质量座谈会上指出：“航空工业就是有心脏病，要好好治治这个心脏病。”并表示可以研究引进英国“斯贝”军用航空发动机。5月19日、5月23日， 周总理、叶剑英副主席两次听取外贸部和接待小组汇报。1972年底，英国同意向我国单独出售民用“斯贝”发动机。

1973年1月10日，航空工业部正式向国务院、中央军委报告，建议购买军用“斯贝”专利。1975年8月到12月，中英双方进行第六轮实质性谈判，1975年12月13日，签订了中国引进英国“斯贝”军用航空发动机专利的合同，内容包括购买军用“斯贝”发动机专利合同（4150万英镑）、发动机整机购销合同（3097万英镑）和发动机辅机专利合同（432.5万英镑），合计7679万英镑（不含此后北京航空学院购买试验设备、实习试验等费用）。总体目标：一是在3年内，我国用英国材料、毛坯、成品和附件，复制出与英国同等质量水平的发动机；二是在5年内，用国产材料、毛坯、成品和附件，复制出符合上述要求的发动机。在合同期内，英方有义务通过培训、派出专家，帮助我方解决问题，掌握技术。

引进中，争取到英方产品设计资料137份，并规定和实施了费用支付和产品考核挂钩。通过到英方试验考核，不仅对试制产品进行了鉴定，而且深入了解了产品的性能和英国高空试车台等试验设备和试验方法，有利于促进我国航空发动机的科学试验研究。这是过去苏联援助我国所没有的新鲜经验。

经过3年多的努力，1979年下半年，西安航空发动机厂分两批装出了4台发动机。同年11月，由中英双方共同在中国完成了150小时持久试车考核。1980年2月到5月，又在英国完成了高空模拟试车、零下40摄氏度条件下起动试车以及5大部件的循环疲劳强度试验，试验结果都符合技术要求。中英双方代表签署了中国制造涡扇9发动机考核成功的文件。到1980年6月，由冶金工业部、机械工业部、化学工业部和航空工业部所属74个厂所承制的原材料、大型锻铸件和成品、附件1096项中，已有948项签订了协议，占总数的86.5%，其中金属材料已试制成功72.5%；“斯贝”第一期基本建设工程也于1983年底竣工验收。

1977年6月8日，王震(左) 到西安航空发动机厂检查国产“斯贝”航空发动机试制工作，前右二为陕西省国防工办主任郭允中

1979年2月，英国罗罗公司代表参观沈阳黎明航空发动机厂，前排右三为任家耕，右五为程华明，右六为杰克逊，右七为李志广

王震会见英国罗罗公司负责人，前排左三为吕东，右三为叶正大，右一为吴大观；后排右三为金击强，右五为任家耕；二排右一为王大伟　金击强提供

1978年11月，王震参观英国宇航公司

国产“斯贝”航空发动机

1978年10月，金击强（前左四）率“斯贝”考察与购买小组访问英国马可尼公司　孙书敏提供

中英双方1980年在英国罗罗公司参加“斯贝”考核试验，前排左一为吴大观，左三为任家耕，左五为王大伟

国产“斯贝”航空发动机高空台试车成功后部分中方参试人员合影，后排右三为吴大观，右四为任家耕，前排右二为王大伟　王大伟提供

水上轰炸机下水起飞

水轰5进行水密试验　张步年摄

1968年，航空工业水上飞机设计研究所和水上飞机厂在湖北古荆州漳河水库旁安营扎寨。从山南海北奔赴而来的建设大军高峰期拥有15000多人，人叫马嘶，机器雷鸣，打破了一千多年前三国古战场的沉寂，水轰5飞机就要从这里起飞。

为了争取时间，1968年经国家批准的水轰5飞机，由筹建中的湖北荆门水上飞机设计研究所、水上飞机厂和具有研制轰炸机经验的哈尔滨飞机厂共同承担，水上飞机设计研究所所长王洪章主持设计。1970年3月，飞机总体设计完成，3月到10月，设计图纸和全部工装设计完成；同年11月到1971年7月，哈尔滨飞机厂完成3架份、23000种飞机零件和5000多种标准件生产以及全部工艺装备设计、生产及安装调试。1971年11月，第一架飞机运到陕西耀县飞机强度研究所，1973年12月全机静力试验加载到110%，总体破坏，证明飞机强度符合设计要求。第二架飞机经地面试车滑行后，于1974年12月运到荆门水上飞机厂，进行二次总装和下水试飞准备。为确保万无一失，航空工业部和海军司令部组成联合试飞办公室，共同组织协调试飞工作。1975年5月，飞机牵引下水，又先后进行了30小时的滑水试验，完成28个项目的静水试验和滑行试验，4次成功预起飞。

1976年4月3日，水轰5首飞典礼在漳河水库隆重举行。上午10时，担任首飞任务的海军航空兵中队长黄星辉等7人，在指挥发令枪声中，驾机跃离水面，飞向蓝天白云，飞行历时23分钟。首飞证明，理论计算和实际飞行基本符合，飞行姿态平稳，横向操纵较好。

首飞之后，哈尔滨飞机厂又制造了4架，并于1985年12月交付海军使用。4架飞机在青岛海军航空兵独立三团服役中，出勤率高，没有发生事故，受到官兵们的一致好评。1987年7月，水轰5飞机获得国家科技进步一等奖。

水轰5飞机的研制成功，填补了我国水上飞机长时期的空白，满足了广大海军指战员的需求，通过实战培养锻炼了一代水上飞机科技队伍。

水轰5飞机除装备海军外，在1987年5月大兴安岭森林大火后，经国务院同意，改装为灭火机，吸水滑行速度达到130千米每小时，10秒钟吸水8300千克，投水速度210千米每小时，洒水面积4200平方米。水轰5飞机于1987年12月16日进行投水试验，达到了设计和林业部的要求，也说明它有广阔的用途。

水轰 5 总设计师王洪章　张艺摄

水轰 5 进行空中洒水试验　张艺摄

水轰 5 被牵引下水　张步年摄

唐山大地震飞机救灾

空军为地震灾区运送物资

抗震救灾中的唐山机场

杜镜秋

1976年7月28日，凌晨3时42分，河北省唐山市突然发生了7.8级的强烈地震。这个拥有煤炭、钢铁、陶瓷、水泥等工业，有近百万人口的重镇顷刻间变成了一片废墟。

当时，我是空军驻唐山第6军政委，亲身经历了地震的前前后后这段与天灾地祸搏斗，与死亡和苦难奋争的日子。作为一个幸存者，我目睹了地震给人们带来的灾难是多么无情和残酷，更加难忘的是我们的干部战士在震中震后与灾难斗争中，那许许多多可歌可泣的事迹。

地震以后，唐山市的群众和军部的许多伤员聚集到了唐山机场，因为当时余震不断，袭扰着群众，只有机场这块大空地群众感到是安全的，所以市区里的群众"一窝蜂"地向机场拥来，一天竟达几千人。那几天我们每天都要到机场看看，要求场站想方设法安排群众和伤员的食宿。

大批伤员的出现，给抢救治疗工作带来了很大的困难。在医疗队没有到达之前，军区空后立即组织了驻唐山附近的几个单位的卫生队到达场站，临时搭棚接待伤员，实施战时救护，前后共处理伤员1.1万多人。但因群众和伤员太多，条件有限，有一部分群众和伤员仍在露天被雨淋着；有的伤员伤情正在恶化；因天气潮湿，一些传染病正在扩散；数千人的吃饭、住宿、穿用都非常困难，情况相当严重。

驻机场的军区空军前指把这里的情况报告了北京，中央十分重视。当时铁路和公路都受到了严重的破坏，解不了燃眉之急，因此上级决定开辟空中交通，通过空中运送伤员到全国各地治疗，以及运送来往的有关人员和救灾物资。

唐山机场是唐山唯一的"空中码头"，机场的好坏至关重要。震后的唐山机场，跑道基本没有损坏，但是还能不能用大家心里没底，因此北京决定冒险试飞。就在接到报告的当天上午，1架飞机从北京起飞，到达唐山市上空后，盘旋了几圈，然后对准跑道，准确下滑，飞机安全着陆，试飞成功了。从此，唐山机场高速运转起来，机场上空的引擎轰鸣声彻夜不停。

唐山场站在北京空军（简称"北空"）前指指挥下，空24师副师长李虎坡、站长李福祯带领全体人员，在艰苦的条件下，克服种种困难，想方设法地完成保障任务。

远距导航台被震倒了，机器被砸坏，导航员也被堵在倒塌的房屋里，他从里面爬出来后，带伤抢修好机器，保证了飞行导航。这位导航员的名字我记不起来了，像他这样的无名英雄在抗震救灾中实在太多太多了。

夜间起降飞机需要跑道指示灯，可是机场断电了。"有条件要上，没有条件也要上。"场站的同志们发扬艰苦奋斗的创业精神，千方百计收集了几百盏马灯，用来代替跑道灯，一直到机场有了电。

塔台指挥员比较少，有时一个指挥员需要一天24小时"连轴转"。当时参加空投空运的飞机有13种之多，很多是没有计划安排，临时飞来或飞走的。在紧急抢运的前10天，在唐山机场起降的飞机达1943架次，平均每天近200架次；最多的一天达到354架次，有时每架次之间只隔26秒钟。指挥员沉着指挥，准确引导，嗓子喊哑了，眼睛熬红了，仍然坚守岗位，没有丝毫的懈怠和马虎，保证了飞行安全。

在10天时间中，保障1943架次救灾飞机的安全起降，运送伤员2.17万余人和大批的救灾物资。这在具有现代化设备的机场或许不算什么，可是在刚刚遭受了严重地震破坏的唐山机场，还不能不说是一个奇迹。

机场的其他设施也遭到很严重的破坏，供水供电供油都非常困难，连人的基本生活都很难保障。当时河北省委、北京军区和北空前指到震区以后都住在机场，成立了"抗震救灾指挥中心"，又给机场的后勤保障加上了一份担子，指挥中心的食宿、交通、通信等都要重点保证。所以，场站除了组织恢复指挥所和保障飞行外，就是想尽办法，排除困难，保证“救灾指挥中心”顺利开展工作，而每一项工作都要付出艰苦的劳动。

在地震后的短短几天里，来自全国各地50多个单位的五六千工作人员，在机场成立了办事机构，3万多名受灾群众拥进了机场，还有来来往往的慰问人员，他们的用水、吃饭和医疗是当时最大的难题。在其他单位还没有立灶起伙前，场站先发给大家些饼干和从外地运来的熟食品，接着尽快组织了26个伙食单位露天起灶做饭，场站5名炊事员，一天工作达19小时。有一天，熬了65锅稀饭，他们自己一口也没喝，全部供给受灾群众。机场成立了招待所，在帐篷里铺设若干床板，专门接待上级来往人员的食宿。因为没有电，自来水抽不上来，幸好在机场内有两口压水井，他们便组织4台汽车给群众送水，每天供水量达2500余吨，临时解决了用水困难。

地震以后，机场以“抗震救灾指挥部”为中心，成了全市繁忙的地方，人多、车多，车辆和人员交杂在一起，川流不息。机场恢复飞行后，全国各地通过空运来支援救灾的人员来往很多，跑道两侧，物资堆积、车辆停留，严重地影响和威胁着飞行安全。在前指指挥下，我们在组织飞行指挥上，分成了直升机、专机、空投3个组。同时，将机场跑道附近划片分成三大块。这样调整，将飞机、物资、人员分开，互不干扰，保证了快装快运。场站还派出专人在各个路口指挥车辆。那段时间，上万台车次出入机场，几千万吨物资运进运出，没有发生任何事故。

为了表彰唐山场站在抗震救灾中做出的突出贡献，中央军委于1977年4月30日发布嘉奖令，授予他们“抗震救灾模范场站”的荣誉称号。

（摘自杜镜秋：《唐山抗震救灾的日日夜夜》，原载《空军回忆史料》）

唐山老商业区震后

民航为地震灾区运送物资

1977—2000

搏击云天

(1977—2000)

吕东率团出访西欧三国

1978年6月，邓小平同志在听取吕东部长关于航空工业发展问题的汇报时指出，飞机发展的解决途径要包括引进外国先进技术，要引进科研手段，要多派一些人出国留学。

吕东率团抵法国巴黎

为了落实邓小平的指示，掌握西方发达国家有关航空工业的第一手材料，以便正确执行改革开放政策，搞好技术引进，为我所用，1978年11月2日至12月23日，吕东部长和段子俊、陈少中、徐昌裕副部长率领由各方面专家20多人组成的中国航空工业代表团，访问了西欧的英国、法国和联邦德国。航空工业多名领导人同时考察、研究西方航空工业现状，为学习国外先进技术、发展国际合作开了一个好头。

在历时52天的访问中，代表团参观、考察了32个工厂、9个研究所和4所大学，包括这3个国家主要的飞机、发动机制造公司、航空研究机构和一批机载设备制造公司。考察内容包括生产、科研、教育、新产品开发、质量管理、航空电子、售后服务、设备更新、国际合作等方面的课题，并就合作研制和引进某些型号的飞机、引进英国的电子火控设备改装我国现有飞机、开展科技合作、建立长期合作关系等问题进行了洽谈。

这次考察时间长，参与人员多，涉及面广，取得了显著效果，对航空工业制定20世纪80年代的发展规划、加强科研设计工作、更加坚定地实行对外开放，具有重要的借鉴和促进作用。考察团成员开阔了眼界，看到了发达国家航空工业的实际水平和发展趋势，看清了我国与它们之间存在的差距，更加激发了奋发进取、加快我国航空工业发展的决心。这次考察更加明确了航空工业要高度重视科学技术研究和科研基础设施的建设，要把新产品研制放在重要地位；也引起了对大力发展航空电子技术，加强机载设备研制，广泛应用计算机技术进一步的重视。

此外，通过这次考察，还更加明确了要以专业化、大协作的方式组织多品种、小批量的生产；要广泛采用先进工艺、数控机床和先进检验试验设备，保证加工精度和产品质量；要加强同国外航空界的技术交流与合作，培养一大批技术干部和“办洋务”的干部。就在考察期间，代表团即向国内发出电报，建议派500名留学生到国外学习。这在国内各部门中是抓得比较早的，后来也发挥了重要作用。

在这之后，中国空军也陆续派出代表团出防西欧，考察西欧生产的战斗机情况。1980年11月，中国民航也开辟了北京至伦敦的航线。

吕东率团在法国直升机公司参观

吕东等参观德国制造的BO 105直升机，左起：徐昌裕、江同、吕东、李景（时任海军航空兵副司令员） 江同提供

吕东等在德国MBB公司参观

吕东等在英国宇航公司

1982年6月中国空军副参谋长姚峻率团访法考察幻影2000飞机，前排右五为姚峻，右六为葛文墉，右四为蒋德秋　姚峻提供

1980年11月17日中国民航波音747-SP型2442号飞机首航伦敦，这是中国民航当时开辟的16条国际航线中里程最长的一条　杨书林提供

姚峻在幻影2000飞机上　姚峻提供

邹家华（左）宴请埃及空军装备部长，右为刘国民

第一次向埃及卖飞机

1979年5月2日和3日，中国和埃及的代表在开罗签订了两个合同，中国航空技术进出口公司(简称“中航技”)向埃及出口歼6飞机44架、歼教6飞机6架、涡喷6发动机220台、涡喷8发动机28台，还有备件供应和其他发动机修理项目，总成交额1.67亿美元。对中国航空工业而言，这是一次重大的历史性突破。

在此以前，中国飞机一直是无偿援外。1978年，一些国家继续要求我国提供军工产品，军工行业在考虑引进国外先进技术时又极缺外汇。于是，邓小平说：看来不当军火商不行了。1979年1月2日，中央批准对外军援由原来的全部无偿援助改为收费、以货易货和无偿三种方式。1月18日，航空工业部决定成立外事领导小组，并上报成立中国航空技术进出口公司（简称“中航枝”）。1月21日，王震副总理批示“同意”。从此开启了航空工业出口创汇的新时期。

1979年2月，埃及总统萨达特派副总理图哈密为特使，前来中国要求提供几种飞机、发动机和备件。邓小平表示可以卖给对方，为飞机出口提供了具体的机会。中航技克服重重困难，不失时机地派出以副总经理刘国民为团长的7人代表团，带着本单位仅有的5美元外币，于3月15日抵达开罗，在我驻埃大使姚广和武官孙丕荣的指导下进行工作。

万事开头难。谈判中碰到的问题一个接着一个。首先是埃方要求继续无偿援助，反复强调他们在不久前的中东战争中损失巨大。此时，我方只有坦率地同他们摆事实，讲道理。刘国民说：从人均国内生产总值看，中国不足300美元，埃及已在1000美元以上。俗话说：富帮穷，万里行；穷帮富，没有路。我国政府把无偿援助改为有偿贸易是合情合理的。埃及人民通过英勇斗争夺回了苏伊士运河的控制权，年收入已达10多亿美元。如果有的国家提出无偿通行，也是不可思议的。通过推心置腹、充满说服力的交谈，埃方朋友无不点头称是。

最大的问题是埃及空军很多军官嫌歼6飞机落后，只有训练部门急需歼6以保持飞行技术。4月中旬，对方声言暂停谈判。姚大使同刘国民紧急会见图哈密副总理，并请他将此事转告穆巴拉克副总统。穆巴拉克对我国非常友好，他早年在苏联学过飞行，曾任埃及空军司令。他很快召见我大使和代表团，询问可供飞机的情况。我方告诉他：歼6有现货，质好价廉，适于训练；很快就能提供歼7Ⅱ型飞机，比米格－21有多项改进。于是他指令空军立即恢复谈判。此后进展才比较顺利，终于签订了前述两个合同。

回国后，部领导和有关单位把执行合同作为大事来抓。由于合同执行得好，1980年4月5日在北京我国又与埃及签订了出口60架歼7飞机及备件的合同，总成交额达两亿美元。

1986年，埃及军方与中方代表赵光琛签署还款协议
赵光琛提供

埃及空军司令助理试飞歼7M飞机
刘国民提供

航空零部件转包生产

我国航空工业承接国外民机零部件的转包生产始于1979年。当年10月30日，中航技与美国麦道公司签订了DC9飞机起落架舱门来料加工的合同，在上海飞机厂生产100架份，成交额达139万美元。

转包生产的起步并不容易。1980年12月，西安飞机公司与波音公司就737、747飞机106项零件的来料加工达成协议后，波音公司先后派7批28人次到西安进行考察，从原材料、工装、成品检验到生产、质量管理，逐项认真检查，共提出118条意见。西飞进行了技术改造和管理改革，才于1981年12月通过考核鉴定，波音颁发了合格证书，同意正式投入零件生产。1984年4月，西飞与波音签订了由我方自行进料加工100个B737飞机垂直安定面的合同，合同总金额达1700多万美元，技术和管理水平都迈上了新台阶。

由于国外的航空产品制造商竞相占领中国市场，愿意拿出一些零部件来中国制造，而国内航空工业的军机任务急剧减少，必须另找出路，因而承担航空零部件的转包生产便是一种明智的选择——有利于稳定和锻炼队伍，提高技术和管理水平，扩大出口，进入国际市场。经过部机关、中航技和各厂的共同努力，20世纪90年代，上海飞机制造公司、西安飞机工业公司、成都飞机工业公司和沈阳飞机工业公司先后承制了MD80系列飞机的机头和水平尾翼、MD90的机头、波音737飞机的水平尾翼和机身尾段、757的机身尾段等大部件，各发动机公司承制了涡轮盘、火焰筒、压气机盘、导向叶片等重要零件。年交付额基本保持在5000万至7000万美元的水平。

进入21世纪以后，航空工业第一、二集团公司和各企业进一步加强对转包生产的组织领导，不断克服思想上、机制上、组织管理上和技术基础上存在的问题，使其有了较快的发展。2005年，西飞交付3557万美元，上飞交付3192万美元，沈飞交付2507万美元，成飞交付2490万美元。除波音飞机的零部件外，又增加了A320飞机的机头段、机翼组件和前起落架舱等部件的承制。发动机零部件的进展更快，如西安航空发动机公司不仅自己搞转包生产，还成立了三家中外合资公司，2003年的对外交付额突破5000万美元，2004年达到7000万美元，2005年突破8000多万美元，2006年增至1.2亿美元。

西安飞机工业公司转包生产波音737垂尾

成都飞机工业公司转包生产麦道飞机机头

姜燮生副部长会见美国普惠公司代表

成都飞机工业公司转包生产波音 757 机身尾段

西安航空发动机公司第1000个涡轮盘交付，
左为西安航空发动机公司总经理汪鑫炎
汪鑫炎提供

沈阳飞机工业公司向空客交付第1000副翼
肋揭彩，左为公司总经理李方勇

中美技术工人合作生产麦道机头　周日新摄

美国GE动力系统向沈阳黎明航空发动机公司采购零件签约仪式

2007年7月24日西安飞机工业公司首件A319机翼翼盒交付 冯新胜摄

向非洲国家出口飞机

非洲是我国第一个飞机外贸合同签字的地方，又是我国飞机出口的第二大市场。截止2005年底，有11个国家购买了我国的多种飞机，占我国飞机出口总数的近三分之一。埃及成为使用K8E教练机最多的国家，肯尼亚成为使用运12飞机最多的国家。

去非洲开发市场和售后服务，不仅十分艰辛，还要冒很大的风险。中航技和有关工厂的销售和服务人员知难而上，56个非洲国家中，他们走访了30多个。有的同志一年8次去非洲，每次都走好几个国家。有的同志在非洲常驻十多年，政治上的动乱、气候条件的恶劣、疾病的威胁、文化生活的枯燥、家庭的牵挂，都没有使他们后退。个别同志还为此牺牲了宝贵的生命。

1999年6月，中航技副总经理王大伟等人应邀去刚果（布）洽谈运12飞机合同，正赶上刚果（布）国内两派酝酿内战，反对派准备通过武力夺取总统宝座。就在晚上响起了密集的枪声，间或有炮声震得房屋颤抖，电视里放着川流不息的逃难人群的画面，国际电话中断。大使来电话告知我使馆已中流弹，要求他们不要外出。此时，他们只有准备应付各种可能发生的危难情况。后来，幸而联系上了邀请他们的刚果（布）内务部长，同意帮助联系住在同一旅馆的法国航空公司机组，并派武装人员一起将他们护送到机场。登机时，周边的枪声已经逼近，飞机强行起飞，才脱离了险境。

向非洲国家出口飞机，还有一个严重的问题是难以如期、足额收回货款。购买我飞机的国家，除少数经济状况较好外，多数处于贫穷落后状态。例如，1979年10月，我国向索马里出口歼6飞机20架、歼教6飞机4架、歼教5飞机2架，还有备份发动机7台，共计3310万美元，到1988年尚有1700万美元对方无力支付，我方采取多种方式催款也无济于事。后来，他们提出可提供其渔业资源，让我方派渔船去其海域捕捞海产品销售，所得收益用于归还欠款，并争取利用渔业合作机会扩大军贸合作。中航技也曾与宁波海洋渔业公司合作，派两艘渔船赴索马里捕鱼约一年。由于具体操作问题很多，结果收效甚微。

1990年中航技代表看望在索马里的沈阳飞机工业公司技术服务组成员
王志成提供

尽管困难很多，但机遇还是多过困难。非洲国家大都对中国友好，非常赞赏中国的改革开放和对他们的真诚帮助。他们对西方那些赚一把就走的商人很反感，特别需要我们帮助他们建设自己民族工业的基础，赞扬我们处处为用户着想、转让生产技术、灵活的销售方式、飞机的性能比说明书介绍的更好。对祖国航空事业的忠诚和锲而不舍的精神使我国对非洲市场的开发取得明显成绩。中国和埃及连续合作生产120架K8E飞机就是有力的证明。

直9直升机出口马里

1999年4月在马里国防部，中航技副总经理王大伟与马里国防部长签署出口两架直9的合同　王大伟提供

2000年5月29日，赞比亚国防部副部长在赞比亚首都为我交付6架K8飞机剪彩　王大伟提供

2003 年 7 月 1 日，赞比亚总统姆维尼在参观我航空工业展区后题词　王大伟提供

2006 年 5 月 29 日，王大伟向塞舌尔副总统推介中国飞机
王大伟提供

1997 年 6 月中航技和哈尔滨飞机工业公司人员在刚果（布）访问时遭遇内战
王大伟提供

引进“海豚”直升机

1979年，我国原有的直5直升机由于性能落后而停产，直升机处于“后继无机”的状况。1979年8月，国家计委发文要求航空工业采取技贸结合的办法，引进直升机制造技术，进口少量关键设备，从购买国外零部件进行装配开始，逐步达到国产化。

1980年7月2日，中航技与法国宇航公司、透博梅卡公司分别签订了引进“海豚”直升机和“阿赫耶”涡轮轴发动机生产许可权的合同。其中包括法方提供50架份不同层次的直升机硬件、125台不同层次的发动机硬件的条款。经两国政府批准，合同于同年10月10日开始生效。由哈尔滨飞机工业公司生产机体和总装，国内代号为直9；株洲航空发动机公司生产发动机，国内代号为涡轴8；哈尔滨航空发动机公司生产主减速器等传动装置；保定螺旋桨厂生产主桨毂和尾桨；中航技负责对外联系和商务工作。

航空工业部副部长崔光炜(中)考察法国直升机公司　　崔光炜提供

“海豚”直升机具有国际先进水平，飞行性能好，结构重量轻，有效载荷大，可靠性高，寿命长，维护方便；复合材料的覆盖面占全机的80%以上；动力装置为两台520千瓦的涡轮轴发动机，体积小，重量轻，转速高，油耗低，性能好。我方工厂的生产技术基础处于五六十年代的水平。因此，新工艺、新技术多，加工要求高，制造难度大，成为该引进项目的重要特点。更突出的是国家改用贷款的办法代替过去拨款的办法，让工厂贷款和自筹资金进行技术改造和生产经营。这对航空工业来说还是第一次——既是改革的一种尝试，又承担了很大风险，造成了很大压力。

各单位接受任务后，顺着高标准、深消化、高起点、高效率、重发展的思路，认真对法方资料进行译制、消化和核对。严格按法方提供的图纸、技术条件、制造指令、检验指令及各种标准组织生产。大力进行技术改造，努力完成仿制任务，并跟踪法方技术状态的改进。如阿赫耶发动机在1982年前后又有新的改进，法方陆续寄来800多份更改单，其中重要更改79份。工厂都在生产中努力加以贯彻。同时，抓紧实现国产化。直9A直升机的国产化率按价格计为93.6%，于1992年12月完成鉴定。各项性能达到或超过“海豚”直升机的指标，于1993年开始批量生产，1994年开始交付使用。

直9的成功引进和国产化，不仅解决了直升机“后继无机”的问题，同时也使我国的生产技术达到了20世纪80年代的先进水平：我国研制成功了一批先进的原材料和成品；通过消化吸收，掌握了一套先进的设计技术和试验方法，从而使直9发展成舰载型、通讯型、侦察型等直9系列机型，并为其他新型号直升机的研制提供了有利的条件。

直9系列直升机已在国内广泛使用。除军用外，在大兴安岭灭火中、在抗洪抢险中、在北极科学考察中、在其他紧急需要中，都发挥了独特的作用。2000年2月，两架直9直升机出口马里共和国的交接签字仪式在哈尔滨举行，标志着直9已开始飞出国门。

直9直升机

直 9A 参加北极科学考察，在“雪龙”号上吊装货物

直 9A 在南极执行任务

1982 年 2 月，薄一波副总理（前排左五）接见法国直升机公司代表　张金波提供

驻港部队使用的直 9A 机群

运10飞上世界屋脊

运10首次飞行

1970年8月，中央军委、国家计委正式行文，向上海下达了大型飞机研制任务，代号为708工程，后被命名为运10飞机。

运10飞机研制由上海市主持组织，技术、业务由航空工业部归口管理，研制工作以上海飞机设计研究所和上海飞机厂为主，全国十多个部、委，21个省、市、自治区，262个单位、13000多人参加了各项工作。300多名设计、科技人员，从航空工业研究所、工厂、院校以及航天工业等40多个机构，汇集上海。设计负责人熊焰、技术牵头人马凤山来自西北，先后担任总体、气动、计算机、试飞负责人的程不时来自东北。经多年大力协同，努力奋斗，1975年基本完成全机发图工作，共设计图纸14.3万标准页。试制了两架飞机，01架机用于静力试验，1978年11月26日，通过全机静力试验。

运10飞机02架用于飞行试验。为了确保首飞成功，上天前在地面做了操纵、液压、燃油、电网络四大系统全尺寸模拟试验，从而为飞行安全和飞机性能得出了科学依据。1980年9月26日，在第三机械工业部副部长、运10飞机首飞领导小组组长何文治主持下，上午9点37分，由首席飞行员王金大驾驶，运10在上海大场机场腾空而起，爬升到1350米，在空中飞行两圈，然后安全着陆。运10飞机最大起飞质量110吨，最大商载25吨，最大巡航速度974千米每小时，最大商载航程3150千米，5吨商载航程8300千米，最大加油量51吨，实用升限12000米。

运10首飞后，继续进行设计性能和适航性试飞，以及一系列航线试航。到1984年，共飞行130多个起落，170多个飞行小时。先后从上海直飞北京，直飞哈尔滨、广州、成都、郑州、合肥，及高原城市昆明。还载有多名新闻记者，以满载110吨最大起飞质量，飞行3660千米，直飞乌鲁木齐。特别是运10飞越祁连山、大雪山、唐古拉山，飞越金沙江、澜沧江、雅鲁藏布江，航行在冰川雪峰之上，到达海拔3540米的拉萨贡嘎机场，成为有史以来首次到达世界屋脊的国产飞机。当时，适逢西藏遭灾，遵照国务院命令，抢运救援物资，连续七次进藏，给藏胞送去党中央、国务院和全国各族人民的关怀和温暖。可以说，按照试飞大纲要求的科目，运10几乎飞遍了全国，凡是运10能起降的机场，都留下了它的身影。特别是经历了青藏高原的多次飞行考验，表明运10有较好的飞行性能，可以在国内任何航线上飞行，执行运输任务。通过飞行还证明，运10性能达到了设计要求，可保证安全飞行。

由于市场、经费、决策等诸多原因，运10在基本走完了主要研制阶段的艰难历程之后，未能继续坚持研制下去。虽经过多方争取，仍不得不于1985年2月停止研制。

运10翱翔在祖国领空

程不时

1980年9月26日清晨，我们从上海市南面龙华机场附近的居住地坐车穿过整个上海市，来到北郊的大场机场。到达机场时，太阳尚未升起，广阔的机场上却是人头攒动。这时朝霞满天，巨大的机库的大门被推开了。机库里似乎还盛着昨夜的清凉，光线模糊。首先一个小甲虫似的牵引车从库内缓缓开出，出现在门外的霞光里。慢慢地，在它身后5米，出现了运10巨大的流线型机头。接着，驾驶舱的前风挡玻璃出来了，像是大睁着惊奇的眼睛探望着外面的世界！

运10庞大的身躯逐渐显现出来。啊呀，它是如此巨大！

中国历史上造出的最大的飞机，把厂房门撑得满满的，像是从隧道里开出一列列车似的。牵引车拉着飞机徐徐转了一个90度的大弯，飞机像丁字台上的服装模特儿一样展示各个角度的优美线条，绽放着它新喷过漆的闪亮色彩。高大的机尾上喷上了巨大的五星红旗和红色的“Y—10”徽号，像电影中的镜头一样展现在万众面前。

这种景象，真使人心潮澎湃。设计人员几年来为它日夜冥思苦想，在每一点上争辩衡量，在每一根曲线上倾注着深情，在每一个细节上反复试验，现在把它交给了喷火的气流、呼啸的疾风、密如蛛网的线路上电子的奔涌。它就像是一具复杂的琴，如今供试飞机组用音乐家的手在天空奏响，用美术家的笔去到云端勾画。

在现场的上万人都为运10是否真能飞起来感到紧张。临跑道的一侧，摆上了几排坐椅。一群白发苍苍伛偻着背的老工人和一位老工程师坐在那里。那老工程师身上挂着从体内接出盛体液的瓶子，大手术之后他拒绝继续休养，要求尽快返回试制第一线，把用手术刀夺回来的有限生命献给这架飞机。终于他熬到了这一天，他执意要来亲自观看运10的首次飞行。

前面是一条为运10试飞新翻修的跑道。人们觉得分明看到了20世纪初，还是仅七十多年前我国航空先驱冯如开创的那条通天的路。我今天还无法平静地叙述参加运10试飞盛典时的感受。我只能说，能亲自将我国依靠本国的力量创造出的有史以来的最大飞机送上天空，真是一种难忘的体验。

试飞机长王金大，是民航局的第一批机长。他曾经驾驶过很多机型的运输机，包括苏式螺旋桨推进的和美式的喷气客机，并曾上百次飞行在最艰难的进藏航线上。他在运10工程的早期就由民航局派来参加此项工程，参加了许多重要技术问题的讨论，与许多工程技术人员交了朋友。他把担任我国第一架自行研制的大型喷气飞机运10的试飞当作一生最光荣的任务。

他胜利完成了试飞，驾驶运10在机场轻盈地着陆了，打开机翼上的减升板和发动机的反推力，如此巨大的飞机竟在很短的距离内停止了前冲。机组成员在锣鼓和鲜花的簇拥下将飞机驶回出发地停机坪，在万众欢腾下步下了机梯，个个满脸笑容犹如晨光般灿烂。

我私下问机长王金大首次飞运10的感受，他悄悄对我说：“就像大个子打篮球一样。”我听了一时没有明白他的意思，他解释说：“一般大个子行动好像欠灵活，但是你看篮球比赛的运动员，个个都是个子高大，但动作却是十分机动灵活。运10在空中，就像篮球场上的运动员那样，这么大一架飞机，飞行起来却是生龙活虎！”但是在正式的飞行汇报会议上，面对摄影镜头及众多期待的目光，他不能说“大个子打篮球”的比喻，而用了比较正式的评语：“飞机的操纵得心应手！”

以后，运10除了进行常规试飞的一些项目以外，还对国内一些城市做了适应性航线试飞，曾从我国东部的上海起飞，越过泰山之巅，直飞北京。北京机关、部队及各方面人士约9000人观看了运10的飞行表演，并列队进入机舱参观。

接着，运10从上海出发，飞过东海海域、黄海海域，越过长白山、兴安岭直达东北的哈尔滨，以观察其对我国北部严寒地区的适应性。

运10又向南越过南岭和珠江，到达广州。此行顺带运送了海关的14吨货物。然后运10又向西飞到昆明高原机场。在昆明巧遇百年未遇的大雪，运10在南方城市遇到这样罕见的瑞雪，也是可遇而不可求的巧事，且高原与大雪并未对运10造成任何有害影响。

由上海直飞西北的新疆乌鲁木齐，是我国东西向最长的航线。航程3360千米。运10以全重起飞，满载新闻界的记者，在飞机上举行了记者招待会。飞机掠过长江、黄河、太湖、青海湖、河西走廊，以及大戈壁、秦岭、祁连山、昆仑山。

我乘坐这架装有四台喷气发动机的大型客机从长江尾的上海直飞长江头的成都，又顺流而下飞回上海。坐上自己参加设计的大鹏俯瞰祖国壮丽的山河，真令人浮想联翩。即便是幼年的梦幻，也没有梦到景象是如此的辉煌，我感到如此舒畅。

紧接着，运10从成都试航有“世界屋脊”之称的西藏拉萨。这是一条过去被称为“空中禁区”、“死亡航线”的世界最艰难的航线。飞机飞越了积雪凝冰的大雪山、唐古拉山，飞越金沙江、澜沧江、雅鲁藏布江，抵达海拔3540米的拉萨贡戛机场。运10按国务院命令执行七次进藏特别运输任务，成为在20世纪内唯一飞抵“世界屋脊”西藏拉萨的中国自行设计的飞机。

如果展开一张我国的地图，将运10以华东的上海为基地起始所飞过的这些航线在地图上画出来，就可以看到运10飞过的航迹几乎是一张大网，覆盖了我国版图内所有大山大江、高原和平地、荒漠和沃土、湖泊和领海。

（节选自程不时：《天高歌长——我的飞机设计师生涯》）

运10在总装中

运10飞抵拉萨

运10在北京南苑机场举行飞行表演

马凤山在运 10 飞机前

运 10 设计组领导成员，左三为熊焰，左四为马凤山

程不时（左）与王金大在飞往拉萨的运 10 飞机上

运11飞机喷洒农药

创办通用航空公司

1980年5月23日，国务院正式颁布文件，批准航空工业部哈尔滨飞机工业公司组建运11农业航空服务队，执行农、林、牧业的飞播、施肥、防火、灭虫、农业资源调查以及地质探矿等任务。

运11飞机以农林为主，兼顾地质勘探、探测鱼群、运输救护等多种用途。在设计上突出低空性能，可超低空飞行，起降滑跑距离短，可在土跑道起降，使用维护方便。该机装用两台国产活塞6丁发动机，最大载物质量1250千克，可装农药750千克，也可载8名乘员。

运11飞机农业航空服务队驰骋东北，转战新疆，赢得信誉。经过前后5年多的艰难探索，哈尔滨飞机工业公司取得了国家工商管理总局和中国民用航空局颁发的营业许可证，在当初航空服务队的基础上，正式创办了中国第一家地方通用航空公司，命名为中国飞龙专业航空公司。

飞龙公司成立之后，一如既往，坚持专业服务方向，开发新的作业地区。无论是严寒的北国大庆，还是酷热的南国之乡；无论是海风扑面的沿海，还是飞沙走石的新疆大漠，他们都勇往直前。从1985年到1990年，南起北部湾，北到黑龙江，东起黄海之滨，西至塔里木盆地，除西藏、台湾外的祖国广阔地域，都有“飞龙”的身影。5年累计作业飞行14747小时，飞行距离相当于绕地球51圈，受益农田和森林800万亩，实现利税610万元。

在运11飞机农业服务队和飞龙公司的示范带动下，1984年，新疆石河子生产建设兵团购买了10架运11飞机，成立了航空服务支队。航空工业系统常州飞机厂的江南公司、石家庄飞机厂的冀华公司、贵州航空工业集团的双阳公司，也相继成立。飞龙、江南、冀华、双阳四家公司共拥有各类飞机44架，航迹遍及26个省、市、自治区，“七五”期间，累计专业飞行2.37万小时。其中，农业飞行9100小时，农业作业面积69万平方米；为地矿部门完成航空物探总测线长度93万千米，飞行8600小时，作业面积80万平方千米。

运5飞机进行飞播造林

20世纪50年代末，运5飞机飞行在北京上空喷洒灭蝇药剂

运 5B 飞机在北京郊区山林实施灭虫作业

农 5A 飞机进行农业作业

2003 年一批农 5A 飞机交付国家农业部

2001 年 8 月 EC-120 直升机交付首都通用航空公司

1964年毛泽东、刘少奇等国家领导人接见前来参加中巴通航仪式的巴基斯坦友人

全天候的中巴航空合作

我国的多位国家领导人都说过：中国和巴基斯坦的友谊是全天候的。两国航空工业和航空产品的合作情况正是这样，不管国际风云如何变化，两国的友好合作始终在坚持并不断发展。

1965年至1980年，巴基斯坦是中国无偿援助飞机数量较多的国家之一，包括歼教5、歼教6、歼6飞机和“上游1号”导弹。我国还帮助巴基斯坦建设了歼6飞机修理厂和副油箱生产线。

1979年，我国的军工产品由无偿援助转为出口贸易后，巴基斯坦不仅成为我航空产品出口的重点市场，而且成为后继出口新产品研制的主要合作伙伴。巴方是购买我航空产品最多的用户，同时又在研制歼7M、K8和超7等飞机过程中发挥了重要作用。

例如，1980年至1981年，巴方对强5飞机提出了改装意见，然后购买了44架强5Ⅲ飞机。1984年，巴方对我国和英国合作改装的歼7M进行补充试飞，包括空地航炮、火箭、炸弹的实弹射击和投放，空空航炮打靶及空中格斗等科目，使我方更加心中有数。1987年至1988年，巴方根据自己的作战需要，对歼7M飞机提出50多条改进建议。我方抓紧时间进行了改进设计和试飞，生产出歼7P和歼教7P。巴方分两批采购了80架歼7P和15架歼教7P。

K8教练机的研制，巴方不仅参与了投资，与我国共同确定战术技术指标，而且派出9人参加设计研制，其中有两名飞行员熟悉西方国家飞机的维护使用特点，促进了我们提高设计水平。巴方还获得四分之一的飞机部件的制造许可和有关技术资料，并对最早交付的6架K8飞机进行领先使用，发现问题，以便改进提高。K8的名称就是当时巴基斯坦总统齐亚·哈克提出的，他说将教练机命名为象征中巴友谊的喀喇昆仑山第8座山峰（实有7座山峰），K即代表喀喇昆仑山。

原称超7或FC-1，现定名“枭龙”、代号JF-17的第三代多用途轻型战斗机，也是中巴合作的成果。中航技、成都飞机工业公司、成都飞机设计研究所和贵州黎阳发动机公司为更新一代飞机，做了长期的技术准备，并得到巴基斯坦的支持和参与。1998年2月，中巴两国政府签署了该项目合作的原则协议。1999年9月，国防科工委正式批准研制。在中国航空工业第一集团公司（简称“中国一航”）的组织领导下，研制工作加速进行，2003年8月01架原型机首飞成功，2004年4月又实现03架首飞。2005年4月，在巴基斯坦航空联合体隆重举行了JF-17生产项目开工仪式。

1981年11月，杨得志总参谋长率团访问巴基斯坦，参观边境部队训练中心，左边前排左一杨得志、左三徐信、左五张序三、左六姚峻 姚峻提供

1971年7月，巴基斯坦空军代表团参观毛泽东主席故居，前排左十为中国空军副司令员邝任农、左九为巴基斯坦空军代表团团长拉希姆汗 麦林提供

1983年，巴基斯坦空军参谋长会见刘国民

1995年中国航空工业总公司副总经理王昂（前左二）访问巴基斯坦，受到巴基斯坦总理贝·布托接见　左明生提供

1987年张爱萍(右一)接见巴基斯坦国防部穆斯塔法，莫文祥（左二）、刘国民（左一）陪同接见　刘国民提供

1989年10月歼7P飞机在巴基斯坦某基地进行飞行表演，巴基斯坦总统伊沙克·汗接见中航技代表杨向东　杨向东提供

1990年，巴基斯坦总统伊沙克·汗接见中国航空工业代表团

1990年刘国民率团访问巴基斯坦期间拜会巴基斯坦民航局长法鲁克（后任空军参谋长）夫妇　杨向东提供

向巴基斯坦交付首批K8

1997年5月在巴基斯坦卡姆拉帮助工作的成都飞机工业公司的航空专家

中国出口巴基斯坦的歼7飞机

巴基斯坦空军保养助理参谋长RAFI参观北京中航技的航空零备件总库　李增福提供

运7单发起飞，图中飞机左发动机停止工作　张钦良提供

运7飞机单发试飞成功

1982年4月4日，天津张贵庄机场里一片紧张严肃的气氛，运7飞机单发起降试飞要在这里进行。

单发试飞是飞机在特殊危险状态下的试飞科目，用以考核在两台发动机中的一台关闭的情况下，是否仍能保证飞机正常起降的安全性。这种试飞难度大，危险性高，在国内从未进行过。运7飞机在设计上是有单发飞行性能的，但没有验证过。飞行员能不能使飞机恢复稳态飞行，也要在试飞实践中检验。运7研制多年，进行了大量飞行试验，疲劳试验5万小时，风洞试验2000多次，机械系统试验8项，特设系统试验14项。飞遍除台湾、西藏以外的全国主要机场，累计飞行1600小时，完成了高温、高原性能试飞。但是，为了圆满地完成设计定型，为了对旅客的安全高度负责，确保在任何情况下运7飞机都具有安全飞行能力，航空工业部和中国民航局决定，共同组织运7单发起降试飞。

1982年3月，在航空工业部何文治副部长主持下，运7全体试飞人员集结在天津张贵庄机场，进行封闭集中训练。在一个多月的时间里，机组全体同志知难而进，进行了近百次空中模拟和地面假单发起飞训练，飞了一百多个起落。

单发起降试飞是危险的，领导要求把登机人员压缩到最低限度，而且为每个登机同志都投了人身保险。民航8大队的6名机组人员全是共产党员。他们想到的不是个人安危，而是运7的命运和前途。机长张云、执行机长程远勇说："我们共产党员要为党的事业献身，个人生命无足惜。但是，如果因为飞不好，毁了运7，我们死了也不安心。"登机的技术人员也表示，就是赴汤蹈火，也要为国产飞机争气。

清晨5点54分，传来机长请求试飞的报告，指挥员随即下达试飞命令。接到命令，试飞员、机械师、领航员、技术人员立即全神贯注，准确、迅速展开工作。在这千钧一发的时刻，机长张云沉着冷静，在几秒钟内，准确、利落地完成了单发停车、稳杆增速、收起落架三个动作，使飞机呼啸着，带着左坡度向前上方增速，以理想的爬升率飞跃到120米高度，接着继续上升。6点03分，飞机平稳着陆，宣告起飞质量19.2吨单发起降试飞成功。接着，他们一鼓作气，又一举完成了起飞质量为21吨的单发起降试飞。

单发起降试飞成功是我国航空史上的壮举。这一成功，首创中国单发起降纪录，为运7定型和投入航线，为我国民用飞机发展，创造了条件，做出了贡献。

1985年12月1日，中央领导在首都机场参观运7等国产民用飞机　周日新摄

运7机组人员

耿飚、张爱萍接见运7单发起降参试人员　张钦良提供

IDF 飞机生产线

台湾中山研究院研制IDF型战斗机

台湾中山研究院成立于1968年，拥有6000余名科学家、8000余名技术人员。中山研究院拥有航天、导弹和火箭、电子及化学等4个主要研究部门。此外，它还拥有系统研制、系统维护、质量检验、材料研发、航天研究和导弹制造6大中心。每个研究部门或中心都设有一名主任，负责领导某一特定领域的研究工作，每个计划小组也都设有一名主席负责研究项目的管理和系统的融合。过去，有相当数量的武器系统是在台湾中山研究院设计、试验并进行大规模生产的，包括IDF型战斗机。

IDF战斗机采用翼身融合体设计，主翼根前缘的大边条一直前伸至座舱两侧，可有效地改善其起降性能及大迎角飞行性能，还可以显著提升机体的结构强度。IDF并未追赶20世纪80年代鸭翼布局的潮流，而是采用了相对保守的边条翼布局，可有效增加机体内部的载油量，有利于隐身性能的提高，技术上难度小，可以捡美国人成熟技术的便宜。由此可见，IDF采用边条翼结构而放弃近距耦合鸭翼布局是一种较为明智的选择，看似保守的技术为IDF带来的是实用与有效。IDF平直的主翼及大展弦比设计使得IDF在中空、低空、亚声速的飞行状态中诱导阻力小、轻便、灵活、安全性高，还可以降低耗油率，从而赋予了IDF较高的机动性能。

IDF的航空电子系统包括多功能平视显示器，两台多功能显示器，H423型激光陀螺惯性导航系统，雷达警告接收机，以及电子对抗装置。飞机控制系统采用美国爱理德－西格诺公司本迪克斯分公司的三余度数字式电传线控系统，采用模块设计，由3台计算机控制，尺寸小，全重仅20多千克，维修方便。操纵系统为类似F－16的双杆式，座舱右侧为操纵杆，左侧为推力杆，飞行座椅向后倾30度，以提高飞行员抗过载能力。

IDF战斗机于1989年5月28日首飞。1994年进入批量生产阶段。最初生产量定为250架，计划月产3至5架，持续生产5年。但后来台湾地区获得了更先进的F－16A/B和幻影2000－5，IDF的订单随之减为130架，已全部生产完毕。作为台湾第一种“独立”研制的战斗机，IDF对台军方和科研机构固然有其特殊意义。IDF诞生在美国的支援和限制的矛盾统一之中，性能上有突破也有不足。

IDF 飞机编队飞行

机翼下挂“天剑”1格斗导弹、机腹下挂“天剑”2中距导弹的 IDF 飞机

A3 号 IDF 原型机在滑行

台湾航发中心设计生产的“中兴”号教练机

台湾生产的“介寿”号教练机

台湾研发的 AT–3“自强”号教练机

歼8Ⅱ与总设计师顾诵芬

1984年6月12日，性能全面优于米格–23、多用途的高空高速全天候的歼8Ⅱ飞机，由试飞员曲学仁驾驶腾空而起，在完成规定项目后，飞机安全着陆。首飞成功。

歼8Ⅱ飞机是在歼8Ⅰ飞机基础上改型设计的。它能在复杂气象下拦截轰炸机、歼击轰炸机，能与歼击机空战夺取制空权，并具有较强的对地攻击能力，可以说是一种新型飞机，与歼8Ⅰ飞机的主要区别有：

重新设计了前机身，改机头进气为两侧进气，并采用全动式差动水平尾翼，后机身下部采用了可折叠的大腹鳍；换装了两台大推力的涡喷13Ⅱ型双轴涡轮喷气发动机；增装了两个外挂架，并装备了中距导弹，还能外挂炸弹；装载了208雷达、平视显示器、大气数据计算机、265雷达高度表等组成的平视显示／武器瞄准系统，使飞机具备了拦射攻击、跟踪攻击、前跟踪射击和对地攻击能力；安装了KJ–12自动驾驶仪，提高了操纵性能，减轻了飞行员的工作负荷；还安装了新型通信导航设备和电子对抗系统，改善了通信导航能力，提高了敌我识别和电子对抗能力。

为此，约有70%的图纸要改动或重新设计，同时在研制中还要协调改动零部件和未改动部分的关系。全机配套成品518项，其中新研制和改进的有158项，共采用新材料7项。根据我国以往的经验，研制这样的飞机，一般从设计到首飞需要6年左右，而歼8Ⅱ仅用了3年多一点时间，这是国内从未有过的研制速度。

歼8Ⅱ型飞机由沈阳飞机设计研究所任总设计单位，顾诵芬任总设计师，沈阳飞机工业公司负责试制生产。歼8Ⅱ于1988年设计定型，1990年装备部队，已成为部队主力机种。

顾诵芬（前排右一）在上海交通大学毕业时合影
顾诵芬提供

顾诵芬1930年2月出生于江苏苏州。1951年毕业于上海交通大学航空工程系空气动力学专业，分配到航空工业局工作。1956年我国第一个飞机设计室在沈阳成立，他被任命为空气动力专业组组长。参加了歼教1和初教6飞机的气动力设计。1961年，沈阳飞机设计研究所成立。顾诵芬从1963年起，历任所副总设计师、总设计师、副所长、所长等职。1965年国家批准设计高空高速歼击机歼8，他任副总设计师、总设计师。

顾诵芬于1991年当选为中国科学院学部委员，即科学院院士。1994年当选为中国工程院院士。1987年被任命为首届“863”计划航天高技术领域专家委员会委员，参加了航空航天发展规划研究，组织了我国航天飞机的方案论证和技术攻关，还兼任多项学术职务和多所高等学校的兼职教授。

顾诵芬在飞机座舱里研究技术问题　刘双岭摄

顾诵芬（中蹲者）在飞机上处理技术问题　刘双岭摄

顾诵芬（后座）乘坐超声速教练
机上天，飞行员为鹿鸣东
顾诵芬提供

顾诵芬(前)在沈阳（1951）
顾诵芬提供

顾诵芬在试验现场　刘双岭摄

歼 8 Ⅱ飞机起飞

歼 8 Ⅱ机群

歼8 II编队飞行　牟健为摄

歼7改型与总设计师屠基达

屠基达

在飞机研制发展中，歼7飞机的改进改型系列颇为典型。在米格-21原型机的基础上，循序渐进，锲而不舍，通过“渐改法”发展成多品种歼7改型飞机——歼7I、歼7Ⅱ、歼7 III、歼7M、歼7E以及歼教7，特别是歼7M飞机改装成功英国7项电子设备后，综合性能显著提高，出口数百架到多个国家。米格-21是苏联米高扬设计局的得意之作，是世界第二代歼击机的代表，有20多个改型，苏联自己生产了5000多架，世界上有37个国家采购或生产过这种飞机。苏联已于1986停产这种米格-21。但是在中国，歼7系列改型仍然具有相当的生命力。

歼7系列改型时逢“文化大革命”，对改型项目，一开始就其说不一，反复较大。1969年初，有“六改”和“三改”两个方案。1972年5月，叶剑英副主席亲自主持军委办公会议，审议并决定歼7Ⅰ型飞机按“三改”状态，重新进行试制定型。直到1973年，“三改”状态的歼7Ⅰ飞机才试制出来，交付试飞。所谓“三改”即增加一门左炮；进气道唇口改钝；进气道调节锥改为无级调节。1975年6月，获得批准设计定型。1980年有关部门批准转入成批生产。到1982年停产，歼7Ⅰ飞机共交付187架。

通过歼7Ⅰ飞机改型，成都飞机厂对歼7飞机再进行四项改进。“四改”即将带离式弹射救生装置改成敞开式火箭弹射救生装置，实现零高度、小速度弹射的安全救生；改装涡喷7乙发动机，加大了推力，改善了飞机性能；改装720升副油箱，增大了飞机航程和续航时间；将阻力伞上移，改善了飞机着陆性能，缩短了滑跑距离。

1978年12月30日，“四改”项目飞机由试飞员余明文进行首飞，一举成功，被命名为歼7Ⅱ型。1979年歼7Ⅱ飞机获国务院国防工业办公室重大技术改进项目一等奖。歼7Ⅱ飞机的改型成功和成批生产，改善了军队装备，并为出口铺平了道路。根据国外用户的需要，引进国外机载设备，我国先后改型出口了歼7A、歼7B、歼7M，其中以歼7M型最为成功。

1984年10月1日，在北京举行建国35周年的盛大阅兵中，35架歼7Ⅱ飞机以5机编队的形式，飞越天安门广场上空，接受了检阅。

歼7飞机设计改型由屠基达全面负责。屠基达，1928年生，1995年当选为中国工程院院士。1951年起，投身航空工业，先后主持了初教6、歼5甲、歼教5、歼7Ⅰ、歼7Ⅱ、歼7M等多种飞机的设计和改型。屠基达曾任成都飞机工业公司总工程师、总设计师。他主持设计成功的飞机中，两种机型获得全国科学大会奖，两种机型获得国家科技进步一等奖，三种机型（系统）获得国家质量金质奖。

1989年10月，屠基达向美国《航空周刊与空间技术》主编芬克介绍歼7M飞机

屠基达接受美国《航空周刊与空间技术》主编芬克采访　周日新摄

屠基达在歼7机群前

歼7MG飞机施放阻力伞准备着陆

摄于1931年的以屠基达祖父母为首的全家福照，前排右一为屠基达(时年4岁)　屠基达提供

歼教5机群在海上飞行

歼7Ⅲ与总设计师宋文骢

歼7ⅢⅢ飞机

歼7飞机改型规模最大、最引人注目的，还数歼7Ⅲ。歼7Ⅲ飞机与歼7Ⅱ相比，改进量很大：配备全天候雷达和比较先进的火控系统；提高飞机外挂导弹和火箭的能力；采用新的涡喷13发动机；改进弹射救生装置；增加油箱；更改飞机部分结构和外形。零件变化率达80%，成品变化率43%，采用新材料37种，新成品190种。歼7飞机改进为歼7Ⅲ，跃升了一个大台阶，已经是一种高中空、高速、全天候歼击机，用来在昼间、夜间和复杂气象条件下作战。

歼7Ⅲ改进研制任务，由成都飞机设计研究所、成都飞机工业公司和贵州航空工业集团公司、黎阳发动机公司承担，宋文骢任总设计师。1981年开始设计，1982年进行零件制造。当时，航空工业部决定，以成都飞机厂为主战场，航空工业部高镇宁副部长负责组织领导，成都飞机厂厂长谢明任现场指挥部总指挥。在研制过程中，他始终坚持现场指挥、现场办公、现场服务，形成纵向指挥管理和横向协调互动的新型矩阵管理方式。成都飞机设计所的100多名设计人员，始终在现场跟产，工厂数以百计的工人和科技人员与之紧密合作；各级领导跟在现场，热气腾腾，创造了优良的工作质量和很高的工作效率。1983年12月，一次完成首架飞机机身与机翼对合，顺利进入总装。又仅用30个昼夜，于1984年2月6日，01架歼7Ⅲ飞机总装告捷；4月6日，全机静力试验一举成功；4月26日，试飞员余明文驾机升空。在飞行过程中，歼7Ⅲ飞机无侧滑、无故障，各系统工作正常。一鼓作气，于同年底，完成全部试飞科目。1988年2月4日，歼7Ⅲ飞机被批准设计定型，转入成批生产。

宋文骢1930年3月26日出生于云南省大理，1959年毕业于哈尔滨军事工程学院空军工程系，分配到沈阳飞机厂第二设计室，任飞机总体组组长。1961年调沈阳飞机设计研究所，历任总体组组长、布局组组长。1970年到成都飞机设计研究所任总设计师。

1991年11月歼7Ⅲ型飞机获国家科学技术进步二等奖，宋文骢荣立一等功。1986年国防科工委任命宋文骢为国家重大专项歼10飞机总设计师。在他的领导下，该机研制成功，取得了历史性的突破，使我国具备了第三代歼击机的设计研制能力，特别在先进气动布局、航空电子综合技术、数字式飞行控制系统、计算机辅助设计和制造技术等方面均取得重大突破。在型号研制中，宋文骢荣立一等功1次、特等功1次。宋文骢还当选为中国工程院院士。

宋文骢向江泽民主席汇报新机研制情况

宋文骢（前排右一）与试飞员握手

宋文骢　李勇摄

"飞豹"与总设计师陈一坚

1999年10月1日，在北京举行的建国50周年盛大阅兵中，6架"飞豹"组成的空中梯队成箭形编队整齐地飞越天安门广场上空。这种新型战机已经具备了很强的作战能力，被誉为我军的"撒手锏"之一。飞豹的总设计师是陈一坚。

这是一幅由陈一坚本人提供的绝版照片。照片摄于1952年夏，清华大学航空系同学毕业前夕，地点是航空系的美制B-29飞机前，画中人共7位，前排左三站在螺旋桨中间的是陈一坚，他身后是已故航空航天工业部副部长何文治。看，这几位同学意气风发，神态多么生动!

清华学子在飞机前，左三为陈一坚（1952）
陈一坚提供

陈一坚1930年6月生于福建省福州市。他第一次看见飞机是在挨轰炸时，抗日战争爆发后，日本零式飞机时常前来狂轰滥炸。他曾目睹一位妇女因躲避轰炸，不让自己的孩子啼哭捂住他的嘴而使孩子窒息致死的悲剧。陈一坚坚定了将来学航空报效国家的志向。1948年，他考上厦门大学航空系。1951年随着院系调整，他进入清华大学航空学院学习。

1952年夏，陈一坚毕业即奔赴北国冰城，来到哈尔滨飞机厂工作。当时由于抗美援朝战事需要，首当其冲地是搞好飞机修理。

1956年，陈一坚调入沈阳飞机设计室，投入歼教1的设计工作，他在屠基达带领下搞机身设计。陈一坚还同屠基达一道，参加了初教6飞机的设计。

在20世纪60年代初，沈阳飞机设计所成立后，陈一坚先后任研究室副主任、主任工程师，也参加了歼8飞机的早期总体设计。1964年8月，陈一坚奉调西安飞机设计研究所。

70年代末80年代初，我国急需研制一种在平时能对敌人起威慑作用、战时能取得局部战争胜利的"撒手锏"武器。歼击轰炸机"飞豹"的研制就提上了日程，1982年陈一坚被国防科工委任命为"飞豹"的总设计师。

"飞豹"是我国自行设计制造的第一种歼击轰炸机，在设计上突出低空突防能力、大的作战半径和大的载弹量，可在夜间和复杂气象条件下保持良好的作战能力。"飞豹"装备了先进的航空电子设备和火控系统，其火力是：前机身右下侧装有一门口径23毫米的机炮，全机载弹量5吨，可挂多种姿态发射的空空导弹以及4枚空舰导弹。 作战半径1250千米。试飞及部队使用表明，"飞豹"具有良好的中低空飞行特性，部分性能超过俄罗斯的苏-24、美国的F-4和欧洲三国联合研制的"狂风"战斗机。

"飞豹"由西安飞机工业公司试制和生产。1988年12月14日，"飞豹"在西安首飞成功。首飞试飞员是试飞英雄黄炳新，领航员邢彦才。如今，"飞豹"已正式设计定型，并装备部队使用。"飞豹"研制获得国家科技进步特等奖，陈一坚是第一获奖人。陈一坚还当选为中国工程院院士。

陈一坚　陈一坚提供

陈一坚（左一）参观国外公司　陈一坚提供

“飞豹”和海军航空兵飞行员们

“飞豹”起飞

“飞豹”双机飞行

“飞豹”机群

走出书香门第的强度专家冯钟越

冯钟越

哭小弟

宗璞

小弟生于北京，1952年从清华大学航空系毕业。他填志愿到西南，后来分配在东北，以后又调到成都，调到陕西。虽然他的血没有流在祖国的土地上，但他的汗水洒遍全国，他的精力的一点一滴都献给祖国的航空事业了。个人的功绩总是有限的，也许燃尽了自己，也不能给人一点光亮，可总是为以后绚烂的光辉做了一点积累吧。我不大明白各种工业的复杂性，但我明白，任何事业也不是只坐在北京就能够建树的。

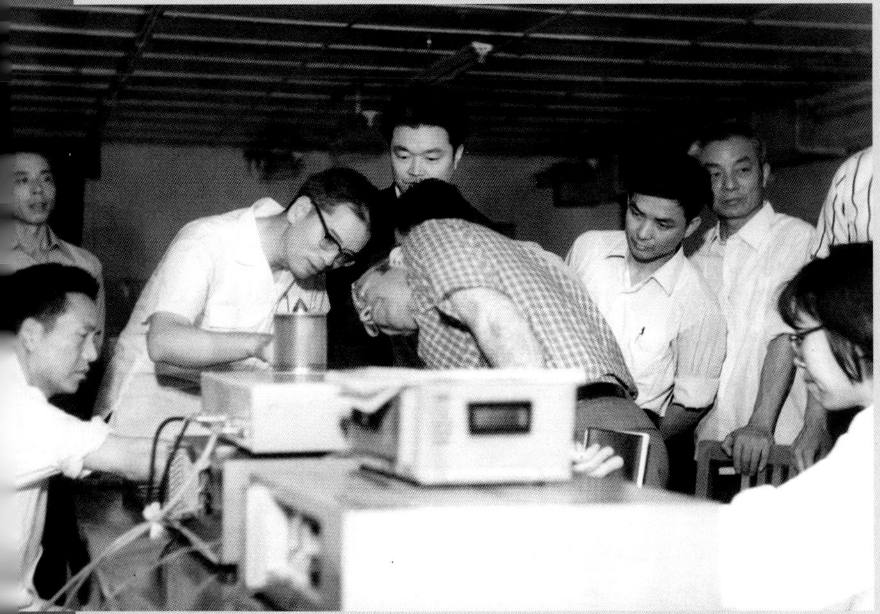

冯钟越在工作现场

我曾经非常希望小弟调回北京，分担我侍奉老父的重担。他是儿子，三十年在外奔波，他不该尽些家庭的责任么？多年来，家里有什么事，大家都会这样说：“等小弟回来”，“问小弟”。有时只要想到有他可问，也就安心了。现在还怎能得到这样的心安！风烛残年的父亲想儿子，尤其这几年母亲去世后，他的思念是深的、苦的。我知道，虽然他不说，现在他永远失去他的最宝贝的小儿子了。我还曾希望在我自己走到人生的尽头，跨过那一道痛苦的门槛时，身旁的亲人中能有我的弟弟，他素来的可倚可靠会给我安慰。哪里知道，却是他先迈过了那道门槛呵！ 1982年10月28日上午7时，他去了。

这一天本在意料之中，可是我怎能相信这是事实呢！他躺在那里，但他已经不是他了，已经不是我那正当盛年的弟弟，他再不会回答我们的呼唤，再不会劝阻我们的哭泣。你到哪里去了，小弟！自1974年沅君姑母逝世起，我家屡遭丧事，而这一次小弟的远去最是违反常规，令人难以接受！我还不得不把这消息告诉当时也在住院的老父，因为我无法回答他每天的第一句问话：“今天小弟怎么样？”我必须告诉他，这是我的责任。再没有弟弟

1949年在清华读书时的冯钟越
在家中学画工程画 陈桂芝提供

可以依靠了，再不能指望他来分担我的责任了。

父亲为他写了挽联："是好党员，是好干部，壮志未酬，洒泪岂只为家痛；能娴科技，能娴艺文，全才罕遇，招魂也难再归来！"我那唯一的弟弟，永远地离去了。

他是积劳成疾，也是积郁成疾，他一天三段紧张地工作，参加各式各样的会议。每有大型试验，他事先检查到每一个螺丝钉，每一块胶布。他是第三机械工业部科技委员会委员，他曾有远见地提出多种型号研究。有一项他任主任工程师的课题研究获国防工办和第三机械工业部科技一等奖。同时他也是623所党委委员，需要在会议桌上坦率而又让人能接受地说出自己对各种事情的意见。我常想，能够"双肩挑"，是我们50年代到60年代初期出来的知识分子的特点。我们是在"又红又专"的要求下长大的。当然，有的人永远也没有能达到要求，像我。大多数人则挑起过重的担子，在崎岖的，荆棘丛生的，有时是此路不通的山路上行走。那几年的批判斗争是有远期效果的。他们不只是生活艰苦，过于劳累，还要担惊受怕，心里塞满想不通的事，谁又能经受得起呢！

小弟住院前，正负责组织航空工业部系统的一个课题组，他任主任工程师。他的一个同志写信给我说，1981年夏天，西安一带出奇地热，几乎所有的人晚上都到室外乘凉，只有"我们的老冯"坚持伏案看资料，"有一天晚上，我去他家汇报工作，得知他经常胃痛，有时从睡梦中痛醒，工作中有时会痛得大汗淋漓，挺一会儿，又接着做了。天啊！谁又知道这是癌症！我只淡淡地说该上医院看看。回想起来，我心里很内疚，我对不起老冯，也对不起您！"

这位不相识的好同志的话使我失声痛哭！我也恨自己，恨自己没有早想到癌症对我们家族的威胁，即使没有任何症状，也该定期检查。云山阻隔，我一直以为小弟是健康的。其实他早感不适，已去过他该去的医疗单位。区一级的说是胃下垂，县一级的说是肾游走。以小弟之为人，当然不会大惊小怪，惊动大家。后来在弟妹的催促下，乘工作之便到西安检查，才做手术。如果早一年有正确的诊断和治疗，小弟还可以再为祖国工作20年！

往者已矣。小弟一生，从没有"埋怨"过谁，也没有"埋怨"过自己，这是他的美德之一。他在病中写的诗中有两句："回首悠悠无恨事，丹心一片向将来。"他没有恨事。他虽无可以彪炳史册的丰功伟绩，却有一个普通人的认真的、勤奋的一生。历史正是由这些人写成的。

（节选自宗璞《哭小弟》，原载1982年12月27日《人民日报》）

冯钟越（右二）、管德（左二）在美国访问

1954年在沈阳飞机厂任总装车间工艺室主任时的冯钟越（二排中）与全室同志合影　陈桂芝提供

冯钟越在飞机强度所接待外宾　陈桂芝提供

1978年在北京大学燕园冯家寓所前，左起：冯钟越、冯友兰、宗璞、冯岱　陈桂芝提供

叶正大中将

将门之子、飞机设计师叶正大

叶正大是叶挺将军的长子，1927年8月生于上海。1946年8月参加革命，1947年进入东北民主联军司令部附设俄文学校学习，1948年加入中国共产党，并被中共中央委派到苏联莫斯科航空学院学习。毛泽东主席在1950年访苏时，曾给叶正大题词："建设中国的强大空军"。

叶正大于1955年毕业于莫斯科航空学院飞机设计系。回国后被分配到沈阳飞机厂任工艺员，不久调到设计科任主任设计员，参加我国第一架喷气歼击机歼5飞机的试制工作。

1956年，叶正大被任命为沈阳飞机设计室副主任设计师。作为技术负责人之一，参与组建飞机设计室，经过设计、试制、试飞，研制了我国第一架喷气式教练机歼教1飞机。在此期间，他还组织并直接参与了我国自行设计的第一架喷气式强击机强5和我国第一架初级教练机初教6的总体方案的制定。

1960年，任沈阳飞机设计研究所副所长。当时，我国急需在歼6飞机的基础上改制出一种教练机，叶正大作为技术负责人，直接参与并领导了歼教6型飞机的研制工作，为部队培养飞行员做出了贡献。为此，叶正大获得国家科技进步二等奖。

1961年，苏联决定向我国出售米格-21飞机的生产专利，叶正大是以空军刘亚楼司令员为团长的对苏谈判代表团的成员。回国后，如何处理从苏联引进的10套件的米格-21飞机散件成为一个大问题。他迎难而上，带领广大技术人员，在没有苏联专家帮助的情况下，经过大量的反设计、试验等工作，攻克一个个技术难关，使第一架歼7飞机在不到两年的时间里就组装成功，并在此基础上很快实现歼7飞机全部国产化，投入生产，装备部队。

他带领全所科技人员，对米格-21飞机做了大量反设计计算和试验工作，为歼8飞机设计打下了坚实的技术理论基础。在此基础上，在航空研究院的正确领导下他积极赞同"先双发、后单发"的研制方针。当第一架歼8飞机静力试验表明飞机强度不够时，他带领技术人员对方案做出了修改；在第一次试飞飞机出现问题时，对是否能够继续安全试飞出现了不同意见，他提出了正确的试飞建议。歼8飞机终于研制成功并装备了部队。歼8飞机获国家科技进步特等奖，叶正大是主要获奖人之一。

1973年4月叶正大任航空研究院副院长，同年11月调任国务院国防工业办公室副主任。1982年，叶正大任国防科工委科技委副主任。1994年起转任国防科工委科技委顾问、中国航天基金会会长。1988年他被授予中将军衔。1992年被俄罗斯齐奥可夫斯基宇航院聘请为国际院士。

叶正大考察航空科研所

叶正大(前排左三)访问英国

叶正大（前右三）与李景（前右四）、谢光（前左三）、林虎（前左二）、顾诵芬（前右二）、宋文骢（前右一）在成都飞机设计研究所　叶正大提供

毛主席、周总理给中国留苏学生题词

叶正大

1950年2月6日晚(农历春节)，毛泽东主席、周恩来总理在苏联签订《中苏友好同盟条约》后，在我国驻苏联大使馆接见我们留苏大学生共21人，并和我们欢度春节。当时李鹏同志从桌上拿出一张纸请毛主席给他题词，毛主席很高兴地给他写了"为人民服务"5个大字并愉快地签了名。其他同志都一拥而上，围着毛主席、周总理纷纷请他们题字。毛主席给前几个留学生题写的全是"为人民服务"。当轮到我的时候，因在延安时毛主席曾请我们几个弟兄到他家吃过饭，所以认得我，因此问我在什么学校?学习什么专业?我一一作了回答。于是毛主席高兴地题写了"建设中国的强大空军"，为我这一辈子树立了远大的目标，接着周恩来总理又为我题写了"艰苦奋斗，努力学习"。

我认为国家领导人的题词不仅是给我的，也是给航空工业全体职工的，因此把第一号复印件送给航空工业总公司(原件存在中国人民解放军军事博物馆)。

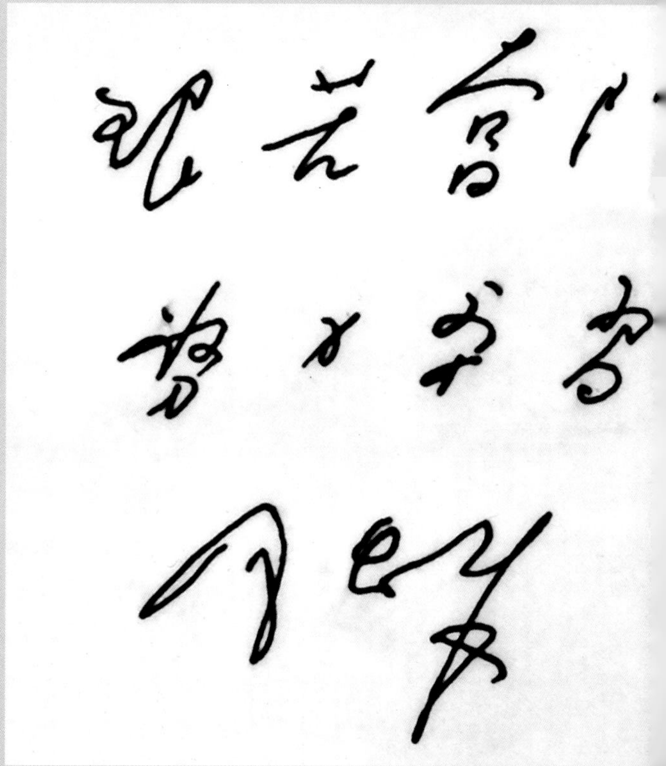

周总理为叶正大题词　叶正大提供

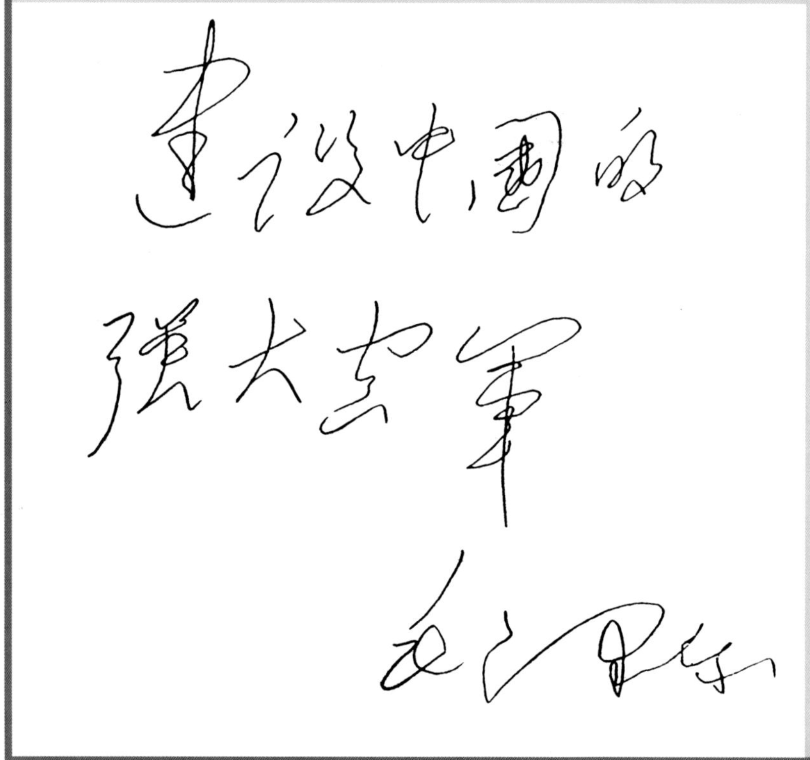

毛泽东为叶正大题词　叶正大提供

中国革命历史中的传奇人物
——刘　鼎

刘鼎，1902年1月8日生于四川省南溪县。1920年考入浙江高等工业学校。1923年在上海加入社会主义青年团。1924年赴德国勤工俭学，先后在哥廷根大学和柏林大学选学机电工业课程，同年转为中国共产党党员。

他1926年赴苏联，先后在莫斯科东方大学和苏联空军机械学校学习、任教兼翻译。同时担任中共东大总支委员兼东大中国学生军事班支部书记。

1929年他秘密回到上海，在中共中央军委特科任二科（情报科）副科长，作为科长陈赓的助手，在周恩来的直接领导下，进行隐蔽战线上的特殊战斗。1931年10月由于叛徒出卖被捕，保释出狱后，1933年由潘汉年批准转移到江西苏区，任闽浙赣苏区政治部组织部长兼红军五分校政委，后任兵工厂政委。他亲自设计、研制并组织生产了三门35毫米口径的小迫击炮及其炮弹——人民兵工史上最早自制的火炮。

1935年五六月间，刘鼎在江西苏区转战中被俘，秋天“智脱魔窟”潜回上海找党。1936年3月，受命从上海赴西安做争取张学良联共抗日工作。在洛川和张学良日夜长谈10多天，使张学良对共产党和红军有了进一步的认识和确切的了解，从而增强了他联共抗日的决心，促成了张学良1936年1月20日与中共中央代表李克农会谈，4月9日张学良又自驾飞机，带着刘鼎到肤施（延安）和周恩来会谈。通过会谈，张学良接受中国共产党的“停止内战，一致抗日”主张，不执行蒋介石剿灭红军的命令。这对于中国共产党和中国革命进程的积极影响，是难以估量的。接着，中共中央正式委任刘鼎为中共驻东北军代表。

刘鼎（1949）

刘鼎按照周恩来的嘱托和张学良的要求，着手协助张学良发展进步力量，培养干部。1936年12月11日夜，张学良告知刘鼎要于12日发动“兵谏”，刘鼎立即向中共中央发电做了报告，此后刘鼎参加了“西安事变”的全过程。

刘鼎于1937年到延安，先后任摩托学校校长、抗大政治主任教员、抗大特科大队大队长、八路军总部军工部部长，领导研制了“八一式”步马枪、战场上急需的抗衡日军火力的小型火炮及其炮弹，开创了我军大量生产迫击炮的历史；创办了太行工业学校并兼任校长；1947年任晋察冀工业局副局长。

建国后，刘鼎任中央人民政府重工业部副部长。抗美援朝战争中他组织试制成功了90火箭筒、57毫米无座力炮及其配用的装甲弹、榴弹，并批量生产，为前方提供了迫切需要的反坦克武器，受到兵工部门的嘉奖。1951年5月兵工总局成立，刘鼎兼任局长。1952年8月，刘鼎被任命为第二机械工业部副部长兼二局局长；1955年刘鼎先后任第二机械工业部部长助理、副部长。1963年任航空工业部常务副部长，1965年兼任航空研究院院长。

刘鼎一生历尽坎坷，富有传奇。党的十一届三中全会后，中共中央撤销了长期强加在他身上的错误结论，给他彻底平反，并恢复他的政治名誉。

1951年刘鼎（前排右二）在苏联

刘鼎（右）在石家庄飞机厂

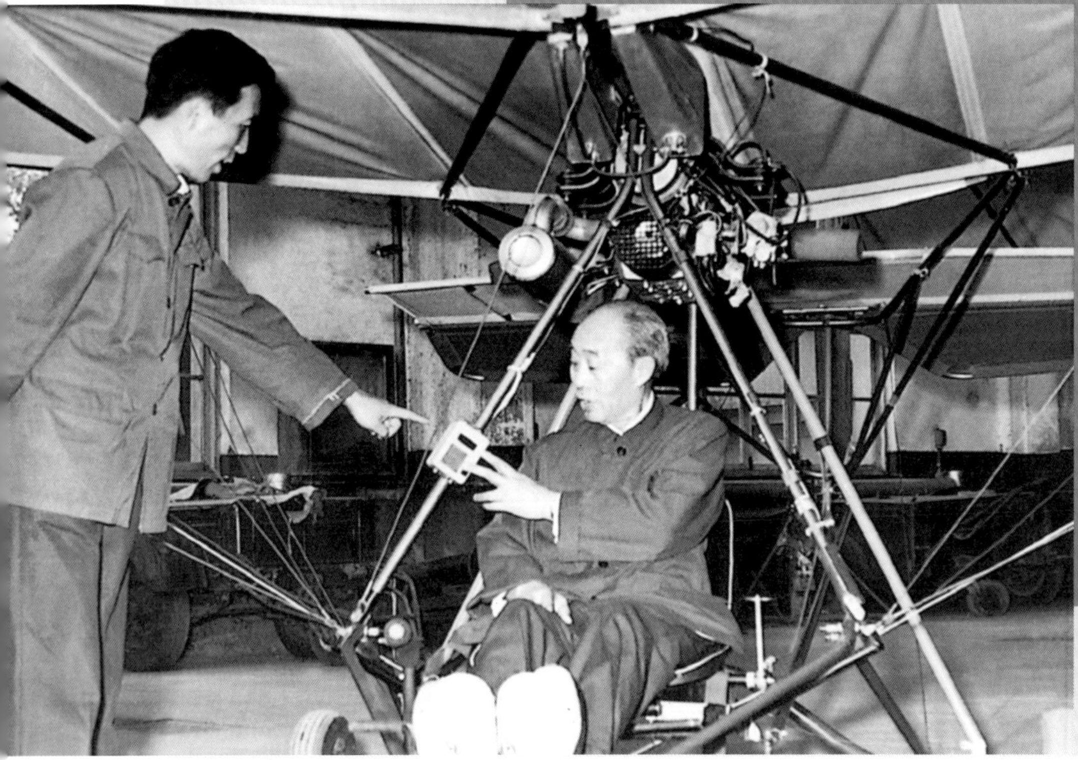

刘鼎与夫人易辉在延安（1945）

1959年刘鼎（右一）在沈阳重型机器厂试制成功的2000吨水压机前

1958年10月，第一机械工业部副部长刘鼎（前排左一）、刘寅，辽宁省副省长王梓木，中共沈阳市委书记徐少甫，沈阳空军部队领导参加“沈航1号”试飞典礼　沈阳航空工业学院提供

“面壁十年”造就沙丘驻涡火焰稳定器重大发明

1984年12月1日，国家发明奖评审委员会决定给研究成功“沙丘驻涡火焰稳定器设计理论及方法”的高歌等颁发国家发明一等奖。

著名科学家钱学森高度评价这一成果，认为它是一项“为中国人争气的、很有价值的重要发明，是一个很大的技术突破，是在航空发动机领域里的重大建树。”

在喷气式航空发动机的加力燃烧室中，装有火焰稳定器。其作用是稳定加力燃烧时的火焰，使之既充分燃烧又不被高速气流吹灭。自20世纪40年代涡轮喷气发动机面世以来，V形槽火焰稳定器的结构型式一统天下。这种火焰稳定器加工容易，但火焰不易稳定，而且效率低，耗油率高，更可怕的是容易出现“震荡”燃烧，危及飞行安全。因此研制新型的先进的性能更好的火焰稳定器成为航空发动机领域的一项攻关课题。

1968年，高歌毕业于北京航空学院航空发动机系。由于他的父亲被打成“反动学术权威”，他就成了“黑五类”子女，于是不能安排在国防工业系统工作，被分配到青海茫崖石棉矿工作。在青海，他一待便是10年。

高歌对航空发动机事业痴心不改，当他途经祖国大西北的沙漠时，沙丘的奇怪外形触发了他的灵感，他突发奇想：沙丘驻涡（即风吹沙丘的背面形成的涡流区）可能会派上用场！

1978年，高歌考回母校北京航空学院航空发动机系读研究生。在我国著名研究燃烧的专家宁榥教授的指导下，高歌毅然选择了沙丘驻涡火焰稳定器的研究课题。

高歌不负导师的殷切期望，经过刻苦攻关，在理论分析上发现了旋涡的拱形效应和发散效应，找到使旋涡稳定的途径；在计算方法上，首创了人工压缩阻尼法，比国际上通用的超松弛法速度快几百倍。

高 歌

1980年底，沙丘驻涡火焰稳定器原理试验取得成功；简陋设备的试验印证了复杂精深的原理，沙丘驻涡火焰稳定器的阻力只有V形槽火焰稳定器的四分之一，而火焰燃烧的稳定范围却提高了好几倍！沈阳黎明发动机公司把新型火焰稳定器装上发动机，进行了台架试车。南昌洪都航空工业集团公司给强5飞机安装带有新型火焰稳定器的发动机进行试飞。

一系列试验试飞表明，沙丘驻涡火焰稳定器全面优于传统的V形槽火焰稳定器，火焰燃烧稳定，可以消除危及飞行安全的“震荡”性燃烧，还能降低燃油消耗，增大发动机推力，可谓一举多得。

中共中央总书记胡耀邦在接见高歌时风趣地说：“高歌猛进”，赞赏了他在科学研究上的贡献。

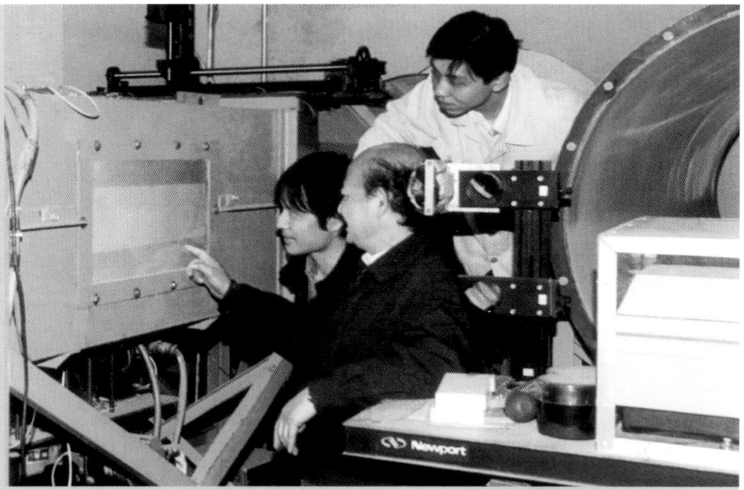

高歌与研究生一起做试验

高歌与宁榥教授在一起　卜石林摄

沙丘驻涡火焰稳定器

使用沙丘驻涡火焰稳定器的涡喷 13F
发动机的加力燃烧室

高歌访问美国 高歌提供

国庆35周年空中阅兵

1984年国庆35周年，在首都举行阅兵式。建国35周年首都阅兵领导小组决定，空中阅兵由轰6、歼教5、强5、歼7Ⅱ等飞机94架，组成4个空中梯队担任。

航空工业部领受任务后，上下一致，认为这是一项神圣使命，不仅是对空军指战员的检阅，也是党和国家、全国人民对航空工业科研、生产的一次检阅。任务下达后，各有关厂、所都把它当成头等大事，全力以赴，提供优质飞机和必需的备件。凡是受阅部队所缺的零备件，航空工业企业都做急件安排，仓库没有的就从生产线上抽调，千方百计保证受阅任务的完成。

国庆35周年阅兵，空军地空导弹部队通过天安门

1984年10月1日清晨，空军受阅部队集结待命。但北京市区和周围，云雾弥漫，能见度不好。受阅部队指挥所立即派出飞机进行人工消雾，但效果不理想。9时20分，天气仍然没有好转，各机场的气象也很复杂，特别是轰6飞机使用的南苑机场，大雾笼罩，能见度只有100米～300米。这时，党和国家领导人已陆续登上了天安门城楼，地面受阅部队已列队完毕。时间紧急，不容迟疑。空军受阅指挥部紧急决策，认为参加受阅的飞行员绝大部分是全天候水平，受阅的各型飞机性能、质量、技术状态安全、可靠，能够在目前这样的气象条件下完成受阅任务。9时30分，空军阅兵指挥部指挥员下了决心，向各空中受阅部队下达了起飞命令。9时50分，受阅空中梯队从各机场先后起飞。但是，天气情况十分复杂。南苑机场受阅的飞机起飞后，后机看不到前机；离地后，即看不清地面。领队机航空兵8师师长驾驶一架轰

6飞机，与8架受阅的歼教5飞机，在空中准确会合，遂排成楔形队形，拉着红、绿、蓝、黄的绚丽彩烟，向天安门上空挺进。

10时50分，天空中突然传来巨大的飞机轰鸣，天安门城楼和广场上千万双眼睛，不约而同向空中望去，只见修长的轰6飞机，婉若游龙，带领8架歼教5护卫机，排成楔形队形，散播着五彩缤纷的烟云，飞临上空。广场上顿时一片欢腾，人们为国产雄鹰在祖国蓝天翱翔而欢呼。紧接着，轰炸机群进入视线，18架轰6飞机组成3个楔形队，呼啸而来，排空而去。继轰炸机群之后，出现在天际间的是强击机群，32架强5飞机，组成8个4机楔形队，隆隆飞来。最后，是更引人注目的高空高速歼击机群，35架歼7Ⅱ飞机，组成7个5机楔形队，在云雾中若隐若现，轰鸣向前。四个空中飞行梯队总共飞掠天安门上空4分30秒，展示了国威军威，使35周年首都国庆活动达到了最高潮。

轰6领航歼教5机群

强击机群

歼击机群

轰炸机群

贵州高原升起“亚洲明星”
——歼教7

1966年7月，航空工业部下达沈阳飞机厂、航空发动机厂等全国16个省市的35个老厂对口包建、分迁、支援贵州新厂的任务，先后有16000多名干部、职工从祖国四面八方，汇集到贵州航空工业基地。

1973年11月，贵州航空工业基地开始改型设计新歼6甲飞机。首架飞机于1975年12月21日首飞成功。1980年9月批准生产定型。接着，贵州航空工业基地又开始研制生产歼教7飞机。

歼教7飞机由贵州飞机设计所和飞机厂以歼7Ⅱ为基础改型设计，于希明任总设计师，唐文斌任现场总指挥。该机和歼7Ⅱ相比，增设了后座舱，空速管移至机头右上方，安装了程序弹射座椅，保证两名飞行员在紧急情况下安全逃生，设置了故障模拟系统，加装了机内通话器，座舱采用了红光照明。全机图纸更改量约为40%。歼教7除能完成歼7昼间简单气象和复杂气象的全部训练科目外，也能担负歼8飞机的大部分训练科目，并拥有一定的空战和对地攻击能力。

1979年开始该机的方案论证，1981年上级下达飞机主要战术技术要求。由于经费未落实，未列入国家计划。在非常困难的情况下，贵州航空工业基地及其厂、所以二次创业的英雄气概，自筹资金300万元，坚持研制，使之免于夭折。1983年国家虽列入计划，但资金缺口仍很大。基地又千方百计筹措2000万元，约占歼教7飞机总研制费用的三分之一，才使研制工作不致中断，从而赢得了时间。1983年设计所完成全部图纸，工厂开始试制。1985年6月12日，歼教7飞机全机静力试验合格。同年7月5日，歼教7飞机在贵州首次升空，完成规定科目后安全降落。1988年2月4日，被批准设计定型。

歼教7飞机的研制成功并投入生产，填补了中国空、海军急需的*Ma*数2一级的高级教练机的空白。1987年6月，在法国巴黎37届航空航天博览会上，歼教7飞机首次亮相，博得国际航空界的好评，被誉为“亚洲明星”，还被不少媒体报导，为祖国争得了荣誉。该机还陆续销往巴基斯坦等国。

歼教7飞机

总设计师于希明

航空工业部副部长王昂（右四）总设计师于希明(右一)、总指挥唐文斌(左二)在歼教7飞机前　王昂提供

歼教7飞机试飞现场，二排左起：左一周素雯、左六谢光、左七姚峻、左九刘积斌、左十杨易正、左十一葛文镛　姚峻提供

歼教7飞机出口

上海组装麦道飞机

1985年3月10日，由上海航空工业公司、中国航空器材公司与麦道公司签署了《合作生产MD82型客机和补偿贸易总协议》，后经双方政府批准正式生效。协议规定先由麦道公司提供飞机的零部件，上海航空工业公司完成装配和试飞；然后由中方用美方提供的材料自制机头、水平尾翼等部件，美方提供其他零部件，上海航空工业公司完成装配和试飞，于1991年前生产25架，售给中国民航使用；飞机质量必须符合美国联邦航空局（FAA）的适航标准；美方提供有关的生产技术。

MD82是147座的干线飞机，可在高温和高原地区飞行，装有两台美国普惠公司生产的JT8D−217A发动机。协议签署以后，上海航空工业公司的管理体制由原来以上海市领导为主改为以航空工业部领导为主，以利于更好地发挥行业的作用。在执行协议过程中，上海航空工业公司职工克服了重重困难，解决了一批难题。首架飞机计划在1987年7月31日交付。

为了贯彻FAA的适航标准，双方商定采用麦道公司的生产许可证延伸到上海航空工业公司的方式，即相当于麦道公司MD82飞机生产线的延伸。这意味着上海航空工业公司必须建立同样的生产程序和系统，通过FAA的重新审查。为此，上海航空工业公司在飞机生产线上全面推行麦道公司的项目矩阵管理，建立了以工程、制造、质保为核心的组织体系，进行了全面清查整改，顺利通过了FAA的第4次检查，先后得到了总装生产许可证和零件制造认可证书。到1991年，装配交付的25架MD82飞机，全部获得FAA的适航证，在

上海航空工业公司组装麦道MD82飞机

国内外121条航线上运营。

1989年3月，上航公司、中航技同麦道公司签署了再组装10架MD82/83的合作生产协议，其中5架MD82飞机交付中国民航使用，5架MD83飞机返销美国。该协议于1994年执行完毕。

为了进一步搞好干线飞机的合作生产，加大我国自制飞机部件的比重，1992年3月，中航技与麦道公司签署了中国干线飞机项目协议书，合作发展和制造基于MD90并做适应性更改的飞机，使中国制造机体的总工作量达到51%，协议决定先合作生产40架MD90飞机。1994年11月，又将上述协议修改为合作生产20架MD90-30飞机。

令人遗憾的是由于麦道公司与波音公司合并，1998年合并后的波音公司宣布停产MD90飞机，导致该项目严重受挫。经过半年多的协商，中航技与波音公司于1999年初签署了清算协议和项目修改协议，将合作生产的MD90-30飞机改为两架。这两架飞机分别于1999年10月和2000年3月首飞成功，并取得FAA的适航证，交付中国北方航空公司使用。

MD82飞机起飞

美国联邦航空局向上海航空工业公司颁发生产许可证书，右为上海航空工业公司总经理景德元

在第25架MD82飞机交付仪式上麦道副总裁张镇中讲话　周日新摄

交付中国北方航空公司的 MD82 机队

1988 年上海航空工业公司第一总经理严慧发（左）陪同尼克松的女儿朱莉参观麦道飞机组装厂　严慧发提供

上海航空工业公司组装的麦道 MD90 飞机

运12生产线

运12的适航取证与出口

运12是我国民用飞机中在国际上影响最大的飞机，它先后取得了中国、英国和美国的适航证，多次赴东南亚的新加坡等8国，非洲的肯尼亚等10国，中南美的委内瑞拉等6国，太平洋的斐济、汤加等国，以及蒙古，共20多个国家飞行表演。截止2005年底，我国已向22个国家出口了93架运12飞机。

1980年，哈尔滨飞机工业公司开始研制以民用为主的轻型多用途飞机，在国内率先按美国联邦航空局FAA的适航条例进行设计。多次请国内航空专家帮助审查，并请美国专家进行指导。运12Ⅰ型飞机于1984年12月通过初步鉴定，改进后的运12Ⅱ型飞机进行了国内适航验证试飞，共飞行300多个飞行日、500多架次、600多小时，新组建的中国适航管理机构于1985年12第一次给运12颁发了型号合格证。1986年我国即向斯里兰卡出口了普通客机型、高级客机型和跳伞型飞机共6架，为中国民用飞机的出口开了先河。

为了取得有国际权威的适航证，1986年中方向英国适航当局CAA提出了运12飞机的适航申请。CAA经过反复审查，提出了153条修改意见，修改后英方两次派试飞员和试飞工程师进行验证飞行，终于通过评审。1990年4月，CAA向哈飞颁发了运12飞机型号合格证书。此后，哈飞继续努力，又做了大量工作，于1995年3月取得了美国FAA颁发的型号合格证。

实践反复证明，运12是一种好飞机，经得起各种苛刻条件的考验。例如，1990年去尼泊尔表演，那里有世界上最险恶的机场，他们被要求进行飞行表演的机场海拔在3000米，沙石跑道长533米，坡度12%，两端是峭壁悬崖，从山口进场，10点钟前顶风可达10级，10点后顺风可达25级，处于崇山峻岭之间。德国的道尼尔228飞机曾试图进入尼泊尔而未成功；运12的飞行结果令人满意，成为继加拿大“双水獭”飞机之后，世界上第二种可在这些条件最苛刻机场使用的固定翼飞机。

2001年2月，运12从哈尔滨出发，从昆明出国，途经东南亚、中东、欧洲、北美、南美的20个国家，一路越沙漠，跨海洋，经历了中东和加勒比海的酷暑、格陵兰岛的严寒，连续35次起降，飞行26500千米、108.6小时后，毫发无损地到达委内瑞拉，然后在中南美5国进行飞行表演，其优良的性能给各国留下了深刻印象。历时3个月后返回国内，途经26个国家，累计飞行168.4小时、41800千米，相当于绕赤道飞行两圈，经受了极严峻的考验。

运12出口斯里兰卡交付仪式，中方签字者为中航技总经理孙肇卿

中航技副总经理王大伟（左）向缅甸官员介绍运12飞机

1992年2月运12飞抵老挝万象机场，机场上举行了欢迎仪式　王大伟提供

1988年10月，进行运12适航审查的英国民航局（CAA）试飞员与工程师在哈尔滨飞机工业公司与中方人员合影　于家骐提供

1995年3月，运12 Ⅳ型飞机获得美国联邦航空局（FAA）型号合格证，左起：中国航空工业总公司副总经理张彦仲、哈尔滨飞机工业公司总经理杨守文、美国联邦航空局审定司司长麦克思威尼、中国民航局适航司司长吴湘如

2001年4月，运12在墨西哥海军基地做飞行表演，图为观看飞行表演的墨西哥海军人员，右一为中航技副总经理王大伟　王大伟提供

六机编队　周日新摄

美国“雷鸟”飞行表演队在京表演

1987年，“雷鸟”飞行表演队在进行远东巡回表演，9月24日，“雷鸟”飞行表演队随美国空军部长奥尔德里奇来中国，在北京南苑机场进行了精彩的飞行表演，在离开中国前，“雷鸟”的6机编队还专程绕到八达岭上空飞行。

如果说到世界上最为有名的特技飞行表演队，当然是非美国空军的“雷鸟”飞行表演队莫属。在当今的特技飞行表演队中，“雷鸟”的表演场次最多，飞行难度最高，表演项目最全，出访的国家也最多。建队近50年来，“雷鸟”的航迹遍及美国本土50个州及海外50多个国家，累计表演了近3000场次，观众人数达两亿多人，赢得了众多的称赞和荣誉，并多次获得国际航空界的最高奖赏和所到国家及地区给予的各种荣誉奖。

1982年，“雷鸟”飞行表演队换装了世界上先进的F-16“战隼”式战斗机，一直使用至今。“雷鸟”飞行表演队标准编制人员为130名，其中飞行员10名，地勤和保障人员120名。编制表演飞机15架，出访表演时，还可得到两架C-141大型运输机和KC-10加油机的保障。

“雷鸟”飞行表演队的表演分单、双、4、5、6、8和9机进行，项目达70多个，居世界各国飞行表演队之首；飞行表演时间最初是15分钟，现在已达40分钟。“雷鸟”飞行表演队的表演队形4机以上的就有23种之多，诸如4机菱形、4机箭形、5机楔形、5机镖形、6机楔形、7机镖形、8机三角形、8机“房”形、9机菱形、9机镖形等等。

由于“雷鸟”飞行表演队表演场次多，动作难度大，表演中的飞行事故比其他飞行表演队更多。有关数据表明，从“雷鸟”飞行表演队成立到1987年的35年间，共有19名飞行员遇难。

王海司令员（左）与美国空军官员　周日新摄

美国“雷鸟”飞行表演队表演现场
——北京南苑机场　周日新摄

航空工业部领导观看“雷鸟”飞行表演，左起：刘积斌、崔光炜、王其恭、朱立民、张彦仲、董孝周日新摄

F－16表演机　周日新摄

莫文祥率团参加巴黎航展

中国飞机亮相巴黎航展　周日新摄

1987年6月，以莫文祥部长为首的中国航空工业代表团参加了巴黎航展。这是中国第一次以实物飞机参加航展，共展出飞机、导弹和发动机19种。其中3种飞机和3种导弹是用实物展出，即歼教7、强5Ⅲ和运12飞机，“霹雳2乙”、“霹雳5乙”空空导弹和一种海防导弹。法国总统密特朗参观了中国展台，听取了产品介绍，并对中法两国航空工业的交流与合作表示满意。法国航空航天局主席、博览会的组织者高度评价中国派飞机参展，认为这表明中国已跻身于世界大型航展的行列。许多国外航空界人士、观众和华侨对我国的飞机和导弹实物大加赞赏，歼教7飞机被誉为“亚洲明星”。6月11日，莫文祥部长先后会见了法国总理特使及各国航空界领导人，探讨相互合作等问题。莫部长在接受记者采访时说：“这次航展的规模很大，新产品很多。我们推出实物飞机参展，受到了国际航空界的关注。我们也看到自己与世界先进水平的差距还比较大，将进一步对外开放，学习先进技术，发展中国的航空事业。”

莫文祥，山东夏津人，1923年生。1938年参加革命，同年加入中国共产党。1952年调入航空工业，曾任沈阳航空发动机厂厂长、沈阳飞机厂厂长。1951年获沈阳市“劳动模范”称号。1978年4月任航空工业部副部长、党组副书记，1981年9月任航空工业部部长、党组书记。

在任航空工业部部长期间，莫文祥执行“科研先行、质量第一”和“按经济规律办事”的方针，狠抓航空产品的“更新一代、研制一代、预研一代”。莫文祥在狠抓军机研制的同时，也积极推动民用飞机的发展，使运7、运8和运12飞机的研制生产进入新阶段。运7飞机于1986年4月首次投入中国民航国内航线运营。

中国连续多次参加英国范堡罗航展，一直坚持参加巴黎航展。1989年6月，我国自行设计制造的高空高速歼击机歼8Ⅱ实物在巴黎航展公开露面，引起了国际航空界的广泛关注。1999年，我国与巴基斯坦合作研制的K8喷气教练机在巴黎上空进行了飞行表演，受到观众的普遍称赞。法国总统希拉克参观了中国展台，并与中航技杨春澍总经理进行了友好的交谈。

从1990年开始，中国一直坚持参加新加坡国际航展。第一次参展就派出了运12飞机进行飞行表演。1990年1月29日，运12从气温在零下20多摄氏度的哈尔滨起飞，途经北京、西安、昆明、曼德勒、清迈、曼谷等中外城市，于2月5日抵达零上30多摄氏度的新加坡，进行了多姿多彩的飞行表演。参展的31个国家的800多家公司数千名代表、新加坡等国的数千名观众观看了表演，新加坡的广大华人感到特别自豪。1992年，我国又派出K8飞机在新加坡航展进行了表演。

1982年在成都飞机工业公司，莫文祥向邓小平汇报工作

航空工业部部长莫文祥（左二）访问法国

莫文祥（左二）在沈阳黎明航空发动机厂

1986 年，莫文祥（前排左九）与中共中央顾问委员会老同志在运 8 飞机前　严慧发提供

1985年，莫文祥（前排右三）参观波音直升机公司，后排右一为徐汉生　徐汉生提供

1985年，莫文祥（前排右三）参观波音737生产线　徐汉生提供

建设"亚洲第一轨"

火箭橇滑轨是第二次世界大战后迅速发展起来的一种高精度、高速度大型地面动态模拟试验设备。试验时把试验件安装在专门制造的滑橇上，用火箭发动机推动滑橇沿滑轨运行。火箭橇试验滑轨是空中试验和地面实验室无法替代的、全尺寸的模拟试验手段。它主要用于解决航天、航空、武器研制以及其他科学试验中由于高速度和高加速度带来的一系列技术问题。同空中试验相比，这种试验便于实施和采集数据，可以回收试验件，试验费用相对较低。

能否建设并拥有火箭橇滑轨，是一个国家的综合国力的反映，体现土建、光学、力学、新材料、新工艺等多学科的综合技术水平。二战后，美国、苏联、英国、法国，相继建设了火箭橇滑轨试验场。火箭橇滑轨是发达的资本主义国家对我国进行严密技术封锁的高技术项目之一。

建设高水平的火箭橇滑轨试验场，一直是中国航空航天工业科技人员的理想。20世纪70年代初，为了满足研制航空弹射救生装置的需要，我国政府批准建设一条高精度试验滑轨，并把建设任务交给了弹射救生设备研究所。党的十一届三中全会以后，国家有关部门从实际出发，对火箭橇滑轨试验场的建设指标进行了适当的调整。20世纪80年代初，修改后的设计方案得到批准。几经周折，最后火箭橇滑轨试验场定址鄂豫两省交界处。这项工程被列为国家"六五"前期重点工程项目，占地2000多亩。是为"亚洲第一轨"。

火箭橇滑轨试验场从1987年动工兴建，到1996年投入试运行。这是世界上唯一的、经过逐一对钢轨进行精密机械加工的滑轨。在建设过程中，研究所与国内10多个单位密切协作，克服了膨胀土地层的影响，攻克了野外长距离高精度基准线建立、大断面钢轨气压连续焊接、焊缝全断面超声波探伤等重大技术难题，填补了我国多项关键技术的空白。

座椅弹射

我国的火箭橇滑轨，最大起动质量可达7500千克，最高飞行马赫数可达1.5，能够承担航空航天乘员救生试验、降落伞试验、碰撞（包括穿甲、引信）试验、发动机推进系统试验、惯性制导试验、雨蚀和沙蚀试验、进入自由飞状态的发射试验、弹头软回收试验以及其他高科技工业领域的相关科学技术试验，主要用于解决航空、航天及工业高科技领域试验研究中由于高速度和高加速度带来的一系列技术问题。

“亚洲第一轨”与我国先后建设的高空模拟试车台、风洞试验工程，共同构成了中国航空航天试验的完整体系。它成功地运用长轨、半包轨、伞刹车、水刹车、终端缆索刹车、速度窗等先进的试验技术，圆满地完成了型号研究的试验项目，为发展我国的航空、航天工业做出了重大贡献。

安装火箭橇滑轨

火箭橇试验滑轨

“蜜蜂 3 号”超轻型飞机在飞行

“蜜蜂”轻机翔万里

1989 年 9 月 4 日清晨，在新疆乌鲁木齐东沟机场，有 3 架色彩鲜艳的国产超轻型飞机“蜜蜂 3 号”C 依次排开，等待起飞。

驾驶1号机的飞行员黄康保是广东省航空运动学校训练科科长，有30年飞行经验。驾驶2号机的飞行员刘玮是中国之友航空俱乐部执行主任，系从空军转业的歼击机飞行员。驾驶3号机的飞行员赵群力是甘肃省电视台新闻部主任，是业余飞行员。

8时45分，飞行总指挥一声令下，3架飞机依次起飞，开始了漫长的轻机编队翔万里的旅程。

超轻型飞机于20世纪70年代先在美国兴起，后来风行世界。这是一种介于轻型飞机和动力滑翔机之间的航空器。一般认为，超轻型飞机的质量，单座的在115千克以下，双座的在150千克以下，飞机的最大时速不超过100千米。

中国研制超轻型飞机是从20世纪70年代末期开始的，在北京航空航天大学教授、飞机设计师胡继忠主持下，陆续研制了“蜜蜂”系列超轻型飞机：“蜜蜂1号”是超轻型伞翼机；“蜜蜂2号”是单座超轻型飞机；“蜜蜂3号”是双座超轻型飞机。这次编队飞行用的“蜜蜂3号”C则是双座改进型。胡继忠还研制了飞艇和超轻型直升机。

编队万里飞行的第一关是飞越天山山脉。天山最高峰达5000多米，而超轻型飞机的升限只有4000米，所以只好从山口间穿过了。

在飞行开始前，总领队、飞机设计师胡继忠和飞行总指挥黄树年决定从海拔2000多米的山口间通过。飞行员沉着冷静观察地形，飞行40分钟，安全地通过山口，不久就看到了赤红色火焰山的壮丽景色，经过3个半小时的飞行，三机降落在万里飞行的第一站——鄯善机场。

飞机机队在此停留加油后即经哈密向甘肃省敦煌飞去。

从敦煌开始，飞机经过8个停留地加油，穿越甘肃、宁夏、内蒙、辽宁；9月27日，3架飞机迫降在吉林省四平市一个粮库院内。

3架飞机于9月28日下午3时飞抵此行的终点站——哈尔滨王岗机场。

这次超轻型飞机编队飞行，航程万里，飞行60小时，用了13个飞行日，全程25天，在世界上亦属首次。这次飞行，受到了国际航空联合会的表彰，还创造了国内超轻型飞机不着陆飞行6小时、飞行高度4000米、航程460千米的飞行纪录。

3架“蜜蜂3号”飞机在飞行

机库中的“蜜蜂3号”超轻型飞机

“蜜蜂 3 号”飞越黄河壶口瀑布

胡继忠在他主持设计的“蜜蜂 16 号”共轴式直升机座舱内　胡继忠提供

航空航天工业部成立

1988年4月9日，七届全国人大一次会议通过成立航空航天工业部的决议。4月12日，中华人民共和国主席杨尚昆以第2号令任命林宗棠为航空航天工业部部长。5月3日，国务院任命姜燮生、刘纪原、何文治、孙家栋为航空航天工业部副部长。7月5日，航空航天工业部在北京召开正式成立大会。

遵照国务院关于“转变职能，下放权力，调整机构，精简人员”的方针，结合航空航天工业实际，航空航天工业部司局级机构为21个，比原两部的46个减少了54%；司局长66人，比原两部151人减少了56%；机关干部总数800人，比原两部的近2000人减少了60%。

林宗棠，1926年出生于福建省闽侯县，1949年毕业于清华大学机械系，1952年任沈阳第一机床厂副厂长，1958年任上海12000吨水压机副总设计师，1962年任上海重型机器厂副总工程师，1978年任国家科委副局长，1981年任国家机械委副局长，1982年任国家经委副主任，1988年任航空航天工业部部长，1993年任八届全国人大常委会委员，1998年任中国工业经济联合会会长。

1991年4月，航空航天工业部首次颁发航空金奖，图为9位获奖者合影，左起：周尧和、顾诵芬、朱克昕、陆孝彭、彭历生、颜鸣皋、程华明、关桥、陆颂善，右一为工作人员曾湧　颜鸣皋提供

航空航天工业部部长林宗棠

林宗棠向李鹏总理汇报工作

林宗棠部长（右）与美籍华人科学家、诺贝尔奖获得者李政道（中）在一起

陆军航空兵铁翼飞舞

1985年，中国领导人邓小平在一次高层会议上伸出一根手指头，在做出裁军一百万决定的同时，决定组建中国陆军航空兵（简称“陆航”）。1986年10月3日，中央军委正式批准组建陆军航空兵，在总参谋部设立陆军航空兵管理局。1988年1月8日，第一支陆军航空兵部队——北京军区第38集团军直升机大队在北京通县机场成立。同年，沈阳军区第39集团军和济南军区第54集团军也先后组建了直升机大队。之后，各大军区的主要集团军相继成立了陆航大队或陆航团。其装备配置、训练计划和人员培训，直接由中国人民解放军总参谋部陆军航空局负责，作战指挥和人员调配由各集团军负责。经过10多年的建设，陆军航空兵已经发展成为拥有多个机种和机型、技术精湛、具备相当规模和作战能力的现代化空中突击力量；中国的陆军已经开始由地面向空中扩展，由单一平面作战向多维立体作战转变。

陆军航空兵重点发展以国产机种为主的直升机，目前已经拥有国产直8、直9、直11以及从国外引进的美制S-70C“黑鹰”、俄制米-817171和法制SA342“小羚羊”等10余种机型，形成了武装直升机、多用途直升机和特种直升机齐备的武器装备体系，可执行航空火力支援、航空侦察、校正炮兵射击、空中电子对抗、空中布雷、开设空中通讯枢纽、运送伤员和物资等任务，成为陆军家族的后起之秀。

1999年6月，陆军航空兵学院在北京成立。陆军航空兵从此有了自己的飞行学院，可以培养中级指挥员、飞行员和航空工程人员。目前，陆军航空兵特级飞行员、四种气象的全天候飞行员占飞行员总数的70%以上，一支飞行技术高超并掌握着先进军事理论的指挥队伍已经形成。此外，陆军航空兵还成立了自己的科研机构和试飞大队，不仅对现有的直升机进行了技术改造，而且完成了国产武装直升机的机载导弹、航炮、火箭、机枪等试验，为发展我国直升机事业和提高国产直升机在未来战争中的战斗力做出了贡献。1999年10月1日，北京天安门广场国庆50周年阅兵式，只有13年历史的中国陆军航空兵首次编队参加世纪大阅兵盛典，25架国产武装直升机飞过了天安门。

陆航的直9直升机群

在西藏执行任务的陆航“黑鹰”直升机群

陆航与坦克部队进行协同演练

陆航直升机群升空

陆航参加“砺剑 –2005”陆空联合演习

陆航的直 9 武装直升机发射导弹

陆航的直9武装直升机发射反坦克弹

陆航参加两栖协同登陆演习

中国航空工业总公司总经理朱育理

1997 年 6 月，朱育理获英国克兰费尔德大学荣誉博士学位　周日新摄

中国航空工业总公司成立

1993 年 4 月 22 日，国务院根据全国人大八届一次会议批准的国务院机构改革方案，撤销航空航天工业部，成立中国航空工业总公司，由朱育理任总经理。

中国航空工业总公司是国务院直接联系的全国性行业总公司，主要职责是：研究制订中国航空工业的经营战略与发展计划、规划；统筹经营、管理和使用航空工业国有资产，实现国有资产的保值增值；对国家重大航空新产品进行总承包和系统工程管理；跟踪国际航空高技术发展，组织领导航空科研、教育；面向国际国内市场，开发新产品，发展第三产业，扩大产品出口；对产品质量实施管理和监督；承担飞机型号的国家级鉴定试飞任务；根据政府授权，办理航空工业涉外事项等。

朱育理，1934 年出生于北京，1959 年毕业于莫斯科机床工具学院。回国后分配到北京航空工艺研究所工作，历任技术员、技术科长、副所长、所长。1984年起任航空工业部科技局副局长、民机局局长；1987年调至国家教委，历任副秘书长兼计划财务局长、秘书长、主任助理、党组成员；1990年任国家技术监督局局长、党组书记；1992 年兼任国务院生产办公室副主任；1992 年6 月任航空航天工业部副部长、党组副书记；1993 年任中国航空工业总公司总经理、党组书记。在党的十五次代表大会上当选为中央委员，在第九届全国人民代表大会上当选为全国人大常委。

1999 年3月，中共中央政治局常委会讨论批准了五大军工总公司改组的方案，将各军工总公司改组为若干个企业集团公司，中国航空工业总公司完成历史使命。

中国航空工业总公司总经理朱育理(前左二)随中央军委副主席刘华清(前左三) 访问俄罗斯远东阿穆尔河畔的共青城飞机制造厂

1997年香港回归前夕，中国航空工业总公司在香港举行中国航空工业成就展

1996 年 11 月，中国航空工业总公司参加珠海航展

东安动力股份公司创立

航空工业企业股票上市

航空工业企业历来被认为是保密的军工企业，是重组上市的“禁区”。因而，在相当一段时日，航空工业企业总体上对企业重组上市按兵不动。只是在地方政府的推动、支持下，使用地方额度，先后有一些小盘股上市。中航技深圳公司的“飞亚达”于1993年6月3日，“深南光”于1994年9月28日，“深天马”于1995年3月15日分别在深圳证券交易所（简称“深交所”）上市；1996年11月6日，贵州航空工业集团液压附件厂的“力源液压”在上海证券交易所（简称“上交所”）上市。直到1994年初，中国航空工业总公司才开始筹组企业上市。但由于种种原因，虽经3年艰苦努力，终未成功。1997年起企业上市有明显突破，西安飞机集团公司的“西飞国际”6000万流通股、南方航空工业公司的“南方摩托”8500万流通股，于1997年6月26日，在深交所同日公开上市发行。1998年10月14日，东安航空发动机集团公司的“东安动力”8300万流通股，也在上交所成功上市。1998年中航技深圳公司的“中航实业H股”，也在香港上市成功。2000年11月16日，江西洪都航空工业集团公司的“洪都航空”6000万流通股发行，募集资金8.78亿元，12月15日在上交所上市。11月22日，哈尔滨飞机集团公司的“哈飞股份”6000万流通股发行，募集资金4.56亿元，12月18日在上交所上市。11月27日，“西飞国际”增发6000万流通股。

到2000年底，航空工业已有9支A股、1支H股，计10支股票上市，累计直接融资折合人民币近40亿元。规模虽不大，但这种突破带来了一定的历史和现实意义，对于推进航空工业企业改制和转换企业经营机制，加速产业结构、企业组织结构和产品结构的战略性调整产生了重大影响。2000年以来，航空工业又有“成发科技”、“昌河股份”、“贵航股份”、“中航精机”等股票陆续上市发行。特别是中航科工由多家航空工业企业重组在香港上市，这是一个大的突破，反响强烈。

“洪都航空”在上交所上市

2003 年 10 月 30 日“中航科工”股票正式在香港联合交易所挂牌交易

深圳中航实业股份有限公司创立

中国航空工业两大集团公司成立挂牌仪式

中国航空工业改组为两个集团公司

1998年3月，国务院做出了“逐步将各军工总公司改组为若干个企业集团公司”的决定。经过一年多的酝酿和论证，1999年3月8日，中共中央政治局常委会召开，会议讨论批准了五大军工总公司改组的方案。1999年7月1日，中国航空工业第一集团公司、中国航空工业第二集团公司成立。

中国航空工业第一集团公司首任总经理为刘高倬。2006年6月中国航空工业第一集团公司由林左鸣担任总经理。

中国航空工业第二集团公司首任总经理为张彦仲。2003年3月中国航空工业第二集团公司由张洪飙担任总经理。

刘高倬，研究员，1943年生于江西南昌，1967年毕业于清华大学工程力学数学系，1967年至1973年在国营874分厂、5092厂工作。1973年至1984年在昌河飞机厂工作，曾任设计所所长、厂副总工程师等职。1984年至1992年先后任中国直升机设计研究所所长、中国直升机公司总经理。1992年至1993年任航空航天工业部民用飞机司司长。1993年至1994年任航空工业总公司总经理助理。1994年起任航空工业总公司党组成员、副总经理。1999年6月任中国航空工业第一集团公司党组书记、总经理。现为九届全国政协委员。

张彦仲，研究员，中国工程院院士，博士生导师。1940年3月出生于陕西三原，1962年从西北大学物理系毕业后，在第三机械工业部计量测试技术研究所做研究工作。1981年至1984年在英国剑桥大学三一学院学习信息工程，获博士学位。1978年至1985年任航空工业部计量测试技术研究所副所长。1985年至1988年任航空工业部科技局局长、航空工业部副总工程师、总工程师。1988年至1993年任航空航天工业部总工程师。1993年起任航空工业总公司副总经理、党组成员。1999年6月任中国航空工业第二集团公司党组书记、总经理。2004年任中国工程院主席团成员兼机械与运载学部主任。曾任中共十三、十四届中央候补委员，现为九届全国政协委员。

张洪飙，研究员，1945年生于黑龙江绥化，1968年毕业于北京航空学院，同年进入哈尔滨东安航空发动机厂工作。1979年进入重庆大学学习，1981年获工学硕士学位，1983年回哈尔滨东安航空发动机公司工作，历任车间技术副主任、车间主任、公司总工程师助理、副总经理、总经理。1990年调航空航天工业部，先后任副总工程师、总工程师、党组成员。1993年任中国航空工业总公司副总经理、党组成员。1998年4月调任国防科工委副主任、党组成员。2003年3月任中国航空工业第二集团公司党组书记、总经理。

林左鸣，研究员，1957年生于福建，1982年毕业于南京航空学院。1982年至1998年在成都航空发动机公司工作，1990年11月任成都航空发动机公司工艺研究所副所长。1991年9月任成都航空发动机公司副总工程师、民品项目经理。1992年10月任成都航空发动机公司副总经理。1995年3月任成都航空发动机公司总经理、党委副书记。1997年12月任成都航空发动机(集团)公司董事长、总经理、党委副书记。1998年11月任沈阳黎明航空发动机(集团)公司总经理、党委副书记、董事长。2001年7月任中国航空工业第一集团公司副总经理。2006年6月任中国航空工业第一集团公司党组书记、总经理。中共第十六、十七届中央候补委员。

中国航空工业第二集团公司领导成员

中国航空工业第一集团公司领导成员

中国航空工业第一集团公司总经理刘高倬

中国航空工业第一集团公司第二任总经理林左鸣

中国航空工业第二集团公司总经理张彦仲

中国航空工业第二集团公司第二任总经理张洪飚

胡耀邦视察航空工业

1981年10月27日，胡耀邦视察沈阳飞机工业公司

中共中央主席胡耀邦十分关心航空工业的发展，曾先后到沈阳飞机工业公司和上海航空工业公司视察。

1981年10月27日，中共中央主席胡耀邦在辽宁省委书记郭峰等的陪同下来沈阳飞机工业公司视察。他参观了公司的军民品生产线，看到公司生产的歼8飞机性能先进，开始装备部队，异常高兴。他殷切地希望工厂“多生产优质产品，做到上天保祖国，着陆为人民。”胡耀邦从国家和人民利益的高度，简洁而又生动地指明了搞好军民品质量的重要性，对工厂启发教育很大。

1986年11月22日，胡耀邦在上海市委书记芮杏文、市长江泽民的陪同下视察了上海航空工业公司，了解了中美合作生产MD82飞机的情况，并在国产运10飞机前留影。胡耀邦对发展干线飞机十分关心。同年8月15日，他在听取吴明瑜的汇报时指出：“核工业和卫星发射有了安排，航空工业有问题，几十万人的队伍，要搞国内干线上用的大飞机，讲振国威，这就是振国威嘛！”

胡耀邦(左二)宴请高歌(右二)等科技专家，右一为方毅

1986年11月22日，胡耀邦(左七)和芮杏文(左八)、江泽民(左六)等在运10前合影

江泽民视察航空工业

1990年10月31日，江泽民视察沈阳飞机工业公司（右为沈阳飞机工业公司总经理唐乾三）

1991年12月14日，江泽民视察贵州航空工业集团公司

1999年4月20日，江泽民视察成都飞机设计研究所

江泽民三次视察沈阳飞机工业公司

1995年6月18日，江泽民再次视察沈阳飞机工业公司（右一为沈阳飞机工业公司总经理许焕刚）

1990年10月31日，中共中央总书记江泽民第一次到沈阳飞机工业公司视察。当江总书记在工厂机场塔台前下车后，沈阳飞机工业公司经理唐乾三、党委书记许焕刚和航空航天工业部部长林宗棠、航空航天工业部总工程师王昂，立即迎上前去，同总书记握手问好。江总书记边看飞行表演边听汇报，并重点询问了新机研制的情况。江总书记观看新机飞行表演后，同公司领导和试飞员合影留念。接着江总书记视察了飞机的部装和总装厂、民机零部件装配厂和沈阳飞机工业公司客车厂等。看到沈阳飞机工业公司职工的精神面貌很好，他高兴地题写了沈阳飞机工业公司精神“忠诚、团结、拼搏、求实、创新”十个大字。

1995年6月18日，江泽民再次来沈阳飞机工业公司视察。这次他是为检查上次交办的任务落实情况而来的。在观看新型飞机表演时，江总书记对沈阳飞机工业公司总经理许焕刚说：“我们还是要坚持自力更生为主，发展新的。”在部装车间，当许总经理谈到产品质量时，江总书记说：“一定要把飞机质量搞上去。飞机不像汽车，汽车有故障在地面抛锚还可以修，飞机在天上下不来。一定要坚持质量第一，可不能出质量问题。”许焕刚总经理面对工人说：“我们一定要搞好产品质量，让总书记放心。”

1999年8月15日，江泽民同志第三次来到沈阳飞机工业公司。这次是江总书记代表党中央、国务院和中央军委为检查“重点工程”任务完成情况而来的。因此，对沈阳飞机工业公司干部职工既是压力也是鼓舞。沈阳飞机工业公司没有辜负江总书记的深切关怀和殷切期望，经过顽强拼搏，保住了节点，实现了“重点工程”的阶段性目标。

（节选自《中国歼击机摇篮》）

2001年6月1日，江泽民视察南昌洪都航空工业集团公司

江泽民视察陕西飞机工业公司

2001年5月31日，江泽民视察昌河飞机工业（集团）公司

胡锦涛视察航空工业

胡锦涛同志多次到航空工业所属飞机、发动机、机载设备制造企业和科研院所视察。

1995年1月21日，中共中央政治局常委、书记处书记胡锦涛到西安飞机工业公司视察。10时10分，胡锦涛一行来到西安飞机工业公司，听取西安飞机工业公司总经理王秦平关于公司概况、生产经营情况、企业改革、职工生活、双文明建设等方面的简要汇报，饶有兴趣地参观了科研生产现场。

1996年9月16日，胡锦涛视察了成都飞机工业公司。在型号研制现场和数控厂八十五车间，主管型号的副总工程师详细地向胡锦涛汇报了型号工程的技术性能和试制进展情况。胡锦涛不时地询问型号工程的有关细节，对公司广大干部职工和科技人员在型号工程的攻坚战中所付出的艰辛劳动给予充分肯定。十五车间主任向胡锦涛汇报中美双方合作生产的MD80和MD90机头的基本情况。当胡锦涛听到这个车间干部职工的平均年龄只有24岁，而且上岗工人都持有麦道公司颁发的合格证时，高兴地点头赞许，并仔细询问了麦道机头的质量和航空公司客户的意见，他勉励车间干部职工抓住这个很有市场潜力的项目，在国际市场中站住脚。

1995年1月21日，胡锦涛视察西安飞机工业公司（右为西安飞机工业公司总经理王秦平） 田保成摄

1996年9月16日，胡锦涛视察成都飞机工业公司

1999 年 3 月 28 日，胡锦涛视察空空导弹研究院

2002 年 6 月 15 日，胡锦涛视察沈阳飞机工业公司

2002 年 6 月 15 日，胡锦涛视察沈阳黎明航空发动机公司

2005年8日20日，胡锦涛视察中国直升机设计研究所

2003年8日31日，胡锦涛视察南昌洪都航空工业集团公司

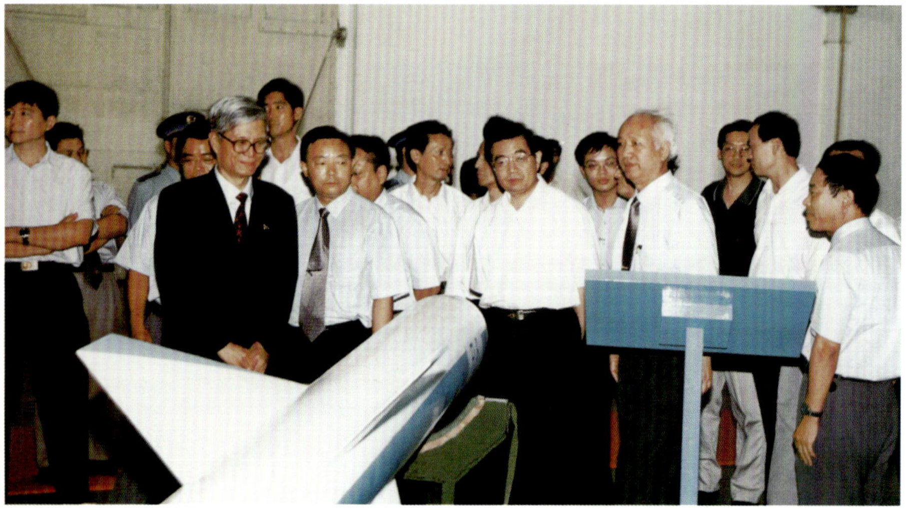

2005年8日20日，胡锦涛视察昌河飞机工业（集团）公司

1979 年 7 月陈少中（左三）、屠基达（右一）访问英国马可尼公司
孙肇卿提供

1980 年 6 月段子俊（前排左二）、孙肇卿（前排右二）在英国签订歼 7 飞机改装合同

歼 7 的改型与出口

歼 7 系列飞机是我国航空产品出口中的支柱，截至 2005 年底，我国出口各型飞机的总数中歼 7 占了近一半。其中歼 7 系列中装有英国7项电子火控设备的歼7M及其改进型占了一半多。可见，如歼 7 Ⅱ这种基础较好的国产飞机，经过局部引进、改装和自主改进改型，仍能取得较好的出口成效。

1979 年至 1981 年，我国出口的航空产品都是国内正在成批生产和使用的飞机，如歼 6、歼教 6、歼教 5、歼 7 Ⅱ等。此后，这类飞机虽然还有一些出口，但已越来越困难，因而急需改进和更新。

早在1978年邓小平听取吕东部长汇报时就指出：“航空工业的发展按现在这个速度不行，要引进国外先进技术。美国的买不来，就到西欧去买，然后在引进、吃透的基础上再发展。”随后，吕东率团访问联邦德国、法国和英国，认为引进整架飞机花钱太多，而歼 7 等飞机的电子火控设备是弱点，可引进其技术，使飞机作战性能得到明显改善。于是，从1979年3月开始，在段子俊、陈少中副部长直接领导下，孙肇卿、屠基达等有关方面专家，与英国马可尼、史密斯等公司进行了 10 轮互访和会谈，于 1980 年 6 月正式签订合同：引进马可尼公司提供的平显、雷达测距器、大气数据计算机、通讯电台、静止变流器、照相枪和史密斯公司的雷达高度表，7项设备共购买了124套，用于改装100架歼7飞机。

本来，改装的初衷是为国内部队提供新的飞机，但因经济调整，军费减少，空军提出不要这种飞机。而国外一些用户在提出购买歼 7 时，正希望对歼 7 做较大改进，其中就包括改装电子火控系统。中英双方技术人员攻克了一个又一个技术难关，到 1984

年4月，改装上述7项设备的歼7M飞机研制成功了。1984年7月至1985年5月，我国完成了第一批60架歼7M的出口交付任务。许多国家的飞行员试飞歼7M后都给予了较高的评价。

1981年至1987年，贵州航空工业集团公司以歼7Ⅱ为基础，自主改型研制成功歼教7飞机，在巴黎第37届航展上被誉为“亚洲明星”，给歼7系列又增加了一个重要成员。成都飞机工业公司还对歼7做了许多其他改进改型。

1987年以后，按不同国家的用户要求进行改装的歼7M、歼教7和其他歼7改型，成为我国出口飞机的主要后续产品。如1987年至1988年出口巴基斯坦的歼7P、歼教7P共95架，1989年出口孟加拉的歼7MB、歼教7共20架，1990年出口的歼7N、歼教7N、歼教7B共56架，保证了我国飞机出口的持续发展。

歼7M飞机　李勇摄

1993年11月5日，成都飞机工业公司举行歼7系列飞机出口400架庆祝仪式　周日新摄

出口巴基斯坦的歼7PG飞机　成都飞机工业公司提供

中国、巴基斯坦飞行员在歼7PG飞机前　成都飞机工业公司提供

走出国门的运 8 飞机

运 8 飞机走出国门

运 8 是一种多用途的较大运输机，军民共用，装有 4 台涡桨 6 发动机，总容积 123.3 立方米，可散装 20 吨货物，或空运武装士兵 96 名，或伞兵 58 名，或运送重伤员 60 名、轻伤员 20 名、随机医务人员 3 名，也可装运两辆解放牌卡车。具有空运距离长、速度快、油耗低等特点。

1969 年，西安飞机厂和设计研究所开始参照苏联的安 12 飞机研制运 8，1972 年转至汉中基地陕西飞机厂试制，1975 年 12 月在汉中首飞成功，1980 年 2 月设计定型。研制过程中进行风洞试验 6000 多次，经过了静力试验、共振试验、操作系统刚度试验、起落架落震试验、鸟撞、空投等 100 多种考核试验；经历了高原、高寒、高温、潮湿、盐雾等特殊环境的飞行考验，并成功地进行了关闭一台发动机的起降试飞。它在地震、洪水等抢险救灾中都发挥了重要作用，受到各界好评，被国防科工委誉为“国产成功的中型运输机”，1985 年荣获国家科技进步一等奖。

运 8 的改进改型很有潜力，如改成了海上巡逻机、“黑鹰”直升机载机、全气密舱运输机、无人机母机、邮政机、运羊机等多种型号的飞机，具有多种用途，全国除台湾外都留有它的航迹。

运 8 飞机也受到了国外用户的青睐。经过中航技与新加坡义信集团的开拓，缅甸首先表示了购买的意向。1990 年，林宗棠部长在广州专门会见了缅甸计划与财政部长兼采购局长。随后即派员前往缅甸详细介绍运 8 飞机并做飞行表演。1991 年 11 月，中航技副总经理赵鸣岐在仰光签署了出口两架运 8 飞机的合同，林宗棠部长出席了签字仪式。1992 年 9 月，两架运 8 交付缅甸，张彦仲总师参加了在仰光举行的交接仪式，并亲手将飞机钥匙交给缅甸交通部长兼空军司令。

中航技和陕西飞机工业公司向缅甸派出了常驻代表和技术服务小组。缅方对运 8 飞机的性能、使用和售后服务工作都感到满意。1994 年 2 月，他们提出再续购两架运 8 飞机。中航技副总经理李周书、赵鸣岐等前往洽谈，很快又签订了两架运 8 的出口合同。1994 年 7 月，李周书与陕西飞机工业公司王文锋总经理等前往缅甸进行了交接。不到半年的时间就按合同完成了两架飞机的生产试飞和交付，用户非常高兴。截至 2005 年底，我国已向 5 个国家出口了 13 架运 8 飞机。

1991 年 11 月，林宗棠部长（右七）在缅甸出席运 8 飞机出口合同签字仪式，左七为徐汉生，左四为赵鸣岐　赵鸣岐提供

1992年9月，航空航天部总工程师张彦仲（左）率团赴缅甸交付第一批运8飞机

1994年2月中航技副总经理李周书（右二）、赵鸣岐（右一）与缅甸签订第二批两架运8飞机出口合同　李周书提供

李周书（右）与缅甸空军司令察看运8飞机货舱　李周书提供

运8改型总设计师徐培麟

运8F-200飞机在珠海航展上　周日新摄

1986年运8飞机在首都机场展示　严慧发提供

出口国外的运 8 飞机在执行任务

运 8F-200 出口坦桑尼亚

从战士到院士——李明

在建国50周年大庆盛大阅兵中，由132架各类战机组成的10个空中梯队横空出世，依次通过天安门广场上空。十分引人注目的是，一架大型空中加油机拖着两根加油管与两架受油机编队飞行的场面。这是我国自行研制的加油机、受油机首次公开亮相。这两架受油机是由我国自行设计制造的歼8B飞机改进而成的。1986年，李明任飞机总设计师一职。在歼8B受油机的研制上，李明做出了杰出的贡献。

李明1936年11月17日出生于广东省三水县。祖父是水手和引水员，父亲是海关职员。也许是受祖父、父亲职业的影响及幼年时常与江海相伴的缘故，李明从小便对航海有兴趣，并在自己的内心里编织着航海家的梦。1951年7月，年方15岁的他，在报名参军时填写的志愿是海军。然而组织分配他去当陆军，后来他又被调到空军，学的是航空仪表专业。1953年7月，毕业后分配到齐齐哈尔第十师二十九团，任师修理厂仪表员、特设师，从事地勤维修和仪表修理。在这里，他第一次接触飞机并过了一次乘飞机的瘾，便是在苏联著名飞机设计师图波列夫设计的图-2轰炸机上。

1958年，李明考取了哈尔滨军事工程学院，接受了空军工程系飞机自动化专业5年正规的大学教育。1956年10月加入中国共产党。

1963年秋，他毕业分配到沈阳飞机设计研究所，从事飞机设计工作。在20世纪60年代中期开始自行设计歼8高空高速歼击机的研制中，李明在自动增稳系统的研制中，首次提出了电激伺服复合舵机方案，该方案优于苏联米格-23的电动舵机方案。

1980年，国家批准在歼8飞机基础上，研制从机身两侧进气、性能更加先进的歼8Ⅱ飞机。李明出任“飞机自动控制与操纵”系统总设计师，组织自动飞行控制系统的研究与仿真，使我国自行研制的自动驾驶仪系统首次在歼击机上得到应用。为了获得研制第三代歼击机的关键技术，李明主持了主动控制技术和航空电子综合系统这两项重要项目的攻关，并担任这两个技术项目的总设计师。

在重点工程研制中，李明任型号总设计师，主持国产化设计工作。他全面提出了结构材料、动力装置、功能系统国产化研制方案和新的综合航空电子系统研制方案，并结合部队的使用需求，开展了部分国产化方案的研究与实施。他荣立了该工程研制和首飞一等功。李明先后荣获国家科技进步二等奖1次、部级科技进步一等奖6次，于1995年5月当选为中国工程院院士，同年还荣获了航空金奖。

飞机设计师李明

李明（左一）向国防部长曹刚川（右一）汇报飞机研制情况

李明（前排右二）在研制现场 李常三摄

李明（右二）接待来访的俄罗斯客人

少年儿童向李明献花

海防导弹与何文治

海防导弹需要有超低空飞行性能，一般都是飞航式导弹，与无人驾驶飞机很接近。1960年，南昌飞机厂开始仿制苏联的“冥河”舰对舰导弹，虽有苏方的资料和样品，但资料不全，设计、工艺问题多，且没有苏联专家参与工作。工厂总工程师苏敏亲自组织技术攻关，并成立了专门负责导弹技术抓总的办公室，由何文治任主任。各方面大力协同，保证了仿制定性试验一次成功，取得9发8中的好成绩，于1966年定型，命名为“上游1号”。

南昌飞机厂的设计技术人员在仿制中经受了全面锻炼。他们在翻译复制资料时进行了必要的更改，补充资料1000多页，完成了强度计算，补齐了配套产品的装前测试技术条件。他们与航空、电子、兵器和船舶工业的配套协作单位一起，逐步形成了跨行业横向联系、相互协调发展的海防导弹研制生产线。南昌飞机厂的技术抓总办公室演变为海防导弹总体设计研究所，何文治为第一任所长。

在这条研制生产线上，以“上游1号”导弹为基础改进和改型，研制成功了“上游1号”甲、“海鹰1号”岸舰导弹、舰用“海鹰1号”、地空靶弹等多个型号，并自行设计了小型化、固体主发动机的“上游2号”导弹。这个导弹系列以企业为创新主体，投资少，研制快，提供部队的产品多，投入产出比约1∶10，经济效益很高。上述型号获得两项国家科技进步二等奖、三项全国科学大会奖。继何文治之后任其总体设计研究所所长的彭历生荣获航空金奖。

何文治，1931年生于陕西乾县，1952年毕业于清华大学航空学院，分配到南昌飞机厂工作。曾负责飞机修理和研制的质量监督，并参与组织试验、试飞工作。1960年至1978年主要负责海防导弹的总体设计和技术抓总。后调任直升机设计研究所所长，组织制定了《我国直升机发展规划的建议》，主持了武装直升机关键技术的研究。1980年8月被任命为航空工业部副部长，组织了运10飞机的首飞、运7飞机的单发起降试飞，曾担任空空导弹重点工程总指挥、歼8Ⅱ飞机研制总指挥，在重大项目系统工程管理方面总结了经验，做出了重要贡献。1988年后任航空航天工业部副部长，并兼任当时研制的干线飞机的总设计师、航空科技研究院院长。1988年获献身航空无私奉献艰苦奋斗30年荣誉奖，被评为国家级有突出贡献的科技专家。他兼有多种学术职衔，主编或参与主编了多部著作。

何文治

何文治（右一）与美国麦道公司的专家交谈

何文治与德国宇航院负责人签署合作协议

1985年，何文治（右四）访问美国，右二为孙礼鹏

舰上发射“海鹰”导弹

岸上发射岸舰导弹

1952年夏，即将毕业的何文治（左四）与同学陈一坚（左二）、刘昌琼（左三）、何永钧（左一）、刘世邻（右一）等在清华飞机馆前合影，何文治原注：“这机蓬里全是美帝破坏和平的凶机，但它却成了我们的战利品，更成为我们学习、参观的对象。” 谭万诚提供

高空台与刘大响

从20世纪40年代开始，美、苏、英、法就在不惜投入巨资建设发动机高空模拟试车台（简称“高空台”）。对中国来说，航空发动机的研制，一直是航空工业发展的“瓶颈”。为了加强这个薄弱环节，航空工业部于1965年决定建设自己的高空台，并成立燃气涡轮发动机研究试验基地，后来发展成中国燃气涡轮研究院。

高空台的地址选在山川秀美、层峦叠嶂的四川省江油松花岭。从20世纪60年代后期开始，这里聚集了航空工业全国各地的科技人员。他们谁也没有见过高空台，就凭着一些公开发表的资料和几张国外高空台的照片，用简陋的工具设计绘制中国高空台的蓝图。同时，全国100多个科研院所、大专院校、工厂和工程兵部队参与大协作，研制设备，建筑施工，安装调试。通过上万名建设者30年的艰苦奋斗，克服重重困难，高空台于1995年11月25日建成，并通过了国家验收，正式投入使用。这标志着中国有了独立研制现代高性能涡喷、涡扇发动机的试验手段，成为继美、俄、英、法之后第5个拥有高空台的国家。因此，这个高空台被誉为“亚洲第一台”。高空台被评为1995年国家10大科技成就之一，1996年1月挂牌成为航空工业重点实验室，1997年荣获国家科技进步特等奖。

刘大响于1960年毕业于北京航空学院，1970年调至中国燃气涡轮研究所，1974年起担任高空台设计研究室副主任、主任，与有关方面合作完成了涡喷7甲、乙发动机高空模拟试验。1984年起，先后担任燃气涡轮研究所副总工程师、总工程师和第一总设计师，负责高空台的技术领导工作，主持完成主试验厂房的部分设备、工艺系统的设计和安装、调试，高空模拟试验技术课题研究和高空台总体性能联合调试，建成高空台自动数据采集、处理和监控系统；完成3种发动机的高空台试验；参与完成和俄罗斯高空台比对标定试验。曾荣立航空工业部一等功，并获得多项部级科技进步奖，1995年当选为中国工程院院士。

刘大响近影

高空台全景

刘大响

高空台试验段

俄罗斯专家参观中国高空台

直升机“涡流理论”的创立者
王适存

王适存教授　周日新摄

1960年在苏联创立“王适存涡流理论”的王适存　南京航空航天大学提供

在我国直升机事业发展50年的进程中，有一个人与直升机事业息息相关，他就是王适存。

王适存1926年9月26日生于湖南长沙。1948年毕业于浙江大学航空系。1949年9月，在浙江大学任航空系助教，并承担浙江大学风洞研制工作。1952年秋到南京华东航空学院任讲师。除授课外，还翻译了俄文专著《空气螺旋桨》。1957年秋进入莫斯科航空学院攻读直升机专业。1961年春获得副博士学位；其学位论文《直升机旋翼广义涡流理论》解决了旋翼在前飞时的流场计算问题。该文曾由NASA　AD报告全文译载，并编入了俄国经典文献《直升机》卷I中，命名为“王适存涡流理论”。

王适存回国后，到西北工业大学任副教授。他撰写的《直升机空气动力学》是我国直升机技术方面的第一部专著。1965年，他倡导自行研制直升机“延安2号”。1970年冬，随直升机专业调整到南京航空学院。1975年“延安2号”试飞成功。该机获1978年全国科学大会奖。20世纪70年代末中国直升机设计研究所成立后，为了把他的旋翼广义涡流理论应用于旋翼设计，在设计所技术人员的协助下，他撰写了《直升机旋翼气动载荷计算》手册，迄今仍是我国直升机型号设计的主要方法。

1978年，王适存被评为教授，1981年加入中国共产党。他在两任飞行器系主任期间，创建了飞行器设计专业的首批硕士点和博士点，并使之成为当时全国同类专业中惟一的国家重点学科。与此同时，还发起筹建了中国航空学会直升机专业委员会，并担任首届主任委员。

进入20世纪90年代，王适存任南京航空航天大学直升机技术研究所名誉所长，带头申请的直升机旋翼动力学实验室成为国防科技重点实验室，他任学术委员会首届主任。

王适存为我国首批博士生导师，迄今已指导过30多名硕士生和博士生。多年来，他和他的博士生们在现代涡流理论和特型桨尖研究方面取得了丰硕成果，其中“直升机旋翼气动特性分析和自由尾迹研究”获1998年部级科技进步一等奖和1999年国家科技进步三等奖；2000年，他被评为全国优秀博士学位论文指导教师。

王适存在国内外刊物上发表论文50余篇，主编《直升机气动力手册》和《中国大百科全书航空航天卷》全部有关直升机条目，主审《军用直升机飞行品质规范》和《民用直升机适航条例》，并多次主持新型直升机的评审会和鉴定会。他还是中国航空学会常务理事、江苏省航空学会理事长，1991年起享受政府特殊津贴，被航空航天部授予“有突出贡献专家”称号。

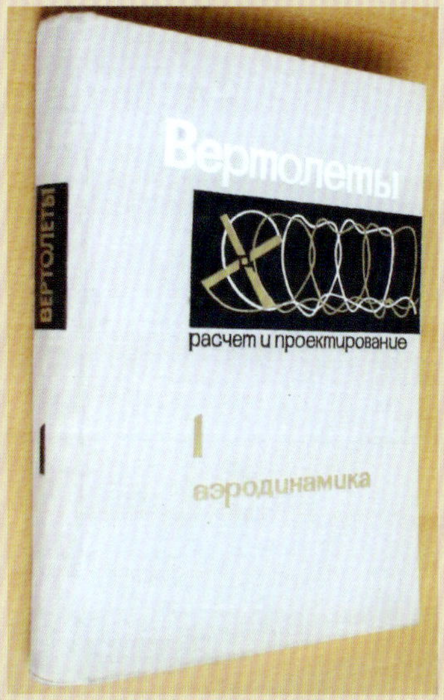

“王适存涡流理论”被收入苏联著名直升机设计师米里主编的《直升机计算和设计》　南京航空航天大学提供

王适存参与研制的“延安2号”直升机

1997年王适存夫妇与岳父母王淦昌夫妇在家中，中国著名核物理学家王淦昌时年90岁　南京航空航天大学提供

K8教练机与总设计师石屏

K8是一种喷气式军用教练机，以基础教练机的功能为主，兼有部分高级教练机的功能。它的特点是从国际市场需要出发，不依靠国家计划和财政支持，由中航技和南昌洪都航空工业集团公司自筹资金和挖掘潜力，争取国际合作，坚持高标准、高起点而研制的。K8的开发研制获得了令人满意的成果。至2005年底，我国共计出口K8飞机136架，包括与埃及合作生产的80架K8E。

早在1982年，中航技就开始研究出口后继机的开发，认为国内外的初级教练机都面临更新换代，我们有切入市场的机会；教练机的寿命周期较长，一个好机型可以持续生产几十年，且不像作战机种那样敏感，可以向许多国家持续出口；所需投资相对较少，有可能尝试进行风险投资，并争取国际合作；南昌洪都航空工业集团公司有研制生产教练机的基础和经验，是可靠的合作伙伴。1983年，南昌洪都航空工业集团公司中航技与南昌洪都航空工业集团公司签订了合作开发的协议，后又争取到巴基斯坦出资600万美元参加合作，并承诺购买飞机，作为起始用户。中巴于1986年签署合作研制K8的总协议。

K8的设计努力与国际标准接轨，并利用国外资源，选择了先进的发动机、弹射座椅、电子飞行仪表和座舱环境控制系统，更好地保证了飞机性能达到当时的国际先进水平。经过艰苦的设计、试制和试验，1990年10月，第一架K8成功地实现了首飞。1992年12月，航空航天部召开鉴定会议，认为其全部性能指标已达到或超过设计要求，准予正式投产。1993年我国即向巴基斯坦交付6架飞机，巴方开始领先使用。K8于2000年获国家科技进步一等奖。

K8飞机的总设计师石屏，1934年生于江西波阳县，1956年毕业于南京航空学院，被分配到南昌飞机厂工作。先后任工艺员、飞机强度设计员、总体设计组长、飞机设计所副所长、K8和JL8飞机总设计师。他认真组织K8的方案论证、发动机选型，开展创新设计，虚心听取巴基斯坦飞行员对战术技术指标和使用维综合性能优于同类教练机。石屏曾被授予“江西省劳动模范”、“科技精英”、“航空工业有突出贡献专家”、“劳动模范”、“全国优秀科技工作者”等荣誉称号，并获得航空金奖、杰出专业人才奖和科技进步一等奖，2005年被选为中国工程院院士。

石屏

K8生产线

K8在巴黎航展上

K8机群

K8 编队飞行

石屏（中）与巴基斯坦试飞员在新加坡航展上（1992） 周日新摄

1991年1月，南昌洪都航空工业集团公司举行中巴合作研制的K8教练机首飞仪式 周日新摄

试飞英雄滑俊、王昂、黄炳新、李中华

飞行试验是一项极为艰险、复杂的任务。几十年来，在多种型号飞机和直升机的飞行实践中，涌现出了一批高水平的优秀试飞员和英雄模范，如滑俊、王昂、黄炳新、杨国祥、葛文墉、蒋德秋、鹿鸣东、邹延龄、李中华、马湘生等。

试飞员滑俊，刻苦钻研飞行技术，在试飞中闯禁区，攻难关，多次排除险情，圆满完成科研试飞任务。1978年10月，滑俊执行歼8试飞任务，在万米高空两台发动机突然停车，重新启动失败。失去动力的飞机，以每秒80到100米的速度下滑，瞬间坠落到8000米以下。这时，云层密布，看不到地面。他置个人安危于不顾，抱定要保住飞机的决心，一面搜索机场，一面控制飞机状态，设法开车。直到6000米高度，第6次才开车成功，终于安全返航，带回了珍贵的科研数据。

王昂，1935年11月生。航空工业部副部长、航空航天工业部总工程师、副部长；中国航空工业总公司副总经理、党组副书记；中国航空工业第一集团公司科技委主任。王昂是我国第一代优秀特级飞行员，仅在1985年前，就已飞行3306架次、1326小时。1978年6月，他驾驶歼8升空，到达预定高度后，突然两台发动机停车，在12000米时三次重新启动仍然失败。他一面观察飞机下滑情况，一面启动发动机。一霎时，飞机已从12000多米跌落到3000米的高度，必须赶快在跳伞和迫降间做出抉择。就在这时，起动右发动机成功，紧接着左发动机起动成功。这时飞机离地面仅有1500米。他冒着生命危险，不仅挽救了飞机，而且取得了歼8在高空、中空和低空中的准确下滑率，这是在一般情况下无法得到的宝贵数据。

滑俊

王昂

黄炳新

李中华在歼10飞机前 谭超摄

1980年1月3日，中央军委授予滑俊、王昂“科研试飞英雄”称号。

黄炳新，大校团长，试飞院副院长，曾承担歼8Ⅱ等新型号飞机的试飞。他是FBC1型歼击轰炸机，即“飞豹”的首席试飞员。他是承担和完成该机试飞科目、风险科目和重大试飞科目最多的飞行员。在试飞中，他第一个实施全外挂飞行，第一个实施空中导弹、火箭弹发射试飞，第一个在空中实施放油试飞，第一个实施极限数据颤振试飞。在他的带领下，试飞院创下了年试飞439架次、单机年试飞232架次、月试飞35架次的历史最高纪录。他在空中遇到了首飞出现发动机故障、方向舵飞掉、座舱仪表震落、严重漏油、严重结冰而看不到地面、飞控系统故障导致飞机俯仰摆动、两只副油箱同时不输油、速度表和高度表同时不指示等十多次重大险情。在可能机毁人亡的危急关头，他把生死置之度外，毫不犹豫放弃跳伞机会，镇静、沉着地正确处置问题，抱着“人在飞机在”的决心，冒死驾机返航。

李中华，空军某试飞团副团长，中国空军为数不多的双学士试飞专家，国内仅有的三名国际试飞员之一。他曾先后试飞过苏-27、米格-29和中国自行研制的歼10等26种机型，成功处置过15次空中险情，5次空中重大险情，多次立功受奖。许多别的飞行员不敢涉足的尾旋、眼镜蛇、大表速、失速尾旋等禁区，只有他敢于尝试，并且取得了成功。2005年5月20日，驾驶变稳飞机的空军试飞团试飞员梁剑锋，在空中500米处亲身经历过的一次飞机事故：“整个飞机倒扣过来，然后以每秒30米的速度下滑”，“如果再有两三秒时间就会机毁人亡。”而就在瞬间把他和我国仅有的这架变稳飞机从死亡线上拉回来的，就是在飞机后座上的李中华。他沉着冷静处置，使飞机奇迹般地安全降落。

中央军委授予滑俊、王昂“科研试飞英雄”称号

陆航“第一飞”马湘生少将（中）

20世纪40年代的吴大观
吴大观提供

为发动机奋斗一生的吴大观

吴大观1916年11月出生于江苏镇江。1942年从西南联合大学航空系毕业后，到贵州大定航空发动机厂任技术员，潜心研究活塞式发动机。

1944年，吴大观被选送到美国莱康明航空发动机厂进行深造，掌握了活塞式发动机设计的全过程。而后又到美国普惠航空发动机公司学习，了解了喷气发动机部件的加工，开始研究喷气技术。1947年回国。1948年来到北平，在北京大学工学院任讲师，参加了反饥饿、反迫害的罢课罢教运动。后在中共地下党的安排下到了解放区，受到聂荣臻的亲切接见。

1949年11月，吴大观任重工业部航空筹备组组长，并加入中国共产党。1951年航空工业局成立，他在局机关参加发动机生产技术管理。1956年仿制成涡喷5发动机后，他建议建立空气动力研究和发动机研究机构，开展科研和自行设计。随后他被调到沈阳组建我国第一个喷气发动机设计室，并开始设计我国第一台喷气教练机的发动机喷发1A，于1958年试制出4台发动机，经过20小时试车后，装在我国自行设计的歼教1飞机上试飞成功。

1961年8月，沈阳航空发动机设计研究所成立，吴大观任副所长，主持发动机研制和试验基地的建设。他努力探索发动机研制程序和方法的新路子，特别重视试验条件的建设，组建了试验设计室，建立了测试仪表试验室，建设了相当规模的试验基地。

吴大观（左一）与苏联专家索可洛夫　吴大观提供

1978年，吴大观调任西安航空发动机厂副厂长兼该厂设计所所长。在仿制英国“斯贝”发动机的工作中，任该发动机总装、长期试车、部件强度考核和整机高空模拟试车台考核试验的中方技术负责人。在“斯贝”发动机试制进入总装试验阶段时，他任现场总指挥。1980年他带领20多人的队伍，将试制的发动机送到英国罗罗公司进行高空模拟试车和部件考核试验，结果发动机完全满足合同要求。回国后，他组织编写了11册有关试验的资料。

1982年，吴大观调任航空工业部科技委常委。他负责主编了《军用发动机规范》、《民用航空发动机适航标准》、《航空发动机材料手册》、《轻型燃气轮机规范》，组织编写了《航空发动机完整性大纲》、《进气道与发动机相容性研究》等。

他被西北工业大学、北京航空航天大学、南京航空航天大学聘为兼职教授，曾任中国航空学会理事、动力分会委员，辽宁省航空学会理事长，中国工程热物理学会常务理事、荣誉理事。

晚年的吴大观　吴大观提供

1980 年吴大观（前排右三）在英国参加
“斯贝”发动机考核试验　吴大观提供

1944 年 12 月，吴大观（三排中）等赴美国莱康明发动机厂实习
吴大观提供

吴大观、华国夫妇1942年于昆明　吴大观提供

1962年6月于莫斯科，左起：庄逢甘、吴大观、徐舜寿，此行与苏谈判筹建中国航空气动研究院与中国航空发动机研究院未果　吴大观提供

2001年10月吴大观、华国夫妇照　吴大观提供

青年许锡缵（1936） 朱清和提供

许锡缵的传奇人生

原航空工业部外事局副局长、中航技副总经理许锡缵，是航空工业部的一位传奇性人物。他1932年开始学习航空工程专业，1934年参加革命，1938年在国民党空军机械学校加入中国共产党。1943年被国民党政府派往美国学习航空发动机制造，1946年进入南京政府国防部工作，为解放军提供了大量重要情报。1951年后任沈阳航空发动机修理厂、沈阳黎明航空发动机厂总工程师兼副厂长。1955年开始受审查，1957年被划为“右派”，历经坎坷，1979年才被彻底平反。1980年后他加倍努力工作，鞠躬尽瘁，直至1999年3月逝世。

许锡缵，1931年5月生于南京，祖籍广东，出身于名门望族。其曾祖父署理过浙江巡抚。其父许崇灏在讨伐袁世凯时，曾任江苏讨袁军参谋长，后来与其堂弟许崇智一起成为孙中山的重要军事助手。

许锡缵1932年进入上海交通大学航空专业学习，与徐昌裕（后来任航空工业部副部长）同班，一起参加抗日救国运动。1934年，两人都参加了共产党的外围组织“中国民族武装自卫会”，团结和发动学生参加示威游行，组织救国宣传团，并结识了美国进步作家史沫特莱和地下共产党员陈方文。1936年毕业后，去空军的南昌航空机械学校受训，后留下任教官，同恋爱多年的朱清和结婚。1937年随学校搬迁至成都，继续积极参加抗敌救亡工作，还掩护徐昌裕奔赴延安。1938年，秘密加入中国共产党，继续留在空军学校做地下工作。

1943年，他被国民党政府选派赴美国学习。经联系人请示周恩来、董必武，明确指出“同意许锡缵出国学习，将来建国需要

许锡缵（后排左二）的大家庭，后排左一为朱清和，前排右一为其父许崇灏（1936）朱清和提供

自己的人才。保留党籍，回来后找党。”1945年12月他从美国回到重庆，党的联系人已去延安。他通过父亲和自己的老同事，加上留美的身价，顺利地进入了南京政府国防部第六厅任中校科长，分管武器发展的审核。1947年秋与党组织取得了联系，便不断向解放军送情报，如国防部的组织机构、武器研究情况、军用密码本、长江防御军事计划、长江水文图、军事应变计划等，还对国民党空军人员进行了策反工作。

中华人民共和国成立后，许锡缵先在空军上海飞机修理厂任总工程师、党委副书记。1951年调任沈阳航空发动机修理厂总工程师、副厂长，1953年获航空工业局嘉奖。1954年开始负责沈阳黎明航空发动机厂的建设和新发动机涡喷5的试制。两厂共同努力，5年试制出我国第一台涡喷发动机。1955年以后受到不公正对待，仍始终坚信党，兢兢业业地做组织安排的教育、科研工作。1979年落实政策，乃至1983年离休后，他都努力工作，为航空工业发展和国际合作交流做贡献，并撰写了《黄埔恩怨——许崇智与蒋介石》等多部著作，为后人留下了宝贵遗产。

许锡缵、朱清和夫妇与徐昌裕（右）
朱清和提供

许锡缵与朱清和的青年时代
朱清和提供

许锡缵（左）在美国（1943）
朱清和提供

许锡缵（左二）与苏联专家在沈阳　朱清和提供

许锡缵（后排右一）与上海交通大学学生乐队，前排左一为钱学森

航空教育家沈元、季文美、张阿舟

20世纪50年代初期，我国逐步组建了北京航空学院、西北工业大学和南京航空学院。在这三所国家重点航空高等学府，涌现了很多航空教育家，沈元、季文美、张阿舟就是其中的代表。

沈元1916年出生于福建省福州市。1936年进入清华大学机械系学习航空工程。1943年，被推荐到英国伦敦帝国理工学院航空系攻读博士学位。1945年伦敦大学授予他哲学博士学位。他也被接纳为英国皇家航空学会副高级会员。沈元于1946年回清华大学航空系任教，1952年被任命为新成立的北京航空学院副院长。建校初期，他亲自领导师资培养工作，组织大批青年教师向苏联专家学习，使学校的师资队伍及时得到了充实。1956年，他预见到宇航事业和导弹工业需要人才的紧迫性，果断采取措施，率先在全国高校中第一批建立了火箭、导弹等方面的一套新专业。1978年，北京航空学院首次一年招收了128名研究生。他对研究生培养拟出了“精选苗子，宁缺毋滥，打好基础，严格要求，能力培养和科研任务结合”的方针。他亲自指导培养了四届研究生。1980年，沈元当选为中国科学院院士。

季文美1912年出生于浙江省义乌县。1934年从上海交通大学电机工程系毕业后，赴意大利都灵大学攻读航空工程，1936年获博士学位并于当年回国，先后在南昌飞机厂、四川南充飞机厂任工程师等职。1942年起，历任上海交通大学教授、航空工程系主任、总务长。1952年后在华东航空学院任室主任、副教务长；1956年起，先后任西安航空学院副院长、西北工业大学教务长、副校长、校长等职。季文美从事教育工作50多个春秋，治学严谨，讲课层次分明、概念准确、深入浅出、言简意赅，深受学生和同事的欢迎与敬佩。季文美是我国最早的研究生导师之一，主持开办了研究生班，并亲自为研究生和青年教师讲授非线性振动等课程。他还是我国第一批博士生导师之一，先后招收了15名博士生。

沈元（前排右三）与《航空知识》编委在一起

沈元 谭典元摄

季文美

张阿舟

张阿舟1920年生于江苏省丹阳市。1941年7月结业于中央大学航空工程系，先后留校任教和在中央机器厂、中央航空研究院工作。1945年9月赴英国留学，1949年12月获布列斯托大学哲学博士学位。1950年回国，先在重工业部，不久去南昌飞机厂工作。1955年5月调至南京航空学院，历任教授、副院长等职。张阿舟长期从事飞机设计，飞机静、动强度和结构动力学方面的工程技术、教学和科学研究工作。1954年，他在南昌飞机厂试制新中国第一架飞机初教5过程中，荣立特等功。调入南京航空学院后，他先后开设过多门课程。他自20世纪60年代开始招收研究生，并于1980年起招收博士研究生，是我国首批博士生指导教师之一，已先后培养了硕士和博士研究生数十名。

李岚清看望沈元　谭典元摄

刘夏石

科技“怪才”刘夏石

刘夏石，1937年生于福州市。1958年从南京航空学院飞机设计专业毕业后被分配到沈阳飞机厂飞机设计室。他是我国较早将电子计算机技术应用于飞机设计的研究者之一。他进行矩阵法和有限元法的应用研究，并将研究成果应用于歼8歼击机机翼上；开展胶接技术、蜂窝结构与整体壁板在高超声速歼击机上的应用研究；突破在使用载荷下应用塑性的设计禁区，使高应力区能按设计者意图进行分散，从而减轻了设计困难；引入国外先进技术，采用塑性接头和齿板连接设计，并在我国自行设计的歼击机上使用；领先开展了复杂航空结构最佳设计研究，建立飞机结构优化设计方法，将研究的成果应用到歼8飞机机翼设计上，试验表明机翼的强度达到既定的目标，这项研究成果荣获全国科学大会奖。

1969年10月，刘夏石被调往中国直升机设计研究所。他从组建气动、强度、试验队伍开始，依托当时西北工业大学直升机专业的力量，编出我国第一部直升机强度规范，率先在国内组织直升机桨叶气动载荷工作，建立起以有限元法为基础的直升机结构优化与分析系统等，获全国科学大会奖。他开展了全机承载能力研究，在计算机上重现全机静力试验加载过程，实现损伤随加载动态破坏实时仿真，结果与实际试验吻合，获国家发明三等奖。他掌握了自适应辨识建模技术，攻克复合材料旋翼气弹难题，经鉴定这项技术处于世界领先水平，获国家发明二等奖。

刘夏石建立起多学科综合研究室，将航空的识别技术应用到土壤肥料上，这一技术被列入1987年国家级“星火计划”。1987年在福建省大面积推广，接着在东南沿海6省累计推广10000万亩，增收10多亿元，并获得国家发明三等奖、国家“星火计划”二等奖、部科技进步一等奖和中国专利优秀奖等。他的《计算施肥学与理性农业的探索》专著，已出版。他先后担任景德镇市政协副主席和市人大常委会副主任，创办了科学与艺术研究中心，研制出高效节能无污染窑炉，获部节能降耗优秀成果奖；开展新技术陶瓷研究，系列作品获多项国家发明专利；并且烧制出已载入吉尼斯世界纪录的巨型花瓶。他承担国家“863”高技术航天领域项目——受控生态生保系统研究，提出并进行适应太空系统新食物链研究，受到航天领域“863”专家组的重视，论文也被第53届世界宇航大会列为会议报告。

刘夏石先后有20多项成果获国家发明奖、科技进步奖、全国科学大会奖，国家“星火计划”奖以及部、省级科技进步一、二等奖；20多次荣获部、省、市“劳动模范”与“先进个人”称号。1989年应邀出席国庆招待会。同年作为航空界两位优秀代表之一，成为中央电视台系列专题片《共和国之恋》报道的对象。

刘夏石和他的陶瓷作品　周日新摄

人大代表刘夏石在投票

醉心"航模生涯"的陈应明

陈应明向少年儿童讲解航空知识

陈应明1923年出生，成都航空仪表公司离休干部。他对中国航空史、对航空模型如痴如醉，虽已是80多岁的老人却仍还在画世界各国和中国的飞机。

从20世纪30年代开始，陈应明就致力于中国设计制造的飞机和世界飞机模型的设计、制作，60多年来坚持不懈，亲手制作了上千种名机模型；他长期从事航空史料的收集、考证，特别是对于中国近代设计制造的飞机，诸如"乐士文"、"复兴号"等几十种飞机的研制始末、性能、数据，以及在抗日战争中空战的史实，都详征博引，进行论证和核实，力求还历史以真实面目。20世纪80年代，他参加了中国第一套大百科全书《航空航天卷》的编写工作，在中外航空杂志上发表了大量文论，并与廖新华共同编著出版了《浴血长空——中国空军抗日战史》。他独树一帜，生动、准确地用彩画表现航空历史和飞机，并精选了1909年至1999年期间有代表性的飞机，按历史原貌绘制，附以文字说明和主要技术数据，汇编出版了《中国飞机画》一书，再现了中国航空发展艰辛而又曲折的历程。

陈应明精心制作的飞机模型、富有严谨考据的航空文论和关于航空历史与飞机的绘画，深受中外航空界和航空爱好者的好评与喜爱，中国内地及港澳台地区和美国、日本的航空博物馆、刊物都收有他的作品，还以他绘制的图纸、图片、数据为依据，复制了历史上的飞机模型。

陈应明制作“海空卫士”王伟
所驾驶的歼 8 Ⅱ飞机模型

陈应明与航空模型爱好者

1997 年陈应明制作霍克Ⅲ飞机模
型赠予高志航长女高丽良

耗尽一生研淘"航史"的百岁老人
——姜长英

姜长英20世纪20年代留学美国，回国后先后任上海交通大学航空门、西北工业大学教授，自30年代起即从事航空教育和航空史研究。

1930年姜长英在沈阳东北航空军司令部工作时，即开始收集航空史料，拍摄飞机照片，记录飞机修理厂的组织机构和人员名单。1933年，航空署要出一本航空年鉴，其中包括中国航空史。为此他节衣缩食，收集和购买航空书刊，置局势动荡和工作变迁于不顾，坚持不懈，终于在1949年暑假写出了《中国航空史料》初稿，1959年写出《中国古代航空史话》稿；1965年又写成《中国近代航空史稿》。这三本史稿内容跨越上下几千年，一直写到中华人民共和国成立之前，并且终于在1982年由他所在学校分别印成讲义，作为航空史教材。这本印刷质量很差的内部讲义，立即引起全国史学界的轰动，已成为航空史研究者珍藏之宝，其内容已被许多专家学者引用。著名科学家钱学森，1982年11月专门写信给姜长英："您多年来研究我国航空航天历史，很有成绩，发表论文多篇，今又把积稿印成专著三册一套，实可敬佩！我希望您能将讲义整理成《中国航空航天史》，出版流传，以教育后代。"《中国航空史》由西北工业大学出版社在1987年6月正式出版了。时任国防部长的张爱萍将军为该书题写了书名。2000年10月，包括姜长英全部史稿的《中国航空史》(新版)，由清华大学出版社正式出版了，终于在20世纪末了却了这位世纪老人一生的夙愿。

1922年时的青年姜长英
姜胜年提供

1926年姜长英从南开大学矿科毕业
姜胜年提供

姜长英收集来的书刊资料堆满了他的书房，还先后赠送给上海交通大学和西北工业大学图书馆3000多册。西北工业大学图书馆专门为他建立了"航空史资料查询室"，不少专家学者都曾来此查阅考证。他手头还有剪报6大本、手抄笔记本23册以及大量载有航空史料的书刊。

姜长英1982年给学生上"中国航空史"课，1987年招收航空史研究生，1988年组建"航空史研究室"。1989年86岁高龄时，创建了"中国航空史研究会"，并多次举行了学术交流会，有海内外会员350多人。姜长英也因此获得国家级"有突出贡献的专家"称号，成为第一批享受政府特殊津贴的人。姜长英除任"中国航空史研究会"理事长、名誉理事长、《航空史研究》主编、顾问外，还是《航空知识》和《中国大百科全书》(航空航天卷)编委会成员。

1927年姜长英在美国留学学习航空
姜胜年提供

1929年10月姜长英参观华盛顿
白宫时留影　姜胜年提供

姜长英在中国航空博物馆　中国航空博物馆提供

1982 年姜长英和夫人龚德培在家中
姜胜年提供

1995 年 10 月 17 日姜长英在中国航空博物馆中新建的“姜长英航空史研究室”前留影　姜胜年提供

2003 年 11 月姜长英在家中度过百岁寿辰
姜胜年提供

陈阿玉

阎德义

李临庄

身怀“绝技”的工人技师

在中国航空工业发展进程中，不断涌现身怀“绝技”的工人技师，他们为航空工业的发展做出了杰出的贡献。陈阿玉、阎德义、李临庄就是其中的优秀代表。

陈阿玉，沈阳飞机厂工人技师。1917年3月15日出生于浙江省黄岩县。1952年5月加入中国共产党。他从上海来到沈阳飞机厂，被分配到型架车间当钳工。1953年3月起，他担任车间工段主任。在歼5飞机试制时，他大胆创新，先后突破了多项关键技术难题。例如从苏联引进的机翼标准样件结合点变形，使全机标准样件无法对合，成为阻碍新机试制的一大难关。他大胆提出采取校正的办法解决变形，取得苏联专家同意后，亲自动手校正，终于攻克了这一关键技术难题。在歼6飞机工艺装备制造过程中，他先后提出合理化建议40多项，共节省30000多工时、钢材3吨多。他参与了歼6飞机的改进改型。在自行研制高空高速歼8飞机过程中，陈阿玉为设计所设计飞机提出了许多宝贵的意见。陈阿玉是中国航空工业工人中顶尖的技术人才之一。

阎德义，沈阳黎明航空发动机厂工人技师。他1929年2月出生于天津。1949年3月参加工作，同年10月加入中国共产党。在沈阳发动机厂冲焊车间当工人。1957年晋升为工人工程师。入厂以来，他刻苦钻研焊接技术，大胆革新，勇于攻关，先后革新攻关100余项，实现较大技术革新8项，被誉为“焊接大王”。工厂在试制涡喷5发动机时，焊接火焰筒需要在零件尾部凸台堆焊硬质合金块，按照当时苏联专家的要求，必须堆焊两层，使硬质合金块厚度达到6毫米，然后再磨掉3毫米。阎德义认为，这样加工效率低又费料。他进行了大胆改革，采用一层堆焊成功，在保证质量的基础上，为国家节约了25万元。

李临庄，株洲航空发动机厂工人技师。他1936年出生于湖南涟源市。1955年8月毕业于中南航空技校，同年被分配到株洲航空发动机厂任钻工。他想共产主义大目标，干社会主义大事业，自觉做主人，拼命争贡献。曾发下誓言，要在进厂30年、年满50岁的1985年干满100年的工作量。20世纪50年代，他是有名的高产能手、生产虎将；60年代，他主动要求一个人包下1台机床，承担3个人的工作量；70年代，他一人同时开动2台或3台机床。1984年2月22日，李临庄的承诺如愿以偿：经过长达一个多月的专人统计核算，李临庄自1955年至1984年2月15日，28年零5个月完成了102年的生产工作量。这一年李临庄48岁，进厂29年，他提前一年实现了跨百年的夙愿。

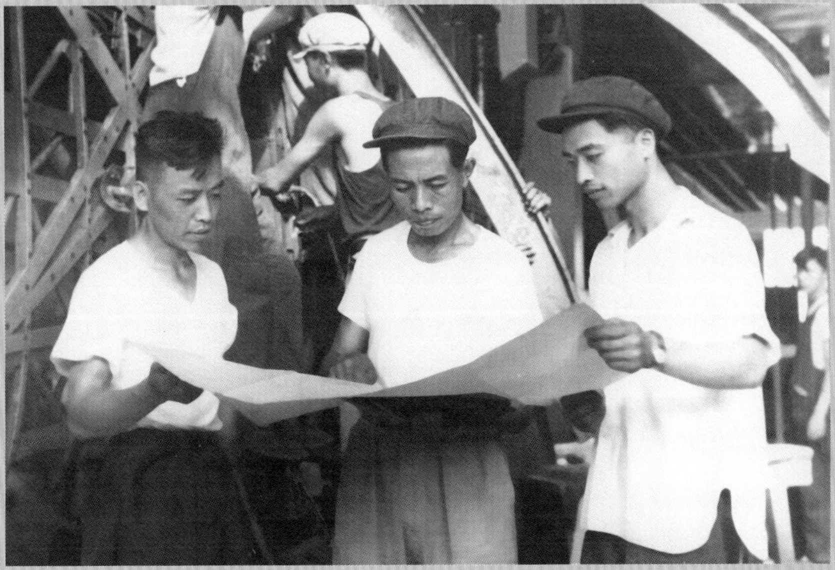

陈阿玉(中)在工作现场

李临庄（前排右）与工友们

阎德义在焊接

澳门民航开航

澳门地区的航空运输业发展缓慢，关键是受地理条件限制。为了打破这种限制，澳门地区政府于1982年6月聘请顾问集团研究在澳门兴建国际机场的可能性。1987年，经中国中央人民政府最高层决策，认为在澳门填海兴建机场为宜。虽然这样使投资增多，但有利于“一国两制”的落实，有利于发挥澳门在珠江三角洲西部地区发展经济与航运的枢纽作用，也便于利用澳门的国际联系建立起国际航空交通。

澳门机场的设计包括航站区和跑道两部分，总面积为191公顷。航站区设在凼仔岛西南角的鸡颈区，是削山填海而成，分两期建设。其货运装卸能力为每天200吨，有货仓1.2万平方米。候机室占地5万平方米，分三层，第一期旅客吞吐量每年可达450万人次。跑道设计为单跑道，全长3360米，占地150公顷，可供最大型的波音747−400飞机起降；跑道离岸800米，为南北向。跑道设计时注意了严格控制噪声，使飞机的起降不会对珠海、澳门市区造成噪声污染。

澳门机场的兴建和经营由1989年1月成立的澳门国际机场联营公司负责。由澳门地区政府、澳门的公司、中资公司和葡资公司共同投资。机场建筑费用约10亿美元，其中股东资本约5亿美元，银行贷款约4亿美元，土地开发收益约1亿美元。

澳门国际机场示意图

1994年9月13日，澳门航空公司正式成立，注册资金为4亿澳元，约合5000万美元，是由中国和葡萄牙的公司合资建立的。由于中葡两国政府的通力合作和建设者的积极努力，澳门国际机场按计划竣工。

1995年11月9日，澳门航空公司举行了第一次商业飞行，一架从澳门起飞的新型“空中客车”A321飞机在北京首都机场降落，结束了澳门不通航的历史。12月8日，澳门国际机场正式投入运营，澳门航空公司的飞机首航台北。随后开辟了澳门至上海、青岛、武汉、厦门、福州、昆明、高雄等地的航线，并不断增加同亚洲和世界其他主要城市的直接来往。从此，澳门的航空事业进入了发展的新天地。

澳门航空首航

依山傍海的澳门国际机场

中国邮政航空公司飞机抵达上海虹桥机场

中国邮政航空公司投入运营

1997年2月27日，中国邮政航空公司（简称“邮航”）以天津滨海国际机场为基地，投入运营。邮航为国家邮政局直属企业，由国家邮政局和广州、上海、天津、北京等相关省、市邮政局共18家股东出资组建。1996年8月，邮航通过中国民航总局审查验收。邮航主要担负全国干线航空邮运网的建设与营运，以及全国航空邮件运输的组织和调度。

1993年，陕西飞机工业集团公司获悉中国邮电部拟组建中国邮政航空公司，准备在国内选购邮政机型后积极争取，终于促成了将运8F100型飞机作邮政机的首选机型，并于当年开始，边设计、边论证、边生产。

运8F100型邮政机主要用于空运邮件和货物，其设计要求巡航高度8000米，巡航速度为每小时530千米～每小时570千米，实用升限10400米，单发停车升限8100米，最大油量航程5600千米，商载12.5吨，最大航程2600千米，最大装载量为：散装20吨，集装16吨。机上装有部分引进的先进电子设备，具有良好的导航系统、通信系统和雷达系统，还装有盲降设备、空中交通管制系统、飞行数据记录仪、座舱话音记录器等设备，能够满足全天候飞行的要求。

为满足邮件装运需要，运8F100型飞机配备了8块专用邮件装运集装板及系留网。这有利于机上梁式吊车实现装卸及其在货舱内移动，增加地面过渡及利用机上滚棒、侧导轨系统、电动绞车实现重型货物装卸。

1996年5月11日，3架运8F100型邮政机正式转场交付邮航。1997年2月27日，确立了天津—上海—厦门的航线并正式投入运营；9月5日，开通了第二条航线：天津—武汉—广州航线。以后又将这两条航线合并为天津—上海—广州—厦门航线。2000年7月16日，邮航根据运营情况将航线调整为北京—上海—广州，采取两架飞机同时对飞的方法，每周7个班次，每天清晨5：00起飞，成为国内起飞最早的航班。

中国邮政航空公司从1997年2月天津首飞时的3架飞机1条航线到2000年7月北京开航，从2002年3月中国邮政航空快速网在上海运行到2004年8月起动中国邮政“EMS全夜航”。目前公司拥有12架飞机、13条航线，在全国27个省（区、市）大中城市间实现了EMS邮件“次日递”。

2001年6月，邮航租赁8架运8民用型货运飞机

运8邮政机

1993年12月，中航技国际支持公司副总经理王志成（左）与埃及国防部代表签署会议纪要 王志成提供

出口飞机的技术支持和服务

为了巩固和发展航空产品的国际市场，除了需要有优质的飞机、适当的价格、开拓市场的功夫，还必须特别重视销售过程及其前后的技术支持和服务。中航技和有关工厂通过总结前期售后服务工作的经验教训，逐步认识到不能只是被动处理售后遗留问题，只是排故、保修、保换和解答用户疑问等，而是要把技术支持和服务作为销售业务的重要组成部分，作为提高产品竞争力、赢得顾客的重要手段，把服务质量和产品质量作为一个整体来对待。要确立"无缝隙"的营销、服务理念，建立多层次、全方位、全过程的服务体系。

20多年来，中航技和工厂的技术支持和服务工作，例行的有：完善随机技术资料，技术培训，产品质量复验，派遣随机服务组，及时处理重大问题，发出与使用、修理有关的技术通报等。此外，还不断加强了以下工作：

改进零备件供应状况。初期的主要问题是供应不及时，有的项目报价过高。特别是投入航线运营的民机，用户从经济性考虑，不储备很多备件，临时缺什么就买什么。按国际惯例是4小时内供货，波音公司可做到两小时内供货，中航技以前只能承诺48小时。改进的主要措施是实行计算机管理和联网，在北京建立备件总库，在巴基斯坦、肯尼亚、秘鲁等国设立地区性备件库，改善备件服务体系。编制备件价格目录，使报价有合理依据。

开展延寿工作。前苏联设计的飞机，不仅使用寿命短，而且飞机、发动机和机载设备的使用寿命参差不齐，难以进行定期维修。中航技配合有关工厂、研究所做了大量改进设计和试验考核，加强薄弱环节，使飞机寿命显著延长，各部分基本协调一致，有利于使用维护。

开展大修服务，直至转让飞机、发动机大修生产线。有的用户需要大修服务，有的希望在本国增强大修能力，我方都努力满足其要求，先后为埃及、巴基斯坦建设了大修线，还为一些用户建设了损耗件（如银锌电池、橡胶件等）生产线，便于维修更换。

召开用户座谈会。中航技主办过歼6、歼7、强5Ⅲ和运12、运7、运8飞机的用户座谈会，效果都比较好。例如，1992年11月在北京召开的第一次运12飞机使用维护国际会议，请来了12个国家的用户和设备供应商共50多位外宾，国内用户和制造厂也参加了这次会议。短短两天会议中，中航技介绍了运12的市场情况，哈尔滨飞机工业公司介绍了运12的设计改进，7家国外用户和两家国内用户介绍了运12的使用经验和问题，与运12配套的国外设备供应商介绍了他们的产品和服务。

中国飞机在赞比亚

中国飞机在坦桑尼亚

中航技在巴基斯坦伊斯兰堡建立的
航空零备件仓库　李增福提供

K8 飞机在肯尼亚内罗毕莫伊空
军基地做飞行表演后中方有关人
员合影　王大伟提供

航空工业对苏、对俄合作

1989年姜燮生副部长（前排左8）率团访问苏联航空工业　徐冠华提供

自1988年中苏关系改善以后，两国的航空工业之间也逐渐展开了合作。由于过去两国航空工业之间的交往已中断近30年，所以在恢复合作关系的初始阶段，双方都以试探性的方式进行了一系列的互访。1988年我国航空工业的第一个先遣代表团在民机司秦德馨副司长的率领下，成功地访问了苏联航空工业。访问期间受到苏联航空工业部的热诚接待。当时双方确定了相互对等接待的原则。紧跟着，苏联航空工业第一个先遣代表团也对我国的航空工业进行了回访。时隔不久我国航空工业第一个高级代表团由姜燮生副部长率领成功地访问了苏联。之后，林宗棠部长、何文治副部长、王昂副部长、张洪飙总工程师等领导先后率团访问了苏联。同时，苏联航空工业部悉斯措夫（SYSTSOV）部长、博尔博特（BOLBOT）副部长、伊万诺夫（IVANOV）副部长、卜拉杜欣（BRATUKHIN）副部长、巴尔金（BALDIN）副部长、丘依科（CHUIKO）副部长等先后率团访问了我国航空工业。在此期间及之后，两国航空科研院所及航空院校，多次进行互访并签订多项合作协议和备忘录。

双方经过成功互访之后，认为有必要签订一个两国间航空工业领域的合作协议，以便双方能顺利地开展合作。经双方政府批准，1990年在莫斯科，林宗棠部长与悉斯措夫（SYSTSOV）部长正式签署了《中国和苏联在民用航空工业方面的合作协议》。协议签署后，双方航空工业均成立了合作协调领导小组。中方对苏（后改为对俄）协调领导小组组长为姜燮生副部长，苏方协调领导小组组长为博尔博特（BOLBOT）副部长。在协调小组领导下又设立了6个专业组，即：飞机气动强度组、航空工艺材料组、民用飞机组、直升机组、航空发动机组和航空机载设备组。

从此，两国航空工业领域各对口部门之间开展了广泛的交流与合作。但1991年苏联解体后，俄罗斯政府取消了航空工业部，原签订的《中国和苏联在民用航空工业方面的合作协议》也已失效，两国的航空工业之间的合作曾受到一定的影响。但在中俄两国关系不断改善并确定建立战略伙伴关系的有利大气候影响下，经双方努力，负面影响仅仅是短暂的。俄罗斯政府在取消了航空工业部后又决定成立国防工业委员会，在该委员会中主管航空工业的副主任就是原苏联航空工业部卜拉杜欣（BRATUKHIN）副部长。卜拉杜欣副部长与我国航空工业总公司朱育理总经理多次会见并达成默契，即两国航空工业之间的合作关系要继续发展。双方经过广泛的了解和洽谈，开展了各个领域的合作并在互利互惠的基础上签订了一系列合作协议和合同。有人说，过去两国之间的合作曾经是“同志加友谊”，而现在是 “友谊加经费”。

经过多年的努力，中国与俄罗斯在航空工业领域的飞机气动强度、航空工艺材料、民用飞机技术、直升机技术、航空发动机以及航空机载设备方面的合作给双方都带来了实效。

1990年中央军委军贸办公室主任曹刚川（左四）访问苏联时与对方洽谈两国间航空工业的合作　徐冠华提供

1990年航空航天部部长林宗棠（中）在人民大会堂会见苏联航空工业部部长悉斯措夫（右），航空航天部国际合作司副司长徐冠华陪同会见　徐冠华提供

1990年苏联航空工业部副部长博尔博特（前排左五）率领苏联航空工业代表团访问成都飞机工业公司时与公司领导合影，前排右五为成都飞机工业公司总经理侯建武　徐冠华提供

1991年国防科工委科技委副主任叶正大（右二）和王昂副部长（右三）率团访问苏霍伊飞机设计局　徐冠华提供

1995年王昂副部长（左二）会见原苏联空军司令，现俄罗斯航空试飞院高级顾问莫斯科威介莱夫（左三）上将　徐冠华提供

1998年俄罗斯航空工业厂（所）长代表团访问深圳，调研中国航空工业的改革开放政策　徐冠华提供

1992年王昂副部长（左三）参观伊留申飞机设计局的伊尔－96客机　徐冠华提供

2005年8月16日，中国航空工业第一集团公司副总经理顾惠忠（左三）与苏霍伊设计局总设计师（左四）在莫斯科航展上　方贝摄

第三代歼击机歼10研制成功

1999年4月20日，江泽民、吴邦国、曾庆红视察成都飞机工业公司，观看第三代战机歼10，左二为歼10首飞试飞员雷强

20世纪80年代初，当国外先进的第三代战机开始装备部队并应用于实战时，中国航空工业即开始谋划研制歼10歼击机。

经过两年多时间里的多次论证、研究和评审，新式气动布局方案被确定为我国新一代战机的总体方案。1986年，歼10作为中国空军2000年以后作战环境的歼击机，被列为国家重大专项工程。由成都飞机设计研究所设计，成都飞机工业公司进行试制和生产，国防科工委正式任命宋文骢为歼10飞机总设计师。

歼10歼击机是我国航空工业打基础、上水平、跨时代的重要标志，飞机综合性能要求高，技术创新最突出，跨度大，难度高，是涉及100多个参研单位、20多个部委和行业的国家重点工程。为了加强组织管理，制订了一系列跨行业、跨部门的设计师系统管理文件和程序，任命了10大试验设施组建负责人。编制了10大关键试验设施研制网络计划。针对重点型号工程参研单位多、研制周期长的特点，对飞机各阶段技术状态都严格把关，保证工作按计划进行。面对新成品占全机配套成品60%，首次将飞机的可靠性设计纳入飞机设计的专业，建立了以设计师为主线的可靠性设计网，从设计之初就开始工作，在国内第一个推行SOW（工作说明）管理方法，规定了新成品研制的工作任务、进度和评审要求。

1998年3月，歼10飞机首飞成功。

歼10飞机的研制历尽千辛万难，攻克了道道难关。空中加油是研制中的一个重大关键，直接关系到飞机性能、作战计划、战术安排和综合作战效能。经过有关单位大力协同，终于使歼10飞机空中加油科目试飞成功。

歼10飞机是我国自行研制的具有完全自主知识产权的第三代战斗机，作为新一代多用途歼击机，分单座、双座两种，性能先进，用途广泛，实现了我国军用飞机从第二代向第三代的历史性跨越，达到了具有世界先进水平的战术技术要求，突破了以先进气动布局、数字式电传飞控系统、高度综合化航空电子系统和计算机辅助设计为代表的一系列航空关键技术。

2006年，歼10飞机工程获得国家科学技术进步特等奖。

歼10歼击机研制成功，对我军武器装备现代化具有重大意义，其成果已广泛应用于我国航空武器装备的研制；另外，它还提前交付部队使用。首批装备该飞机的空军航空兵部队，已成建制形成作战能力，对有效提高空军防卫作战能力，加快我军武器装备现代化建设，巩固国防具有重大意义。

歼10总设计师宋文骢（前排中）与试飞员雷强（前排右）等人合影

歼10空中飞行 谭超摄

歼10着陆放阻力伞 谭超摄

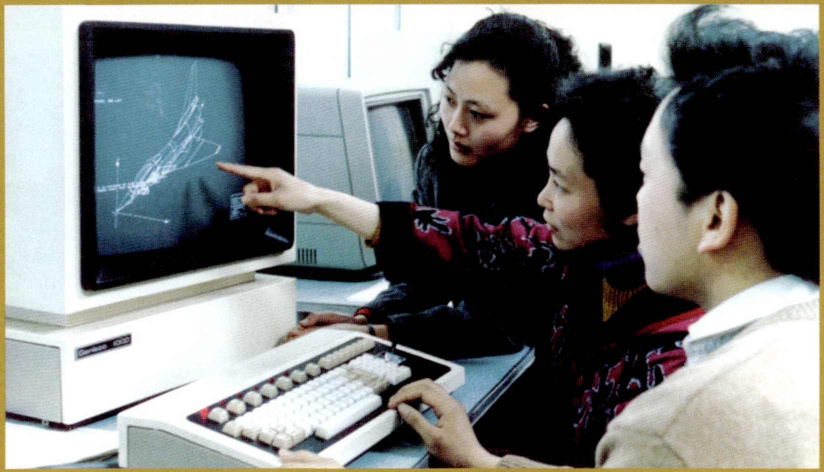

设计人员研究歼10飞机外形

歼10装备部队　谭超摄

移山填海建成香港新机场

香港回归祖国和新机场的建成，使其航空事业发展到了一个崭新高度。20世纪60年代，香港进入工业化阶段，以纺织成衣业为先导，积极开拓欧美市场；日本和东南亚一些国家经济发展也比较快；加上美国侵越战争逐步升级，使香港的航空运输持续发展。进出香港的飞机架次平均每年增长22.3%，运送旅客每年增长36.1%，货物流量每年增长96.7%。这种速度在世界民航发展史上也是少见的。

香港新机场鸟瞰

20世纪70年代由于全球经济的波动，石油危机致使各国经济不景气，香港的经济也有大的起伏，空运业同样受到影响。进出香港的飞机架次在此10年间只增长了10%，旅客和货物流量都比20世纪60年代的增长率要低。

1982年9月24日，邓小平会见英国首相撒切尔夫人，指出了解决香港问题的光明前途，在世界经济好转的情况下，进一步强化了香港有利的政治经济形势。不少港商前往中国内地投资办厂或经营来料加工，内地的大量外贸物资取道香港转口，内地各大城市至香港地区的航线不断增加，使香港的空运业务得到新的发展机遇。从1983年至1992年，进出香港的航空旅客和货物平均每年增长33%左右。启德机场1986年旅客吞吐量首次突破1000万人次，成为东南亚最繁忙的机场之一。连同过境的进出旅客，启德机场1992年承运旅客已超过2200万人次以上，比1983年增长186%。从处理航空货运量来看，启德机场从1983年以来一直是世界最大的空运货站之一。

香港民航处早在20世纪60年代的研究报告中，便提出鉴于启德机场将在20世纪80年代达到饱和，需筹建新机场的建议。1984年初，中英两国政府谈判香港问题时，中方考虑到启德机场将受到环境条件等因素制约，曾建议着手修建新的国际机场。经聘用的顾问公司研究，新机场选在大屿山东涌正北面的赤腊角。1991年9月，中英两国政府签署了《关于香港新机场建设及有关问题的备忘录》，新机场便开始建设，到1998年7月初核心工程竣工启用，共耗资1550亿港元。

新机场面积有1248公顷，相当于启德机场的4倍，是将整个赤腊角山头夷平并将该岛与大屿山东涌之间及附近海域填平而形成的。新机场的两条平行跑道，各长3800米，宽60米，相互间距为1525米，拥有停机位88个，客货运吞吐量最终达到每年8700万人次和900万吨。作为航运中心，新机场的建成使香港的航空事业发展到了一个崭新的高度。

香港新机场

香港新机场候机大厅

中国举办国际航空航天展览会

中国从1985年开始，每逢单年份在北京举办一次北京国际航空航天展览会，到2005年10月21日共举办了11届，每次均有众多中外厂商参展。

国务院于1995年5月19日正式批准在珠海举办中国国际航空航天博览会（简称“珠海航展”）。首届航展于1996年11月5日至10日成功举行，开创了中国举办高规格航展之先河。首届航展有25个国家和地区的400多家厂商参加，展出96架飞机，其中中国参展飞机18架，有8架进行了飞行表演。这届航展共签订了价值近20亿美元的合同和协议。6天内进场观众达70余万人次，其中专业观众2万多人次，另有来自世界7个国家的军政代表团、32个国家驻华大使馆的、领事馆官员以及国内外239家传媒的1500多名记者到场采访问并进行报导。

1998年11月15日至22日，第二届珠海航展期间，增加了飞行表演项目，成为该届航空航天博览会的一大特色。中国空军“八一”飞行表演队首次亮相航展，共组织13场次、飞行78架次的表演。俄罗斯“勇士”也首次到中国进行飞行表演。该队使用的是重型战斗机苏-27，一架飞机的起飞质量约30吨，比美国“雷鸟”特技飞行表演队所使用的F-16“战隼”重11吨。俄罗斯“勇士”表演队的绝活是举世闻名的“眼镜蛇机动”加倒转和“空翻筋斗”动作。这是飞机在大迎角状态下所具备的超机动性能，它不仅能产生令观众眼花缭乱、叹为观止的表演效果，同时也占据着近距格斗中的明显优势。

中国航空工业总公司除地面展示外，有10种型号的飞机完成9场次73架次的飞行表演。在此期间还签署多项航空合作协议。

2000年11月6日至12日，第三届珠海航展吸引了27个国家和地区的400多家厂商参展。展会期间，航空飞行表演盛况空前，有中外多国的几十架各型飞机、直升机进行了种类齐全的航空飞行表演。

第二届珠海航展俄罗斯“勇士”上演惊心一瞬：长空之吻　卢洪摄

2002年11月4日至7日，第四届珠海航展有28个国家和地区、国内外370多家航空企业参加，超过上届博览会的规模，而且国际化、专业化的程度高，一批高、新、尖的展品亮相。

2004年10月31日至11月7日，第五届珠海航展参展国家和地区达32个，约500家企业参展，参展面积超过16 000平方米，为历届之最。国际知名企业积极参展，中国空军“八一”飞行表演队、俄罗斯“雨燕”特技飞行表演队、英国UBB特技飞行表演队进行了精彩的飞行表演。接待专业观众8万人，普通观众15万人。

2006年10月31日至11月5日，第六届珠海航展参展国家和地区达33个，约550家企业参展，参展各种飞行器52架。签约合同金额达30亿美元。

珠海航展是唯一由我国政府组织的、以实物展示和贸易洽谈为主并带有飞行表演的大型国际航展，经过十年六届的举办，已经成为世界有名的航展之一。

俄罗斯“勇士”6机密集队形平飞表演

俄罗斯“勇士”双机正反飞行表演

俄罗斯“勇士”5机编队

第二届珠海航展上俄罗斯“勇士”飞行表演队与中国“八一”飞行表演队合影

第一届珠海航展鸟瞰

第三届珠海航展上的运12、运7飞机　周日新摄

第五届珠海航展“雨燕”腾空而起

第四届珠海航展的机群　周日新摄

第六届珠海航展的机群　周日新摄

《中国航空史》出版

《中国航空史》是第一部记述中国近百年航空发展的大型史书。1998年由河南大象出版社出版，首印3000册，很快销售一空。

全书约有100万字和1000多幅珍贵的历史图片。该书由空军原副参谋长姚峻任主编，由空军、海军、民航、航空工业、国家体委等部门的20多位在航空各专业上有造诣的航空史专家历时8年精心修编而成。《中国航空史》是一部内容丰富、资料翔实、有史有论、图文并茂，值得广大航空工作者和爱好者一读，并有较高收藏价值的史书。对广大青少年来说，也是一部非常难得的课外读物和爱国主义教材。

《中国航空史》包括古代、近代和现代航空的发展历程。在《中国航空史》的绪论里，简要概述了古代的中国曾为人类航空事业做出过的贡献。中国近代航空史，从清朝末年写到1949年新中国建立，前后约半个多世纪，共分为5章（第1至5章），划为5个时期，即清朝末年至民国初期、军阀混战时期、南京国民政府时期、抗日战争时期、第三次国内战争时期。中国现代航空史开创于新中国建立之时，并一直写到1994年，共分6章。前4章分为4个时期：即人民航空的创建、大力发展航空事业、航空事业在“文革”中曲折前进、改革开放，航空事业得到蓬勃发展。后两章记述台湾地区和港澳地区在这个时期航空事业发展的兴衰。

《中国航空史》（第二版）在第一版的基础上，进一步修改、修订、补充，使其内容更加充实、完善。在中国近代航空史方面，补充了一些抗日战争时期中国军民的航空活动。在中国现代航空史方面，除充实各阶段的内容外，又增补了1994年到2007年航空事业的发展成就，新增加一章《参加社会主义建设和抢险救灾活动》，延伸了航空大事年表的时限，增添了一批珍贵的航空历史图片。

《中国航空史》一书出版 姚峻提供

《中国航空史》编审委员会主任张廷发（左）、主编姚峻（右）与河南大象出版社社长周长林在一起 姚峻提供

在《中国航空史》出版座谈会上，中为张廷发、左一徐柏龄、左二鲍培德、左三王定烈、右一姚峻、右二周长林、右三闫晓宏　姚峻提供

《中国航空史》(第二版)编撰人员合影，前排左起：周日新、李东发、杨常修、姚峻、高华、黄述贤、华绍琳，后排左起：齐贤德、丁启秀、陆文至、陈显曾、寿明德、周素雯、王立新、姚征　姚峻提供

1996年6月10日，《中国航空史》审稿会议全体人员合影

K8E在飞行

向埃及转让K8E生产线及设计技术

中埃合作生产的第80架K8E飞机已于2005年12月11日在埃及完成交付任务，标志着中国向埃及转让K8E生产和设计技术的合同已胜利结束。埃及总统穆巴拉克赞誉该项目是中埃军工合作的典范。80架K8E飞机批量出口，是我国航空工业开拓国际市场的重要突破。

K8E是以K8为基础，根据埃及的要求改型的喷气式教练机。1996年8月，中航技得悉埃及空军学院需要新型教练机进行换装，即决定派两架K8去埃及。1997年9月，K8的飞行演示获得好评，埃方即准备对K8开展飞行评估。10月我方利用评估前的准备时间，用一架K8与运7飞机一道，组织了一次去沙特和非洲7国(厄立特里亚、埃塞俄比亚、肯尼亚、坦桑尼亚、赞比亚、津巴布韦、莫桑比克)的飞行表演，去了11个机场，历时22天，共计33个起落，飞行41小时03分，航程达14760千米。连续表演，虽然有的机场条件很差，但飞机经受住了各种考验。外国人说：中国飞机的性能实际上比公布的数据还好。

1997年11月至1998年5月，埃及对K8进行了全面评估飞行，试飞了约30个方面200多项内容，结论是能够满足其初级和高级训练任务的需要。同时提出了60多条改进意见。

从1998年10月开始，K8与意大利的S-211A、捷克的L-139三种教练机展开了紧张激烈的竞标活动。由于我方已做了大量准备工作，K8的性能在某些方面更优，特别是在生产和设计技术的转让方面，我方更能满足埃及的要求；加上两国的友好关系，1999年4月穆巴拉克总统访华时，两国领导人把K8项目定为21世纪双方战略合作伙伴内容之一，所以经过5次议标后，我方最终获胜。

1999年12月27日，中埃双方签订了合作生产80架K8E飞机并转让其生产、设计技术的合同，合同总金额达3.45亿美元，由中航技国际支持公司王志成副总经理代表中方签字。中航技和南昌洪都航空工业集团公司经过6年的艰苦努力，共发运货物2025吨，包括飞机散件、原材料、发动机、机载设备，各类工装11000多项，专用和通用设备2000多项，设计、工艺资料28万张（A4），专用、通用软件200套；并派出大量专家协助埃方生产和培训人才，帮助其建立起一套完整的项目管理、生产管理和质量控制体系。帮助建设埃及的飞机研发中心，包括8个设计室和4个试验室；还在我国的工厂、研究所和航空学院为埃及培养了几百名专业技术人员和工人，为其研发中心培训了48名骨干。

由于此合同的执行情况令埃及满意，2004年中埃双方又续签了再合作生产40架K8E飞机的合同。

2007年5月20日，正在埃及访问的全国人大常委会委员长吴邦国参观考察了中埃合作生产的K8E项目。

1999年12月27日，中埃合作生产K8E飞机合同在开罗签署，中方签字者为中航技国际支持公司副总经理王志成　王志成提供

K8E 01架飞机在埃及首飞成功后，ACF厂长向试飞员表示祝贺　王志成提供

中方提供的K8E飞机标书（每套重达35千克）　王志成提供

2001年7月，国防科工委主任刘积斌(前排右二)参观埃及K8E生产线　王志成提供

2007年5月20日，吴邦国(前排右二)考察埃及K8E飞机项目，左一为张洪飚，左二为中航技总经理付舒拉　李学仁摄

埃及K8E飞机电缆生产车间　王志成提供

2004年春节，中国航空工业驻埃及专家团向全国人民拜年　王志成提供

国庆50周年空中阅兵

1999年10月1日，雄伟壮丽的天安门广场披上节日盛装，50万各界群众汇聚在这里，等待着激动人心时刻的到来。10时36分，建国50周年盛况空前的阅兵式开始。党和国家领导人一起站在天安门城楼中央，检阅以排山倒海之势通过检阅台的英雄的人民解放军三军官兵。

11时5分，天安门广场东方的天空中传来隆隆的轰鸣声，接受检阅的飞机排着整齐的队形，一批批飞过，接受党和国家领导人以及各界代表、人民群众的检阅。

首先飞过的是由“八一”飞行表演队驾驶的飞机，8架红白相间的护卫机紧贴长机，在天安门上空拉出8道美丽的彩虹。

接着飞来的是我国自行研制的第二代高亚声速中程战略轰炸机，轰轰隆隆在空中掠过一阵惊雷。

由2架加油机和4架受油机组成的两个三机楔队从天空飞过，加油机伸出长长的管子，牵着受油机一起翱翔在蓝天。

然后飞来的是6架被称为“飞豹”的歼击轰炸机，这种在1998年珠海航展上亮相的新型飞机，还是首次编队出现在人们眼前。

威武雄壮的强5飞机飞来了，今天飞过天安门上空的这个强击机部队，是我军最早组建的航空兵师，这支部队曾驾驶强5飞机执行过空投原子弹的重要任务。

24架国产新型歼击机、24架歼7飞机和12架歼8飞机相继飞过天空，这三种战机具有较好的机动性能，将是未来高技术局部战争中我军夺取制空权的主战机种。

紧接着编队飞来的是25架直9，这是空中受阅最多的机群，用国产直升机直9装备的陆军航空兵，是我军在新的历史时期创建和发展起来的一个新的兵种，被誉为“空中轻骑兵”。

这次空中大阅兵，航空工业提供轰炸机、歼击轰炸机、空中加油机、强击机、歼击机、武装直升机共132架，向世界展示了中国空军的实力，也展示了中国航空工业的实力。

地空导弹方队通过天安门

强击机梯队

歼击机梯队

轰炸机梯队

空中加油梯队

25 架直 9 直升机飞过天安门

自行设计、合作生产直升机

从20世纪80年代后期开始，中国航空工业加快了直升机的发展速度，不仅完成了直9的引进和国产化，而且在直升机的自行设计上取得了多项重大成果，其中最有代表性的型号是直9武装直升机和直11轻型直升机。

直9武装直升机是中国直升机设计研究所和哈尔滨飞机工业公司在对直9进行反设计的基础上进行改型设计的。设计工作从工业1986年11月开始。一年以后，哈尔滨飞机工业公司完成了第一架直9的生产和部分改装，交给中国直升机设计研究所进行二次改装，加装武器和火控系统，其中包括10项电子设备。经反复攻关试验，解决了17项关键技术问题，如发射武器所引起的结构相容、系统相容和电磁兼容等问题。在各种武器装机的安全性、武器系统和各电子设备的功能指标方面，都达到了研制任务书的要求，并于1988年1月首飞成功。经多年试飞、试用和改进后，于1995年通过设计定型。

直9武装直升机是一种多用途攻击型直升机，主要用于夜间在战场前沿实施反坦克作战，压制地面火力，突击地面零散目标，进行火力支援；可在超低空作贴地飞行，利用地形地物，隐蔽接近目标，突然跃升实施攻击；也可用于运输机动兵力、通信联络和救护等任务。

直11是轻型多用途直升机，由中国直升机设计研究所和昌河飞机工业（集团）公司研制生产。 1991年下达研制任务书，1994年首飞，1996年通过技术鉴定后投入小批生产，2000年通过直11教练机的设计定型，2001年按照适航条例通过了适航符合性审查，并由中国民航局颁发了型号合格证。

EC-120直升机是1.5吨级的先进直升机，具有性能优越、安全可靠、视野宽阔、价格低廉等优点，曾获1998年国际飞机最佳设计奖，已销往欧洲及美国400多架。这个项目是由中国、法国、新加坡三个国家共同投资，共担风险，联合研究发展，共享知识产权和利润的项目。中方的哈尔滨飞机工业公司和中航技占24%的股份，新加坡占15%的股份，法国占61%的股份。 中方承担了复合材料机体、燃油、液压、操纵系统等8个部件的设计、研制和批生产工作。该机从1993年开始研制，1995年首飞，1997年取得了法国的适航证，1998年取得了美国FAA的适航证，到1999年共取得了30多个国家的适航证。几年来，我国共制造了400多架机体，运往法国总装、喷漆、试飞和交付。目前已与法方签订在中国建立总装生产线的协议，在中国完成直升机的总装、喷漆、试飞和交付工作。

直11机群

直11机群在飞行

大型直升机直8　周日新摄

武装直升机直9武发射导弹

2005年12月5日，温家宝和法国总理德维尔潘在巴黎出席中法联合研制中型直升机合同签字仪式，中方签字者为中国航空工业第二集团公司总经理张洪飚

中美合作研制的S-92直升机

2003年11月20日，中航科工、EADS合作研制生产EC-120总装建线签字仪式在北京举行

2001—2007

世纪之光

(2001—2007)

“枭龙”亮翅

2003年8月25日，“枭龙”战机01架在成都温江机场进行了首次试飞，共飞行了17分钟。这次首飞打破了试飞不挂弹的惯例，而在飞机两翼下挂上了两枚导弹，飞行取得了圆满成功。

2006年4月28日，“枭龙”战机04架翱翔蓝天，这标志着我国自行研制、具有国际先进水平、拥有自主知识产权的轻型战斗机以完整版状态飞行成功，为批量生产及出口奠定了基础。

“枭龙”/FC-1型飞机，原被人们称为“超7”型歼击机，是中国与巴基斯坦双方共同投资研制的先进多用途轻型战斗机。有关军事专家认为，该飞机达到了第三代战斗机的综合作战效能，能与当今先进战斗机抗衡，同时具有轻小型、低成本的特点，完全适应现代战争要求和军用的市场需求。

20世纪80年代中期，巴基斯坦空军深感其战斗机主力，例如歼6等老旧型号的战斗机已经无法适应当时的形势。于是，巴基斯坦一方面引进美国的F-16，一方面积极与中国合作，试图凭借中方的力量研制一种低档配置且较为先进的战斗机。为此巴基斯坦向中航技和生产歼7M战斗机的成都飞机工业公司提出，共同在歼7M的基础上研制新战斗机。当时的中方技术负责人是中国工程院院士、飞机设计师屠基达。巴方将此飞机定名为“佩刀Ⅱ”方案，中方定为歼7CP，并始有“超7”之名，意思就是在歼7的基础上改进，以超过歼7。

1994年，在中国航空工业总公司的协调下，成都飞机设计研究所担任了总设计，成都飞机工业公司承担机翼的设计任务。因机载电子设备方案长期难以落实等原因，直到1999年6月，中巴双方才正式签订了研发合同。

2001年，巴方新上任的空军首脑提出，先把飞机平台做出来，选什么样的航电系统以后再说。这种思路摆脱了困扰“超7”进展的犹疑，大大推动了研制的进程。到2001年秋季，飞机的技术状态已基本冻结。之后，仅用了23个月，“枭龙”飞机就亮翅蓝天了。

2007年3月两架“枭龙”交付巴基斯坦，并在巴国庆日（3月23日）飞行表演中亮相。

“枭龙”01架飞机

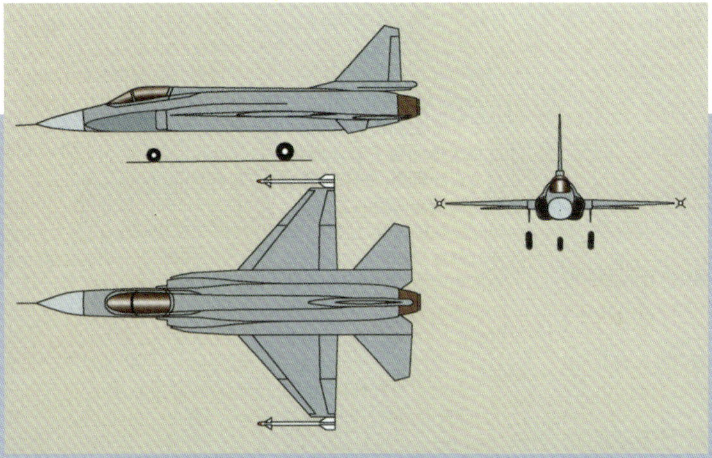

“枭龙”三面图

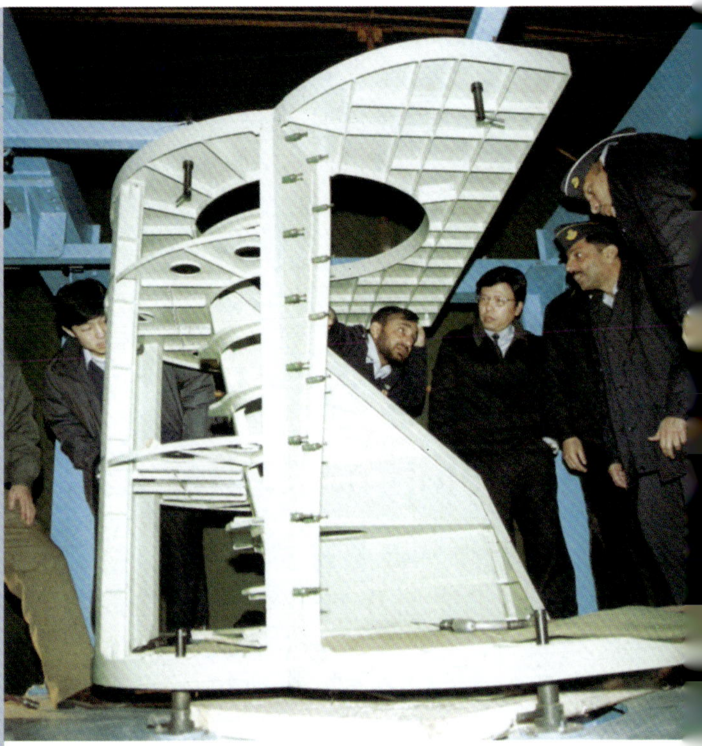

“枭龙”部件

“枭龙”弹射救生试验

“枭龙”03架飞机首飞

“枭龙”正视图

"枭龙"编队飞行效果图

2003年8月中巴双方代表观看"枭龙"首飞，欢庆首飞成功　刘国民提供

2007年3月，首批“枭龙”交付巴基斯坦，穆沙拉夫总统坐进座舱，右三为中国航空工业第一集团公司总经理林左鸣

“枭龙”01架飞机风姿

中国、巴西合资生产支线飞机

2002年12月2日，中国航空工业第二集团公司和巴西航空工业公司正式签订合资生产涡扇支线飞机的合同。中巴合资按照现代企业制度，以市场经济的方式运作。合资项目由中国航空工业第二集团公司所属哈尔滨飞机工业集团有限责任公司、哈飞航空工业股份有限公司与巴西航空工业公司共同投资，在哈尔滨成立合资公司，合资生产ERJ145系列飞机。合资公司中，巴方占51%的股份，中方占49%的股份。

ERJ145系列支线飞机专门为支线航空市场设计，它巡航速度快、航程长，具有良好的性能；座舱舱内噪声小，乘坐舒适性好；价格低于同类飞机；采用玻璃座舱先进的航电设备及辅助动力系统（APU），提高了飞机的安全性能。全系列37座/44座/50座三个级别飞机的部件和系统通用性高达98%，签派可靠性高，使用寿命长。飞机客舱采用三联座布局，设计合理，尾吊两台罗尔斯·罗伊斯AE3007A系列高涵道比涡扇发动机，飞行高度11000米，巡航速度每小时830千米，50座级ERJ145飞机基本型航程约2000千米，延程型航程接近4000千米，基本可覆盖我国国内航线。

合资公司的组建和运作始终把用户放在首位，千方百计降低成本、控制成本，以为用户生产性能高而运营成本低的飞机为目标。为此，合资公司的采购将利用巴西航空工业公司的全球采购系统，采购价格和巴西航空工业公司大批量采购的价格相一致，这样就可以按最划算的价格采购，从入口就控制了产品的成本。

ERJ145首飞成功

中国 、巴西在北京签订合资生产 ERJ145 合同

ERJ145 在装配中

ERJ145 总装完成

1987 年 6 月，A320 飞机首次出现在巴黎航展上　周日新摄

空客 A320 总装线落户天津

2007 年 5 月 15 日，空客 A320 系列飞机天津总装线项目，在天津滨海新区临空产业区项目建设现场举行了开工仪式，这是继 2006 年 6 月 8 日，中国政府批准 A320 系列飞机总装线选址天津滨海新区后的重大进展。

A320 系列飞机是当今全球航空市场 150 座级主力机型之一。A320 是欧洲空中客车公司（简称“空客”）研制的双发窄机身中短程客机。该机在设计中采用“以新制胜”的方针，选用最先进的设计和生产技术、新材料及先进数字式航空电子设备，是世界上第一种采用电传操纵的亚声速民用客机，它比现在所有的单过道客机的客舱都宽敞。1983年12月 A320 正式上马，并开始准备生产，1984 年 3 月 23 日开始制造，1987 年 2 月 22 日首次试飞，并在当年的巴黎航展上首次亮相。1988 年 2 月获得型号合格证并交付使用。A320系列还包括A318、A319 和 A321，迄今已向全世界售出 3200 多架。

空客在中国天津的总装线项目是该公司在欧洲之外的首个飞机总装生产线。按照中方与空客达成的加强工业合作谅解备忘录的精神，在华合资建设的 A320 系列飞机总装线将与空客在欧洲生产线的标准和工艺完全相同，生产的飞机具有相同的质量和价格竞争力，并能实现良好的经济效益。

项目计划 2007 年内完成工程主体， 2008 年 8 月开始总装，2009年二季度交付首批飞机。2011年达到月产4架的设计生产能力。2007 年 5 月 15 日，A320 天津总装线正式开工。

空客A320系列飞机天津总装线项目的总投资预计在80亿至 100 亿元。项目的合资公司将由空客控股，占 51% 的股份，剩下 49% 的股份由中方组建的天津中天航空工业投资公司持有。

天津中天航空工业投资公司注册资本为3亿元，其中天津保税区投资有限公司以货币形式出资 1.8 亿元，占 60%；中国航空工业第一集团公司出资 0.6 亿元，占 20%；“哈飞股份”、“洪都航空”各出资 0.3 亿元，分别占 10%。以上四家组成了 A320 系列飞机天津总装线项目的中方联合体，与空客组成合资公司，共同运营 A320 系列飞机天津总装线项目。

落户中国的第一架 A320 飞机

A320 装配

A320 在巴黎航展上做飞行表演　周日新摄

2006年10月26日，A320系列飞机总装生产线框架协议在人民大会堂签署，胡锦涛与法国总统希拉克出席，空客总裁兼首席执行官路易·加洛瓦与中方代表冯志江在协议上签字

天津滨海开发区示意图

2007年5月15日，国务委员唐家璇（中）、天津市委书记张高丽（右二）和空客首席运营官布里叶（左二）为空客A320系列飞机天津总装线项目正式开工剪彩

“法兰西巡逻兵”飞行表演队来华表演

“法兰西巡逻兵”飞行表演队八机编队越长城

2004年10月，世界著名飞行表演队之一——“法兰西巡逻兵”随希拉克总统访华进行巡演，先后在北京、武汉、珠海、香港举行飞行表演。

2004年10月24日10时，在珠海，“法兰西巡逻兵”飞行表演队的8架阿尔法教练机组成的钻石队形拉着红、白、蓝三色的烟(代表着法国国旗)，从人们眼前翩然而过。这一精彩的亮相让地面的所有人不禁惊呼。它们一路拔升在空中集体翻了个筋斗，便向四方散开，空中留下8条彩带，并渐渐淡去。几分钟的沉寂后，一连串更加精彩的编队表演接踵而来，一片片喝彩声也此起彼伏。

珠海的天空仿佛一块巨大的蓝色天鹅绒，“法兰西巡逻兵”在上面画着绚丽的彩圈，跳着华丽的华尔兹。两架飞机时而离大队而去，时而与大队擦肩而过，如同交响乐中的副调。就在它们将从人们视线中消失时，主旋律——六机编队又出现了。忽然，两架飞机超低空向对方“撞”去，在相交的刹那，横滚、翻转······各奔东西。

“法兰西巡逻兵”飞行表演队已有51年历史。法国最早进行飞行表演是在1931年——由一所飞行技术训练学校的教官们组成了表演队。但是，从空军军官中招募的“法兰西巡逻兵”正式组建于1953年。1981年以前，“法兰西巡逻兵”驾驶的是幻影教练机；1979年，法国空军开始用阿尔法教练机来训练法国空军的战斗机飞行员；此后，“法兰西巡逻兵”也开始使用阿尔法教练机。阿尔法喷气机是法、德联合研制的战斗机，它的外形很漂亮，像一只线条流畅的海豚。“法兰西巡逻兵”用的教练机与原机没有实质的不同，只是取掉了瞄准器，用烟幕舱代替了原来固定在机腹上的外挂炮舱，以便能在蓝天上留下红、白、蓝三色尾烟。

五机编队

“法兰西巡逻兵”飞行表演机　周日新摄

“协和”号领飞“法兰西巡逻兵”

“法兰西巡逻兵”飞行表演队　周日新摄

“法兰西巡逻兵”飞行表演队精彩飞行

“法兰西巡逻兵”飞行表演穿越山谷

新舟60在飞行

新舟60实施精品工程并出口

2004年11月2日，中国与津巴布韦签订了中方出口3架新舟60飞机的合同。2005年三架新舟60全部顺利交付，运营状况良好。该机以优良的性价比，在非洲、拉美和东南亚地区具备了一定的竞争力，苏丹、古巴、老挝和印尼等国纷纷表示了购买意向。截至2005年底已签订外销17架的合同，出口前景很好。

新舟60飞机是中短程客货运输机，上单翼，双涡桨发动机，商载5500千克，可乘56人～60人，还可改装成公务机、旅游包机和大型飞机的教练机。西安飞机工业公司根据支线飞机的市场需求和国际民机制造技术的发展趋势，经过认真分析论证，1988年由国家计委批准立项，开始了新舟60的研制。

西安飞机工业公司严格按照与国际标准接轨的中国民航适航条例进行设计、生产和试飞验证。1991年完成图纸设计，1993年12月首飞成功，1995年3月开始适航性试飞，共飞行910个起落，850小时。试飞结果表明，新舟60飞机在安全性、可靠性、舒适性、经济性和维护性方面均已达到或接近同类支线客机的国际水平。1998年5月，中国民航局适航司向西飞颁发了该机的型号合格证。

此后，新舟60参加了珠海航展，到全国各地进行巡回表演。各航空公司既给予了它充分肯定，又提出了改进意见。西飞针对存在的问题实施了“精品工程”，对驾驶舱布局、装配铆接和内装饰等进行重新设计和制造，使其舒适性和外观质量等显著提高。

新舟60大量采用国外技术成熟的先进产品。动力装置选用加拿大普惠公司的PW127J低油耗涡桨发动机；螺旋桨为美国哈密尔顿公司的高效、低噪声、全复合材料4叶螺旋桨；自动驾驶仪是美国柯林斯公司的APS-85系统，并同全球定位系统(GPS)相交联；安装了美国盖瑞特公司的辅助动力装置APU，以提供地面空调环境和发动机启动能力。新舟60的性能质量与国外同类支线飞机基本相同，而价格只有国外同类支线飞机的70%左右，且运营成本相对低10%以上。

新舟60面世后即受到国内民航市场的广泛关注。西安飞机工业公司先后与四川航空公司、武汉航空公司及长安航空公司等签订了购机10多架的合同。新舟60在四川航空公司使用期间创造了单月日平均飞行9.04小时、日最多飞行11小时的国产民机运营新纪录。2004年，在国家领导人和商务部的关注和推动下，国家决定把新舟60飞机作为高科技的对外经济援助产品，为其翱翔世界开辟了广阔的市场空间。

2005年5月4日，在津巴布韦首都哈拉罗机场交付两架新舟60飞机，右五为中国航空工业第一集团公司副总经理胡问鸣，左二为中航技总经理付舒拉　王大伟提供

津巴布韦民航的新舟60雄姿

津巴布韦少女翩翩起舞迎接中国之鹰的到来

新舟 60 在新加坡樟宜机场上

新舟 60 准备夜航

台湾“长荣”号包机

两岸春节包机实施

春节包机是在两岸未能直航的情况下，由台商和台湾岛内一些知名人士于2002年提出的构想，期望借此缓解大陆台商春节返乡一票难求、辗转周折的困难。大陆有关方面随即给予了积极、务实的推动，面对台湾当局拒绝让大陆航空公司参与包机，仍以广大台商的切身利益为要，以个案处理、特事特办的方式最终促成了2003年首次两岸春节包机的实施。

由于台湾当局的限制，2003年的两岸春节包机须中停港澳，只允许台湾航空业者单飞和单向载客，大陆航点仅有上海一地。尽管如此，2003年的春节包机作为首创，受到两岸民众及海内外各界的高度关注，台湾民航客机半个世纪以来首次循正常途径飞抵大陆。

2004年，由于台湾当局坚持不合理的“单向单程”主张，两岸春节包机未能实施。

2005年1月，在广大台商、岛内有识之士的强烈呼吁和大陆方面的务实推动下，第二次台商春节包机成功实施。两岸航空公司共同参与、双方对飞、双向载客，大陆民航班机56年来首次飞抵台湾，包机不必降落港澳；大陆航点除上海外，还增加了北京、广州两个航点。

2005年11月，海峡两岸航空运输交流委员会与台北市航空运输商业同业公会就2006年两岸春节包机事宜达成共识。与上两次相比，2006年两岸春节包机的主要突破包括：搭乘对象由台商及其眷属扩大至所有持合法有效证件往返两岸的台湾居民；大陆航点在原有的北京、上海、广州的基础上，新增了厦门；两岸各6家航空公司共执飞了72个往返航班。

2006年6月14日，两岸就客运包机节日化和开办两岸专案包机达成共识，并做出框架性安排。根据安排，包机将扩大到清明、端午、中秋、春节四大节日。其中，春节包机实施时间“拉长”为春节前后各14天，清明、端午及中秋包机时间为节日前后各7天。四大节日期间，双方各执行84个往返班次，共计168班。

海南航空公司的“国色天香”号包机

2006年2月4日，台湾远东航空公司的“尊荣无限”号飞机自厦门机场起飞，飞返台北

2006年10月7日，台湾中华航空公司的中秋包机 李祖光摄

2005年春节，首都机场上的两岸包机

大推力涡扇发动机
——“太行”诞生

“太行”发动机在装配中

2005年12月28日，我国第一台自行研制的大推力涡扇发动机——“太行”诞生。

“太行”航空发动机性能先进、技术成熟，可一机多用，有较大的发展潜力，是航空工业打基础、上水平的重点项目。它的设计定型是我国在攀登世界科技高峰征程上迈出的重大一步，标志着我国从此跨入了第三代航空发动机研制国家的行列，在自主研制航空发动机方面实现了从中等推力到大推力的跨越、从涡喷发动机到涡扇发动机的跨越、从第二代发动机到第三代发动机的跨越。对我国航空工业和国防现代化建设具有深远的历史意义。

“太行”航空发动机的研制成功凝聚着中国航空工业第一集团公司沈阳航空发动机设计研究所和沈阳黎明航空发动机集团公司等参研单位几代人的心血与期盼，是航空战线上几十万名职工汗水与智慧的结晶。

1986年1月，邓小平批示肯定了航空发动机行业专家关于发展新型涡扇发动机的建议，“太行”发动机研制自此提上日程。沈阳航空发动机研究所担此重任。“太行”航空发动机总设计师为张恩和。

1987年至1993年，沈阳航空发动机设计研究所完成了“太行”验证机阶段的研制，以配装我国新型歼击机的技术状态转入原型机的研制。为降低原型发动机配装新机试飞的风险，总设计师张恩和大胆地提出了“太行”以国外新机为平台的领先试飞方案。1995年，中央军委决定“太行”发动机不仅要作为新型歼击机的动力装置，也要作为引进国外新机的后继动力。

“太行”发动机的研制充满艰难险阻，由于科技人员的努力，先后解决技术问题和故障200多项。2003年以来，又遭遇高压压气机四级盘破裂事故，在高空模拟试车台试验和调整试飞中频频出险情，甚至出现了发动机空中停车的重大问题。沈阳航空发动机设计研究所与行业内外专家共同分析原因，制定排故对策。经过4个月的努力，重新装配恢复生产，落实排故措施的发动机交付试飞院，继续进行设计定型试飞。

2005年11月10日，“太行”通过了设计定型前的最后一个试验项目——长久初始寿命试车，从而获得了飞向蓝天的通行证。

胡锦涛在“太行”发动机研制现场

曹刚川在“太行”发动机研制现场

“太行”发动机总装

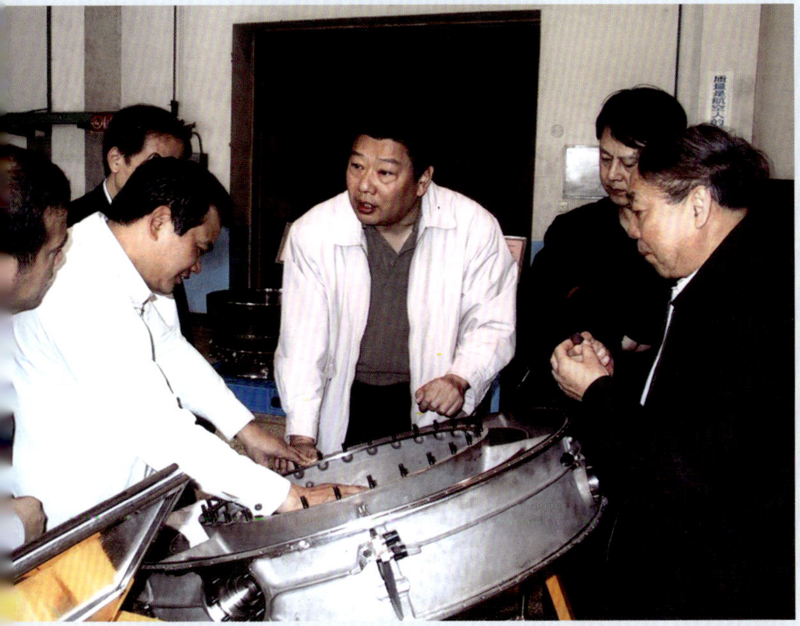

林左鸣（中）在“太行”发动机研制现场

我国自行研制的“昆仑”发动机 2002 年 5 月通过设计定型技术审查

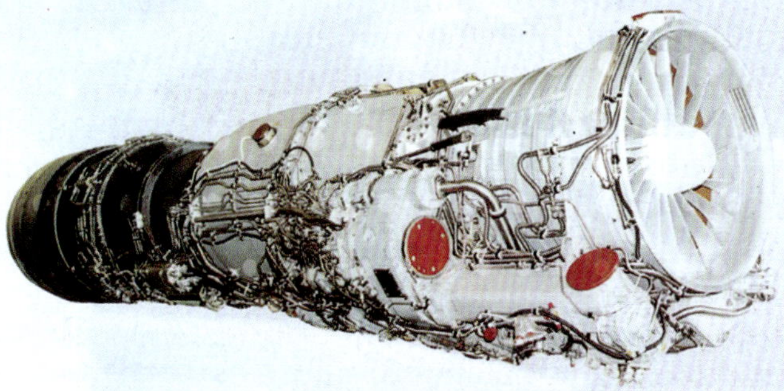

我国自行研制的“秦岭”发动机 2003 年 7 月通过国家技术鉴定

“太行”发动机设计定型审查会

中国风洞春秋

哈尔滨军事工程学院空气动力学实验室第一代建设者 李辰光提供

马明德教授在风洞中潜心钻研 李辰光提供

超声速风洞气罐群

飞行器研制的“先行官”
——风洞

于涛

中国空气动力研究与发展中心的1.2米×1.2米超声速风洞

风洞是能人工产生和控制气流,以模拟飞行器或物体周围气体的流动,并可量度气流对物体的作用以及观察物理现象的一种管道状试验设备。其主要由洞体、驱动系统和测量控制系统三部分组成。风洞种类繁多,且有不同的分类方法。按试验段气流速度可分为低速风洞、高速风洞和超高速风洞。

风洞的发展与航空航天技术的发展密切相关。1871年,英国的F·H·韦纳姆在格林尼治建造了世界上第一座风洞。1902年,美国莱特兄弟建造了一座截面为406毫米×406毫米,长1.8米的风洞。随后,法国G·艾菲尔和德国普朗特分别建造了开口和闭口的回路风洞。1928年,英国的国家物理实验室建造了直径为78毫米的超声速风洞。从20世纪40年代开始,航空发达国家相继建造了一大批现代化风洞,各类风洞试验设备日臻成熟。据不完全统计,目前全世界的风洞已达近千座。

追溯中国风洞建造历史可知,首座国内自行建造的风洞是清华大学从1934年开始建造,于1936年建成的。

中华人民共和国成立后,随着航空航天工业的创立和发展,风洞建设被提上日程。哈尔滨军事工程学院从1953年开始风洞建设。在我国著名空气动力学家马明德教授的带领下,1955年1月建成两座低速风洞,1956年初又建成了一座超声速风洞。这在当时国内尚无供型号试验用大型风洞的情况下,在这些教学风洞中进行的横向测力试验为歼教1等型号的研制提供了一定的安全试飞保证。1958年到1965年,专门承担型号研制任务的试验段面积为0.6米×0.6米FL—6超声速风洞、从德国引进的试验段面积为0.52米×0.64米的FL—7跨声速风洞、试验段面积为2.5米×3.5米的FL—8低速风洞相继建设完成。至此,当时号称“亚洲第一”的风洞群初步形成。特别是FL—8风洞系我国自行设计建造的国内第一座大型生产性低速风洞,该风洞从1963年建成后保持了8年之久的亚洲最大风洞地位,至今仍然是我国承担低速风洞飞机型号试验任务量第一的功勋风洞,为我国航空事业发展做出了巨大贡献。

在此期间,国内出现了建造3米量级低速风洞和0.6米量级跨超声速风洞高潮,建造的低速风洞有北京大学的直径2.25米低速风洞;北京空气动力研究所的3米×3米FD—09低速风洞。建造的跨超声速风洞有原沈阳空气动力研究所的0.6米×0.6米FL—1跨超声速风洞;北京空气动力研究所的0.76米×0.53米FD—08亚跨声速风洞和0.6米×0.6米FD—06跨超声速风洞;南京航空航天大学的0.6米×0.6米NH—1跨超声速风洞。

从20世纪60年代末期开始至今,随着我国航空航天飞行器的发展,又相继建造了一批大尺寸、高性能的风洞,最具代表性的风洞主要有:在四川绵阳建造的8米×6米,12米×16米低速风洞(FL—13)和2.4米×2.4米跨声速风洞(FL—26),中国航空工业空气动力研究院的1.2米×1.2米跨超声速风洞(FL—2)和4.5米×3.5米低速增压风洞(FL—9)。其中,FL—9低速增压风洞是目前世界第三座、亚洲第一座同等量级风洞,也是目前技术最先进的低速增压风洞,该风洞的建成和使用,填补了我国低速高雷诺数风洞空白,解决了我国第三代歼击机改进改型、第四代歼击机预研及民用客机的技术攻关和研制所需的空气动力试验条件,为航空工业跨越式发展提供了强有力的空气动力试验与研究保证。

为了解决飞行器研制所需的专门需求,以及开展民用科学技术研究,20世纪90年代,国内还专门建造了一些特种风洞;如在武汉仪表厂建造的试验段尺寸为0.15米×0.2米航空仪表结冰风洞，在四川绵阳建造的立式风洞（又称尾旋风洞），南京航空航天大学的2.5米×3米直升机风洞，以及有关大学或科研部门建造的环境风洞、建筑风洞等共计约60多座。

我国现有生产性低速风洞约50座，跨超声速风洞30余座。

我国专门从事航空、航天和国防武器装备空气动力学风洞试验与研究的单位主要有三家：

1. 中国航空工业空气动力研究院。由原哈尔滨空气动力研究所和沈阳空气动力研究所于2000年合并组建，隶属于中国航空工业第一集团公司。该院专业从事各类航空飞行器的风洞试验和试验技术研究、飞机先进气动布局的预先研究以及测控仪器和大型设备的研制，现已成为我国空气动力学领域不可或缺的大型风洞试验基地和研究机构，目前拥有国家序列低、跨、超声速风洞8座，特别在进气道试验技术、动力模拟试验技术、动态试验技术、PIV试验技术、先进气动布局以及常规试验阻力精度测量等方面，已经步入了国内领先行列。已面向国防全行业进行了数十万次高、低速风洞实验，完成了60多个型号的气动选型与校核试验任务，被授予"中国航空工业重大贡献单位"和"航空工业先进事业单位"称号。

2. 航天空气动力技术研究院（原北京空气动力研究所）。始建于1956年，隶属于中国航天科技集团公司。该院专业从事航天空气动力风洞试验与研究，飞行器气动力、气动热的理论研究、数值计算以及特种飞行器研发等。该院目前拥有气动试验设备22座。

3. 地处四川绵阳的中国空气动力研究与发展中心。该中心是1968年组建的国家级空气动力研究、试验机构，是我国目前规模最大、综合能力最强的空气动力试验、研究与开发机构，是国内唯一的大、中、小设备配套，风洞试验、数值计算和模型飞行试验三大手段齐备，低速、高速、超高速配套，气动力、气动热、气动物理、气动光学等研究领域宽广的空气动力试验研究单位。该中心拥有50余座配套的低速、高速、超高速气动力和气动热试验设备和特种试验设备。

风洞建设和风洞试验技术的发展规模是一个国家国防事业发展的具体体现。我国自主设计、建设了亚洲规模最大、功能最完备的风洞实验设施，可开展从低速到24倍声速，从水下、地面到94千米高空范围的空气动力实验研究。基本满足了我国目前各种飞行器研制和其他方面的要求，中国的空气动力试验与研究技术已跃升至世界先进水平。

（本文作者为中国航空工业空气动力研究院院长）

航空工业功勋风洞——FL-8风洞
李辰光提供

调试中的FL-9低速增压风洞

1960 年 2 月，中国首座超声速风洞
FL-1 投入使用

中国航空工业空气动力研究院院长于涛(前右一)陪同
国际友人参观风洞试验装置 李辰光提供

吊装试验装置

"猎鹰"滑行起飞 鲁晓冬摄

"猎鹰"高飞

2006年3月13日，南昌洪都航空工业集团公司研制的"猎鹰"高级教练机（简称"高教机"）首飞成功。猎鹰高教机是性能先进、技术复杂、质量要求高、达到国际同类飞机先进水平的新一代喷气式高级教练机，体现了第三代先进战斗机的使用特点和训练要求，有良好的可靠性、维修性和综合保障性。该机可装备空军训练基地，用于基础改装训练和战术训练，衔接第三代战斗机的训练需要，并适当兼顾第四代战斗机的训练需要。它还可装备作战部队，用于部分作战改装训练和战斗训练。也可以装备飞行学院进行高级驾驶技术训练和专门科目训练。

按常规，详细设计一架新机至少需要一年时间，"猎鹰"高教机的详细设计只花了半年时间；工装设计与制造，一般至少要一年时间，"猎鹰"高教机只用了五六个月；完成一架新机部装少说也要半年时间，而"猎鹰"高教机从具备全面开铆条件到完成部装，只用了短短两个月！总装则只用了一个半月。

"猎鹰"高教机采用大边条机翼和翼身融合体的新型气动布局，并通过合理配置机翼前缘大边条和前襟的控制规律，充分利用了边条涡能量的气动增益，增加了全机最大可用升力系数和失速迎角，使可控飞行迎角大于30度，提高了飞机的敏捷性和大迎角机动飞行能力；通过翼身融合体与大边条机翼的一体化综合设计，有效地减少了全机的波阻和废阻，也增大了机体的可用容积，减轻了结构质量；采用浅S型进气道，进一步保证了大迎角、高机动飞行中发动机稳定工作的可靠性，试验证实其总压恢复系数达到97%，具有国际先进水平。它是国内第一个配装三轴四余度数字式电传飞控系统的教练机，具有国际同等水平；高密度结构布局飞机采用结构损伤容限和优化设计，机体结构寿命达到10000飞行小时／30年，达到国际先进水平，是目前国内机体寿命最高的；可靠性高、全寿命费用低，飞机平均故障间隔飞行时间大于4小时，达到国内军用飞机的最高指标。

“猎鹰”进行振动试验

“猎鹰”在总装

3架“猎鹰”

“山鹰”在贵州高原翱翔

“山鹰”新型高级教练机采用高升阻比双三角翼气动布局，因而具有良好的起降性能和中低空亚跨声速性能。“山鹰”在外翼段增设了油箱，在我国歼击机中尚属首创。该机还运用国内先进并已成熟的综合航电系统，以综合显示控制系统为核心，采用双余度技术，综合了显示控制管理、大气数据计算机、脉冲多普勒雷达、惯导/GPS导航、武器外挂管理系统及任务计算机等先进的设备，最终连接成一个综合航空电子系统，可与第三代战斗机较好地衔接；安装了平视显示仪和多功能显示器，形成了与第三代战机相近的座舱布局。 该机选装了国内成熟、先进的功能系统和机载设备，采用高升阻比双三角机翼、机身两侧肋下进气的常规气动布局，配装一台WP-13F（C）型涡喷发动机，具有起降性能好、使用寿命长、维护性好、单机价格便宜等特点。全机共有5个外挂点，外挂能力不小于2000千克，机内总油量2660升、每个机翼外挂点可悬挂1个480升副油箱，机身腹部挂点可悬挂1个480升或720升副油箱；机身下部半埋一门23-3型双管航炮，具有一定的空战和对地攻击能力。

贵州航空工业集团公司在研制“山鹰”的过程中，从立项到首飞不到两年时间，用8个月的时间完成了设计发图， 3个月完成了模具设计和工装制造，3个月完成了部装任务，3个月完成了总装和首飞。

2003年12月12日，“山鹰”高级教练机01架首飞成功。03架飞机于2004年4月3日成功首飞。这两架飞机从2004年6月底进行鉴定试飞，截至2005年11月25日，两架飞机进行了20多项重大飞行、412次起落，共计飞行300小时54分，已经完成试飞大纲规定的试飞科目，综合性能良好。

“山鹰”首飞

“山鹰”首飞仪式

“山鹰”试飞员、指挥员和总设计师合影

“山鹰”起飞

在第六届珠海航展上的“山鹰” 周日新摄

“山鹰”飞行

ARJ21新支线飞机
——“翔凤”总装下线

2007年12月21日，我国首架具有自主知识产权的新支线飞机ARJ21完成总装。国务院副总理曾培炎，中共中央政治局委员、上海市委书记俞正声出席在上海飞机制造厂举行的隆重仪式，共同启动了新飞机总装下线装置。此前，经公众投票遴选，ARJ21命名为“翔凤”。

ARJ21是中国航空工业第一集团公司研制生产的70～110座级的中短程先进支线飞机。该机以涡扇发动机为动力，航程可以达到3700千米。本次总装下线的ARJ21-700型飞机，采用每排五座机身，拥有支线客机中最宽敞的客舱，适于在各种地理气候环境下飞行，能够满足高温高原等特殊环境运营和复杂航线越障飞行的要求。到2007年12月21日，ARJ21已经获得171架订单。

ARJ21于2002年经国务院批准正式开始研制，同年11月全尺寸模型在第四届中国国际航空航天博览会展出。

ARJ21研制由中国航空工业第一集团公司以及西安飞机工业公司、成都飞机工业公司、沈阳飞机工业公司、上海航空工业公司、第一飞机设计院、试飞研究院等14家企事业单位投资，组成中航商用飞机股份有限公司，作为ARJ21的法人主体，负责对该机组织研制、生产，取得国内外适航证，销售和售后服务。

ARJ21从研制开始就在数字化设计、发图和数据管理，机翼、客舱耐久性设计，发动机、航电系统、标准材料的选用方面，均采用国际先进技术和标准，使飞机的整体设计达到国际支线飞机先进水平。

ARJ21将于2008年上半年首飞；2009年3季度取得适航证并开始交付用户。

ARJ21新支线飞机效果图

2003年 9 月，ARJ21启动用户购机协议签字仪式在北京举行

ARJ21 新支线飞机驾驶舱模型图

2007 年 12 月 21 日，ARJ21 新支线飞机——“翔凤”总装下线

中国民航事业空前繁荣

1949年11月2日，中国民用航空局成立，从这一天开始，新中国民航迎着共和国的朝阳起飞，经历了不平凡的发展历程。中国民航发展至今主要历经四个阶段：

第一阶段(1949年—1978年)：

1949年11月9日，中国航空公司、中央航空公司总经理刘敬宜、陈卓林率两公司员工在香港光荣起义，并率领12架飞机回到北京、天津，为新中国民航建设提供了一定的物质和技术力量。1950年，新中国民航初创时，仅有30多架小型飞机，年旅客运输量仅1万人次，运输总周转量仅157万吨千米。

这一时期，由于民航领导体制几经改变，航空运输发展受政治、经济影响较大，1978年，航空旅客运输量仅为231万人次，运输总周转量3亿吨千米。

第二阶段（1978年—1987年）：

1978年3月5日，中国政府决定民航脱离军队建制，把中国民航局从隶属于空军机构改为国务院直属机构，实行企业化管理。这期间中国民航局是政企合一。下设北京、上海、广州、成都、兰州（后迁至西安）、沈阳6个地区管理局。1980年全民航只有140架运输飞机，机场只有79个；民航全年旅客运输量仅343万人；全年运输总周转量4.29亿吨千米，居新加坡、印度、菲律宾、印尼等国之后，列世界民航第35位。

第三阶段（1987年—2002年）：

1987年，中国政府对民航业进行以航空公司与机场分设为特征的体制改革。主要内容是将原民航6个地区管理局的航空运输和通用航空相关业务、资产和人员分离出来，组建了中国国际航空公司、中国东方航空公司、中国南方航空公司、中国西南航空公司、中国西北航空公司、 中国北方航空公司。此外，以经营通用航空业务为主并兼营航空运输业务的中国通用航空公司也于1989年7月成立。

在组建骨干航空公司的同时，组建了民航华北、华东、中南、西南、西北和东北六个地区管理局以及北京首都机场、上海虹桥机场、广州白云机场、成都双流机场、西安咸阳机场和沈阳桃仙机场。

2002年，民航行业完成运输总周转量165亿吨千米、旅客运输量8594万人次、货邮运输量202万吨，国际排位进一步上升，我国成为令人瞩目的民航大国。

第四阶段（2002年至今）：

2002年3月，中国政府对中国民航业再次进行重组。2002年10月11日正式挂牌成立中国航空集团公司、东方航空集团公司、南方航空集团公司、中国民航信息集团公司、中国航空油料集团公司、中国航空器材进出口集团公司。成立后的集团公司与民航总局脱钩，交由中央管理。

民航政府监管机构改革。民航总局下属7个地区管理局和26个省级安全监督管理办公室，对民航事务实施监管。

机场实行属地管理，按照政企分开、属地管理的原则，对90个机场进行了属地化管理改革。

2006年，中国民航运输总周转量、旅客运输量和货邮运输量分别达到305.8亿吨千米、1.6亿人和349.3万吨。航空运输总周转量和旅客周转量（不含香港、澳门、台湾地区）在国际民航组织（ICAO）缔约国中的排名均上升到第2位。到2006年，定期航班航线总数达1336条，其中国内航线1068条（至香港、澳门航线43条）；国际航线268条。2006年底，民航全行业运输飞机期末架数为998架，其中大中型飞机年底期末架数为921架。通用机队规模达到457架。

一组中国民航过去使用的机型（12 幅）

DC−3

C−46

里− 2

CV−240

伊尔 −12

伊尔 −14

伊尔 –18

子爵号

伊尔 –62

三叉戟

安 – 24

运 7

中国民航六大集团公司标识

中国民航六大集团公司成立

荷兰皇家航空公司的飞机从首都机场起飞

广州新白云机场的指挥塔

上海浦东机场

北京飞机维修工程公司维修飞机

中国首家民营航空公司鹰联航空公司的 A320 飞机

2005 年 7 月 18 日，民营春秋航空举行首航仪式

2006年5月19日，民营东星航空公司的A319首航武汉—深圳航线

国航机队

2006年9月13日，民营吉祥航空公司接收第一架A319飞机

航空体育事业异彩纷呈

随着新中国第一个五年计划的顺利实施，各级体育运动也蓬勃发展起来。国防体育运动同样受到有关方面的重视和支持，航空体育运动就是其中的一朵奇葩。广大航空体育爱好者奋勇拼搏，努力为国防建设服务，在滑翔运动、航模运动、跳伞运动和其他新兴航空体育运动方面都创造了骄人的成绩，为祖国争得了荣誉。尤其我国运动员在滑翔、航模和跳伞等航空体育运动中都创造了出色的成绩。

航模运动发展较快。在1959年第一届全运会的航模竞赛中，有多项成绩达到世界先进水平。线操纵模型竞速项目有7人打破全国记录。从1979年第四届全国运动会开始，我国航模比赛就按照国际航联的规则执行。此次全运会创造了5项世界记录，打破7项和新建4项全国纪录。此后，全国各种航模比赛日益频繁，水平和成绩逐步提高。据1979年至1992年的统计，中国航模队共参加了11次国际比赛，18次世界级比赛，打破了多项世界纪录，荣获多项世界冠军，为祖国争得了荣誉。

我国的跳伞运动是从1955年参加国际比赛开始的。1955年底成立了国家跳伞集训队。从1958年9月至1959年8月举行了多次跳伞比赛，有18人10次打破6项世界纪录。1978年以后，连续10多年内每年都举行一次全国跳伞比赛。跳伞的新项目也在增加，如20世纪70年代末国际上逐渐开展起来的踩伞造型跳伞，花样不断翻新。中国的跳伞运动员不断提高技术，连续开展新项目的比赛，不断创造新的成绩。从1979年至1987年，中国跳伞队参加了24次国际跳伞活动，并参加了世界跳伞比赛，共有10人4次打破3项世界纪录，8人5次获3项世界冠军。

新兴航空运动项目在20世纪80年代兴起，如气球运动、悬挂滑翔运动和滑翔伞运动等。轻型高效燃烧器、轻质高强度尼龙和涤纶的出现，使得热气球再度兴起，成为国际航联倡导的航空体育项目。气球运动、悬挂滑翔运动和滑翔伞运动在我国也得到了一定程度的发展。

滑翔机五机重叠飞行

热气球飞越长城

2004 年 6 月 26 日，全国动力伞巡回赛在厦门举行

造型跳伞

跳伞运动

中国决定研制大型飞机

2007年2月26日，国务院总理温家宝主持召开国务院常务会议，听取大型飞机重大专项领导小组关于大型飞机方案论证工作汇报，原则批准大型飞机研制重大科技专项正式立项，同意组建大型客机股份公司，尽快开展工作。

国务院常务会议认为，研制大型飞机是党中央、国务院做出的重大战略决策，也是全国人民多年的愿望。我国航空工业经过50多年的发展，已经具备发展大型飞机的技术和物质基础。自主研制大型飞机，发展有市场竞争力的航空产业，对于转变经济增长方式、带动科学技术发展、增强国家综合实力和国际竞争力，加快现代化步伐，具有重大意义。会议指出，实施研制大型飞机的重大科技专项，是一项复杂的系统工程。必须充分认识这项任务的艰巨性，充分估计可能遇到的困难和风险，以百折不挠的决心和意志，坚持不懈地努力，完成这一光荣的历史使命。一要加强组织领导，集中力量，合力攻关。各方面要牢固树立全局观念，大力协同、密切配合，各种资源统筹安排、合理整合。二要坚持高标准、高水平、高质量。在研制、生产和服务的全过程确保飞机的安全性和经济性，提高产品的国际竞争力。三要坚持以我为主，积极开展国际合作。通过自主创新、集成创新和引进消化吸收再创新，突破关键技术。四要统筹协调大型客机与大型运输机的研制。做到分工合作，成果共享，避免重复建设，提高投资效益。五要坚持体制机制创新。遵循科学规律和经济规律，面向国内外市场，引入竞争机制，创新管理经营模式。六要充分利用我国航空工业的现有基础。调动地方、企业的积极性，特别要发挥科研人员的积极性，培养、吸引、凝聚大批优秀科技人才，为大型飞机研制建功立业。

自主研制大型客机是我国航空工业几代人和国人的梦想。30多年来，屡战屡败，屡败屡战，愈挫愈奋，从未停息。“运10”下马后不久，航空工业和国内的专家就群起上书，要求发展自己的大型飞机制造工业。1986年7月30日，原中国航空研究院副院长、航空工业部飞机局局长胡溪涛与中国科学院学部委员、北京航空学院名誉院长沈元，中国航空学会理事长、西北工业大学名誉校长季文美，中国航空学会副理事长、南京航空学院原副院长张阿舟联名给邓小平同志写信，建议千方百计尽早提供和使用国产干线飞机。国家科委据此进行调研论证，并提出“发展干线飞机，振兴航空工业”的报告上报国务院。1986年12月4日，国务院第125次常务会议决定研制干线飞机。此后，中国航空工业发展采取了三步走战略。按照规划，首先是装配和部分制造干线飞机，主要是装配MD80/90系列飞机，由麦道公司提供技术；然后与国外合作，联合设计研制100座级飞机；最后在2010年实现自行设计、制造180座级干线飞机。1997年8月，波音兼并麦道之后，中国停止了和麦道的合作，空客也相继终止了和中国的合作。“三步走战略”由此宣告终结。

2003年3月，中国科学院院士王大珩联合中科院20多名院士上书温家宝总理。院士们在信中就发展我国大型喷气运输机提出建议。5月25日，温家宝专门看望了王大珩，温家宝说：“工老最近就加快我国航空工业发展给我写了一份建议，今天我专门来听您的意见”。他同时表示，国家正在研究和制定新世纪的科技规划（即《国家中长期科学和技术发展规划纲要（2006—2020年）》）。11月，国家科技部组织的“大飞机项目论证组”开始调研和专家论证。

2006年2月9日，国务院发布《国家中长期科学和技术发展规划纲要（2006—2020年）》，大型飞机研制被确定为中国未来15年里将重点实施的16个重大专项之一。3月14日召开的十届全国人大四次会议上，通过了《中华人民共和国国民经济和社会发展第十一个五年规划纲要》，其中第10章就明确指出发展干线飞机。特别是在高技术产业工程重大专项中，干线飞机被提到了醒目的位置。这是我国研制干线飞机第一次由全国人民代表大会通过。国务院总理温家宝在《政府工作报告》中宣布，中国将在“十一五”期间启动大型飞机研制项目。中国人建造大飞机的梦想再次被点燃。

国务院成立了大型飞机重大专项领导小组，组织了专家论证委员会独立开展论证，经过6个月的工作，形成了《大型飞机方案论证报告》。

2003 年 5 月 25 日，温家宝看望著名科学家王大珩

2006 年 7 月 17 日，大型飞机方案论证委员会成立大会在北京航空航天大学召开
谭典元摄

大型飞机方案论证委员会成员合影，前排左三为中科院院士李未，左四为中科院、工程院院士顾诵芬，左五为科技部部长徐冠华，左七为工程院院士张彦仲　谭典元摄

2007 年 11 月 13 日，曾培炎副总理参加大型飞机方案论证委员会工作总结会议　谭典元摄

附录

中国航空工业领导机关印鉴

中央重工业部航空工业局北京办事处
（1951 年 4 月— 1952 年）

中央人民政府重工业部航空工业局
（1951 年 4 月— 1952 年 7 月）

中央人民政府重工业部航空工业局
（1951 年 4 月— 1952 年 7 月）

中央人民政府第二机械工业部
第四局
（1952 年 8 月— 1958 年 2 月）

中央人民政府第二机械工业部第四局
（1952 年 8 月— 1958 年 2 月）

第一机械工业部第四局
（1958 年 2 月— 1960 年 9 月）

第三机械工业部第四局
（1960 年 9 月— 1963 年 9 月）

中华人民共和国第三机械工业部
（1963 年 9 月— 1967 年 5 月）

中国人民解放军第三机械工业部军事管制委员会
（1967 年 5 月— 1972 年 3 月）

中华人民共和国第三机械工业部
（1972 年 3 月— 1982 年 4 月）

中华人民共和国航空工业部
（1982 年 4 月— 1988 年 4 月）

中华人民共和国航空航天工业部
（1988 年 4 月— 1993 年 6 月）

中国航空工业总公司
（1993 年 6 月— 1999 年 7 月）

中国航空工业第一集团公司
（1999 年 7 月至今）

中国航空工业第二集团公司
（1999 年 7 月至今）

中国航空博物馆歼12馆标　中国航空博物馆提供

中国航空博物馆

在北京郊区秀丽的大汤山脚下，有一座令世界航空专家和航空爱好者赞叹不已的博物馆。这就是中国最大的航空博物馆。

中国航空博物馆不仅保留中国人民解放军的飞机装备，而且努力收集中国民航、飞机生产厂的其他飞机型号，挖掘在新中国成立前出现在中国大地和天空的飞机，把它们作为贵重的历史文物珍藏。到1998年，中国航空博物馆采集的飞机数量已达到246架，包括109种机型。馆区还有展品群，包括飞机、高射炮、地空导弹、雷达和绘有朵朵伞花的背景，标志着中国人民解放军空军是由多兵种合成的。

中国航空博物馆的洞库展厅面积有23480平方米，洞库展厅的白色拱顶上安装了265盏强力照明灯，墨绿色的地面上，依照历史时序相对排列着各种型号的飞机，把洞库展厅参观的人们引入一条航空长河。

中国航空博物馆也是国际航空界交流的一个窗口。1993年8月，巴基斯坦空军赠送给我国空军一架美国生产的F86（“佩刀”）喷气式战斗机。它同博物馆原有的苏制米格-15战斗机陈列在一起，二者是在朝鲜空战中的敌手，是航空史上最早使用的喷气式战斗机，给人留下了强烈的印象。

在台北也有一座航空博物馆，这就是中正航空科学馆。中正航空科学馆坐落于中正国际机场正门，距离机场2000米，共分为五个室内展览区，以及室外飞机公园。除了室外飞机公园展出的实体飞机，馆内设飞行资料宝库、民用航空区、飞行工艺区、中国空军区、航空史区等，有丰富的模型、幻灯片、影片、模拟情景，以及实体飞机，详细记录了百年来航空发展的演变与国内飞机发展的历史，以供参观者学习观摩。

中国航空博物馆露天展区
中国航空博物馆提供

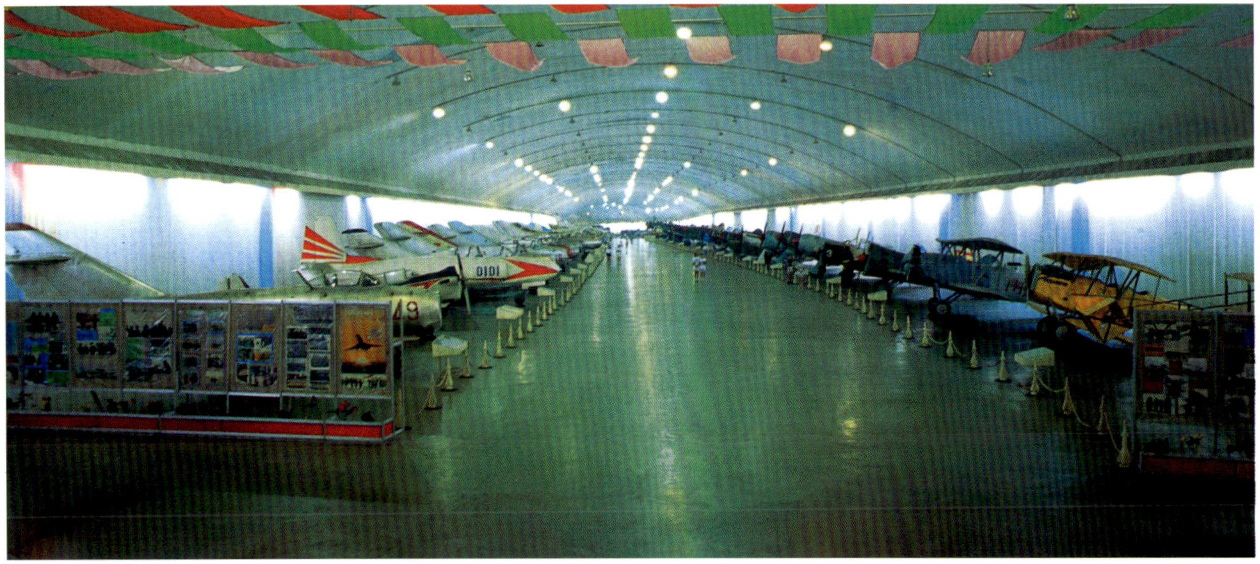

中国航空博物馆洞库展厅

台湾中正航空科学馆　归永嘉摄

北京航空航天大学航空馆

沈阳飞机工业公司航空博览园　周日新摄

中国的航空邮票

中国是世界上最早发行航空邮票的国家之一，航空邮票是专门用于贴用航空信件的邮票。1921年我国即开始了航空邮件运输的经营，同年7月1日发行了我国第一套航空邮票，全套5枚。图案是八达岭长城上的一架美国大维姆型飞机。为什么选择长城作为邮票图案呢？除了长城是中国的象征外，还因为1920年5月7日，我国进行了首次空中试航，就是从北京飞往天津的。为了纪念这次首航，设计者们特别选择了首航起点——长城。1929年7月5日又发行了北平第二版同图案航空邮票，全套枚数面值和第一版一样。为什么同图案邮票发行两版呢，仔细看一下就会发现前后两版邮票的细微不同，1921年版飞机机尾上漆的是五色旗，而1929年版机尾上则是国民党的青天白日徽。这是执政者变化之故。因而这两套邮票也成为世界上唯一有这种版式变化的航空邮票。以后中国发行的航空邮票仍以长城为背景，1932年8月29日起历时5年我国发行了第三套航空邮票，全套10枚。图案是长城上空飞行的当时刚刚引进的德国小型旅客机F-13。这枚有着长城图案的航空邮票，由于以后货币的改值和抗日战争爆发、财力不支等各种原因，竟然同一图案不同面值的邮票发行过88种，使用了17年，又创造了世界之最。

中国航空邮票在世界上闻名的还有1932年11月在新疆发行的加盖航空票。1931年时任新疆省主席的金树人从苏联订购了一批军用飞机和两架K-5小型客机。翌年11月用K-5开辟了新疆省内邮递航线，并发行了航空邮票，邮票用北平一版帆船票加盖的“限新省贴用”票，再用木戳加盖红色“航空”两字。全套4枚，即5分（玫紫）、10分（深蓝）、15分（深蓝农夫图）、30分（紫棕农夫图）。后由于飞机零备件不足，K-5不久停飞，邮票也于1933年6月停止使用，由于使用范围小时间短，因而成为世界航空珍邮。此外新疆使用的第三套航空邮票加盖“限新省使用”字样的航空邮票也是珍贵邮票。

新中国成立后于1951年发行了第一套航空邮票，仍然选择北京作为邮票的背景，不过将长城改为天坛，在天坛上空飞行着的飞机换上了一架苏联的重型飞机。邮票设计得非常漂亮，不少国外集邮者都乐于收藏它。

近年来随着我国航空工业的发展，国产很多型号的飞机相继出口到世界各地，为了配合飞机出口，中航技通过国家邮政发行了多种我国制造的各种飞机个性化邮票，随国际航空邮递到世界各地。由于其印行数量很少而备受国内外的欢迎。

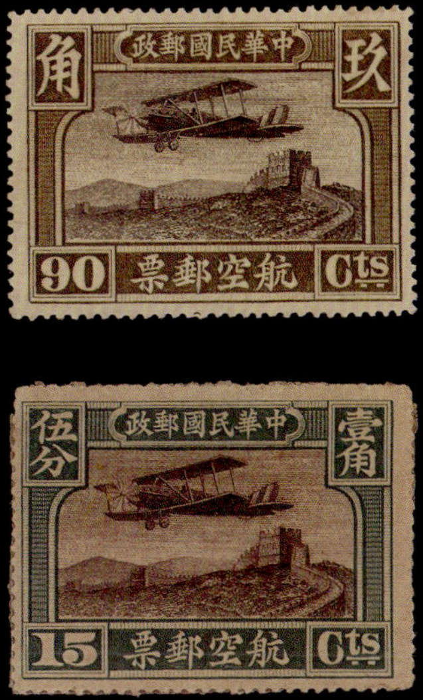

中国第一套（1921年版）航空邮票（2枚）陈晓东提供

中国1929年版航空邮票（3枚）霍郁华提供

中国1932年版航空邮票（2枚）霍郁华提供

各种加盖改值的航空邮票（2枚）霍郁华提供

1932年新疆省发行的航空邮票(7枚) 霍郁华提供

1951年中华人民共和国发行的第一套航空邮票（2枚）霍郁华提供

中国航空技术进出口公司（CATIC）通过国家邮政局发行的各种飞机个性化邮票（3枚） 霍郁华提供

1996年中国发行的中国飞机邮票（4枚）

1997年发行的中国人民解放军建军70周年纪念邮票

2003年中国发行的飞机百年纪念邮票（2枚）

2003年中国集邮总公司发行的纪念飞机发明100周年邮票中国版（10枚）

2003年中国集邮总公司发行的纪念飞机发明100周年邮票世界版（10枚）

歼10亮相纪念

主要参考文献

1．姚竣．中国航空史．郑州：大象出版社，1998．

2．姜长英．中国航空史——史话 史料 史稿．北京：清华大学出版社，2000．

3．航空百年活动组委会组织编写．飞行世纪．北京：中国宇航出版社，2003．

4．〔美〕饶世和（M Rosholt）．飞翔在中国上空——1910—1950年中国航空史话．戈叔亚译．沈阳：辽宁教育出版社，2005．

5．〔法〕米歇尔·乔治．穷苍迹．杨常修，译．北京：航空工业出版社，1992．

6．王宁生，张维．飞行百年．北京：环球飞行杂志社，2003．

7．姚卫．中国空军百科全书（上下卷）．北京：航空工业出版社，2005．

8．程昭武，沈美珍，孟鹊鸣．中国名机珍藏．北京：中国民航出版社，1998．

9．杨育中，池耀宗．鹰击长空——中国航空工业五十年．北京：航空工业出版社，2001．

10．周日新，孟赤兵，李周书，归永嘉．航空春秋．北京：航空工业出版社，2001．

11．周日新，孟赤兵，李周书，归永嘉．航空人物志．北京：航空工业出版社，2003．

12 孟赤兵，李周书．神鹰凌空——中国航空史话．北京：北京航空航天大学出版社，2003．

13．编委会．奋进的历程——中国航空工业第二集团公司成立五周年．北京：航空工业出版社，2004．

14．李金铎，孟鹊鸣．中国飞机（1951—1997）．北京：航空工业出版社，1998．

15．段子俊．当代中国的航空工业．北京：中国社会科学出版社，1988．

16．林樱尧．马尾首创中国航空业资料集．2003．

17．林千，邓有池．中国民航大博览（上、下）．北京：京华出版社，2000．

18．熊宪利，周训文，王中原．中国直升机50年．北京：航空工业出版社，2006．

19．陈晋，张鸣，李东亮．共和国相册．北京：红旗出版社，1998．

20．黄修荣．中国共产党80年画卷．北京：中央文献出版社，2001．

21．陈昕，郭志坤．香港全纪录．香港： 中华书局（香港）有限公司，1997．

22．孟昭瑞．历史的瞬间．北京：人民美术出版社，1986．

23．时报文化编辑委员会．珍藏20世纪中国．台北：时报文化出版企业股份有限公司，2000．

24．编委会．新中国外交50年．北京：世界知识出版社，1999．

25．周力．中俄建交55周年．北京：世界知识出版社，2004．

26．中共中央党史研究室．中国共产党抗日战争图志．北京：中央党史出版社，2005．

27．王宁生，华建宁．二战时期美国援华空军．北京：环球飞行杂志社，2005．

28．李裕．中苏美空军抗日空战纪实．北京：北京航空联谊会、世界华侨华人社团联合总会，2005．

主要参考文献

29．〔美〕杰夫瑞．B．格林（Jeffrey B. Greene）．飞虎的咆哮．昆明：云南教育出版社，2005．

30．曾景忠，王东方，章文灿等．血色长空——空军抗战与抗日胜利纪实．北京：团结出版社，2005．

31．陈应明，廖新华．浴血长空——中国空军抗日战史．北京：航空工业出版社，2006．

32．曹聚仁，舒宗侨．中国抗战画史．上海：联合画报社，1947．

33．胡志川，陈中合．中国旧影录．北京：中国摄影出版社，1999．

34．上海市档案馆．追忆——近代上海图史．上海：上海古籍出版社，1996．

35．许芳．沈阳旧影．北京：人民美术出版社，2000．

36．董汉文．北京志．市政卷．民用航空志．北京：北京出版社，2000．

37．广东省地方志编纂委员会．广东省志．民航志．广州：广东人民出版社，2004．

38．卞济和．上海航空工业志．上海：上海社会科学出版社，1996．

39．沈阳市人民政府地方志编纂办公室．沈阳市志．交通邮电卷．沈阳：沈阳出版社，1989．

40．张秀春，董慧云，赵杰．张学良将军手迹．香港：香港（中国）市场信息出版社，1991．

41．葛棣．解放战争时期国民党军起义投诚．空军．北京：解放军出版社，1995．

42．王润身．空军．回忆史料．北京：解放军出版社，1992．

43．〔美〕卡萝尔・卡特．延安使命．陈发兵，译．北京：世界知识出版社，2004．

后记

已故著名中国航空史专家、耗尽一生心血“淘”航史的姜长英先生说过：“航空史研究是不容易的”，“航空史料的收集和研究，一定要依靠群众的力量”，诚哉斯言！我们在编著《中国航空图志》的过程中也深有体会。

编著一部以图为主、图文并茂的反映中国近百年航空事业的壮丽征程的《中国航空图志》，最难的是图片特别是航空老照片的征集。本书编著者费尽周折，走访各地史志办、航空馆、档案馆，为搜集航空图片不遗余力。本书图片与资料的来源，一是国家、国防工业、中国航空工业第一集团公司、中国航空工业第二集团公司、航空企事业单位的档案馆藏和中国航空博物馆、航空馆的馆藏；二是广泛向社会与民间个人征集，特别是向航空界私人征集所得，许多老一代航空人物或年事已高或已辞世，他们或他们的亲属从家里仅存的老相册里取下尘封已久的老照片，弥足珍贵，成为本书的一大亮点。如《晋察冀三战友的航空缘》、《相逢张家口》、《无偿援助16国》、《空投原子弹氢弹》中许多照片都是从私人相册中取下的，过去从未发表过。

在这里，我们向为本书提供照片和资料的所有单位和个人表示深深的谢意。

本书的编辑出版，得到中国航空工业第一集团公司、中国航空工业第二集团公司领导的大力支持，特致谢意。

感谢中航技北京公司、天津航空机电公司、金城集团公司的大力支持。

感谢徐汉生、严慧发、金击强、孙礼鹏、刘军、李缮、陈逸平、曹安国、王坚、黄振杰、屠基达、于涛、胡继忠、马承麟、高其凤、乔少杰、赵延永、许传安、芶在坪、王泮久、梅卫民、陈应明、张宝、霍郁华、张浩、陈桂芝、谭万诚等同志提供各种帮助并对本书编辑出版提出宝贵意见。

感谢王海、叶正大、方子翼、姚峻、周素纹、齐贤德、张开帙、刘煜鸿、常硌、陈德琰等同志协助提供珍贵资料与照片。

感谢中航技部分老同志提供资料与个人珍藏的照片和航空邮票。

本书难免有错误、疏漏以及失当之处，敬请读者批评指正。

由于诸多原因，我们尚未了解到本书采用的一些图片的摄影者，望摄影者见到本书后即与我们联系。

编著者

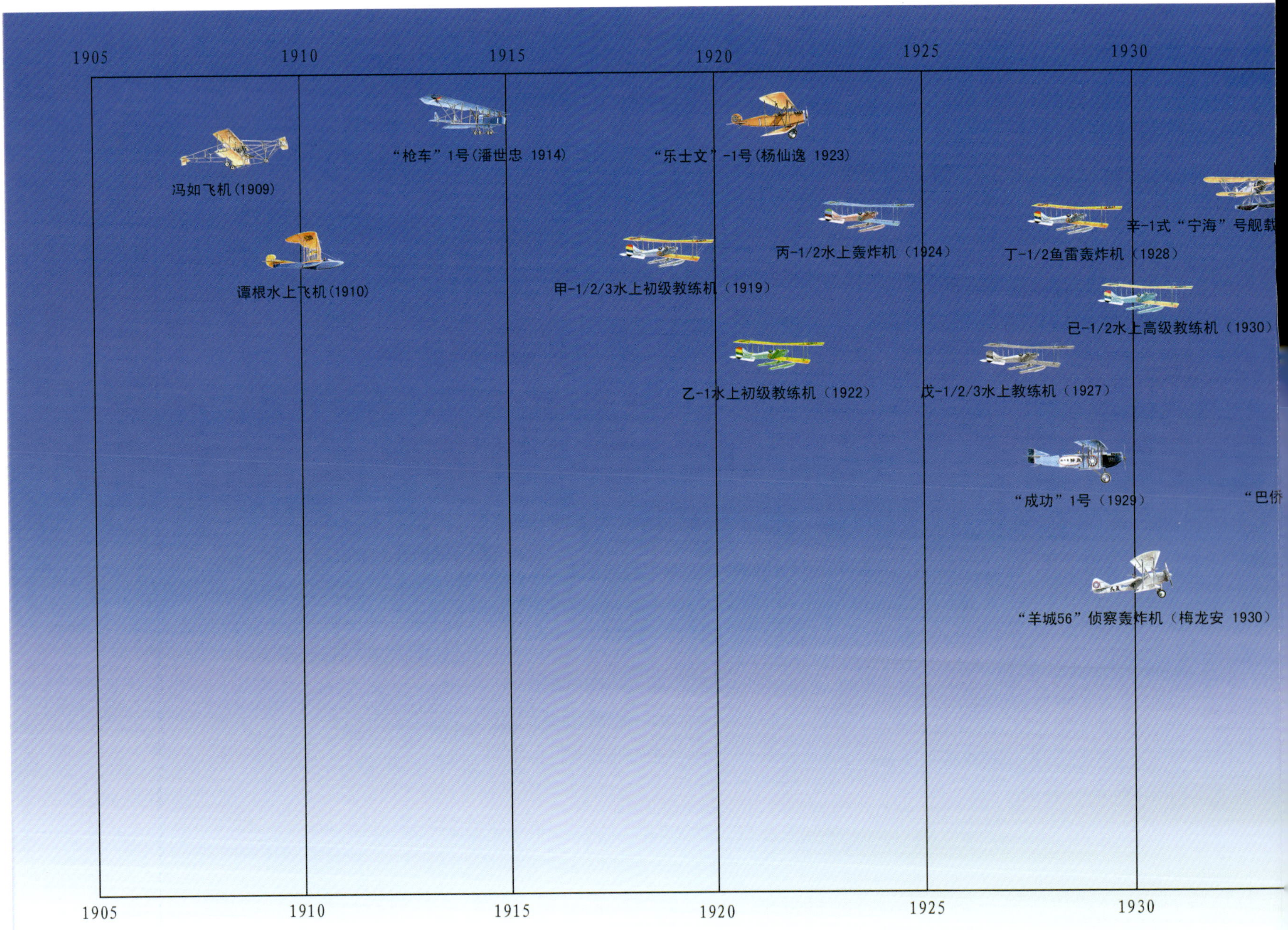
1905
1910
1915
1920
1925
1930
冯如飞机(1909)
谭根水上飞机(1910)
“枪车”1号(潘世忠 1914)
甲-1/2/3水上初级教练机（1919）
乙-1水上初级教练机（1922）
“乐士文”-1号(杨仙逸 1923)
丙-1/2水上轰炸机（1924）
戊-1/2/3水上教练机（1927）
丁-1/2鱼雷轰炸机（1928）
“成功”1号（1929）
已-1/2水上高级教练机（1930）
“羊城56”侦察轰炸机（梅龙安 1930）
辛-1式“宁海”号舰载
“巴侨
1905
1910
1915
1920
1925
1930

靳昊制作

中国飞机型谱

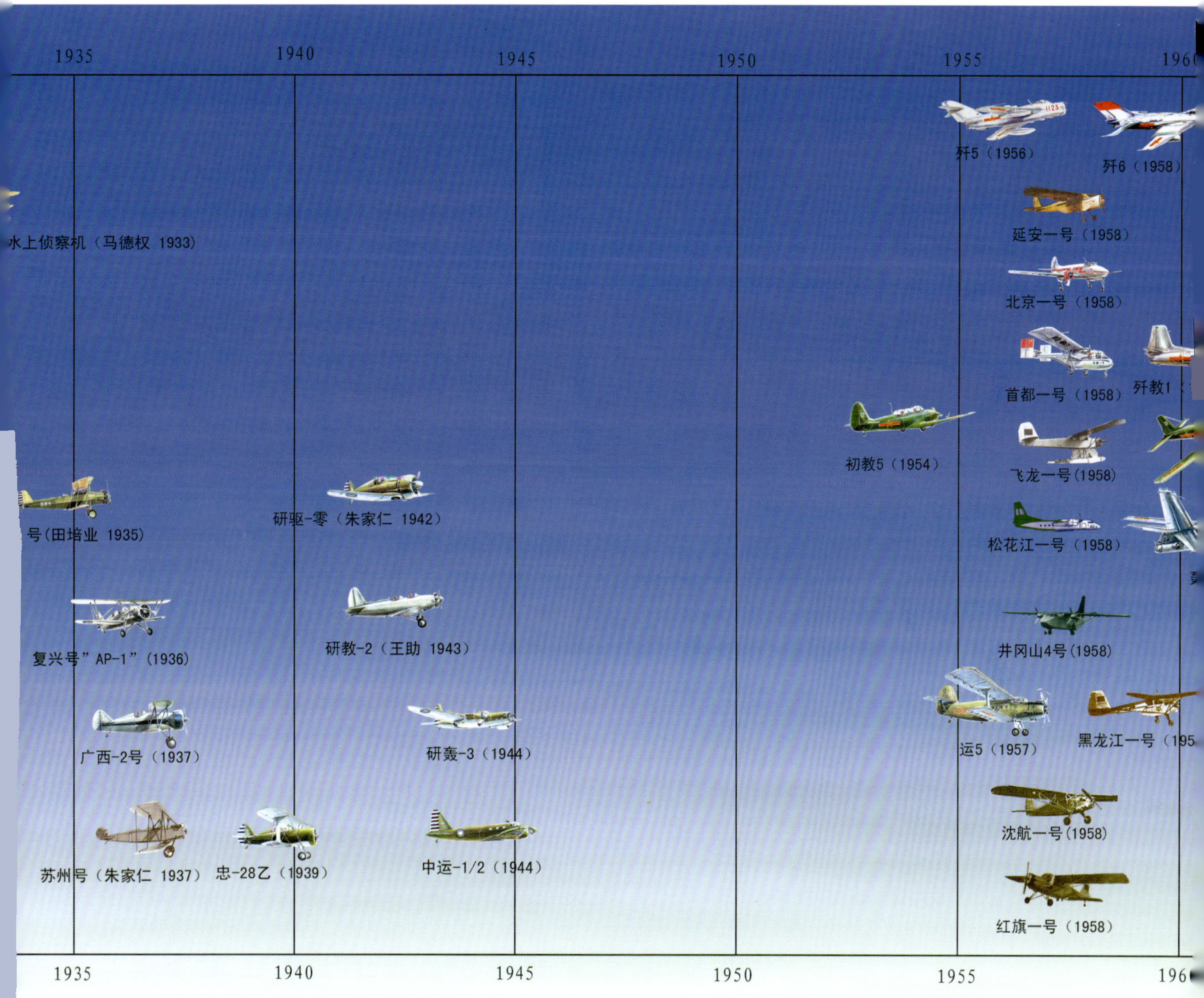

1935
1940
1945
1950
1955
水上侦察机（马德权 1933）
号(田培业 1935)
复兴号”AP-1”(1936)
广西-2号（1937）
苏州号（朱家仁 1937）
忠-28乙（1939）
研驱-零（朱家仁 1942）
研教-2（王助 1943）
研轰-3（1944）
中运-1/2（1944）
初教5（1954）
歼5（1956）
歼6（1958）
延安一号（1958）
北京一号（1958）
首都一号（1958）
歼教1
飞龙一号(1958)
松花江一号（1958）
井冈山4号(1958)
运5（1957）
黑龙江一号
沈航一号(1958)
红旗一号（1958）

（1909—2007）

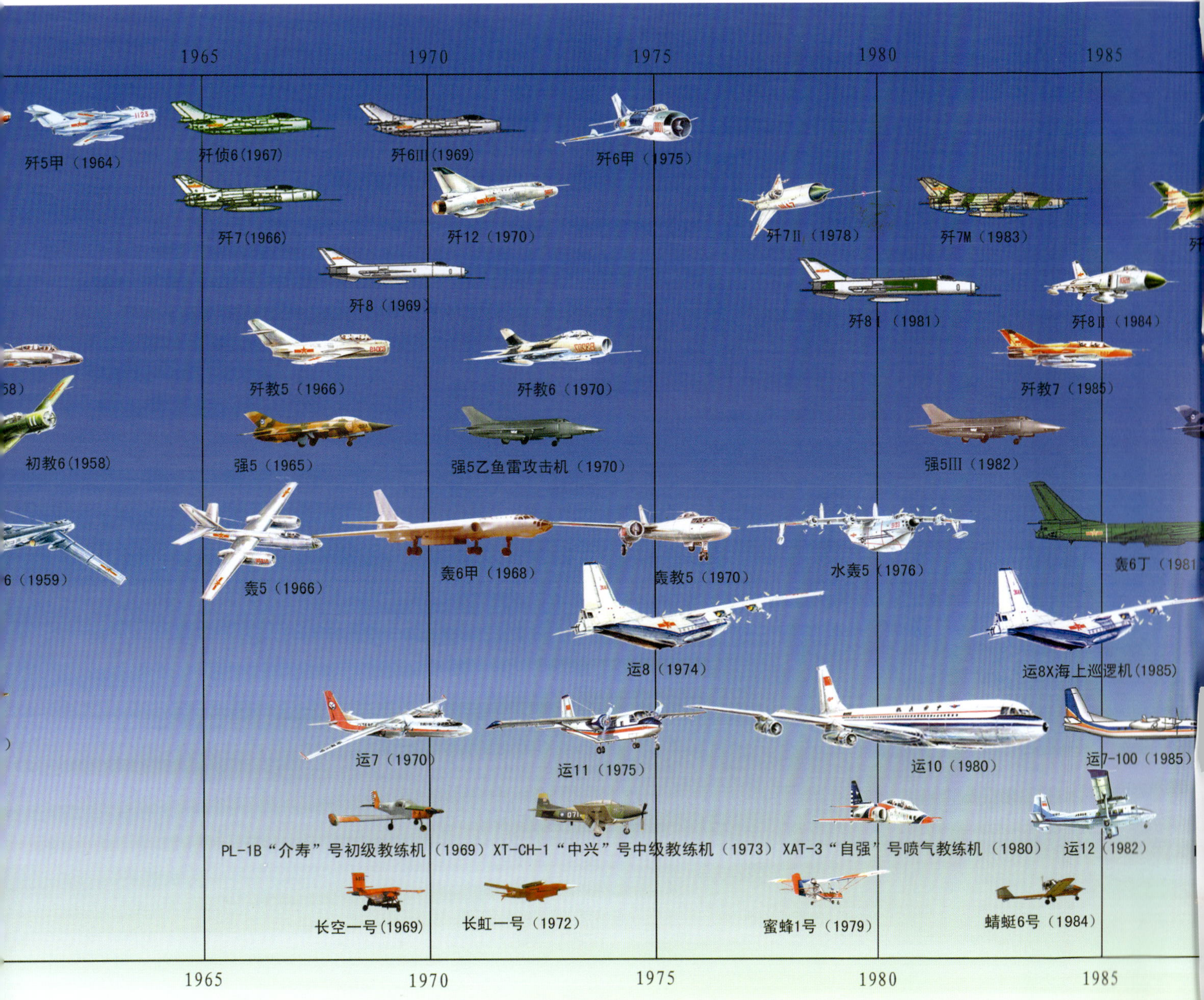
1965
1970
1975
1980
1985
歼5甲（1964）
歼侦6(1967)
歼6Ⅲ(1969)
歼6甲（1975）
歼7(1966)
歼12（1970）
歼7Ⅱ（1978）
歼7M（1983）
歼8（1969）
歼8Ⅰ（1981）
歼8Ⅱ（1984）
歼教5（1966）
歼教6（1970）
歼教7（1985）
初教6(1958)
强5（1965）
强5乙鱼雷攻击机（1970）
强5Ⅲ（1982）
轰5（1966）
轰6甲（1968）
轰教5（1970）
水轰5（1976）
运8（1974）
运8X海上巡逻机(1985)
运7（1970）
运11（1975）
运10（1980）
运7-100（1985）
PL-1B“介寿”号初级教练机（1969）
XT-CH-1“中兴”号中级教练机（1973）
XAT-3“自强”号喷气教练机（1980）
运12（1982）
长空一号(1969)
长虹一号（1972）
蜜蜂1号（1979）
蜻蜓6号（1984）
1965
1970
1975
1980
1985

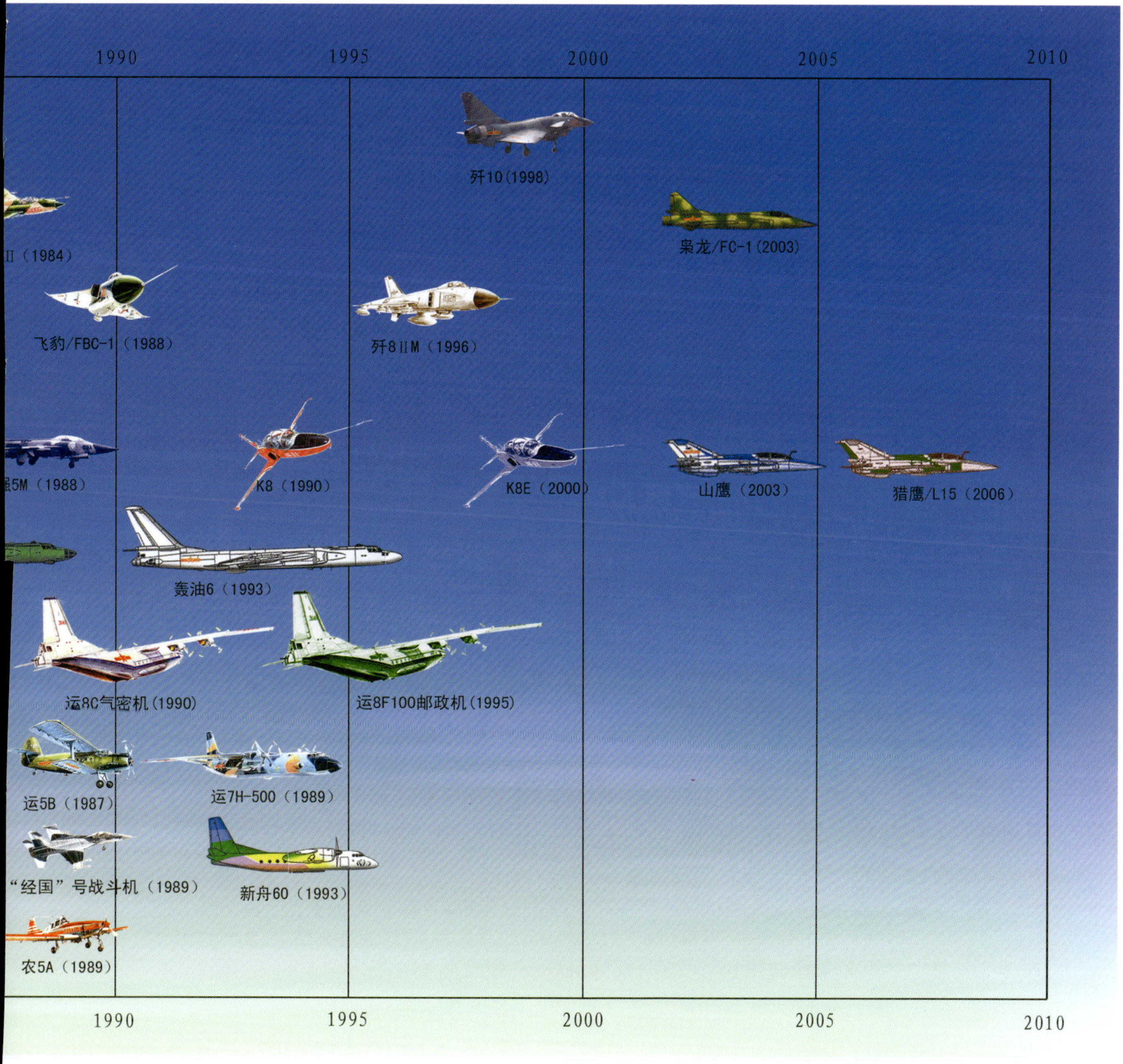

注：飞机型号后面括弧内的数字为该型号首次试飞年

中国直升机

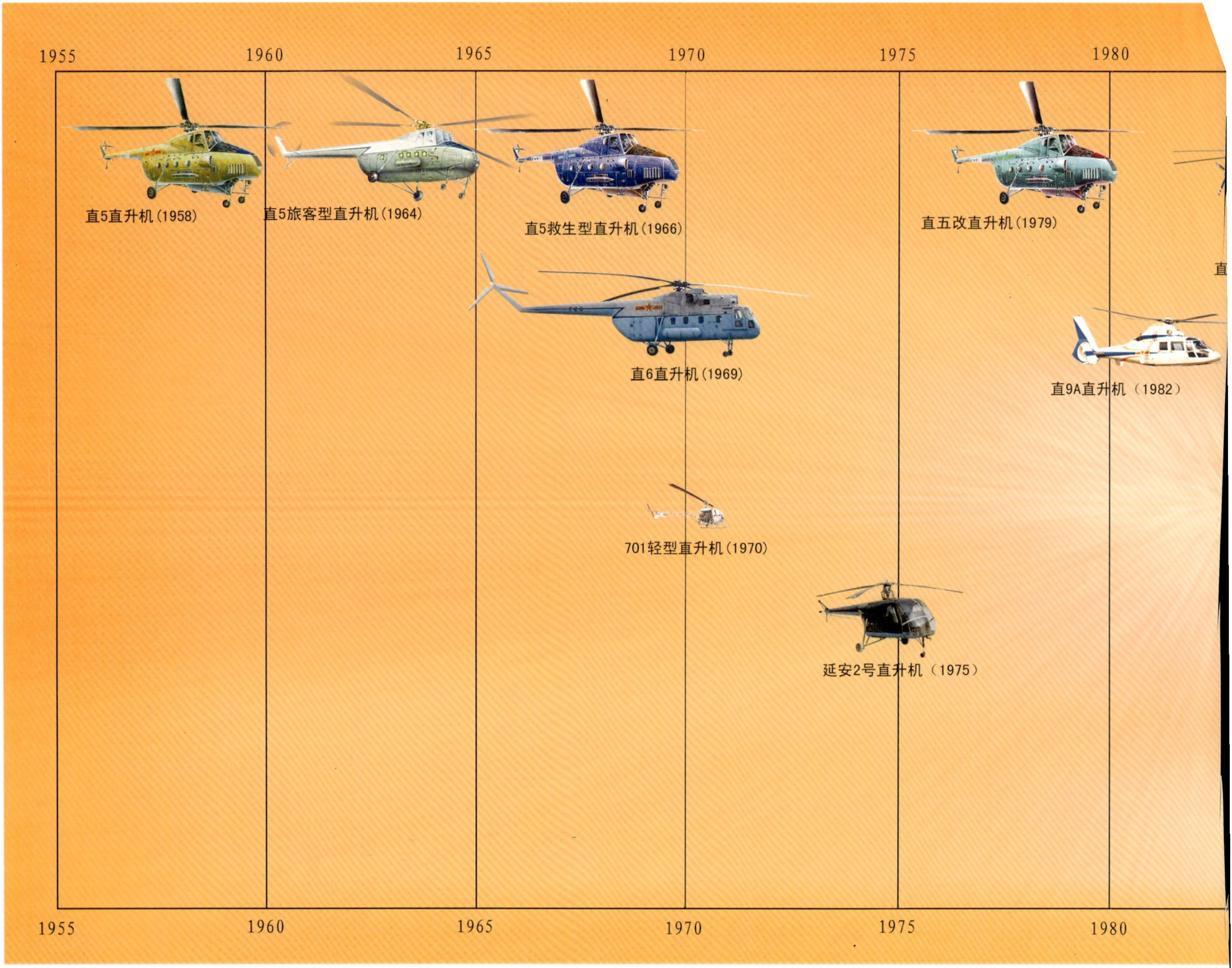
1955
1960
1965
1970
1975
1980
直5直升机(1958)
直5旅客型直升机(1964)
直5救生型直升机(1966)
直五改直升机(1979)
直6直升机(1969)
直9A直升机（1982）
701轻型直升机(1970)
延安2号直升机（1975）
1955
1960
1965
1970
1975
1980

靳昊制作

谱（1958—2007）

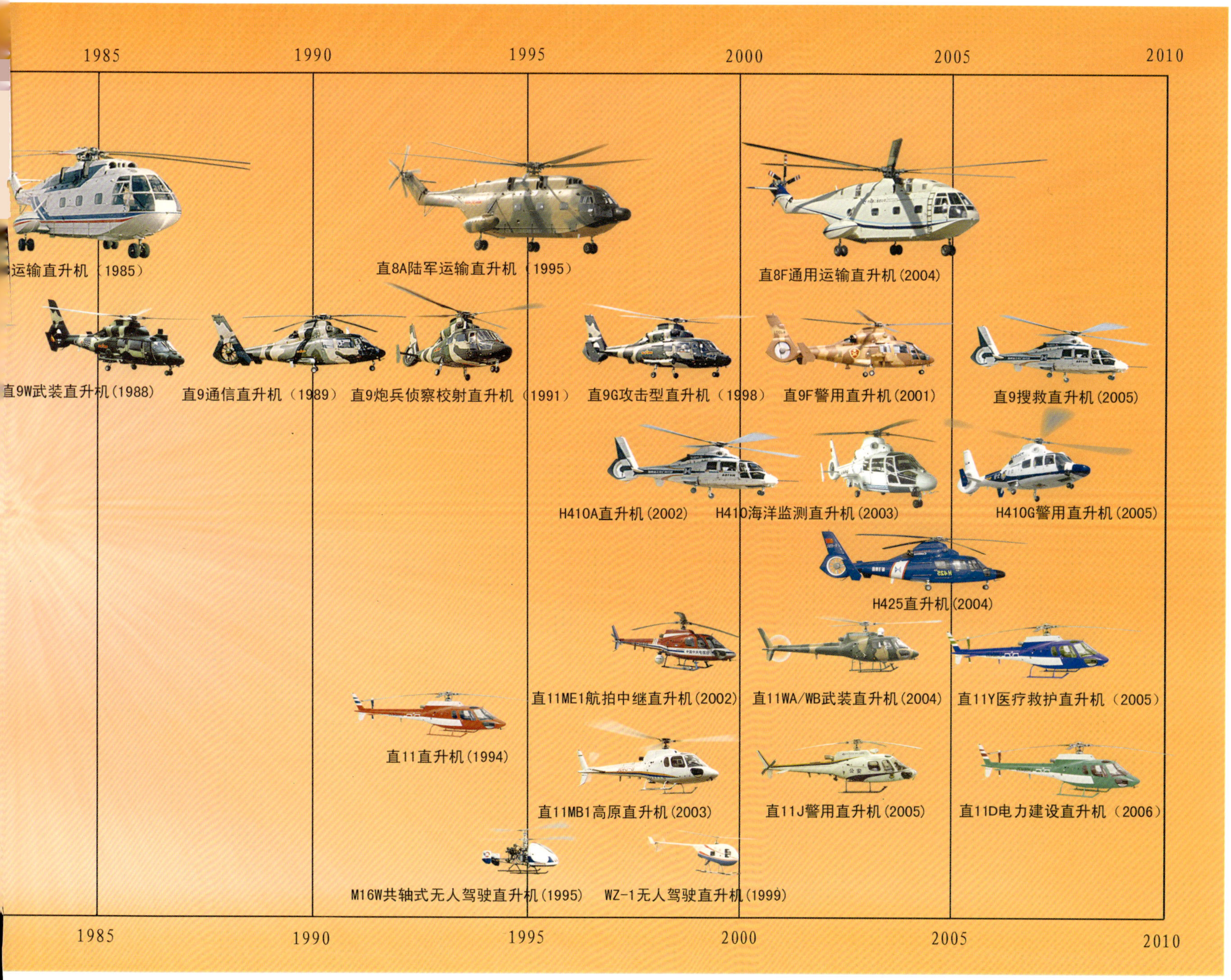

注：直升机型号后面括弧内的数字为该型号首次试飞年